● 环境工程专业主干课程短学时系列教材

大气污染控制工程

Daqi Wuran Kongzhi Gongcheng

（第二版）

蒋文举　主编

高等教育出版社·北京

内容提要

本书是高等学校环境工程专业主干课程短学时系列教材之一,是为适应学科发展和人才培养的需求而编写的应用型教材,适合 32 ~ 51 学时的教学。

本书第二版继承和发扬了第一版的优势,比较系统、简明地介绍了大气污染控制的基础理论知识和防治大气污染的基本原理、各种工程途径、主要设备及部分典型工艺。全书分为十二章,选取目前成熟的常用技术为主,以其基本原理为起点,强调工程设计方法和设备选型,突出工程应用,着重补充了能体现大气污染控制发展的新内容和新技术,并精选和更新了部分工程实例,特别新增了区域环境空气质量调控一章,以满足我国区域环境空气质量持续改善的需要。

本书可作为高等学校环境工程、环境科学专业及相关专业本科生和研究生的教材或参考书,亦可供从事环境保护、环境监测、环境规划与管理等工作的有关科技人员参考。

图书在版编目(CIP)数据

大气污染控制工程/蒋文举主编. --2 版. --北京:高等教育出版社,2020.5(2022.11重印)

环境工程专业主干课程短学时系列教材/罗固源主编

ISBN 978-7-04-053580-8

Ⅰ.①大… Ⅱ.①蒋… Ⅲ.①空气污染控制-高等学校-教材 Ⅳ.①X510.6

中国版本图书馆 CIP 数据核字(2020)第 023778 号

策划编辑 陈正雄　　　责任编辑 张梅杰　　　封面设计 于文燕　　　　版式设计 王艳红
插图绘制 于 博　　　　责任校对 王 雨　　　责任印制 存 怡

出版发行	高等教育出版社	网　　址	http://www.hep.edu.cn
社　　址	北京市西城区德外大街 4 号		http://www.hep.com.cn
邮政编码	100120	网上订购	http://www.hepmall.com.cn
印　　刷	北京市艺辉印刷有限公司		http://www.hepmall.com
开　　本	850mm×1168mm　1/16		http://www.hepmall.cn
印　　张	20.5	版　　次	2006 年 11 月第 1 版
字　　数	500 千字		2020 年 5 月第 2 版
购书热线	010-58581118	印　　次	2022 年 11 月第 2 次印刷
咨询电话	400-810-0598	定　　价	45.80 元

本书如有缺页、倒页、脱页等质量问题,请到所购图书销售部门联系调换

大气污染控制工程

（第二版）

蒋文举　主编

1　计算机访问http://abook.hep.com.cn/12291225，或手机扫描二维码、下载并安装Abook应用。

2　注册并登录，进入"我的课程"。

3　输入封底数字课程账号（20位密码，刮开涂层可见），或通过Abook应用扫描封底数字课程账号二维码，完成课程绑定。

4　单击"进入课程"按钮，开始本数字课程的学习。

本数字课程与蒋文举主编的《大气污染控制工程》（第二版）配套。数字课程共十二章电子教案，契合课程体系，资料丰富，涵盖大量习题案例。本数字课程有助于教师授课和学生掌握重点、难点。

用户名：　　　密码：　　　验证码：　　　3703　忘记密码？　　登录　　注册　□ 记住我(30天内免登录)

　　课程绑定后一年为数字课程使用有效期。受硬件限制，部分内容无法在手机端显示，请按提示通过计算机访问学习。

　　如有使用问题，请发邮件至abook@hep.com.cn。

扫描二维码
下载Abook应用

http://abook.hep.com.cn/12291225

编写委员会成员

主任委员：罗固源

成　　员：宁平、蒋文举、张承中、陈杰瑢

第 一 版 序

高等学校环境工程专业主干课程短学时系列教材与本专业"水污染控制工程""大气污染控制工程""固体废物处理与处置""环境影响评价""环境规划与管理""环境工程原理""环境监测""物理性污染控制"8门核心课程相对应,其内容在近年来不断进行教学改革的基础上已经历过十年以上的应用和教学实践,并根据我国高等学校本科环境工程专业相关课程的基本要求,受教育部高等学校环境科学与工程教学指导委员会环境工程专业教学指导分委员会的委托组织编写。各分册主编都具有非常丰富的教学经验,本系列教材各门课程的讲义在很多学校都进行了试用(见各分册材料),教学效果很好。

本系列教材是一套学时短,但内容精练的教材。教材的编写根据环境工程专业本科学生培养目标,针对当前各高校学时缩短和教学改革的情况,适应目前学科发展和人才培养的需求,全面整合教学内容,突出本学科相关知识在实践中的应用,注重学生实际操作能力的培养,强调系列课程教材的整体性和系统性,尽可能避免课程间内容的重复。

本系列教材从体系结构到内容具有新颖、系统、全面、科学、实用和普及的特点,注意与相关课程的区别与联系。教材的取材和内容的深度都尽量充分考虑符合我国环境工程专业人才培养目标及课程教学的要求,能反映本学科研究和发展的先进成果和完整地体现相应课程应有的知识,重点考虑如何有利于学生认识、分析和解决环境污染控制与污染物的处理、处置原理和方法等相关问题的掌握与应用,以及对环境污染防治的发展战略、规划、建设项目及其他开发活动的实施行为进行分析、预测和评估,提出防治的对策与措施。

本系列教材也可用于环境工程领域工程技术人员的培养与培训,同时可作为工业企业环境保护与环境工程专业技术及管理人员的重要参考书。

本系列教材由重庆大学、四川大学、昆明理工大学、西安交通大学、西安建筑科技大学负责组织编写,重庆大学罗固源教授担任编委会主任。各教材的主编分别是:《水污染控制工程》:罗固源教授(重庆大学);《大气污染控制工程》:蒋文举教授(四川大学);《固体废物处理与处置》:宁平教授(昆明理工大学);《环境影响评价》:曾向东教授(昆明理工大学);《环境规划与管理》:张承中教授(西安建筑科技大学);《环境工程原理》:陈杰瑢教授(西安交通大学);《环境监测》:但德忠教授(四川大学);《物理性污染控制》:陈杰瑢教授(西安交通大学)。

教育部高等学校环境科学与工程教学指导委员会环境工程专业教学指导分委员会组织了对本系列教材的编写审查。环境工程专业教学指导分委员会主任委员、中国工程院院士、清华大学郝吉明教授担任本系列教材的主审,环境工程专业教学指导分委员会副主任委员、同济大学周琪教授担任本系列教材的副主审。在此一并致谢。

罗固源

2006 年 2 月 20 日

第二版前言

　　《大气污染控制工程》第一版为普通高等教育"十一五"国家级规划教材,配套出版了《大气污染控制工程多媒体课件》(高等教育出版社/高等教育电子音像出版社,2007)。自2006年出版以来,受到广大读者的好评,已被多所高等学校选作教材和研究生考试参考书,并被评为2007年度普通高等教育精品教材。

　　本书第一版出版至今已经十余年了,我国大气污染控制的形势已经发生很大的改变,特别是区域性的大气复合污染问题日益突出。为了适应大气污染控制工程发展和环境工程专业教学要求的需要,我们对第一版进行了修改、补充和完善。第二版总体上继承和发扬了第一版的优势,仍以单元控制技术为主线,从其基本原理出发,强调工程设计方法和设备选型,突出工程应用,着重补充了能体现大气污染控制发展的新内容和新技术,并精选和更新了部分工程实例,特别新增了区域环境空气质量调控一章,以满足我国区域环境空气质量持续改善的需要。

　　全书由蒋文举主编,参加编写的人员有:四川大学蒋文举(第七、十章),蒋文举、江霞(第八章),苏仕军(第十一章),刘勇军(第五章),杨复沫、周力(第十二章);昆明理工大学宁平(第六、九章);西安建筑科技大学张承中(第四章);西安交通大学 陈杰瑢 、延卫(第一、二章);西南科技大学薛勇(第三章)。

　　本书编写过程中,得到了国内同仁的热情帮助,对本教材的修订提出了许多宝贵意见和建议,编者参阅并引用了国内外的有关文献资料,并得到编者单位许多老师和学生的帮助和支持。高等教育出版社的编辑们对本书的出版付出了辛勤的劳动。在此,一并向他们表示衷心的感谢!

　　由于编者学识水平有限,在本书的编写过程中难免会出现漏误之处,热诚希望读者提出批评和意见。

编　者

2019年5月20日

第一版前言

本书是全国环境工程专业主干课程短学时系列教材之一。本教材是根据教育部"环境工程专业规范"中"大气污染控制工程"基本教学内容要求,结合我们多年讲授"大气污染控制工程"的经验,为高等院校环境工程专业编写的一本短学时教材,其内容可供32~51学时教学使用。

本书系统地阐明了大气污染控制的原理、方法和设计计算问题,全书分为十一章,内容新颖,理论联系实际,着重工程应用。总体上,教材在介绍了大气污染控制基础理论之后,以选取目前成熟的常用技术为主,从其基本原理出发,强调工程设计方法和设备选型,突出工程应用的特点,力求引导读者把理论应用于各种控制装置的实际设计与分析,培养读者的创新思维和工程应用能力。此外,本书也反映了当今最新的科技发展,书中除了对各种传统控制技术如除尘技术、吸收、吸附、催化转化等进行介绍外,还对大气污染控制的新技术如生物法、膜法、电子束法等也进行了介绍,同时对目前国内外关注的全球性大气污染问题和我国复合型污染问题进行了探讨。

全书由蒋文举主编,参加编写的人员有:四川大学蒋文举(第七、八、十章),苏仕军(第十一章),刘勇军(第五章);昆明理工大学宁平(第六、九章);西安建筑科技大学张承中(第四章);西安交通大学陈杰瑢(第一、二章);西南科技大学薛勇(第三章)。

2005年11月16—18日环境工程专业主干课程短学时系列教材编委会特邀教育部环境科学与工程教学指导委员会环境工程专业教学指导分委员会主任委员郝吉明院士,副主任委员周琪教授参加了在四川大学召开的系列教材审稿会,并担任本系列教材的主审。本书的主审由郝吉明院士担任。

编写本书时编者参阅并引用了国内外的有关文献资料,得到许多兄弟院校及研发单位的大力支持和帮助。在此,一并向他们表示衷心的感谢。

由于编者学识水平所限,实践经验不足,书中难免存在错误与不足,热诚欢迎读者批评指正。

编　者
2006年6月30日

目 录

第一章 概 论

第一节 大气污染及其影响

一、大气的结构及组成

（一）大气圈及其结构

大气是人类和其他生物赖以生存的基本条件之一。在自然地理学上,把由于地心引力而随地球旋转的大气层称为大气圈,其厚度大约为 10 000 km。离地面越远,空气越稀薄,到地表上空 1 400 km 以外的区域已非常稀薄。因此,从污染气象学研究的角度来讲,大气圈是指地球表面到 1 000 ~ 1 400 km 高度的范围,大气圈的总质量约为 6×10^{15} t,仅为地球总质量的百万分之一。

大气的密度、温度和组成随高度的不同而不同,呈现层状结构。根据气温在垂直方向的变化情况,将大气圈分为对流层、平流层、中间层、热层和散逸层五层。如图 1-1 所示。

1. 对流层

对流层是大气圈中最接近地面的一层,对流层顶高度随着纬度和季节的变化而变化。在赤道低纬度地区为 16 ~ 18 km,在两极附近的高纬度地区为 6 ~ 10 km。暖季比冷季要高。对流层的平均厚度约为 12 km。这一层的特点是:① 由于地球表面大陆和海洋分布不均匀,再加上不同纬度接收的太阳辐射及地形的差别,因而在对流层中,特别是在下层中存在着大气在垂直和水平方向的对流,空气发生强烈的混合。② 对流层空气质量约占大气层总质量的 3/4,并且还含有一定量的水蒸气,对人和动植物的生存起着重要的作用。③ 云、雾、雨、雪和雷电等天气现象都在这一层发生。污染物的迁移扩散和转化也主要是在这一层进行,特别是在离地 1 ~ 2 km 的大气边界层或摩擦层。因此,对流层是对人类生产、生活影响最大的一层。④ 气温随高度的增加而下降,一般情况下,平均每升高 100 m 下降 0.65 ℃。

2. 平流层

对流层顶至 50 ~ 55 km 高度称为平流层。从对流层顶到 30 ~ 35 km,气温几乎不随高度而变化,称为同温层。在同温层上部气温则随高度的增加而迅速增高,这是因为在该层中存在一厚度约为 20 km 的臭氧层,能够强烈吸收太阳紫外线(波长为 200 ~ 300 nm)使气温增高,从而对地面生物起重要的保护作用。在平流层中,大气多是处于平流流动,因此,不利于进入平流层的污染物扩散,致使污染物在此层停留时间较长,甚至可达数年之久。

3. 中间层

平流层顶至 85 km 高度称为中间层。该层气温随高度增加而迅速下降,有强烈的垂直对流运动。

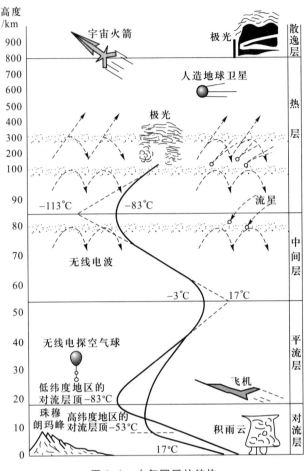

图 1-1　大气圈层的结构

4. 热层

中间层顶至 800 km 高度称为热层。由于太阳的强烈紫外线辐射和宇宙射线的作用,气温随高度增加而迅速上升,热层空气处于高度的电离状态,故又称为电离层。

5. 散逸层

散逸层是大气圈的最外层,层顶不明确。该层空气更加稀薄,距离地面越远,气温越高,气体电离度越大,气体离子可散逸到宇宙空间。

(二) 大气组成

通常认为大气是由干燥清洁的空气(简称干洁空气)、水蒸气和悬浮颗粒三部分组成。地面上干洁空气的组成几乎是不变的,它的主要成分是氮、氧和氩,三者共计约占空气总量的 99.96% 以上,其他气体含量很少,表 1-1 列出了干洁空气中各组分所占的体积分数。

大气中水蒸气、悬浮颗粒含量受地区、季节、气象和人们的生产、生活活动的影响而发生变化。水蒸气含量在热带地区有时高达 4%,而在南北极地区则不到 0.1%。大气中的悬浮颗粒,主要是自然因素(如火山爆发)和人类活动所造成的,不论是含量还是化学成分都是变化的。

表 1–1　干洁空气的组成

成分	相对分子质量	体积分数/%	成分	相对分子质量	体积分数/10^{-6}
氮(N_2)	28.01	78.084±0.004	氖(Ne)	20.18	18
氧(O_2)	32.00	20.946±0.002	氦(He)	4.003	5.2
氩(Ar)	39.94	0.934±0.001	甲烷(CH_4)	16.04	1.2
二氧化碳(CO_2)	44.01	0.033±0.001	氪(Kr)	83.80	0.5
			氢(H_2)	2.016	0.5
			氙(Xe)	131.30	0.08
			二氧化氮(NO_2)	46.05	0.02
			臭氧(O_3)	48.00	0.01～0.04

二、大气污染

(一) 大气污染的定义

按照国际标准化组织(ISO)的定义,"大气污染通常系指由于人类活动或自然过程引起某些物质进入大气中,呈现出足够的浓度,达到足够的时间,并因此危害了人体的舒适、健康和福利或环境的现象"。

所谓对人体的舒适、健康的危害,包括对人体正常生理机能的影响,引起急性病、慢性病以致死亡等;而所谓福利,则包括与人类协调并共存的生物、自然资源及财产、器物等。人类活动包括生活活动和生产活动两方面,自然过程包括火山活动、森林火灾、海啸、土壤和岩石风化及大气圈的空气运动等。

(二) 大气污染的分类

大气污染按影响范围大致可分为四类:① 局地性污染,如锅炉排气或工厂废气的直接影响;② 地区性污染,如工业区或整个城市范围的大气污染;③ 广域性污染,如跨地区、大型工业地带的污染;④ 全球性污染,涉及全球(或国际性)的大气污染。

三、大气污染物及其来源

(一) 大气污染物

大气污染物是指由于人类活动或自然过程,排放到大气中对人或环境产生不利影响的物质。大气污染物种类很多,按存在状态可分为气溶胶态污染物和气态污染物。按形成过程,又可分为一次污染物和二次污染物。

1. 气溶胶态污染物

气溶胶系指固体粒子、液体粒子或它们在气体介质中的悬浮体。从大气污染控制的角度,按照气溶胶的来源和物理性质,可将其分为如下几种:

(1) 粉尘(dust):粉尘系指悬浮于气体介质中的细小固体颗粒。粉尘粒子的尺寸范围一般为 $1 \sim 200 \ \mu m$,能因重力作用发生沉降,但在一段时间内能保持悬浮状态。它通常是在煤、矿石等固体物料的运输、筛分、碾磨、加料和卸料等机械处理过程中形成,或者是由风所扬起的灰尘。

(2) 烟(fume):烟一般系指由冶金过程形成的固体粒子的气溶胶。烟的粒子尺寸一般为 $0.01 \sim 1.0 \ \mu m$。它是由熔融物质挥发后生成的气态物质的冷凝物,在生成过程中总是伴有诸如氧化之类的化学反应,如有色金属冶炼过程中产生的氧化铅烟、氧化锌烟,在核燃料后处理厂中的氧化钙烟等。

(3) 飞灰(fly ash):飞灰指随燃料燃烧过程产生的随烟气排出的分散得较细的灰分。

(4) 黑烟(smoke):黑烟一般系指由燃料燃烧产生的能见气溶胶。

(5) 雾(fog):雾是气体中液滴悬浮体的总称。在气象中指造成能见度小于 1 km 的小水滴悬浮体。在工程中,雾一般泛指小液体粒子悬浮体,它可能是由于液体蒸气的凝结、液体的雾化及化学反应等过程形成的,如水雾、酸雾、碱雾、油雾等。

在环境空气质量标准中,还根据大气中粉尘(或烟尘)颗粒的大小,将其分为总悬浮颗粒物(total suspended particles)、可吸入颗粒物(inhalable particles)和细颗粒物(fine particles)。

总悬浮颗粒物(TSP):能悬浮在空气中,空气动力学当量直径≤100 μm 的所有固体颗粒物。

可吸入颗粒物(PM_{10}):能悬浮在空气中,空气动力学当量直径≤10 μm 的所有固体颗粒物。

细颗粒物($PM_{2.5}$):能悬浮在空气中,空气动力学当量直径≤2.5 μm 的所有固体颗粒物。

就颗粒物的危害而言,小颗粒物比大颗粒物的危害要大得多。

2. 气态污染物

气体状态污染物是指以分子状态存在的污染物,简称气态污染物。气态污染物的种类很多,总体上分为五类:以二氧化硫为主的含硫化合物、以一氧化氮和二氧化氮为主的含氮化合物、烃、碳氧化物及卤素化合物等,如表 1-2 所示。

表 1-2　大气污染物按形成过程分类

类别	一次污染物	二次污染物①
含硫化合物	SO_2、H_2S	SO_3、H_2SO_4、MSO_4
含氮化合物	NO、NH_3	NO_2、HNO_3、MNO_3
烃	C_mH_n	醛、酮、过氧乙酰硝酸酯等
碳氧化物	CO、CO_2	无
卤素化合物	HF、HCl	无

注:① M:金属离子。

3. 一次污染物和二次污染物

一次污染物是指直接从各种污染源排出的原始污染物质。最主要的一次污染物是二氧化硫、一氧化碳、氮氧化物、颗粒物(包括重金属毒物在内的微粒)、烃等物质。二次污染物是指由一次污染物与大气中原有组分或几种一次污染物之间经过一系列化学或光化学反应而生成的与一次污染物性质完全不同的新污染物。这类物质颗粒小，一般在 $0.01 \sim 1.0\ \mu m$，其毒性比一次污染物还强。受到普遍重视的二次污染物主要有硫酸烟雾(硫酸雾或硫酸盐气溶胶)和光化学烟雾。近年来由二次污染物为主形成的灰霾和臭氧污染也受到日益关注。

(二) 大气污染源

大气污染源通常是指向大气排放出足以对环境产生有害影响的或有毒有害物质的生产过程、设备或场所等。

按污染物质的来源可分为自然污染源和人为污染源。自然污染源系指自然界向环境排放污染物的地点或地区，如排出火山灰、SO_2、H_2S 等污染物的活火山，自然逸出瓦斯气和天然气的煤气田和油气井，以及发生森林火灾、飓风、沙尘暴和海啸等自然灾害的地区。而人为污染源系指人类生活和生产活动所形成的污染源。大气污染源种类见表1-3。

表1-3　大气污染源种类

分类	名称	说明
按成因	自然污染源	火山爆发喷放的 SO_2、H_2S 和尘；森林火灾产生的 CO_2、CO 和烃类等
	人为污染源	
	工业	燃烧煤、石油排放出的含 SO_2、NO_x 和 CO_2 废气；生产过程排出的有害废气等
	农业	燃烧煤、柴草和石油等排出的废气；农业废物腐烂和堆肥中排出的含 CH_4、NH_3 的废气
	生活	燃烧煤、石油和煤气排出的废气
	第三产业	汽车、轮船等交通工具排放的含 NO_x、SO_2 和烃类的废气
按污染源几何形状	点源	工业企业和民用锅炉房的排气筒和烟囱，污染物影响下风向扇形范围
	线源	公路、铁路和航空线上车辆和飞机的沿程排放废气，影响下风向一片面积
	面源	居民区分散的无数小炉灶，影响该区域上空和周围空气质量
按污染源位置	固定源	由固定地点(如工厂的排气筒)向大气排放污染物
	移动源	各种交通工具(如汽车、火车)排出的废气

四、大气污染的影响

(一) 对人体健康的影响

大气污染物侵入人体主要有三种途径：表面接触，摄入含污染物的食物和水，吸入被污染的空气。其中第三条途径的影响程度最大。

大气污染对人体健康的危害主要表现为呼吸系统疾病,在突然高浓度污染物的作用下可造成急性中毒,甚至在短时间内死亡;长期接触低浓度污染物,会引起支气管炎、支气管哮喘、肺气肿和肺癌等疾病。许多情况下大气污染物还具有协同效应。一些主要大气污染物的危害概述如下:

1. 颗粒污染物

颗粒物的危害,不仅取决于颗粒物的浓度和在其中的暴露时间,还在很大程度上取决于它的组成成分、理化性质、粒径和生物活性等。

有毒金属粉尘和非金属粉尘,如铬、锰、镉、铅、汞、砷等进入人体后,会引起中毒以致死亡。吸入铬尘能引起鼻中隔溃疡和穿孔,肺癌发病率上升;含游离二氧化硅的粉尘吸入后会在肺部沉积,引发纤维性病变,发生"矽肺"病。

颗粒物粒径大小对人体健康的危害主要表现在两方面:① 粒径越小,越不易在大气中沉降,长期飘浮在空气中容易被吸入人体内,且容易深入肺部。通常,粒径在 $100~\mu m$ 以上的尘粒会很快在大气中沉降,$10~\mu m$ 以上的尘粒可以滞留在呼吸道中,$5\sim10~\mu m$ 的尘粒大部分会在呼吸道沉积,被分泌的黏液吸附,可以随痰排出;小于 $5~\mu m$ 的微粒能深入肺部,其中 $0.01\sim0.1~\mu m$ 的尘粒,50% 以上将沉积在肺腔中,引起各种尘肺病。② 尘粒越小,粉尘比表面积越大,物理、化学活性越高,加剧了生理效应的发生与发展。此外,尘粒的表面可以吸附空气中的各种有害气体和其他污染物,而成为载体,承载强致癌的物质苯并[a]芘(BaP)及细菌,造成更大危害。

2. 硫氧化物

二氧化硫(SO_2)对人的结膜和上呼吸道黏膜有强烈刺激性,可损伤呼吸器官导致支气管炎、肺炎,甚至肺气肿、呼吸麻痹。短期接触 SO_2 浓度为 $0.5~mg/m^3$ 空气的老年或慢性病人死亡率增高;SO_2 浓度高于 $0.25~mg/m^3$ 空气,可使呼吸道疾病患者病情恶化;长期接触 SO_2 浓度为 $0.1~mg/m^3$ 空气的人群呼吸系统病症增加。

3. 氮氧化物

氮氧化物(NO_x)是 NO、NO_2、N_2O、NO_3、N_2O_3、N_2O_4、N_2O_5 等的总称。造成大气污染的 NO_x 主要是指 NO 和 NO_2。

NO_2 比 NO 的毒性高 4 倍,若 NO_2 参与了光化学作用而形成光化学烟雾,其毒性会更大。接触较高水平的 NO_2 会危及人体健康,可引起肺损害,降低肺功能,甚至造成肺气肿,哮喘病人和儿童最易受害。吸入 NO,可引起变性血红蛋白的形成并对中枢神经系统产生影响。

4. 一氧化碳

一氧化碳(CO)会降低人体血液的输氧能力,抑制大脑思考,使人反应迟钝,引起睡意;浓度很高时会出现头疼、昏昏沉沉的症状,甚至可能致死。暴露在高浓度 CO 环境中会加剧心绞痛,增加冠心病患者发生运动性心痛的可能性,还可能影响胎儿的正常发育。

5. 光化学氧化剂

氧化剂、臭氧(O_3)、过氧乙酰硝酸酯(PAN)、过氧苯酰硝酸酯(PBN)和其他能使碘化钾的碘离子氧化的痕量物质,被称为光化学氧化剂。空气中的光化学氧化剂主要是臭氧和 PAN。氧化剂(主要是 PAN 和 PBN)会严重地刺激眼睛,当它和臭氧混合在一起时,还会刺激鼻腔、喉,引起胸腔收缩。人们接触时间过长也会损害中枢神经。

6. 有机化合物

城市大气中有很多有机物是可疑的致变物和致癌物,包括卤代烃、芳香烃、氧化产物和含氮有机物等。特别是多环芳烃(PAHs)类大气污染物,大多有致癌作用,其中,苯并[a]芘是强致癌物质。大气中的苯并[a]芘可经呼吸道、皮肤及消化道(呼吸道下咽物)进入人体内,也可通过沉降和雨水冲洗而污染土壤、地面水及植物的茎叶、籽实和食品等,再通过消化道进入人体内而危害人的身体健康。实测数据表明,肺癌与大气污染、苯并[a]芘含量的相关性是显著的。

(二) 对生物的危害

大气污染物主要通过三条途径危害生物的生存和发育。首先是使生物中毒或死亡,其次是减缓生物的正常发育,最后是降低生物对病虫害的抵抗能力。各种有害气体中,二氧化硫、氟化物、二氧化氮、臭氧、氯气和氯化氢等对植物的危害较大。大气污染对植物的主要伤害是植物的叶面,减弱光合作用,伤害植物内部结构,使植物枯萎死亡。大气污染对动物的伤害主要是呼吸道感染和摄入被污染的食物和饮水,最终使动物体质变弱,以致死亡。

(三) 对器物和材料的损害

大气污染物对金属制品、油漆涂料、皮革制品、纸制品、纺织品、橡胶制品和建筑材料等的损害也是严重的。这些损害包括沾污性损害和化学性损害两方面。沾污性损害是尘、烟等粒子落在器物上造成的,有的可以清扫冲洗去除,有的很难去除。化学性损害是由于污染物的化学作用,使器物腐蚀变质,如二氧化硫及其生成的酸雾,能使金属材料表面腐蚀等。

(四) 对大气能见度和气候的影响

大气污染最常见的后果是大气能见度下降。能见度降低不仅使人感到不愉快,造成极大的心理影响,而且还会产生安全方面的公害。一般情况下,对大气能见度有影响的污染物,主要是气溶胶粒子,以及能通过大气反应生成气溶胶粒子的气体或有色气体等。

大气中大量气溶胶物质可能还会对天气和气候产生直接和间接的影响,气溶胶物质通过直接吸收和散射短波辐射,影响地气系统的能量收支平衡。通过黑炭气溶胶加热大气,使云滴增加和云量减少,延长云的生命时间,提高云的平均反射率,减少降水的发生,影响东亚季风气候,增强和扩大雾的范围,在不利天气条件下,还可能会形成天气–气溶胶之间的恶性循环。对气候有影响的人为气溶胶主要包括硫酸盐气溶胶、硝酸盐气溶胶、黑碳气溶胶、有机碳气溶胶等。

五、全球性大气污染

(一) 温室效应

地球表面吸收太阳能(可见光)增温,向宇宙空间释放红外线长波降温,这种能量的收支平衡决定了地球表面的温度。地球大气中的水蒸气(H_2O)、CO_2、CH_4、N_2O、O_3(对流层)及 CFCs 等具有吸收和重新释放红外线的性质,称之为"温室效应气体(简称温室气体)",它们能让太阳光通过而加热地表,吸收从地表释放的红外线长波辐射能,对大气起加热作用。随着人类生产和生活活动的规模越来越大,向大气中排放的温室气体,远远超过了自然界所能消纳的能力,结果使全球气温也不断上升,这就是所谓的"温室效应"。据监测,1850 年以来,人类活动使大气中 CO_2 体积分数由 $280×10^{-6}$ 增加到 1990 年的 $354×10^{-6}$,过去的 100 年中全球地表温度平均上升了 $0.3 \sim 0.6 \ ℃$。温室效应的结果,使地球上的冰川大部分后退,海平面上升了 $14 \sim 25 \ cm$,影响农业和自然生态系统,加剧洪涝、干旱及其他气象灾害,加大人类疾病危害概率。

(二) 臭氧层破坏

在大气圈平流层中,由于强紫外线的作用,O_2 分解,生成的原子氧(O)与 O_2 反应生成 O_3;另一方面,O_3 吸收紫外线分解。这种生成与分解达到平衡,在平流层形成了臭氧层。臭氧能吸收 99% 以上来自太阳的紫外线辐射,将这些有致命危害的辐射线转化为热能,保护地球生命。20 世纪 70 年代中期,美国科学家发现南极上空的臭氧层有变薄现象,1984 年英国科学家根据英国南极站 30 年观测资料,首次提出在南极上空出现一个巨大的"臭氧空洞",其大小相当于整个美国大陆,随后发现"空洞"内臭氧含量持续下降,并在向北扩大。1998 年,美国人造卫星资料显示:臭氧空洞面积首次超过 $2\ 400×10^4 \ km^2$,持续时间超过 100 d,到 2000 年 9 月,更达到 $2\ 830×10^4 \ km^2$。在北极、青藏高原的上空也发现有臭氧浓度降低的现象。

臭氧层的破坏将对地球上的生命系统构成极大的威胁。首先由于臭氧层的破坏,大量紫外线辐射将到达地表,危害人类健康。根据科学家预测,如果平流层的臭氧总量减少 1%,则到达地表的太阳紫外线辐射量将增加 2%,皮肤癌的发病率增加 $2\% \sim 5\%$,白内障患者将增加 $0.2\% \sim 1.6\%$。此外,紫外线辐射增大,也会对动植物产生影响,危及生态平衡。臭氧层破坏还会导致地球气候出现异常,由此带来灾害。

近年来,随着国际社会共同保护臭氧层的努力,特别是禁用消耗臭氧层的制冷剂氯氟烃(CFCs),已经发现臭氧消耗随着 CFCs 含量下降而减少,臭氧空洞面积有逐渐减小的趋势。但由于 CFCs 可以在大气中停留 $50 \sim 100 \ a$,因此臭氧空洞完全恢复可能还需要数十年的时间。

(三) 酸雨

酸雨通常指 pH 低于 5.6 的降水,但现在泛指酸性物质以湿沉降或干沉降的形式从大气转移到地面上。湿沉降是指酸性物质随雨、雪等降落到地面,干沉降是指酸性颗粒物以重力沉降、微粒碰撞和气体吸收等形式由大气转移到地面。酸雨的危害主要表现在土壤、湖泊酸化,农作物减产,森林衰亡,水生生物不能正常生长,严重腐蚀材料、建筑物和文化古迹,造成巨大损失。

1872 年英国化学家 Smith R A 提出"酸雨"这个名词,但直到 20 世纪 50 年代,发达国家才设置监测网,开始研究工作。酸雨的主要成因物质是硫酸和硝酸,但直接向大气中排放这些物质的污染源并不多,它们的前体物是 SO_2、NO_x 和 Cl^-。酸雨污染可以发生在距其排放地 $500 \sim 2\ 000 \ km$ 的范围内,其长距离输送会造成典型的越境污染问题。欧洲和北美洲是世界上最早发生酸雨的地区,但亚洲和拉丁美洲有后来居上的趋势。我国酸雨主要发生在长江以南地区,酸雨面积曾经达到国土面积的 30% 以上。近年来,随着国家加强对 SO_2 排放的控制,酸雨污染问题已有显著改善,2017 年酸雨面积已下降为国土面积的 6.4%。

第二节　大气污染综合防治策略

一、大气污染综合防治的含义

　　大气污染一般是由多种污染源所造成的,其污染程度受该地区的地形、气象、植被面积、能源构成、工业结构和布局、交通管理和人口密度等自然因素和社会因素所影响。因此,大气污染防治具有区域性、整体性和综合性的特点。在制定大气污染防治对策时,要充分考虑地区的环境特征,从地区的生态系统出发,对影响空气质量的多种因素进行系统的综合分析,找出最佳的对策和方案。这就是大气污染综合防治的含义。

二、大气污染综合防治的基本措施

(一) 全面规划、合理布局、制定大气污染综合防治规划

　　城市和工业的地区性污染,近年来已成为普遍的环境问题。通过实践人们逐渐认识到,只靠单项治理不能很有效地、经济地解决地区性的大气污染问题,只有从整个地区的社会经济和大气污染状况出发,在进行区域经济和社会发展规划时,合理布局城市与工业功能区划,优化能源结构和交通运输发展,做好环境规划,才能有效地控制大气污染。

　　环境规划是体现环境污染以预防为主、综合防治的最重要和最高层次的手段,也是经济可持续发展规划的重要组成部分。做好城市和工业区的环境规划设计工作,正确选择厂址,考虑区域综合性治理措施,是控制污染的一个重要途径。

(二) 严格环境管理

　　从各国大气污染控制的实践来看,国家及地方的立法管理对大气环境的改善起着至关重要的作用。各发达国家都有一套严格的环境管理方法和制度。这套体制是由环境立法、环境监测机构、环境法的执行机构构成的,三者构成完整的环境管理体制。

　　我国新修订通过的《中华人民共和国大气污染防治法》对大气污染防治的监督管理作出了具体的规定,企业事业单位和其他生产经营者建设对大气环境有影响的项目,应当依法进行环境影响评价、公开环境影响评价文件;向大气排放污染物的,应当符合大气污染物排放标准,遵守重点大气污染物排放总量控制要求。新法明确了排污许可证制度,并对重点大气污染物排放实行总量控制,逐步推行重点大气污染物排污权交易。

(三) 强化大气污染预警预报,开展区域大气污染联防联控

　　当前我国大气污染形势严峻,以 $PM_{2.5}$ 和 O_3 为代表的二次污染物已逐渐成为阻碍我国城市和区域空气质量改善的主要瓶颈,增加了大气污染防控的难度。有效应对区域重污染天气、最大

限度降低重污染天气造成的危害,在今后相当长时期内将是一项重要任务。开展大气污染预警预报,弄清造成大气污染的污染物种类、来源、持续时间、影响范围;分析主要天气影响因子、源控制敏感性,利用空气质量模式针对重污染预警事件建立响应预案;在预报的空气质量达到预警标准时,通过采取多种可控措施,可以最大程度减轻或避免空气污染的危害,保障人民群众身体健康。同时,由于经济快速发展,人口大量集中,区域排放的污染物大大超过了环境的承载力,加之不利的地形地物条件、气象条件等,使得大气污染的复合性、区域性特点十分突出,需要开展区域大气污染联防联控才能有效改善区域环境空气质量。区域内地方政府应定期召开联席会议,按照统一规划、统一标准、统一监测、统一防治措施的要求,开展大气污染联合防治,落实大气污染防治目标责任,监督相关防治工作的开展。

(四) 控制污染的技术措施

大气中的污染物,一般是不可能集中进行统一处理的,通常是在充分利用大气自净作用和植物净化能力的前提下,采取污染控制的办法,把污染物控制在排放之前以保证环境空气质量。主要控制措施有:

1. 实施清洁生产,减少或防止污染物的排放

很多污染是由于生产工艺不能充分利用资源引起的。改进生产工艺是减少污染物产生的最经济而有效的措施。生产中应从清洁生产工艺方面考虑,尽量采用无害或少害的原材料、清洁燃料,革新生产工艺,采用闭路循环工艺,提高原材料的利用率。加强生产管理,减少跑、冒、滴、漏等,容易扬尘的生产过程要尽量采用湿式作业、密闭运转。粉状物料的加工,应尽量减少层动、高差跌落和气流扰动。液体和粉状物料要采用管道输送,并防止泄漏。地面施工裸露区要进行有效覆盖以防止风扬尘现象。

2. 改善能源结构,提高能源利用效率

改善能源结构,采用无污染或少污染能源(如太阳能、风能、水力能及天然气、沼气和酒精等);燃料进行预处理(煤和石油预先脱硫、煤的液化和气化)以减少燃烧时产生的污染物;改进燃烧装置和燃烧技术,提高燃烧效率和降低有害气体排放量。

3. 建立综合性工业基地

按照工业生态系统的概念建立综合性工业基地,一个工厂产生的废气、废水、废渣成为另外一个厂家的原材料使其资源化,在共生企业层次上组织物质和能源的流动。

4. 利用大气的自净能力

大气的自净有物理作用(如扩散、稀释和降水洗涤等)和化学作用(氧化、还原)等。在从污染源排出的污染物总量恒定的情况下,污染物的浓度在时间和空间上的分布同气象条件有关,了解和掌握气象变化规律,就有可能充分利用大气的自净能力,减少或避免大气污染的危害。

5. 发展植物净化

植物具有美化环境、调节气候、截留粉尘、吸收大气中有害气体等功能。植物可以在大面积范围内长时间、连续地净化大气,尤其是在大气污染物影响范围广、浓度比较低的情况下,植物净化是行之有效的方法。在城市和工业区,有计划、有选择地扩大绿地面积,以及种植对大气污染物净化能力强的植被,是大气污染综合防治具有长效能和多功能的保护措施。

6. 治理污染源

集中的污染源,如大型锅炉、窑炉、反应器等,排气量大,污染物浓度高,设备封闭程度较高,废气便于集中处理后进行有组织地排放,比较容易将污染物对近地面的影响控制在允许范围内。大量存在于生产过程中的分散污染源,污染物一般首先散发到室内或某一局部进而扩散到周围大气中,形成无组织排放。无组织排放一般难以控制,且排放高度低,直接污染近地面大气。另一类污染源是敞开源,通常指农田、道路、工地、矿场、散料堆场和裸露地面等。敞开源虽然也产生气态污染物(如垃圾堆场或填埋场),但主要是产生颗粒物。

对于工业污染源的治理,主要的控制方法有:

(1)利用除尘装置去除废气中的烟尘和各种工业粉尘。

(2)采用气体吸收法处理有害气体。如氨水、氢氧化钠、碳酸钠等碱溶液吸收废气中 SO_2 等。

(3)应用冷凝、催化转化、分子筛、活性炭吸附和膜分离等物理、化学和物理化学方法治理废气中的主要污染物。

对于交通污染源,目前采取的污染控制措施主要有:

(1)以清洁燃料代替汽油。在城市交通运输中,大力推广清洁能源,如电能、天然气等,以减少大气污染。

(2)改进发动机结构和运行条件。减少燃油系统的燃油蒸发和曲轴箱漏气,改进发动机本身的结构和运行条件是减少污染物产生的重要途径。

(3)净化排气。采用催化转化装置,使排气中的不完全燃烧产物、氮氧化物等污染物氧化或还原,也是减少污染的重要技术措施。

对于敞开源的污染控制,目前存在相当大的困难,采取防治措施,需要因地制宜:

(1)对地面扬尘,铺砌和绿化是有效的控制措施。绿化不但可防止地面扬尘,而且可以大大减少已沉降的颗粒物再次飞扬。

(2)对散料堆场,物料表面增湿或喷洒抑尘剂,有很好的防尘效果。对大规模的物料堆场,特别是不宜加湿的物料,可采取减风防尘的办法加以控制。如在上风向种植树木,形成绿篱或增加人工构筑物,降低料堆表面风速。

(3)构建挡风网。挡风网是钢筋混凝土或金属构筑物,能对散料堆场起到有效的减风防尘作用。

(五) 控制污染的经济政策

国家控制污染的经济政策主要体现在:淘汰落后工艺,减少环境污染;保证必要的环境保护投资用于控制大气污染;实行"污染者和使用者支付原则",包括排污许可证制度、有利于环境保护的税收、财政与责任制度等,对治理污染、废物利用的产品给予经济上的鼓励与支持。

第三节　防治大气污染的法规及标准

一、大气污染防治法

《中华人民共和国大气污染防治法》最初于1987年9月5日第六届全国人民代表大会常务

委员会第二十次会议通过,同日公布,并于 1988 年 6 月 1 日起施行。为了适应不同时期大气环境保护的需要,《中华人民共和国大气污染防治法》已经修订了三次,1995 年 8 月 29 日第八届全国人民代表大会常务委员会第十五次会议修订通过,同日公布并施行;2000 年 4 月 29 日第九届全国人民代表大会常务委员会第十五次会议修订通过,自 2000 年 9 月 1 日起施行;2015 年 8 月 29 日第十二届全国人民代表大会常务委员会第十六次会议修订通过,自 2016 年 1 月 1 日起施行。

现行《中华人民共和国大气污染防治法》包括总则、大气污染防治标准和限期达标规划、大气污染防治的监督管理、大气污染防治措施、重点区域大气污染联合防治、重污染天气应对、法律责任、附则等八章共一百二十九条,对有关大气污染防治作出了具体规定。

二、环境空气质量控制标准

环境空气质量控制标准是环境保护法的重要组成部分,是科学管理大气环境质量的依据和重要手段。各类环境标准的建立和进展,在一定程度上反映出一个国家的法制现状和科技水平。

(一) 环境空气质量控制标准的种类和作用

环境空气质量控制标准按其用途可归纳为环境空气质量标准、大气污染物排放标准、大气污染物控制技术标准和大气污染警报标准;按其使用范围可分为国家标准、地方标准和行业标准。此外,我国还实行了大中城市环境空气质量指数报告制度。

1. 环境空气质量标准

环境空气质量标准是以改善环境空气质量、防止生态破坏、创造清洁适宜的环境、保护人体健康为主要目标,规定出大气环境中某些主要污染物的允许限值。这种标准是进行大气环境质量管理、大气环境评价、制定大气污染防治规划及污染物排放标准的依据,是环境管理部门执法的依据。

2. 大气污染物排放标准

大气污染物排放标准是以实现环境空气质量标准为目标,对污染源排放的污染物规定的允许限值。其作用是直接控制污染源排出的污染物浓度或排放量,是废气净化装置设计的依据,同时也是环境管理部门执法的依据。大气污染物排放标准是根据国家环境空气质量标准和国家经济、技术条件制定的,其可分为国家标准、地方标准和行业标准,地方标准应严于国家标准。

3. 大气污染控制技术标准

大气污染控制技术标准是大气污染物排放标准的一种辅助规定,是根据大气污染物排放标准的要求,结合生产工艺特点,对必须采取的污染控制措施作出具体规定,如燃料(或原料)使用标准、净化装置选用标准、排气筒高度标准及卫生防护带标准等。这种辅助标准不仅便于实施环境保护和检查造成大气污染的原因,同时也可作为技术设计标准。

4. 大气污染警报标准

大气污染警报标准是大气环境污染恶化到必须向社会公众发出一定警告,以防止大气污染事故发生而规定的污染物排放允许值。这类标准对预防污染事故、保护公众健康起到一定的作用。

（二）空气质量标准

1. 环境空气质量标准

我国 1982 年首次发布《环境空气质量标准》,并于 1996 年、2000 年、2012 年三次修订实施。中华人民共和国环境保护部、中华人民共和国国家质量监督检验检疫总局于 2012 年 2 月 29 日发布了最新的《环境空气质量标准》(GB 3095—2012),并于 2016 年 1 月 1 日实施。该标准规定了环境空气功能区分类、标准分级、污染物项目、平均时间及浓度限值、监测方法、数据统计的有效性规定,及实施与监督等内容。生态环境部于 2018 年 8 月 13 日发布了"《环境空气质量标准》(GB 3095—2012)修改单",该修改单对《环境空气质量标准》(GB 3095—2012)中污染物浓度均为标准状态下的浓度进行了修改,明确 SO_2、NO_2、CO、O_3、NO_x 等气态污染物浓度为大气温度为 298.15 K、大气压力为 101.325 kPa 参比状态下的浓度;PM_{10}、$PM_{2.5}$、TSP、Pb、BaP 等浓度为监测时大气温度和压力下的浓度。

《环境空气质量标准》(GB 3095—2012)规定了环境空气污染物基本项目和环境空气污染物其他项目的浓度限值。环境空气污染物基本项目包括 SO_2、NO_2、CO、O_3、PM_{10} 和 $PM_{2.5}$,环境空气污染物其他项目有 TSP、NO_x、Pb、BaP 等。

根据各地区的地理、气候、生态、政治、经济和大气污染程度,该标准将环境空气功能区分为两类:一类区为自然保护区、风景名胜区和其他需要特殊保护的区域;二类区为居住区、商业交通居民混合区、文化区、工业区和农村地区。按分级分区管理的原则,我国环境空气质量标准划分为两级:一类区适用一级浓度限值,二类区适用二级浓度限值。一、二类环境空气功能区质量要求见附录二。

该标准还制定了上述 10 种污染物的监测方法,数据统计的有效性规定和实施与监督措施等。

2. 工业企业设计卫生标准

我国于 1962 年颁发并于 1979 年修订的《工业企业设计卫生标准》(TJ 36—79),规定了"居住区大气中有害物质的最高容许浓度"标准和"车间空气中有害物质最高容许浓度"标准。2002 年颁布并于 2010 年修订了《工业企业设计卫生标准》(GB Z1—2010),2002 年颁布并于 2008 年修订了《工作场所有害因素职业接触限值》(GB Z2—2008),规定了工作场所空气中主要有毒有害物质的容许浓度。

（三）大气污染物排放标准

1. 大气污染物综合排放标准

《大气污染物综合排放标准》(GB 16297—1996)于 1996 年 4 月 12 日颁布,1997 年 1 月 1 日实施。该标准规定了 33 种大气污染物的排放限值,同时规定了标准执行中的各种要求。

（1）标准设置三类指标:通过排气筒排放废气的最高允许浓度;按排气筒高度规定的最高允许排放速率;以无组织排放方式排放的废气,规定无组织排放的监控点相应的监控浓度限值。

（2）排放速率标准分级:标准规定的最高允许排放速率,现有污染源分为一、二、三级,新污染源分为二、三级,按污染源所在的环境空气质量功能区类别,执行相应级别的排放速率标准:位于一类区的污染源,执行一级标准(一类区禁止新、扩建污染源,现有污染源改建时执行现有污染源的一级标准);位于二类区的污染源执行三级标准;位于三类区的污染源执行三级标准。

（3）对于新老污染源规定了不同的排放限值：1997年1月1日前设立的污染源为现有（老）污染源，1997年1月1日起设立的污染源为新污染源。

（4）对位于国务院划定的酸雨控制区和二氧化硫控制区的污染源，其二氧化硫排放除执行该标准外，还应该执行总量控制标准。

2. 行业大气污染物排放标准

根据不同行业特点我国相继制定了不同行业大气污染物排放标准，在我国现有的大气污染物排放标准体系中，按照综合排放标准与行业标准不交叉执行的原则，行业执行行业标准，如：锅炉执行《锅炉大气污染物排放标准》（GB 13271—2014）、无机化学工业执行《无机化学工业污染物排放标准》（GB 31573—2015）、炼焦化学工业执行《炼焦化学工业污染物排放标准》（GB 16171—2012）、水泥厂执行《水泥工业大气污染物排放标准》（GB 4915—2013）、石油化学工业执行《石油化学工业污染物排放标准》（GB 31571—2015）、轻型汽车污染物排放第六阶段执行《轻型汽车污染物排放限值及测量方法（中国第六阶段）》（GB 18352.6—2016）、船舶装用的压燃式发动机及点燃式气体燃料（含双燃料）发动机执行《船舶发动机排气污染物排放限值及测量方法（中国第一、二阶段）》（GB 15097—2016）。

3. 制定地方大气污染物排放标准的技术方法

《制定地方大气污染物排放标准的技术方法》（GB/T 3840—91）是指导和修订地方大气污染物排放标准的方法标准。该标准包括：燃料燃烧过程产生的气态大气污染物排放标准的制定方法，生产工艺过程中产生的气态大气污染物排放标准的制定方法，有害气体无组织排放控制与工业企业卫生防护距离标准的制定方法，烟尘排放标准的制定方法等，用于指导各省、自治区、直辖市及所辖地区制定大气污染物排放标准。

4. 国家大气污染物排放标准制定技术导则

中华人民共和国生态环境部于2018年12月19日发布了《国家大气污染物排放标准制订技术导则》（HJ 945.1—2018），并于2019年1月1日实施。该标准规定了制订固定源大气污染物排放标准的基本原则和技术路线、主要技术内容的确定、标准实施成本效益分析、标准文本的结构和标准说明主要内容等，适用于固定源国家大气污染物排放标准的制、修订，固定源地方大气污染物排放标准的制、修订可以参考执行。

（四）环境技术标准

环境技术标准包括：① 大气环境基础标准（如名词标准）、方法标准（采样分析标准）、样品标准（监测样品标准）；② 大气污染控制技术标准（如原料、燃料使用标准，净化装置选用标准，排气筒高度标准等）；③ 环保产品质量标准等。它们都是为保证前述标准的实施而作出的具体技术规定，目的是使生产、设计、管理、监督人员容易掌握和执行。

三、空气质量指数

空气质量指数（air quality index，AQI）是描述空气质量状况的无量纲指数。中华人民共和国环境保护部于2012年2月29日发布了《环境空气质量指数（AQI）技术规定（试行）》（HJ 633—2012），并于2016年1月1日实施。该标准规定了环境空气质量指数分级方案、计算方法和环境空气质量级别与类别,以及环境空气质量指数日报和实时报的发布内容、发布格式和其他相关要求。

(一) 空气质量指数计算

1. 空气质量分指数

空气质量分指数(individual air quality index,IAQI)是指单项污染物的空气质量指数。空气质量分指数级别及对应的污染物项目浓度限值见表1-4。

污染物项目 P 的空气质量分指数按式(1-1)计算:

$$IAQI_P = \frac{IAQI_{Hi} - IAQI_{Lo}}{BP_{Hi} - BP_{Lo}}(C_P - BP_{Lo}) + IAQI_{Lo} \tag{1-1}$$

式中:$IAQI_P$——污染物项目 P 的空气质量分指数;

C_P——污染物项目 P 的质量浓度值;

BP_{Hi}——表1-4中与 C_P 相近的污染物浓度限值的高位值;

BP_{Lo}——表1-4中与 C_P 相近的污染物浓度限值的低位值;

$IAQI_{Hi}$——表1-4中与 BP_{Hi} 对应的空气质量分指数;

$IAQI_{Lo}$——表1-4中与 BP_{Lo} 对应的空气质量分指数。

表1-4 空气质量分指数级别及对应的污染物项目浓度限值

空气质量分指数(IAQI)	污染物项目浓度限值									
	二氧化硫(SO₂)24小时平均/(μg·m⁻³)	二氧化硫(SO₂)1小时平均/(μg·m⁻³)①	二氧化氮(NO₂)24小时平均/(μg·m⁻³)	二氧化氮(NO₂)1小时平均/(μg·m⁻³)①	颗粒物(粒径小于等于10μm)24小时平均/(μg·m⁻³)	一氧化碳(CO)24小时平均/(mg·m⁻³)	一氧化碳(CO)1小时平均/(mg·m⁻³)①	臭氧(O₃)1小时平均/(μg·m⁻³)	臭氧(O₃)8小时滑动平均/(μg·m⁻³)	颗粒物(粒径小于等于2.5μm)24小时平均/(μg·m⁻³)
0	0	0	0	0	0	0	0	0	0	0
50	50	150	40	100	50	2	5	160	100	35
100	150	500	80	200	150	4	10	200	160	75
150	475	650	180	700	250	14	35	300	215	115
200	800	800	280	1 200	350	24	60	400	265	150
300	1 600	②	565	2 340	420	36	90	800	800	250
400	2 100	②	750	3 090	500	48	120	1 000	③	350
500	2 620	②	940	3 840	600	60	150	1 200	③	500

说明:① 二氧化硫、二氧化氮和一氧化碳的1小时平均浓度限值仅用于实时报,在日报中需使用相应污染物的24小时平均浓度限值。

② 二氧化硫1小时平均浓度值高于800 μg/m³ 的,不再进行其空气质量分指数计算,二氧化硫空气质量分指数按24小时平均浓度计算的分指数报告。

③ 臭氧8小时平均浓度值高于800 μg/m³ 的,不再进行其空气质量分指数计算,臭氧空气质量分指数按1小时平均浓度计算的分指数报告。

2. 空气质量指数

空气质量指数按式(1-2)计算:

$$AQI = \max\{IAQI_1, IAQI_2, IAQI_3, \cdots, IAQI_n\} \tag{1-2}$$

式中:IAQI——空气质量分指数;

　　　　n——污染物项目。

(二)空气质量指数级别与首要污染物

空气质量指数级别根据表1-5规定进行划分。

AQI 大于 50 时,IAQI 最大的污染物为首要污染物。若 IAQI 最大的污染物为两项或两项以上时,并列为首要污染物。

IAQI 大于 100 的污染物为超标污染物。

表 1-5　空气质量指数及相关信息

空气质量指数	空气质量指数级别	空气质量指数类别及其表示颜色		对健康影响情况	建议采取的措施
0~50	一级	优	绿色	空气质量令人满意,基本无空气污染	各类人群可正常活动
51~100	二级	良	黄色	空气质量可接受,但某些污染物可能对极少数异常敏感人群健康有较弱影响	极少数异常敏感人群应减少户外活动
101~150	三级	轻度污染	橙色	易感人群症状有轻度加剧,健康人群出现刺激症状	儿童、老年人及心脏病、呼吸系统疾病患者应减少长时间、高强度的户外锻炼
151~200	四级	中度污染	红色	进一步加剧易感人群症状,可能对健康人群心脏、呼吸系统有影响	儿童、老年人及心脏病、呼吸系统疾病患者避免长时间、高强度的户外锻炼,一般人群适量减少户外运动
201~300	五级	重度污染	紫色	心脏病和肺病患者症状显著加剧,运动耐受力降低,健康人群普遍出现症状	儿童、老年人和心脏病、肺病患者应停留在室内,停止户外运动,一般人群减少户外运动
>300	六级	严重污染	褐红色	健康人群运动耐受力降低,有明显强烈症状,提前出现某些疾病	儿童、老年人和病人应当留在室内,避免体力消耗,一般人群应避免户外活动

（三）日报和实时报的发布

空气质量监测点日报和实时报的发布内容包括评价时段、监测点位置、各污染物的浓度及空气质量分指数、空气质量指数、首要污染物及空气质量级别，报告时说明监测指标和缺项指标。

日报时间周期为 24 小时，时段为当日零点前 24 小时。日报的指标包括二氧化硫（SO_2）、二氧化氮（NO_2）、颗粒物（粒径小于等于 10 μm）、颗粒物（粒径小于等于 2.5 μm）、一氧化碳（CO）的 24 小时平均，以及臭氧（O_3）的日最大 1 小时平均、臭氧（O_3）的日最大 8 小时滑动平均，共计 7 个指标。

实时报时间周期为 1 小时，每一整点时刻后即可发布各监测点的实时报，滞后时间不应超过 1 小时。实时报的指标包括二氧化硫（SO_2）、二氧化氮（NO_2）、臭氧（O_3）、一氧化碳（CO）、颗粒物（粒径小于等于 10 μm）和颗粒物（粒径小于等于 2.5 μm）的 1 小时平均，以及臭氧（O_3）8 小时滑动平均和颗粒物（粒径小于等于 10 μm）、颗粒物（粒径小于等于 2.5 μm）的 24 小时滑动平均，共计 9 个指标。

习题

1.1　举例说明大气污染的形成原因与危害。

1.2　分析 TSP、PM_{10}、$PM_{2.5}$ 对人体健康危害的途径。

1.3　从一次污染物和二次污染物的角度，分析 NO_x 排放对环境可能造成的影响。

1.4　分析我国城市大气污染的主要特点，简述大气污染的防治途径。

1.5　废气的流量为 1 000 m_N^3/s，SO_2 的体积分数为 $1.6×10^{-4}$，试确定：

① SO_2 在混合气体中的质量浓度（mg/m_N^3）；

② 每天的 SO_2 排放量（kg/d）。

1.6　成人每次吸入的空气量约为 500 cm^3，假定每分钟呼吸 15 次，空气中颗粒物的浓度为 200 $μg/m^3$，试计算每小时沉积于肺泡内的颗粒物质量。已知该颗粒物在肺泡中的沉降系数为 0.12。

1.7　根据我国的《环境空气质量标准》（GB 3095—2012）的二级标准，求出 SO_2、NO_2、CO 三种污染物的日均浓度限值的体积分数。

1.8　在某市中心区的道路两侧监测点测定的大气污染物浓度分别为：

CO　　　$5.2×10^{-6}$（1 小时值的日平均值）

NO_2　　$0.03×10^{-6}$（1 小时值的日平均值）

SO_2　　$2.3×10^{-6}$（1 小时值的日平均值）

TSP　　0.15 mg/m_N^3（1 小时值的日平均值）

PM_{10}　0.035 mg/m_N^3（1 小时值的日平均值）

O_3　　$0.03×10^{-6}$（1 小时值的日平均值）

试问哪些大气污染物超过我国颁布的《环境空气质量标准》（GB 3095—2012）中规定的二级标准。

1.9　某城市当日 SO_2：75 $μg/m^3$，NO_2：115 $μg/m^3$，PM_{10}：140 $μg/m^3$，$PM_{2.5}$：85 $μg/m^3$，CO：4 mg/m^3，O_3（日最大 1 小时平均）:128 $μg/m^3$，O_3（日最大 8 小时滑动平均）:95 $μg/m^3$，试计算当日环境空气质量指数，判定空气质量指数类别和首要污染物。

第二章　燃烧与大气污染

　　燃料的燃烧及其利用在人类生产和生活活动中有着极为重要的作用,然而燃料在燃烧过程中排放大量有害的废物,如 SO_2、烟尘、NO_x、CO_2 和一些烃等,这些有害物质已成为主要的大气污染物。本章主要介绍燃料燃烧过程的基本原理、污染物的生成机理、控制燃烧过程减少污染物的排放量和机动车污染控制等。

第一节　燃　　料

一、燃料的分类

　　燃料是指能在空气中燃烧,其燃烧热可经济利用的物质。目前人们广泛采用的化石燃料包括煤、石油和天然气等统称为常规燃料,其他可燃物质称为非常规燃料,如城市固体废物、商业和工业固体废物、农产物及农村废物、水生植物、污泥处理厂废物、可燃性工业和采矿废物、合成燃料等。燃料的分类一般按物态可分为固体燃料、液体燃料和气体燃料。

(一) 固体燃料

　　固体燃料一般没有气体和液体燃料燃烧容易,且容易发生不完全燃烧,产生的污染物量大。

　　固体燃料主要是煤,它是一种不均匀的有机燃料,主要是由于植物的部分分解和变质而形成的。煤中除了所含的水分和矿物杂质成分外,其可燃成分主要是碳和氢,并含少量的氧、氮、硫。煤就是由很多个不同结构的微小的 C、H、O、N、S 的有机聚合物粒子和矿物杂质、水分等混合而结合成整体的混合物。因此煤的组成因种类和产地的不同而有很大差别。基于沉积年代的分类法,可以把煤分为褐煤、烟煤和无烟煤三类,各类煤的主要性质见表 2-1。

表 2-1　煤的种类和性质

煤的种类	主要性质
褐煤	形成年代最短,呈黑色、褐色或泥土色,结构类似木材,挥发分较高且析出温度较低。干燥后无灰的褐煤中碳含量为 60% ~ 75%,氧含量为 20% ~ 25%。褐煤的水分和灰分含量都较高,燃烧热值较低,不能用于制焦炭,易于破裂
烟煤	形成历史较褐煤为长,呈黑色,外形有可见条纹,挥发分含量为 20% ~ 45%,碳含量为 75% ~ 90%。烟煤的成焦性较强,且氧含量低,水分和灰分含量一般不高,适宜工业上的一般应用
无烟煤	煤化时间最长,具有明亮的黑色光泽,机械强度高。碳含量一般高于 93%,无机物含量低于 10%,因而着火困难,储存时稳定,不易自燃,成焦性极差

煤中的硫通常以硫化铁硫、有机硫、硫酸盐硫的形式存在(表2-2)。能够燃烧并形成污染的是硫化铁硫和有机硫。

表 2-2 煤中硫的分类

煤中硫的分类		存在形态及主要性质	
硫化铁硫		主要代表为黄铁矿硫,是煤中主要的含硫成分。黄铁矿比矸石和煤重得多;本身虽无磁性但在强磁场感应下能够转变为顺磁性物质;和煤炭相比有不同的微波效应,吸收微波能力较强,据此可采用物理或化学方法,把黄铁矿从煤中脱除	
有机硫	原生有机硫	来源于形成煤的植物蛋白质的原生质,一般蛋白质含硫量为5%,以各种不同形式的含硫杂环存在	有机硫主要以噻吩、芳香基硫化物、环硫化物、脂肪族硫化物、二硫化物、硫醇等各种官能团形式存在,且与煤中有机质构成复杂的分子,不宜用一般重力分选的办法除去,需要采用化学方法进行脱硫
	次生有机硫	由一种松懈的键与煤中有机物构成有机联系。在煤中分布不均匀,主要局限于黄铁矿包裹体的周围	
硫酸盐硫		主要以钙、铁和锰的硫酸盐形式存在,以石膏($CaSO_4 \cdot 2H_2O$)为主,也有少量绿矾($FeSO_4 \cdot 7H_2O$),在煤中含量较少	

(二) 液体燃料

液体燃料分为天然液体燃料和人工液体燃料两类,前者是指石油(原油),后者是指石油加工后的产品、合成的液体燃料,以及煤经高压加氢所获得的液体燃料等。液体燃料属于比较清洁的燃料,发热值高且恒定,燃烧产生的污染物较少。

液体燃料主要是石油类。原油是天然存在的,由链烷烃、环烷烃和芳香烃等烃组成的混合液体,这些化合物主要含碳和氢,也有少量的氧、氮、硫等元素,还含有微量金属,如镍、钒等,也可能受氯、砷和铅的污染。原油经蒸馏、裂解、改质、加氢、溶剂处理等过程组合制成石油制品燃料,如液化石油气、汽油、煤油、柴油、重油,工业用量最多的是重油。

1. 汽油

汽油是石油制品中最轻质的燃料,沸点为30~200℃,密度为720~760 kg/m³。用于火花点火发动机(汽车、航空发动机)的燃料。

2. 煤油

煤油是沸点范围为180~300℃的馏分,密度为780~820 kg/m³,是喷气发动机的燃料,也可作为民用燃料。

3. 柴油

柴油是沸点为250~300℃的馏分,密度为800~850 kg/m³,用于柴油发动机等内燃机的燃料。

4. 重油

重油是原油加工的残留物,以重馏分为主,密度大、黏度大、含硫量高、热值低、燃烧性能差。

(三) 气体燃料

气体燃料是防止大气污染最理想的燃料。气体燃料除天然气外,均是由其他液体燃料或固体燃料制成的。气体燃料容易燃烧,燃烧效率高,产生的污染物量很少。

1. 天然气

天然气由油气地质构造地层采出,主要成分为甲烷(约85%)、乙烷(约10%)和丙烷(约3%),还有少量 CO_2、N_2、O_2、H_2S 和 CO 等。天然气是工业、交通、民用燃料和化工原料。

2. 液化石油气

液化石油气(LPG)是石油精炼过程的副产品,含 $C_1 \sim C_4$ 烃类,加压液化后储存和输送,减压气化后燃烧。液化石油气可作为民用或汽车发动机燃料。

3. 裂化石油气

裂化石油气是石油类裂解制得的气体。在城市燃气构成中,替代煤气占有较高的比例。

4. 煤气

煤干馏所得的气体总称煤气,主要成分是甲烷及氢,发热量高。

5. 高炉煤气

与使用焦炭时的发生炉煤气类似,高炉煤气中含较多 CO_2 和粉尘,主要作为钢铁厂热设备的热源及动力使用。

二、燃料的成分

燃料的成分分析主要包括工业分析和元素分析两种。

工业分析主要针对煤进行,包括水分、灰分、挥发分、固定碳等,见表2-3。

燃料(尤其是煤)所含元素很多,通常主要测定碳、氢、硫、氮、氧等几种元素,煤中元素的测定方法见表2-3。

表2-3 煤的组成及分析方法

项目	煤的组成		分析测定方法
工业分析	水分	外部水分	称取一定量的 13 mm 以下粒度的煤样,置于干燥箱内,在 318～323 K 温度下干燥 8 h,取出冷却,干燥后所失去的水分质量占煤样原质量的百分数就是煤的外部水分
		内部水分	将失去外部水分的煤样继续在 375～380 K 下干燥约 2 h,所失去的水分质量占试样原来质量的百分数即内部水分
	灰分		煤中不可燃矿物物质的总称,其含量和组成因煤种及粗加工的不同而异
	挥发分		系煤干馏时所释放出的气态可燃物质,将风干的煤样在 1 200 K 的炉中加热 7 min,以减少的质量占煤样原质量的百分数,减去该煤样水分含量
	固定碳		从煤中扣除水分、灰分和挥发分后剩下的部分就是固定碳
元素分析	碳和氢		通过燃烧后分析尾气中 CO 和 H_2O 的生成量而测定
	氮		在催化剂作用下使煤中氮转变为氨,继而用碱吸收,最后用酸滴定
	硫		将样品放在氧化镁和无水碳酸钠的混合物上加热,使硫化物转变为硫酸盐,再以重量法测定硫酸钡沉淀而测定

三、燃料的发热量

燃料的发热量是单位燃料完全燃烧产生的热量,单位为 kJ/kg(固体、液体燃料)或 kJ/m³(气体燃料)。燃料的发热量有高位发热量与低位发热量之分。前者包括燃料燃烧生成物中水蒸气的汽化潜热,后者指燃烧产物中水蒸气仍以气态存在时完全燃烧所释放的热量。由于一般燃烧设备的排烟温度高于水的露点,故可利用的热量是低位发热量。

第二节　燃料的燃烧

一、燃烧过程

燃烧是指可燃混合物的快速氧化过程,并伴随着能量的释放,同时使燃料的组成元素转化为相应的氧化物。多数化石燃料完全燃烧的产物是二氧化碳和水蒸气。不完全燃烧过程将产生黑烟、一氧化碳和其他部分氧化产物等大气污染物。若燃料中含有硫和氮,则会生成 SO_2 和 NO_x。

二、燃烧的基本条件

(一) 温度

燃料只有达到着火温度,才能与氧化合而燃烧。着火温度系在氧存在下可燃物质开始燃烧所必须达到的最低温度。各种燃料都具有自己特征的着火温度,按固体燃料、液体燃料、气体燃料的顺序上升。在燃烧过程中必须保持足够高的温度。如果温度较低,则燃烧速率较缓慢,最终导致灭火。另外,在燃烧过程中不同的温度下生成的燃烧产物也各异。因此,温度不仅对燃烧速率起着重要的作用,同时也影响着燃烧过程中生成的燃烧产物的成分和数量。

(二) 空气

氧气是燃烧过程中必不可少的要素,燃烧过程中的氧通常是通过空气供给的。如果空气供应不足,燃烧就不完全。相反空气量过大,也会降低炉温,增加锅炉的排烟热损失,并会使 NO_x 的发生量增加。

(三) 时间

燃料在燃烧室中的停留时间是影响燃烧完全程度的另一基本因素。燃料在高温区的停留时间应超过燃料燃烧所需要的时间。因此,在所要求的燃烧反应速率下,停留时间将决定于燃烧室的大小和形状。反应速率随温度的升高而加快,所以在较高温度下燃烧所需要的时间较短。

(四) 燃料和空气混合

在燃烧过程中虽然选择合适的空气过剩系数,但燃料是否能够充分燃烧还要视燃料和空气是否充分混合而决定,只有它们充分混合才能使燃料燃烧完全,且混合越快、燃烧越快。若混合不充分,将导致不完全燃烧产物的产生。因此燃料和空气混合的程度往往是决定燃烧是否完全、快慢,以及是否产生黑烟、一氧化碳量的一个重要因素。为此,需要采取措施,使进入燃烧室的空气成为湍流运动。对于蒸气相的燃烧,湍流可以加速液体燃料的蒸发。对于固体燃料的燃烧,湍流有助于破坏燃烧产物在燃料颗粒表面形成的边界层,从而提高表面反应的氧利用率,并使燃烧过程加速。

适当控制空燃比、温度、时间和湍流度,是在大气污染物排放量最低条件下实现有效燃烧所必需的,通常把温度(temperature)、时间(time)和湍流(turbulence)称为燃烧过程的"3T"。

三、燃料燃烧的空气量

(一) 理论空气量

理论空气量是指单位燃料(气体燃料一般以 $1\ m_N^3$ 为基准,固体和液体燃料一般以 $1\ kg$ 为基准)按燃烧反应计量方程式计算完全燃烧所需的空气量。理论空气量是燃料完全燃烧时所需的最小空气量。建立燃烧化学方程式时,通常假定:① 空气仅仅是由氮和氧组成,其体积比为 $79/21 = 3.762$;② 参加反应的元素为碳(C)、氢(H)、硫(S)、氧(O);③ 燃料中的硫主要被氧化为 SO_2;④ 热力型 NO_x 的生成量较小,燃料中含氮量也较低,在计算理论空气量时可以忽略;⑤ 计算时空气和烟气所含有的各种组分(包括水蒸气),均按理想气体计算。

据此,可写出燃料组成为 $C_xH_yS_zO_w$ 与空气中氧完全燃烧的化学反应式:

$$C_xH_yS_zO_w + \left(x + \frac{y}{4} + z - \frac{w}{2}\right)O_2 + 3.762\left(x + \frac{y}{4} + z - \frac{w}{2}\right)N_2$$

$$\longrightarrow xCO_2 + \frac{y}{2}H_2O + zSO_2 + 3.762\left(x + \frac{y}{4} + z - \frac{w}{2}\right)N_2$$

按照上式,可以得出理论空气量的计算式。

对气体燃料,按化学组分(共 n 种):

$$V_a^0 = 4.762\sum_{i=1}^{n}\varphi_i\left(x + \frac{y}{4} + z - \frac{w}{2}\right) \tag{2-1}$$

式中:V_a^0——气体燃料燃烧的理论空气量,$m^3/(m^3\ 干燃气)$;

φ_i——i 组分的体积分数。

对固体和液体燃料,按元素组成计算:

$$V_a^0 = 8.881w_{C,y} + 3.329w_{S,y} + 26.457w_{H,y} - 3.333w_{O,y} \tag{2-2}$$

式中：$\qquad V_a^0$——固体或液体燃料燃烧的理论空气量，$m^3/($ kg 燃料$)$；

$w_{C,y}, w_{S,y}, w_{H,y}, w_{O,y}$——燃料中碳、硫、氢、氧的质量分数。

（二）实际空气量

为了保证完全燃烧，往往必须多供应一些空气，则实际空气耗量为：

$$V_a = \alpha V_a^0 \qquad\qquad (2-3)$$

式中：α——炉膛出口处的空气过剩系数，它的最佳值与燃料种类、燃烧方式，以及燃烧设备结构的完善程度有关。空气过剩系数是燃料在锅炉中燃烧及锅炉运行中非常重要的指标之一，它对大气污染也影响较大，空气过剩系数太大，将使烟气量增加，热损耗也增加；空气过剩系数太小，则不能保证燃烧完全，就会增加黑烟和一氧化碳的排放量。一般 α 取为 1.03 ~ 1.05。

（三）空燃比

空燃比（AF）定义为单位质量燃料燃烧所需要的空气质量，它可以由燃烧方程式直接求得。例如，甲烷在理论空气量下的完全燃烧：

$$CH_4 + 2O_2 + 7.52N_2 \longrightarrow CO_2 + 2H_2O + 7.52N_2$$

空燃比（AF）= 17.2

随着燃料中氢相对含量减少，碳相对含量增加，理论空燃比随之减小。例如汽油（按 C_8H_{18} 计）的理论空燃比为 15，纯碳的理论空燃比约 11.5。同时也可以根据燃烧方程式计算燃烧产物的量，即燃料燃烧产生的烟气量。

四、燃烧产生的污染物

燃烧烟气主要由悬浮的少量颗粒物、燃烧产物、未燃烧和部分燃烧的燃料、氧化剂，以及惰性气体（主要为 N_2）等组成。燃烧可能释放出的污染物有：一氧化碳、硫氧化物、氮氧化物、烟、飞灰、金属及其氧化物、金属盐类、醛、酮和稠环烃等，这些都是有害物质，它们的形成与燃料种类、燃烧条件、燃烧组织有关。

气体燃料因含硫量、含尘量低，相对而言是一种清洁的优质燃料。气体燃料不完全燃烧时，除生成 CO 外，还会发生脱氢、缩合、环化和芳香化等一系列化学反应，形成芳香族化合物，再缩合为炭黑类物质。气体燃料中出现大气污染物由少到多的顺序是：天然气→液化石油气→发生炉煤气→焦炉煤气→高炉煤气。

液体燃料燃烧产生的主要污染物是 CO、NO_x 和 HC（包括未燃的烃和燃烧过程生成的炭黑类烃）。燃用重油时，除上述三种污染物外，还有 SO_2。液体燃料产生炭黑由少到多的顺序是：柴油→中油→重油→煤焦油。

煤燃烧生成的大气污染物有 CO_2、CO、NO_x、SO_2、炭黑和飞灰。CO_2 是煤中碳完全燃烧的产物，CO 则是不完全燃烧的产物。炭黑是在不完全燃烧时，因热解而生成的炭粒以及生成由碳、氢、氧、硫等组成的有机化合物，其中有苯并[a]芘等致癌物质。此外，煤燃烧还会带来汞、砷等微量重金属污染，氟、氯等卤素污染和低水平的放射性污染。

第三节 燃烧过程污染物排放量计算

一、烟气量计算

(一) 理论烟气量

理论烟气量是指供给理论空气量的情况下,燃料完全燃烧产生的烟气量。若不考虑氮的氧化,则理论烟气的组分是 CO_2、SO_2、N_2 和水蒸气。前三种组分合称为干烟气,包括水蒸气在内的组分称为湿烟气。理论烟气量可根据完全燃烧反应式进行计算。

1. 气体燃料的理论烟气量

理论干烟气量为:

$$V_{df}^0 = \sum_{i=1}^n x_i \varphi_i + 0.79 V_a^0 + \varphi_{N_2} + \varphi_{H_2S} \tag{2-4}$$

式中:V_{df}^0——理论干烟气量,$m_N^3/(m_N^3$ 干燃气$)$;

x_i——燃气中任一组分 i 的碳原子数;

φ_i——燃气中组分 i 的体积分数;

φ_{N_2}——燃气中氮的体积分数;

φ_{H_2S}——燃气中 H_2S 的体积分数。

理论湿烟气量为:

$$V_f^0 = V_{CO_2}^0 + V_{H_2O}^0 + V_{N_2}^0 + V_{SO_2}^0$$
$$= \sum_{i=1}^n x_i \varphi_i + \sum_{i=1}^n \frac{y_i}{2}\varphi_i + 1.24(\rho_g + V_a^0 \rho_a) + 0.79 V_a^0 + \varphi_{N_2} + \varphi_{H_2S} \tag{2-5}$$

式中:V_f^0——理论湿烟气量,$m_N^3/(m_N^3$ 干燃气$)$;

y_i——燃气中任一组分 i 的氢原子数;

ρ_g——燃气的湿含量,$kg/(m_N^3$ 干燃气$)$;

ρ_a——空气的湿含量,$kg/(m_N^3$ 干空气$)$;

1.24——1 kg 水蒸气在标准状态下的体积,m_N^3/kg。

2. 固体和液体燃料的理论烟气量

理论干烟气量为:

$$V_{df}^0 = 1.866 w_{C,y} + 0.699 w_{S,y} + 0.79 V_a^0 + 0.799 w_{N,y} \tag{2-6}$$

式中:V_{df}^0——理论干烟气量,$m_N^3/(kg$ 燃料$)$。

理论湿烟气量为:

$$V_f^0 = 1.866w_{C,y} + 11.111w_{H,y} + 1.24(V_a^0\rho_a + w_{W,y}) +$$
$$0.699w_{S,y} + 0.79V_a^0 + 0.799w_{N,y} \qquad (2\text{-}7)$$

式中：V_f^0——理论湿烟气量，m_N^3/kg；

$\quad w_{W,y}$——燃料中水的质量分数。

（二）实际烟气量的计算

因为实际燃烧过程是有过剩空气的，所以燃烧过程中的实际烟气量应为理论烟气量与过剩空气量之和。

$$V_f = V_f^0 + 0.21(\alpha-1)V_a^0 + 0.79(\alpha-1)V_a^0 + 0.0161(\alpha-1)V_a^0$$
$$= V_f^0 + 1.0161(\alpha-1)V_a^0 \qquad (2\text{-}8)$$

式中：V_f——实际烟气量，m_N^3/kg。

二、污染物排放量的计算

通过测定烟气中污染物的浓度，根据实际排烟量，很容易计算污染物的排放量。但在很多情况下，需要根据同类燃烧设备的排污系数、燃料组成和燃烧状况，预测烟气量和污染物浓度。下面以例题来说明有关的计算。

[例2-1] 已知重油的元素分析结果为碳85.5%，氢11.3%，氧2.0%，氮0.2%，硫1.0%。若不考虑空气湿含量，试求1 kg重油燃烧时：(1) 理论空气量和理论烟气量；(2) 干烟气中 SO_2 的浓度及 CO_2 的最大浓度；(3) 10% 过剩空气量下燃烧时，所需的空气量、产生的烟气量及空气过剩系数。

解：(1) 理论空气量可由式(2-2)得到：

$$V_a^0 = 8.881w_{C,y} + 3.329w_{S,y} + 26.457w_{H,y} - 3.333w_{O,y}$$
$$= (8.881\times0.855 + 3.329\times0.01 + 26.457\times0.113 - 3.333\times0.02)\ m_N^3/(kg\ 燃料)$$
$$= 10.550\ m_N^3/(kg\ 燃料)$$

理论烟气量可由式(2-7)得到：

$$V_f^0 = 1.866w_{C,y} + 11.111w_{H,y} + 0.699w_{S,y} + 0.79V_a^0 + 0.799w_{N,y}$$
$$= (1.866\times0.855 + 11.111\times0.113 + 0.699\times0.01 + 0.79\times10.552 + 0.799\times0.002)\ m_N^3/(kg\ 燃料)$$
$$= 11.194\ m_N^3/(kg\ 燃料)$$

$$V_{df}^0 = (11.194 - 11.111\times0.113)\ m_N^3/kg = 9.94\ m_N^3/(kg\ 燃料)$$

(2) 干烟气中 SO_2 的浓度及 CO_2 的最大浓度：

$$\varphi_{SO_2} = \frac{0.699\times0.01}{9.94}\times100\% = 0.07\%$$

重油中碳与理论空气中的氧完全燃烧时，则烟气中的 CO_2 浓度最大。因此：

$$\varphi_{CO_2,max} = \frac{1.866\times0.855}{9.94}\times100\% = 16.1\%$$

(3) 10% 过剩空气下燃烧：

$$\alpha = 1.1$$
$$V_a = 1.1\times10.550\ m_N^3/(kg\ 燃料) = 11.605\ m_N^3/(kg\ 燃料)$$
$$V_f = (11.194 + 0.1\times10.550)\ m_N^3/(kg\ 燃料) = 12.249\ m_N^3/(kg\ 燃料)$$

第四节　燃烧过程中污染物的生成与控制

一、燃烧过程中硫氧化物的生成与控制

（一）燃烧过程中硫氧化物的生成机制

燃料中含有的硫通常是以元素硫、硫化物硫、有机硫和硫酸盐硫的形式存在,前三类为可燃性硫,硫酸盐硫不参与燃烧反应,多数存在于灰烬中,成为不可燃性硫。主要化学反应为:

单体硫的燃烧:
$$S+O_2 =\!\!= SO_2$$
$$SO_2+1/2O_2 =\!\!= SO_3$$

硫铁矿的燃烧:
$$4FeS_2+11O_2 =\!\!= 2Fe_2O_3+8SO_2$$
$$SO_2+1/2O_2 =\!\!= SO_3$$

硫醚等有机硫的燃烧:

$$\begin{array}{c} CH_3CH_2 \\ \diagdown \\ S \longrightarrow H_2S + 2H_2 + 2C + C_2H_4 \\ \diagup \\ CH_3CH_2 \end{array}$$

$$2H_2S+3O_2 =\!\!= 2SO_2+2H_2O$$

上述分析表明:可燃性硫在燃烧时主要生成 SO_2 ,只有 1%~5% 氧化成 SO_3 。只有可燃性硫才会形成 SO_2 (少量 SO_3)。因此,硫氧化物控制主要指 SO_2 的控制。

（二）燃烧过程中硫氧化物的控制

目前燃烧过程减排 SO_2 的主要途径有:燃料脱硫、煤炭转化、燃烧中固硫、清洁能源替代等。

1. 燃料脱硫

（1）煤炭脱硫:煤的燃前脱硫方法按基本原理可分为物理脱硫、化学脱硫和（微）生物脱硫。

物理脱硫是基于煤炭中的硫与煤基体的物理化学性质（如密度、导电性、悬浮性）不同来脱除煤炭中无机硫的方法。该工艺简单,投资少,但只能脱除煤中的无机硫,不能脱除有机硫,而且脱除率不高,当黄铁矿硫在煤中呈细分散状分布时,该法也不能脱除,尤其对低煤化程度的煤。当前常用的物理脱硫工艺有:重力脱硫、浮选脱硫、磁电脱硫。

化学脱硫是通过氧化剂把硫氧化,或者是把硫置换而达到脱硫目的。该法是在高温、高压、氧化剂作用下进行,可脱除无机硫和大部分有机硫,但能耗大、设备复杂,试剂对设备有一定的腐蚀作用,对煤的结构性能有一定的破坏,成本较高。

微生物脱硫是利用微生物能够选择性地氧化有机或无机硫的特点,以除去煤中的硫元素,从而达到脱硫目的。该法具有投资少、条件温和、能耗低、无污染,可将煤中硫转化为可溶性产品等优点,越来越受到人们的广泛关注,但目前还处于开发研究阶段。

（2）重油脱硫：重油中硫含量很高。原油中 80%~90% 的硫经精馏后留在重油中。重油中的硫是有机硫，其化学结构尚不清楚。现在工业上一般采用加氢脱硫，大致可分为直接法和间接法。

直接脱硫工艺将常压精馏的残油引入装有催化剂的脱硫设备，在催化剂的作用下，碳硫键断裂，氢取而代之与硫生成 H_2S，使硫从残油中脱除。脱硫的压力为 70~210 kg/cm^2，温度为 370~480 ℃，所用催化剂是载于 $\gamma-Al_2O_3$ 上的钴、钼、镍金属氧化物，或者将它们组合起来使用。直接法脱硫率可达到 75% 以上。直接脱硫时，在加氢脱硫条件下，含在残油中的沥青高分子化合物和钒、镍的有机金属化合物会分别析出碳和金属，导致催化剂中毒。

间接脱硫工艺将常压残油先进行减压蒸馏，把沥青和金属含量少的轻油和含量多的残油分开，只对轻油进行加压和加氢脱硫，再把这种脱硫油与减压残油合并，而得含硫量为 2%~2.6% 的最终产品。间接脱硫的催化剂与直接脱硫法相同，但它可避免直接脱硫的催化剂中毒问题。

2. 煤炭转化

煤炭转化主要是气化和液化，即对煤进行脱碳或加氢改变其原来的碳氢比，把煤转化为清洁的二次燃料。

（1）煤的气化：煤的气化是指以煤炭为原料，采用空气、氧气、二氧化碳和水蒸气为气化剂，在气化炉内进行煤的气化反应，可以生产出不同组分、不同热值的煤气。煤气中的硫主要以 H_2S 形式存在，大型煤气厂是先用湿法脱除大部分 H_2S，再用吸附和催化转化法脱除其余部分。小型煤气厂一般采用氧化铁脱除 H_2S。

（2）煤的液化：煤的液化是把固体的煤炭通过化学加工过程，使其转化为液体产品（液态烃类燃料，如汽油、柴油等），可分为直接液化和间接液化两大类。直接液化是对煤进行高温、高压、加氢直接得到液化产品的技术；间接液化是先把煤转化为合成气（$CO+H_2$），然后再在催化剂作用下合成液体燃料和其他化工产品的技术。

3. 燃烧中固硫

在燃烧过程中加入白云石（$CaCO_3 \cdot MgCO_3$）或石灰石（$CaCO_3$），在燃烧室内 $CaCO_3$、$MgCO_3$ 受热分解生成 CaO、MgO，与烟气中的 SO_2 结合生成硫酸盐随灰分排掉。

石灰石固硫反应为：
$$CaCO_3 \longrightarrow CaO+CO_2$$
$$CaO+SO_2+0.5O_2 \longrightarrow CaSO_4$$

若固硫剂用白云石，除有上面两个反应外，还发生下列反应：
$$MgCO_3 \longrightarrow MgO+CO_2$$
$$MgO+SO_2+0.5O_2 \longrightarrow MgSO_4$$

影响固硫效果的主要因素有：固硫剂添加量、固硫剂粒度和停留时间等。以钙的化合物为固硫剂，其固硫剂用量 β 一般用钙硫比（Ca/S）来表示：

$$\beta = Ca 与 S 的摩尔比$$
$$= \frac{固硫剂消耗量(g) \times Ca 的质量分数(\%)/40.1(g/mol)}{燃料消耗量(g) \times S 的质量分数(\%)/32(g/mol)} \tag{2-9}$$

固硫剂的添加方式有掺入燃料、加入型煤和喷入炉膛等几种。

（1）掺入燃料：对层燃炉，将固硫剂掺入燃料是很简便的方法，但固硫率不高，当 $\beta=2~3$

时,固硫率仅为 50% 左右,如要达到 90% 的固硫率,则 β 要大于 5,显然成本高,灰渣量大。

（2）型煤固硫:在小型锅炉和民用炉灶燃用的型煤中加入固硫剂,可以减少 SO_2 排放量 50% 以上,减少烟尘排放量 60%,节煤 10%～15%。

（3）向炉膛喷入固硫剂:大型动力燃煤锅炉常用煤粉炉。在煤粉中掺入一定量的石灰石,在炉内燃烧过程中脱去燃料中的硫。所采用的燃烧炉有沸腾炉和循环流化床。沸腾炉燃烧室的结构如图 2-1 所示。采用循环流化床工艺(图 2-2)可使固硫剂反应时间长并对锅炉负荷变化的适应性强。

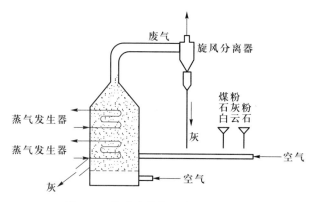

图 2-1　沸腾炉燃烧室的结构原理图

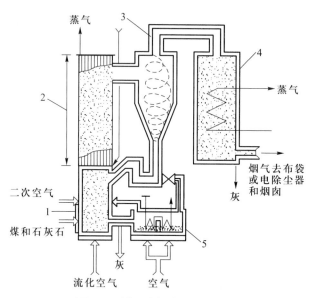

图 2-2　循环流化床结构示意图

1—密相床层;2—水冷壁;3—旋风除尘器;4—对流式锅炉;5—外部换热器

固硫率(被固硫剂吸收的 SO_2 与燃烧生成的 SO_2 之百分数)受固硫剂用量 β 和流化速度的影响见图 2-3。从图中可以看出,当流化速度一定时,固硫率随 Ca/S 增大而增大;当 Ca/S 一定时,随流化速度的降低,固硫率上升。

图 2-4 是固硫率和床层温度的关系。当 Ca/S 为 1.9 时,最高固硫率温度为 800～850 ℃,温

度再升高时,固硫效果急剧下降。进行焙烧反应的最低温度为750 ℃,因而,固硫温度降低时,固硫效果也将降低。当低于750 ℃时,固硫反应就不再进行。而当温度高于1 000 ℃时,硫酸盐也将开始分解。所以,根据固硫反应的要求,沸腾炉温度以800~850 ℃为宜。

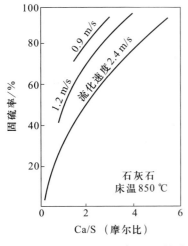

图 2-3　固硫率与 Ca/S(摩尔比)的关系　　　图 2-4　固硫率和床层温度的关系

对许多老电厂,简单的炉内喷钙固硫往往不能满足 SO_2 排放达标,因此炉内喷钙尾部烟道增湿固硫技术(LIFAC)应运而生,增湿使烟气中的 CaO 和 H_2O 反应生成 $Ca(OH)_2$,并与 SO_2 反应,提高了钙的利用效率和固硫效率。常见的 LIFAC 工艺流程见图 2-5。在燃煤锅炉内适当温度区喷射石灰石粉,并在锅炉空气预热器后增设活化反应器,用以脱除烟气中的 SO_2。

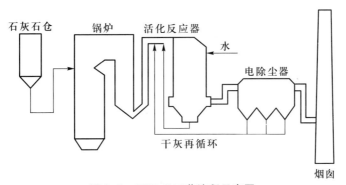

图 2-5　LIFAC 工艺流程示意图

二、燃烧过程中氮氧化物的生成与控制

(一) 燃烧过程中氮氧化物生成的影响因素

燃烧生成的 NO_x 可分为三类:第一类是燃料中固定氮生成的 NO_x,称为燃料型 NO_x;第二类是由燃料燃烧过程中送进炉膛内空气中含有的氮生成,称为热力型 NO_x 或温度型 NO_x;第三类是由于含碳自由基的存在而生成的 NO_x，称为瞬时型 NO_x。

1. 燃料型 NO_x 的生成

化石燃料的含氮量差别很大，石油平均含氮量为 0.65%（质量分数），而大多数煤的含氮量为 1% ~ 2%。当燃用含氮燃料时，含氮化合物在进入燃烧区之前，很可能产生某些热裂解，转化成一些低分子含氮化合物或一些自由基（NH_2、HCN、CN、NH_3 等）。现在广泛接受的反应过程为：大部分燃料氮首先在火焰中转化为 HCN，然后转化为 NH 或 NH_2；NH 和 NH_2 能够与氧反应生成 NO 和 H_2O；或它们与 NO 反应生成 N_2 和 H_2O。因此，火焰中燃料氮转化为 NO 的比例依赖于火焰区内 NO 与 O_2 体积之比。一些研究表明，燃料中 20% ~ 80% 的氮转化为 NO_x。该机理是较低温度下常见的 NO_x 生成机理。

2. 热力型 NO_x 的生成

现在广泛采用的热力型 NO_x 生成模式起源于泽利多维奇（Zeldovich）模型，主要反应如下：

$$O_2 + M \longrightarrow 2O + M$$
$$N_2 + O \longrightarrow NO + N$$
$$N + O_2 \longrightarrow NO + O$$

NO 的生成与温度关系密切，当燃烧温度低于 1 000 ℃时，热力型 NO 生成量极少；当温度高于 1 100 ℃时，是生成 NO_x 的主要时机，而温度在 1 300 ~ 1 500 ℃时，NO 浓度大约为 $5 \times 10^{-4} ~ 1 \times 10^{-3}$。温度对热力型 NO_x 的生成具有决定作用。

3. 瞬时型 NO_x 的生成

瞬时型 NO_x 主要指燃料中 HC 在燃料温度较高区域燃烧时所产生的烃与燃烧空气中的 N_2 分子发生反应，形成 CN、HCN，继而氧化成 NO_x。因此，瞬时型 NO_x 主要产生于 HC 含量较高、氧浓度较低的富燃料区，多发生在内燃机的燃烧过程，而在燃煤锅炉中其生成量极少。

三种 NO 形成机理在煤燃烧时对 NO_x 排放总量的贡献见图 2-6。

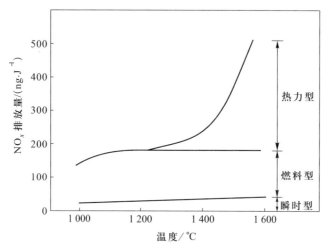

图 2-6　三种 NO 形成机理在煤燃烧过程中对 NO_x 排放总量的贡献

（二）燃烧过程中氮氧化物的控制技术

影响燃烧过程中 NO_x 生成的主要因素是燃烧温度、烟气在高温区的停留时间、烟气中各种组分的浓度,以及混合程度。从实践的观点看,控制燃烧过程中 NO_x 形成的因素包括:① 空燃比;② 燃烧空气的预热温度;③ 燃烧区的冷却程度;④ 燃烧器的形状设计。二段燃烧和烟气再循环等技术,就是在综合考虑了以上因素的基础上产生的减少 NO_x 生成的控制技术。除此之外,在燃烧炉膛内的高温区,也可喷入还原剂,使 NO_x 选择性还原为 N_2,称之为选择性非催化还原脱硝(SNCR)技术。

1. 烟气再循环法

烟气再循环系统如图 2-7 所示,是将一部分锅炉排烟与燃烧用空气混合送入炉内。由于循环气送到燃烧区,使炉内温度水平和氧气浓度降低,从而 NO_x 生成量下降。烟气再循环对热力型 NO_x 的降低有明显的效果。图 2-8 是天然气在供给 7.5% 过剩空气下燃烧时,烟气再循环对 NO_x 排放的影响。从图中可以看出,再循环率从 0% 增至 10%, NO_x 的降低率可达到 60% 以上,再循环率在 10% 以上影响较小。一般的情况下,再循环率增大, NO_x 降低;当再循环率再增大时, NO_x 降低得不多,而渐渐趋近于某一数值,表明烟气再循环对热力型 NO_x 具有抑制作用,而对燃料型 NO_x 抑制效果不明显。

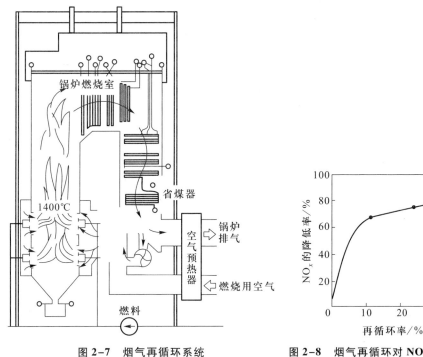

图 2-7　烟气再循环系统　　　　　图 2-8　烟气再循环对 NO_x 的排放影响

2. 二段燃烧法

二段燃烧法是分两次供给空气(图 2-9)。第一次供给的一段空气低于理论空气量,为理论空气量的 85%~90%,燃烧在燃料过浓的条件下进行,造成第一级燃烧区的温度降低,同时氧气量不足, NO_x 的生成量很小,第二次供给的二段空气,为理论空气量的 10%~15%,过量的空气与燃料过浓燃烧生成的烟气混合,完成整个燃烧过程,这时虽然氧气已剩余,但由于温度低,动力学上限制 NO_x 的生成。

图 2-10 所示为一段空气过剩系数对 NO$_x$ 生成量的影响。一段空气过剩系数越小,NO$_x$ 的控制效果越好。但是,空气过剩系数减小,不完全燃烧的产物增加。二段燃烧区主要完成未燃燃料和不完全燃烧产物的燃烧,如果空气过剩系数不恰当,炉膛尺寸不合适,则会使烟尘浓度和不完全燃烧的损失增加。

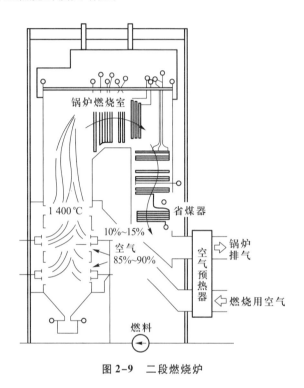

图 2-9　二段燃烧炉

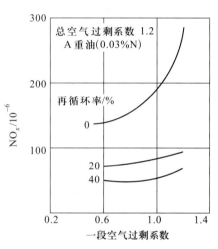

图 2-10　一段空气过剩系数对 NO$_x$ 生成特性的影响

3. 选择性非催化还原脱硝

选择性非催化还原(selective non-catalytic reduction,SNCR)脱硝是在没有催化剂存在的条件下,利用还原剂将烟气中的 NO$_x$ 还原为无害的氮气和水的一种脱硝方法。该方法将氨或尿素等氨基还原剂喷入炉膛温度为 850~1 100 ℃ 的区域,在高温下,还原剂与烟气中的 NO$_x$ 反应生成 N$_2$ 和 H$_2$O,烟气中的氧气却极少与还原剂反应,从而达到对 NO$_x$ 选择性还原、减少烟气中 NO$_x$ 排放的效果。该过程的化学反应为:

以氨为还原剂:　　　　　$4NH_3+4NO+O_2 \longrightarrow 4N_2+6H_2O$

以尿素为还原剂:　　$2CO(NH_2)_2+4NO+O_2 \longrightarrow 4N_2+2CO_2+4H_2O$

图 2-11 为 SNCR 工艺流程示意图。炉膛壁面上安装有还原剂喷嘴,还原剂通过喷嘴喷入烟气中,并与烟气混合,反应后的烟气流出锅炉。还原剂可以是氨水或尿素。SNCR 系统中,影响 NO$_x$ 还原效率的设计和运行参数主要包括反应温度、在最佳温度区域的停留时间、还原剂和烟气的混合程度、NO$_x$ 排放浓度、还原剂和 NO$_x$ 的摩尔比和氨泄漏量等。SNCR 脱硝效率可达 75%,但实际应用中,考虑到 NH$_3$ 消耗和 NH$_3$ 泄漏等问题,SNCR 设计效率为 30%~50%。

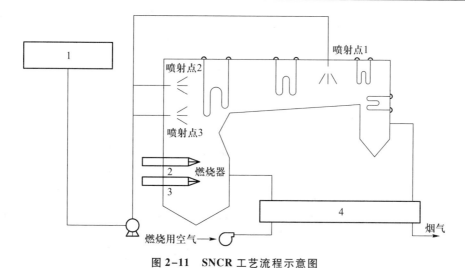

图 2-11　SNCR 工艺流程示意图

1—氨水或尿素贮槽;2—燃烧器;3—锅炉;4—空气加热器

三、燃烧过程中颗粒污染物的形成与控制

(一)炭黑的形成与控制

1. 气体燃料燃烧形成炭黑的控制

气体燃料在燃烧过程中所生成的主要成分为碳的粒子,而这些粒子通常都是积炭。气体燃料燃烧生成的炭黑最少,在燃烧过程中可以容易地控制炭黑的生成。气体燃料燃烧过程中炭黑的形成与燃烧方式有关。

(1)预混合燃烧:预混合燃烧火焰面的温度相当高,燃料与空气接触也非常充分,氧化速率远远大于脱氢或凝聚生成炭黑的速率,因此,几乎不生成炭黑。

(2)扩散燃烧:在扩散火焰中,氧化速率因空气的扩散而被限制,因此火焰温度不像预混合燃烧火焰那样高,有利于脱氢和凝聚反应,且中间生成物在火焰中停留时间长,故在扩散火焰中容易生成炭粒子和炭黑。

(3)燃烧室内燃烧:无论是预混合燃烧还是扩散燃烧,过剩空气量控制在 10%,气体燃料在燃烧室内几乎完全燃烧,不形成炭黑。如果在理论空气量或以下,气体燃料燃烧会形成炭黑。相反,空气量过多,燃烧室内温度下降,燃烧不完全,也会形成炭黑。

2. 液体燃料燃烧形成炭黑的控制

液体燃料的喷雾燃烧与气体燃料的扩散燃烧相似,在火焰中生成炭粒子。空气的扩散速度大,与脱氢和凝聚速率相比,氧化速率更大,故燃烧后炭黑的残留量较少。但是,重油喷雾燃烧时,油雾滴在被充分氧化前,与炽热壁面接触,会发生液相裂解,形成焦炭,称作石油焦;油滴蒸发后残留的焦粒,称作煤胞。煤胞比起气相反应生成的炭粒大得多,其大小与油滴直径相关。在火焰中有时会观察到火花现象,这是焦炭在高温气体中受热发出的辉光,原因是重油油滴过大。

锅炉燃油一般使用重油。各种锅炉的燃烧室几乎都是以水冷壁包围,空气过剩率为 10% ~

30%。特别是燃烧起始时燃烧室内温度较低,容易形成炭黑。因此,启动时使用 A 重油,可防止煤烟生成,燃烧室内的温度上升后,切换为 B 重油或 C 重油,可以防止煤烟生成。中小型锅炉燃烧室负荷比较大,燃烧室内火焰与水冷壁接触急冷,油滴附着在炉壁上,形成煤烟。其对策为:① 喷嘴雾化良好;② 注意燃烧空气量的控制;③ 火焰形状与燃烧室的关系设计时须充分注意。

3. 煤燃烧形成炭黑的控制

通常对火力发电厂的大型燃烧设备,采用煤粉燃烧时,管理良好的情况下,可以控制炭黑几乎不形成,与之相比除尘是主要问题。炭黑的形成与燃烧方式和煤的性状有关。

(1)燃烧方式:在手烧炉中投加冷煤时,在炉箅上原本赤热的煤上覆盖了一定厚度的煤层,造成空气不足,易形成炭黑。因此,添加煤时须注意不要完全覆盖炉箅,部分覆盖可保证煤充分燃烧所需的空气。移动床燃烧设备是连续给煤的,空气供给充分,不存在手烧炉的随给煤时间间隔发生空燃比变化的情况。但是当煤粉与空气混合不充分时,在局部空气不足处会形成炭黑。

(2)煤的性状:炭黑是由于煤中挥发分的烃不完全燃烧形成的。即使挥发分很多,如果同时通入足够量的空气,也可以不形成炭黑。挥发分生成是由温度决定的,空气的通入方式影响煤层中的空隙状态。燃烧时煤膨胀,引起煤层内空隙变化。煤的膨胀程度与其黏结性大体成正比,黏结性大的煤燃烧时炭粒间的空隙会变窄,空气进入煤层的阻力增大。因此,由于煤在高温下燃烧膨胀,煤层中的空气与燃烧气流不均匀,在局部煤层中空气不充分,导致容易形成炭黑。

(二) 燃煤粉尘的生成与控制

煤燃烧过程中形成的烟尘,主要是由煤不完全燃烧产生的。不完全燃烧有两种情况:一种是化学不完全燃烧,主要是由于燃烧时空气量不足、炉膛尺寸不当、空气与煤混合不均匀和燃烧反应时间不够等原因造成的;另一种是机械不完全燃烧,主要是炉膛温度低、通风不均匀造成的。燃烧产生的烟尘量主要取决于燃用的燃料、燃烧方式和燃烧过程的组织情况。

燃用煤颗粒越细,产生的飞灰就越多。煤的性质不同产生的烟尘量也不一样,如燃用煤含挥发物多,当燃烧时挥发物析出,使本身也微细化了。细的煤颗粒伴随气流飞起,烟尘量就增加。对黏结性强的煤,细的烟尘粒子不易从煤层里飞出,烟尘量就可能少些。

燃烧过程的组织(对链条炉就是煤层燃烧的情况)对烟尘的产生影响也很大。如果燃用黏结性煤时,由于黏结部分通风不好,风就集中在未黏结的地方产生火口,会带出大量的飞灰,结果会使烟尘量急剧地增加。又如,在链条炉运行中在原煤中掺入一定的水分,细煤掺入的水分较多,这对减少烟尘很有作用。另外在炉膛内加装二次通风,蒸气喷射等也是减少烟尘的重要措施。

不同的燃烧方式产生的烟尘量大不相同。手烧炉排和链条炉排锅炉,飞灰占燃料中总灰分的 15% ~ 25%,烟尘浓度一般在 $0.1 \sim 5.2 \ g/m_N^3$ 范围内略高些;振动炉排烟尘浓度略高于链条炉,燃烧率为 $131 \ kg/(m^3 \cdot h)$,实测烟尘浓度为 $7.0 \ g/m_N^3$;抛煤机的飞灰量为总灰分的 25% ~ 40%,烟尘浓度可达 $9 \sim 13 \ g/m_N^3$;半沸腾燃烧锅炉烟气带出的飞灰为总灰分的 40% ~ 60%。

四、燃烧过程中其他污染物的形成与控制

（一）CO 形成机制与控制方法

1. 燃烧过程中 CO 的生成机理

CO 是烃类燃料在燃烧过程中的重要中间产物和不完全燃烧产物,燃料燃烧生成 CO 的基本历程如下:

$$RH \longrightarrow R \longrightarrow RO_2 \longrightarrow RCHO \longrightarrow RCO \longrightarrow CO$$

其中,RCO 自由基生成 CO 是通过热分解,或通过下列方式实现:

$$RCO + \{O_2, OH, O, H\} \longrightarrow CO + \cdots$$

在内燃机缸内混合气达到一定的反应温度,并在氧化剂存在的条件下,CO 将继续按链反应机理进行反应,生成最终燃烧产物 CO_2:

$$CO + OH \longrightarrow CO_2 + H$$

在烃类燃料火焰中,通常 OH 的浓度较高,因此 CO 按下式进行反应的速率是很慢的:

$$CO + O_2 \longrightarrow CO_2 + O$$

如果燃烧过程中局部空间和瞬时存在下列条件之一,则 CO 不能继续燃烧生成 CO_2,而被排出:① 燃烧室气体温度突然过低;② 燃烧室气体突然缺乏氧化剂;③ 反应物停留在适合于反应条件的时间过短。

内燃机中的 CO 生成除了跟上述反应有关外,还与 CO_2 和 H_2O 的高温离解反应有关。根据可逆化学理论,烃类燃料在燃烧过程中的最终燃烧产物 CO_2 和中间产物 CO,以及在燃烧室里未被利用的 O_2 在高温度条件下存在如下可逆反应:

$$CO_2 \rightleftharpoons CO + \frac{1}{2}O_2$$

由 CO_2 离解为 CO 和 O_2 的反应为吸热反应,其离解率随温度的升高而增大。

燃料燃烧另一最终产物 H_2O 在高温下会发生分解反应,其分解率也随温度的升高明显变快,其中产物 H_2 能与 CO_2 发生水煤气反应生成 CO 和 H_2O:

$$H_2O \longrightarrow H_2 + \frac{1}{2}O_2$$

$$H_2 + CO_2 \longrightarrow CO + H_2O$$

2. 燃烧过程中 CO 的控制

由于 CO 是燃料燃烧的中间产物,因此对它的生成控制集中在努力使之完全氧化,转化为 CO_2。影响 CO 生成的重要因素是空燃比(指可燃混合气中空气与燃料的质量比)。图 2-12 所示为空燃比对内燃机 CO 排放浓度的影响。由图可知,当空燃比从 11 增至 16 时,排气中的 CO 从 7.5% 降到 0.1%。再提高空燃比,CO 降低甚微。因此,适当控制发动机的空燃比,是降低 CO 排放量的一种有效方法。

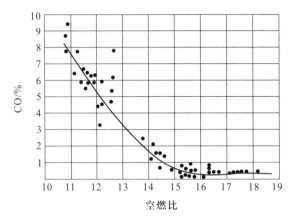

图 2-12　空燃比对 CO 排放浓度的影响

（二）有机污染物的形成机制与控制方法

燃料燃烧时伴随排放相当浓度的苯系物、脂肪烃、多环芳烃（polycyclic aromatic hydrocarbons，PAHs）等烃类有机污染物，直接危害人的健康，特别是 PAHs 为典型的强致癌、致畸物。燃煤排放的有机污染，特别是 PAHs 污染问题正日益成为燃烧过程污染控制的新领域。

烃主要产生于燃料的不完全燃烧过程。影响燃烧过程烃生成的主要因素有燃料组成、燃烧设备中的还原性气氛、烟气中有机前体物与自由基的反应、燃料的燃尽率。

烃的生成浓度受燃料组成的影响很大，一般烯烃和芳香烃含量较高的燃料，燃烧尾气中烃含量较高。PAHs 的生成量与煤中挥发分含量呈强烈的正相关性，与煤的发热量呈极强的负相关性，与无机矿物质含量（灰分）呈弱负相关性。

PAHs 是通过自由基反应生成的。燃料燃烧过程会形成无机氧化性活性粒子，如 OH、HO_2、NO_3、H_2O_2、O_3 和烃类自由基，如 R·、RO_2·、RO·、RCO·、RCO_2·（R 表示烃基）等。这些活性粒子和自由基的相互作用对 PAHs 的生成起着重要的作用。

如果燃烧过程中炉内风量分布不均匀，温度场发生变化，造成局部还原气氛，会导致烃生成量增加。

在高温区燃料燃尽率提高，燃料挥发分裂解，大分子断裂生成的有机前体物和自由基容易受到较强的氧化分解，有效降低炉内自由基浓度，可以减少 PAHs 等烃的生成。

（三）汞的形成机制与控制方法

煤作为世界主要燃料，平均汞含量为 $0.06 \sim 0.33$ mg/kg，燃烧过程中汞的排放和控制已成为继 SO_x 和 NO_x 之后的又一大气污染控制研究重点。燃煤过程中产生的汞大部分以单质 Hg 的形式排放到大气，沉积在土壤和水体中形成 CH_3Hg 等形式的化合物，最终通过食物链进入人体，并在人体中富集，导致人体发病，出现肾功能衰竭和神经系统受损等问题。

汞是一种极易挥发的元素，煤中所含的汞无论是无机态还是有机态，在燃烧过程都将转化为气态单质。在烟气排出的冷却过程中，单质汞与烟气中其他成分作用，形成单质态、氧化态和颗粒态三种不同形态。其中颗粒态汞可在除尘设备中除去；氧化态汞易被吸附，且溶于水，大部分可在烟气除尘或湿法烟气脱硫设备中除去,剩余少量排至大气后很快在排放源附近沉降;而单质态汞易挥发,汞蒸气难以被烟气净化设备捕集,排放至大气可持续 1 a 之久,随风长距离迁移扩散,沉降在广域的陆地和水体。因此,必须重点控制烟气中的单质汞,控制的原理一般是使之形成氧化态。

在燃烧过程中,煤中汞的氧化程度受燃烧设备结构与表面性质、燃烧温度、烟气成分、冷却速率、飞灰量与组成等诸多因素的影响。Sliger 等的研究结果表明,影响最大的是烟气中氯(Cl)的含量与存在形式,烟气中汞的氧化主要是含氯物质与汞作用的结果,Cl 可在任何烟气温度下快速氧化 Hg(g)。燃煤过程中 Cl 的行为特性决定了 Hg(g) 与 Cl 发生氧化反应的程度。当煤中 Cl 元素含量高时,烟气中的汞主要生成 $HgCl_2$。$HgCl_2$ 具有较高的蒸气压,所以 Cl 元素的存在可以大大地增强煤中 Hg 元素的蒸发和延迟 Hg 的凝结,使 Hg 以气态 $HgCl_2$ 的形式停留于气相中,排入大气产生 Hg 污染。但是,由于 $HgCl_2$ 易被吸附剂和飞灰吸附以及可溶于水的性质,而易于在烟气净化设备中去除。

燃烧室的出口温度可以影响烟气中单质汞与其他气体成分的反应程度。较高的燃烧室出口温度延长了烟气在高温快速反应阶段的停留时间,使烟气中单质汞与其他气体成分的化学反应较长时间处于快速反应阶段,有利于单质汞向氧化态汞的转化,这对烟气中的汞向飞灰中迁移,形成颗粒态汞得以固化是非常有效的。

第五节　机动车污染与控制

随着各国经济的发展,人民生活水平的提高,作为现代交通工具的汽车数量迅速增加。2017年底,中国的机动车保有量达 3.10 亿辆,其中汽车保有量达 2.17 亿辆。机动车排放的污染物对城市空气质量的影响日益严重,控制机动车排气污染势在必行。控制机动车污染是一项综合性的工作,涉及城市交通系统规划建设,控制标准、法规,车辆的检查维护制度,以及改进燃料和污染控制技术等诸多因素,需要各方面配合。

一、汽油车污染与控制

(一) 汽油发动机的工作原理与污染来源

汽油发动机一般采用四冲程(图 2-13),即:进气、压缩、燃烧、排气。工作中,发动机推动活塞,通过连杆、曲轴柄带动曲轴旋转向外输出功率,驱动汽车轮胎。四个过程如下:① 活塞在顶部开始,进气阀打开,活塞向下运动,吸入油气混合气;② 活塞向顶部运动压缩油气混合气,使得爆炸更有威力;③ 当活

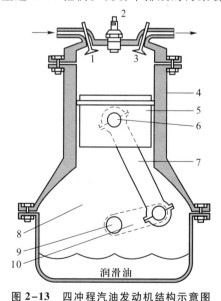

图 2-13　四冲程汽油发动机结构示意图

1—进气阀;2—火花塞;3—排气阀;4—缸体;5—活塞;6—活塞销;7—连杆;8—曲轴箱;9—曲轴;10—曲轴柄

塞到达顶部时,火花塞放出火花点燃油气混合气,爆炸使得活塞再次向下运动;④ 活塞到达底部,排气阀打开,活塞向上运动,尾气从气缸由排气管排出。完成这四个过程,发动机完成一个周期(2 圈)。

汽油车排放的污染物主要有 CO、NO_x、HC、醛、含铅化合物、颗粒物等,表 2-4 列出了汽油车排气的组成。

汽油车排入大气的废气,根据排放途径可分为三部分:

(1) 排气管排气:是指从汽油车燃烧过程产生的通过排气管排入大气的废气,其主要成分 HC、CO、NO_x 等,在汽油车排气总量中所占比例为:CO 99%、HC 55%、NO_x 99%、Pb 100%。

表 2-4   汽油车排气的化学组成

测定项目	空档	加速	定速	减速
烃(C_2H_6 等)平均值/10^{-6}	800	540	480	5 000
烃范围(C_2H_6 等)/10^{-6}	300~1 000	300~800	250~550	3 000~12 000
C_2H_2/10^{-6}	710	170	178	1 096
醛/10^{-6}	15	27	34	199
氮氧化物(NO_2 等)平均值/10^{-6}	23	543	1 270	6
氮氧化物范围(NO_2 等)/10^{-6}	10~50	1 000~4 000	1 000~3 000	5~50
CO/%	4.9	1.8	1.7	3.4
CO_2/%	10.2	12.1	12.4	6.0
O_2/%	1.8	1.5	1.7	8.1
排气量/($m^3 \cdot min^{-1}$)	0.14~0.71	1.1~5.7	0.7~1.7	0.14~0.71
排气温度(消音器入口)	150~300	480~700	420~600	200~420
未燃烧料(乙烷等)/%	2.88	2.12	1.95	18.00

(2) 曲轴箱漏气:是指从活塞环间泄漏到曲轴箱,并由曲轴箱通气孔排入大气的气体,其主要成分是未燃烧的 HC。在没有控制曲轴箱排放时,这部分排放量约占汽油车 HC 总排放量的 25%,CO 和 NO_x 占总排放量的 1%~2%。

(3) 燃料蒸发:是指发动机停止运转时,油箱和化油器的浮子室中燃油的蒸发,经空气过滤器和油箱通气孔散入大气的燃料蒸气,主要是 HC,在不加控制的情况下,这部分燃料蒸气占汽油车 HC 排放总量的 10%~20%。

(二) 汽油车的污染控制

1. 降低污染物排放的发动机技术

(1) 改进点火系统:通过采用高能电子点火系统,加强点火强度并延长火花持续时间,可以加强发动机燃烧过程,降低 HC 的排放。

（2）汽油喷射：汽油喷射是将汽油通过进气管或直接喷入气缸内的供油方法。与化油器供油方式相比,汽油喷射可提高发动机的性能。电子控制喷射装置的控制精度高,它可确保混合气完全燃烧,大幅度减少排气中的 CO、HC 和 NO_x。

（3）废气再循环：将废气的一部分(20% 左右)再吸入气缸,使燃烧室的一部分为废气所占据,降低最高燃烧温度,以减少 NO_x 的生成。

2. 汽油车尾气处理

（1）改进排气管：在化油器正中的排气管底面设有许多褶叶,以使所排的废气能存积在夹空中,利用其热量使混合气中残存的液体进一步气化。另外,这些突出的叶翅尖端已被废气加热,可成为未燃 HC、CO 再循环的热源。

（2）二次空气喷射系统：将新鲜空气喷射到排气道的排气门附近,使高温废气中的 HC、CO 进一步燃烧。

（3）催化反应器：常见的有氧化型催化反应器、还原型催化转化器和三效催化转化器。排气中的 CO 和 HC 在氧化型催化剂作用下,进一步被氧化成 CO_2 和 H_2O。NO_x 在还原型催化剂作用下,利用排气中的 CO、HC 和 H_2 作为还原剂被还原为 N_2。三效催化转化器则可以同时高效去除 CO、HC 和 NO_x。

3. 曲轴箱的污染物排放控制

采用封闭曲轴箱的方法,从空气过滤器引新鲜空气进入曲轴箱,再经流量阀把窜入的主要是 HC 和空气的混合气一起吸走,进而将其燃烧掉。这种方法可以把占汽油车排放 HC 总量25%的窜缸混合气完全处理干净。

4. 汽油蒸发排放控制

油箱和化油器是汽油蒸发排放的两大主要来源。对油箱和化油器采用防热隔热措施,减少周围热源的影响,可以防止两者的温度升高,减少其蒸发损失。

防止汽油蒸发还可采用吸附法,该法是用活性炭罐吸附停车时化油器和油箱的汽油蒸气,而在行车时由新鲜空气使汽油蒸气脱离活性炭,导入进气系统。

二、柴油车污染与控制

（一）柴油发动机的工作原理与污染来源

柴油发动机的每个工作循环也经历进气、压缩、燃烧、排气四个过程。柴油发动机在工作时,吸入柴油发动机气缸内的空气,因活塞的运动而受到较高程度的压缩,达到 $500 \sim 700$ ℃的高温。然后燃油以雾状喷入高温空气中,与空气混合形成可燃混合气,自动着火燃烧。燃烧中释放的能量作用在活塞顶面上,推动活塞并通过连杆和曲轴转换为旋转的机械功。

柴油发动机污染主要来自柴油的燃烧过程,主要污染物分为气体污染物和微粒物质。柴油发动机与汽油发动机污染物排放对比见表 2-5。与汽油发动机不同,柴油发动机主要目标是控制微粒(黑烟)和 NO_x 排放,同时由于柴油具有黏度大、不易蒸发的特点,基本上不存在曲轴箱泄漏和燃油蒸发排放问题。

表 2-5 汽油发动机与柴油发动机排放浓度对比

排放成分	汽油机	柴油机
CO/%	0.5 ~ 2.5	0.05 ~ 0.35
HC/10^{-6}	2 000 ~ 5 000	200 ~ 1 000
NO$_x$/10^{-6}	2 500 ~ 4 000	700 ~ 2 000
SO$_2$/%	0.008	<0.02
黑烟/(g·m^{-3})	0.005 ~ 0.050	0.10 ~ 0.30

（二）柴油车的污染控制

1. 控制污染物排放的发动机技术

（1）废气再循环（EGR）：柴油发动机废气再循环的主要作用是降低热力型 NO$_x$ 生成。EGR 虽可明显降低 NO$_x$，但由于进气加热作用和空气过剩系数下降，会造成黑烟和耗油率的恶化。采用冷却废气再循环则可以明显抑制发动机性能的恶化。低 EGR 对发动机影响不大，EGR 对发动机的负面影响主要体现在大中负荷时。

（2）改进供油系统：主要关键技术包括采用高压喷射，喷油规律和结构参数的优化，预喷射法，缩小喷油嘴孔径并增加孔数，以及推迟喷油提前角等。

（3）采用增压和中冷技术：增压技术由于使进气密度增加，发动机功率可大为提高，燃油经济性也明显改善，CO、HC 和炭烟的排放会有所降低，但随着最高燃烧温度的增加，NO$_x$ 排放有所增加。为此，可采用增压中冷技术使进气温度降低，防止 NO$_x$ 排放恶化。

（4）电控柴油喷油：在直喷式柴油发动机中，当其他参数不变时，加大柴油提前角可以降低排气烟度。因为加大喷油提前角会使喷油运行期加长，使着火前喷入气缸的油量增加而增加预混合量，预混合气增多，则加快了燃烧速率，可使燃烧较早地结束，从而使主燃期形成的炭粒具有较高的温度和在高温下停留较长的时间，有利于炭粒的氧化消失。通过电控柴油喷油系统，实现喷油参数的精确控制，可以显著改善柴油发动机的经济性能和排放性能。

2. 柴油车排气控制技术

柴油车排气控制技术主要有过滤捕集法和催化转化法。柴油车排气中的大量微粒主要靠过滤器、收集器装置捕集，然后通过清扫或燃烧的办法去除，使颗粒捕集器再生利用。而催化转化法与汽油车基本类似，主要分为氧化型催化转化器、NO$_x$ 还原催化转化器和四效催化转化器。最后一种可以在同一催化反应器内同时实现 CO、NO$_x$、HC 和炭烟的去除。

三、新型动力车

（一）电动汽车

电动汽车是指以车载电源为动力，用电机驱动车轮行驶，符合道路交通安全法规各项要求的车辆。电动汽车的优点是：它本身不排放污染大气的有害气体，即使按所耗电量换算为燃煤发电厂的排放,除硫和微粒外,其他污染物也显著减少。由于电力可以从多种一次能源获得,如煤、核能、水能等,所以可以解除人们对石油资源日渐枯竭的担心。电动汽车还可以充分利用晚间用电低谷时富余的电力充电,大大提高其经济效益。正是这些优点,使电动汽车的研究和应用成为汽车工业的一个"热点"。

电池是电动汽车发展的首要关键。电池的好坏决定着电动汽车的成本和汽车的行驶里程。电动汽车的发展过程中出现过多种不同类型的电池,已经商业化使用的电动汽车电池主要有铅酸电池、镍氢电池和锂离子电池。铅酸电池经历了不断的发展和完善,其技术成熟、来源广泛、成本低,目前在小型电动汽车上仍有广泛的应用。镍氢电池单位质量储存能量比铅酸电池多1倍,比能量可达 $70 \sim 80$ Wh/kg,但是它的能量密度并不能满足电动汽车 $150 \sim 200$ Wh/kg 的能量密度需求,同时镍氢电池中镍的较大成分占比限制了其未来的价格降低。在应用于电动汽车的商业电池中,锂离子电池占有最大的份额。锂是最轻、化学性质十分活泼的金属,锂离子电池单位质量储能为铅酸电池的4倍以上,是21世纪纯电动汽车发展的主要动力电池之一。

电池作为能量存储介质,其性能比汽油差很多,即使最强的电池其能量密集度也不会超过汽油的4%,目前对电动汽车仍定位在较短行程且载重量小的机动车上。

(二)燃料电池车

燃料电池车(FCV)是在汽车上通过捕捉原子化合成分子时释放出的电子而把燃料中的化学能直接转化为电能作为驱动力的车辆。燃料电池车的优点是:能量转化效率高,可达 $60\% \sim 80\%$;驱动过程本身不排放污染物和温室气体;无须充电。缺点是成本高,燃料储藏和运输困难。

燃料电池是将氢和氧转化为电能的装置,由燃料(氢、煤气、天然气)、氧化剂(氧气、空气、氯气等)、电极组成,只要不断加入燃料和氧化剂,电池就可以不断产生电能,而产生的废料只是水和热量。未来燃料电池也许可以靠太阳能分解水产生的氢为原料,这样从燃料反应到汽车行驶的整个过程都接近零排放。

(三)混合动力车

混合动力车是让内燃机在燃烧效率相对稳定的行驶条件下发电,并将电能储存进电池,借助电动马达驱使车辆行驶。当前混合动力车一般是指内燃机车发电机和蓄电池的电动汽车。

混合动力车汲取了电池驱动汽车和传统内燃机车的设计思路,集成了两套不同动力系统和各自的燃料储备/辅助系统,在制动时蓄电池还可以回收多余的能量,因此,不仅废气排放减少,能耗低,噪声小,而且能像一般汽油车那样长距离行驶。

四、城市交通规划与管理

城市交通是城市社会活动、经济活动的纽带和动脉,在城市经济发展和人民生活水平的提高方面发挥了重要的作用。近年来,随着城市化进程加快、国民经济的快速发展和人民生活水平的日益提高,城市机动车保有量也快速增加,由此带来的交通拥挤和机动车污染问题也日益突出,加强城市交通规划与管理对控制机动车污染具有重要的作用和意义。

城市交通道路规划必须考虑周边环境所能承受的容量,将交通容量与环境容量一并考虑。

按照机动车排放污染物的性质、排放量、排放的时空分布、污染物的扩散条件设计道路时速和通行能力;规划建设高效便捷的城市快速交通网提高客货运输能力,包括地铁、有轨电车、轻轨和城市快速路、主干路为主的城市道路。优先发展城市公共交通,减少个体交通在市区过度使用;加强交通系统管理策略研究,从节点交通管理策略、干线交通管理策略、区域交通管理策略等不同层次提高道路的通行能力,减缓交通拥挤和堵塞,减少机动车污染物排放量。

严格机动车污染排放管理制度是控制城市交通污染的重要措施。制定轻型车、重型车、摩托车、农用车等各种车型的分年度、逐步严格的排放标准,从源头控制新车的污染。通过年检、路检、入户抽检等方式,促使用户加强车辆维修保养,做好在用车排放监督管理。采取成熟有效的治理措施对在用车进行治理改造,提高污染物去除效率。严格执行车辆报废规定,更新和淘汰不符合标准的机动车。制定逐步改善车用燃料品质的规划,尽快提高车用燃油品质,减少机动车污染物的产生量。

习题

2.1　已知重油元素质量分数分析结果为:C:82.3%,H:10.3%,O:2.2%,N:0.4%,S:4.8%,试计算:

① 燃油 1 kg 所需的理论空气量和产生的理论烟气量;

② 干烟气中 SO_2 的浓度和 CO_2 的最大浓度(以体积分数计);

③ 当空气的过剩量为 10% 时,所需的空气量及产生的烟气量。

2.2　普通煤的各成分质量分数分析为:C:65.7%,灰分:18.1%,S:1.7%,H:3.2%,水分:9.0%,O:2.3%,含 N 量不计。计算燃煤 1 kg 所需要的理论空气量和 SO_2 在烟气中的浓度(以体积分数计)。

2.3　煤的各成分质量分数分析结果如下:S:0.6%,H:3.7%,C:79.5%,N:0.9%,O:4.7%,灰分:10.6%。在空气过剩 20% 下完全燃烧。假如燃料中氮① 60%,② 30% 被转化为 NO,在忽略大气中 N_2 生成 NO 的情况下,计算烟气中 NO 的浓度(以体积分数计)。

2.4　甲烷在空气过剩 20% 的条件下完全燃烧。已知空气的湿度为 0.012 mol(H_2O)/mol(干空气),试计算:

① 燃烧 1 mol 甲烷需要的实际空气量;

② 燃烧产物的量以及烟气的组成。

2.5　城市垃圾的各成分质量分数分析结果如下:H_2O:28.16%,C:25.62%,O:21.21%,H:3.43%,S:0.12%,N:0.64%,灰分:20.82%。它的热值为 9.87 kJ/g,密度 0.38 g/cm^3。湿烟气的各成分质量分数分析结果为:CO_2:7.2%,O_2:10.9%,CO:$300×10^{-6}$,NO_x:$100×10^{-6}$。计算:

① 空气过剩百分数;

② 处理量为 15 m^3/h 的垃圾焚烧炉需要的空气量(以 m_N^3/h 表示);

③ 烟气中 SO_2 的浓度(以体积分数计)。

2.6　普通煤的各成分质量分数分析结果如下:C:65.9%,灰分:17.7%,S:1.9%,H:3.2%,水分:9.0%,O:2.3%(含 N 量不计)。

① 计算燃煤 1 kg 所需要的理论空气量、产生的理论烟气量和 SO_2 在烟气中的浓度(以体积分数计);

② 假定烟尘的排放因子为 80%,计算烟气中灰分的浓度(以 mg/m^3 表示);

③ 假定用流化床燃烧技术加石灰石脱硫,石灰石中含有 Ca 36%。当钙硫比(Ca/S)为 1.6(摩尔比)时,计算燃煤 1 t 需加石灰石的量。

2.7　干烟道气的组成为:CO_2:11%,O_2:8%,CO:2%,SO_2:$120×10^{-6}$(均为体积分数);颗粒物 30.0 mg/m^3(在测定状态下)。烟道气流量在 93 325 Pa 和 443 K 条件下为 576 320 m^3/h,水气含量 8%(体积分数)。试计算:

① 过量空气百分数；

② SO_2 的排放浓度（mg/m^3）；

③ 在标准状态下（101 325 Pa 和 273 K），干烟道气的体积；

④ 在标准状态下颗粒物的质量浓度。

2.8　举例说明燃料脱硫的机理及其应用状况。

2.9　简述燃烧过程中 NO_x 形成机理，分析减少 NO_x 生成的途径。

2.10　简述我国机动车污染状况及其控制途径。

第三章　大气污染控制的基础知识

大气污染控制的研究对象是含气态污染物和颗粒污染物的气体,研究内容是如何从气体中分离颗粒物和处理气态污染物。充分认识气体和颗粒的特性,是研究大气污染物的分离、捕集及处理机理,以及设计、选择、使用净化装置的基础。本章主要介绍气体及颗粒物的基本性质,以及颗粒污染物和气态污染物控制和处理的基础理论知识。

第一节　气体的物理性质

一、气体状态方程

对工程技术上常见的气体(如空气、烟气等),在压力不太高,温度不太接近气体液化点的条件下,均可视为理想气体。气体的体积(V)、温度(T)及压力(p)三者的关系遵循如下状态方程:

$$pV = \frac{m}{M}RT \tag{3-1}$$

式中:p——气体的压力,Pa;

$\quad\quad V$——体积,m^3;

$\quad\quad T$——温度,K;

$\quad\quad m$——气体的总质量,g;

$\quad\quad M$——气体的摩尔质量,g/mol;

$\quad\quad R$——气体常数,$R = 8.314\ \text{J}/(\text{mol} \cdot \text{K})$。

二、气体的湿度

气体的湿度表示气体中水蒸气含量的多少,湿度主要有以下几种表示方法:

(1)绝对湿度:绝对湿度是指单位体积气体中所含的水蒸气质量,等于水蒸气分压下的水蒸气密度。根据理想气体状态方程:

$$\rho_w = \frac{p_w}{R_w T} \tag{3-2}$$

式中:ρ_w——绝对湿度,kg/m^3;

p_w——气体中水蒸气的分压,Pa;

R_w——水蒸气的气体常数,J/(kg·K)。

（2）相对湿度:相对湿度是指气体的绝对湿度与同温度下的饱和绝对湿度之比,亦等于气体的水蒸气分压与同温度下的饱和水蒸气压力之比。

（3）含湿量:气体含湿量一般定义为单位质量的气体中所含液态水蒸气量。

三、气体的密度

污染物和空气混合物的密度可用下式计算:

$$\rho = \varphi_a \cdot \rho_a + \sum_{i=1}^{n} \varphi_i \cdot \rho_i \tag{3-3}$$

式中:φ_a、φ_i——分别为空气和气态污染物的体积分数;

ρ_a、ρ_i——分别为混合物总压下空气的密度和污染物的密度,kg/m^3。

四、气体的比热容

空气、气态污染物和颗粒混合物的平均比热容是混合物各组分比热容的加权平均值,加权函数是组分的质量分数,于是:

$$\overline{C_p} = w_a \cdot C_{pa} + \sum_{i=1}^{n} w_i \cdot C_{pi} \tag{3-4}$$

$$\overline{C_V} = w_a \cdot C_{Va} + \sum_{i=1}^{n} w_i \cdot C_{Vi} \tag{3-5}$$

式中:$\overline{C_p}$、$\overline{C_V}$——分别是混合气体的恒压和恒容比热容,J/(kg·K);

C_{pi}、C_{Vi}——分别是某气体污染物的恒压和恒容比热容,J/(kg·K);

C_{pa}、C_{Va}——分别是空气的恒压和恒容比热容,J/(kg·K);

w_a、w_i——分别是空气和某气态污染物的质量分数。

五、气体的黏度

气态污染物与空气混合物的平均黏度(μ_m),在低压下可用下式计算:

$$\mu_m = \frac{\varphi_a \cdot \mu_a \cdot M_a^{\frac{1}{2}} + \sum_{i=1}^{n} \varphi_i \cdot \mu_i M_i^{\frac{1}{2}}}{\varphi_a \cdot M_a^{\frac{1}{2}} + \sum_{i=1}^{n} \varphi_i \cdot M_i^{\frac{1}{2}}} \tag{3-6}$$

式中:M_a、M_i——分别为空气的相对分子质量和污染组分的相对分子质量;

μ_a、μ_i——分别为空气和污染组分的黏度,Pa·s。

工业废气中,颗粒污染物体积分数的数量级一般为 $10^{-4} \sim 10^{-5}$。因此,颗粒污染物对混合物黏度的影响通常可忽略不计。

第二节　物料衡算与热量衡算

一、物料衡算

(一) 物料衡算式

物料衡算是大气污染控制设计中最基本的内容,它是研究某一个体系内进出物料量及组成的变化。所谓体系,就是物料衡算的范围。物料衡算的理论依据是质量守恒定律,对某一个体系(某个设备或几个设备,一个单元操作或整个大气污染的控制系统),输入体系的物质量应该等于输出物质量与体系内积累量之和,即:

$$\sum G_1 \pm G_R = \sum G_2 + G_A \tag{3-7}$$

式中:$\sum G_1$——输入体系内物质量的总和;

　　　$\sum G_2$——输出体系的物质量的总和;

　　　G_A——积累物质量;

　　　G_R——反应生成或消耗的量。在对反应物作衡算时,由反应而消耗的量,取减号;在对生成物作衡算时,由反应生成的量,取加号。

连续稳定操作中设备内不应有任何物质积累,即 $G_A = 0$,式(3-7)可简化为:

$$\sum G_1 \pm G_R = \sum G_2 \tag{3-8}$$

(二) 物料衡算的基本方法

物料衡算的步骤主要包括:

(1) 搜集计算数据,如输入或输出物料的组成、流量、温度、压力、浓度、密度等,使用统一的单位制;

(2) 画出物料流程简图,标示所有物料线,注明所有已知和未知变量;

(3) 确定衡算体系;

(4) 写出化学反应方程式,包括主反应和副反应;

(5) 选择合适的计算基准,对连续流动体系,通常用单位时间作基准;

(6) 列出物料衡算式,进行数学求解。

〔例 3-1〕　某一喷雾干燥烟气脱硫系统如图 3-1 所示,烟气流量为 300 000 m_N^3/h,烟气中含 SO_2 为 5.0 g/m_N^3。新鲜石灰中 CaO 含量为 92%,系统在钙硫比(Ca/S)为 1.4 的情况下,使尾气中 SO_2 降到了 1.0 g/m_N^3,试计算石灰的消耗量。

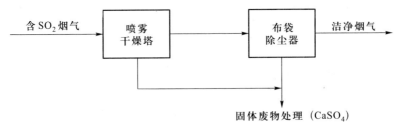

图 3-1 喷雾干燥烟气脱硫系统示意图

解:在系统中,SO_2 与 CaO 发生化学反应:

$$SO_2 + CaO + 1/2 O_2 = CaSO_4$$

设需要石灰为 $G_{石灰}(kg/h)$,对 SO_2 作物料衡算:

(1)进入系统的 SO_2 流率:$5.0 \times 300\,000 \times 10^{-3}$ kg/h = 1 500 kg/h

(2)流出系统的 SO_2 流率:$1.0 \times 300\,000 \times 10^{-3}$ kg/h = 300 kg/h

(3)系统中无 SO_2 生成

(4)系统中 SO_2 的消耗等于 SO_2 与 CaO 的反应量。按 Ca/S = 1.4 计算,SO_2 的消耗量为:$64 \times 0.92 \times G_{石灰}/(1.4 \times 56)$ kg/h

(5)稳态过程,$G_A = 0$,则按式(3-8)可得:

$$[1\,500 - 64 \times 0.92 \times G_{石灰}/(1.4 \times 56)] \text{ kg/h} = 300 \text{ kg/h}$$

$$G_{石灰} = 1\,597.8 \text{ kg/h}$$

二、热量衡算

热量衡算的依据就是能量守恒定律。连续稳定过程热量衡算的基本关系式如下:

$$\sum Q_1 = \sum Q_2 + Q_L \tag{3-9}$$

式中:$\sum Q_1$——单位时间内随物料进入系统的总热量,kJ/s;

$\sum Q_2$——单位时间内随物料离开系统的总热量,kJ/s;

Q_L——单位时间内向环境散失的总热量,kJ/s。

热量衡算也和物料衡算一样,要规定出衡算基准和范围。

[例 3-2] 甲烷气与 20% 过量空气混合,在 25 ℃、0.1 MPa 下进入燃烧炉中燃烧,若燃烧完全,其产物所能达到的最高温度为多少?

解:燃烧炉示意图如图 3-2,反应方程式为:

$$CH_4 + 2O_2 \longrightarrow CO_2(g) + 2H_2O(g)$$

(1)物料衡算,以 1 mol CH_4 为基准:

图 3-2 燃烧炉示意图

进料中:

O_2:$1 \times 2(1+0.2)$ mol = 2.4 mol

N_2:$2.4 \times 0.79/0.21$ mol = 9.03 mol

出料中:

CO_2:1 mol

H_2O:2 mol

O_2:$(2.4-2)$ mol = 0.4 mol

N_2:9.03 mol

（2）热量衡算：

为计算出口气体的最高温度，设在绝热条件下进行燃烧反应，$Q_L = 0$。基准温度取为 25 ℃ ，则：

代入热量，

甲烷与空气均为 25 ℃ ，故热量为 0

燃烧反应的反应热，由手册查得各物质生成热为：

CO_2 : -393.51 kJ/mol , H_2O : -241.83 kJ/mol , CH_4 : -74.85 kJ/mol

$\Delta H_r = [(-393.51) + 2(-241.83) - (-74.85)]$ kJ/mol $= -802.32$ kJ/mol

$Q_1 = (-\Delta H_r)n = 802.32$ kJ

带出热量，

$$Q_2 = \sum_{j=1}^{4} (n_j C_{pj}) \Delta T$$
$$= (C_{p,CO_2} + 2C_{p,H_2O} + 0.4C_{p,O_2} + 9.03C_{p,N_2})(T - 298)$$

由手册查出 CO_2 , $H_2O(g)$, O_2 , N_2 的热容，代入上式：

$$Q_2 = (343.04 + 0.13T - 27.174 \times 10^{-6}T^2)(T - 298)$$

由式（3-9）可得：

$$Q_1 = Q_2 + 0$$
$$(343.04 + 0.13T - 27.174 \times 10^{-6}T^2)(T - 298) \text{ kJ/mol} = 802\ 320 \text{ kJ/mol}$$

试差求解得：$T = 1\ 927$ K

第三节　颗粒粒径及粒径分布

一、粒径

颗粒的大小不同，其物理、化学特性各异，不但对人体和环境的危害不相同，而且对处理设施的去除机制和效果影响也很大。如果颗粒是大小均匀的球体，其直径可作为颗粒的代表尺寸，称为粒径。但实际上，颗粒不仅大小不同，而且形状也各种各样，因此，需要按一定的方法来确定一个表示颗粒大小的最佳代表性尺寸，以作为颗粒的粒径。一般是将粒径分为反映单个颗粒大小的单一粒径和反映由不同颗粒组成的颗粒群的平均粒径。

（一）单一颗粒的粒径

非球形颗粒一般有三种方法来定义粒径：投影径、筛分径及当量粒径。

投影径是指由光学或电子显微镜观测到的颗粒粒径，投影径表示法如图3-3所示。

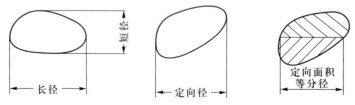

图3-3　颗粒投影径表示法

筛分径是一种最简单且应用最广泛的分离颗粒直径的方法,以能够通过最小筛孔的宽度定义为颗粒的直径。

当量粒径是指与实际颗粒某一物理量相同的球形颗粒的直径。

单个颗粒尺寸的各种表达法可见表 3-1。由表看出,同一颗粒按不同定义所得的粒径,在数值上是不同的。因此,在选用测定方法时应尽可能反映所希望控制的工艺过程的主要要求,在给出和应用粒径分析结果时,应说明所用的测定方法。

表 3-1 单个颗粒尺寸的表达法

测定方法	名称	符号	定义
投影径	面积等分径(Martin 径)	d_M	将颗粒的投影面积二等分的直线长度
	定向径(Feret 径)	d_F	与颗粒投影外形相切的一对平行线之间的距离的平均值
	长径		不考虑方向的最长粒径
	短径		不考虑方向的最短粒径
几何当量径	等投影面积径	d_A	在显微镜观察的平面上与颗粒有同样投影面积的当量圆直径
	等体积直径	d_V	与颗粒具有相同体积的圆球体直径
	等表面积直径	d_S	与颗粒具有相同表面积的圆球体直径
	等面积体积直径	d_{SV}	与颗粒具有相同的外表面积与体积的圆球体直径
物理当量径	自由沉降直径	d_t	在介质中与颗粒有同样密度和相同沉降速度的圆球体直径
	空气动力直径	d_a	在空气中与颗粒有相同沉降速度,且密度为 10^3 kg/m^3 的圆球体直径
	Stokes 直径	d_d	当 $Re_p<1$(层流区)时的自由沉降直径
	分割直径	d_{c50}	除尘器分级效率为 50% 的颗粒的直径

(二)颗粒群的平均粒径

粉尘或气溶胶是由不同大小的颗粒组成的,为了能简明地表示颗粒群的某一物理性质,往往需要按照应用目的求出代表颗粒群特性的粒径平均值,即平均粒径。平均粒径的定义为:对于一个由粒径大小不同的颗粒组成的颗粒群,以及一个由直径相同的球形颗粒组成的假想颗粒群,如果它们具有相同的某一物理性质,则称此球形颗粒的直径为实际颗粒群的平均粒径。常用的几种平均粒径见表 3-2。

二、粒径分布的表示方法

颗粒的粒径分布又称颗粒的分散度,是指某一颗粒群中各种粒径的颗粒所占的比例。如以颗粒的个数所占的比例表示,称为粒数分布;如以颗粒的质量表示所占比例,称为质量分布。除尘技术中常常采用质量分布。

粒径分布的表示方法有表格法、图形法和函数法。下面以粒径测定数据的整理过程来说明粒径分布的表示方法和相应的定义。

表 3-2　颗粒群平均粒径的表示方法

名称	符号	定义	备注
算术平均径	$\overline{d}_{10}$	颗粒群中颗粒直径算术平均值	$\overline{d}_{10} = \dfrac{1}{N} \sum d_i n_i \, (N = \sum n_i)$
中位径	d_{50}	颗粒群中颗粒总质量为 1/2 时的颗粒直径	
众径	d_d	粒径分布中频度最高的粒径	
几何平均径	$\overline{d}_g$	颗粒粒径的几何平均值	$\ln \overline{d}_g = \dfrac{1}{N} \sum n_i \lg d_i$
加权平均径	$\overline{d}_{40}$	颗粒群中各颗粒的直径乘以相应的质量分数加权而成的平均粒径	$\overline{d}_{40} = \sum d_i w_i$

取一粉尘试样,其质量 $m_0 = 4.28\ \mathrm{g}$,经测定得到各粒径范围 Δd_p(或称组距)内粒子的质量为 $\Delta m(\mathrm{g})$。将测定数据及按下述定义计算的结果列入表 3-3,并绘于图 3-4。

(1)频率分布(相对频数分布)ΔD:粒径由 d_p 至 $d_p + \Delta d_p$ 之间的粒子质量占尘样总质量的百分数,即:

$$\Delta D = \frac{\Delta m}{m_0} \times 100\% \tag{3-10}$$

并有:

$$\sum \Delta D = 1 \tag{3-11}$$

用测定数据按式(3-10)计算出各组距 Δd_p 内的 ΔD,填入表 3-3 中并绘出频率分布直方图 3-4(a)。若令 $\Delta d_p \rightarrow 0$,可近似得到一条频率分布曲线。

表 3-3　粒径分布测定和计算结果

序号	粒径范围 $d_p / \mu m$	粒径间隔 $\Delta d_p / \mu m$	平均粒径 $/ \mu m$	粉尘质量 $\Delta m / \mathrm{g}$	频率分布 $\Delta D / \%$	频度分布 $f / (\% \cdot \mu m^{-1})$	筛上累计分布 $R / \%$	筛下累计频率 $D / \%$
1	6 ~ 10	4	8	0.012	0.3	0.07	100.0	0.0
2	10 ~ 14	4	12	0.098	2.3	0.57	99.8	0.2
3	14 ~ 18	4	16	0.360	8.4	2.10	97.5	2.5
4	18 ~ 22	4	20	0.640	15.0	3.75	89.1	10.9
5	22 ~ 26	4	24	0.860	20.1	5.03	74.1	25.9
6	26 ~ 30	4	28	0.890	20.8	5.20	54.0	46.0
7	30 ~ 34	4	32	0.800	18.7	4.68	33.2	66.8
8	34 ~ 38	4	36	0.460	10.7	2.67	14.5	85.5
9	38 ~ 42	4	40	0.160	3.8	0.95	3.8	96.2
10	>42	—	—	0.000	0.0	0.00	0.0	100.0

(2)频率密度分布 $f(\% \cdot \mu m^{-1})$:简称频度分布,系指单位粒径间隔的频率分布,即 $\Delta d_p =$

$1\ \mu m$ 时尘样质量占尘样总质量的百分数,故:

$$f=\frac{\Delta D}{\Delta d_{p}}\tag{3-12}$$

相同地,计算出各 f 值,并绘出频度直方图和分布曲线见图 3-4(b)。

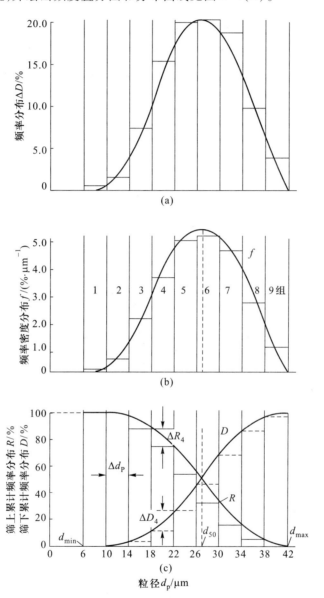

图 3-4　粒径的频率、频度及累计频率分布

(3)筛上累计频率分布 $R(\%)$:简称筛上累计分布,系指大于某一粒径 d_p 的全部粒子质量占尘样总质量的百分数,即:

$$R=\sum_{d_{p}}^{d_{max}}\Delta D=\sum_{d_{p}}^{d_{max}}f(d_{p})\Delta d_{p}\tag{3-13}$$

反之,将小于某一粒径 d_p 的全部粒子质量占尘样总质量的百分数定义为筛下累计频率分布 $D(\%)$,即:

$$D = \sum_{d_{\min}}^{d_p} \Delta D = \sum_{d_{\min}}^{d_p} f(d_p) \Delta d_p \tag{3-14}$$

由计算出的 $R(d_p)$ 和 $D(d_p)$ 值标绘于图 3-4(c)中。

如果 $\Delta d_p \to 0$,可取极限形式,则式(3-13)、式(3-14)可改写成微分形式:

$$R = \int_{d_p}^{d_{\max}} dD = \int_{d_p}^{d_{\max}} f(d_p) d(d_p) \tag{3-15}$$

$$D = \int_{d_{\min}}^{d_p} dD = \int_{d_{\min}}^{d_p} f(d_p) d(d_p) \tag{3-16}$$

由累计频率分布定义:

$$R + D = \int_{d_{\min}}^{d_{\max}} f(d_p) d(d_p) = 100\% \tag{3-17}$$

如果已知描述分布曲线的数学函数,则可计算分布的有关性质:

(1)加权平均径 $\bar{d}_{40}$:

$$\bar{d}_{40} = \frac{1}{100} \sum_{d_{\min}}^{d_{\max}} (\Delta D \cdot d_p) = \frac{1}{100} \sum_{d_{\min}}^{d_{\max}} (f \cdot \Delta d_p \cdot d_p) \tag{3-18}$$

或:

$$\bar{d}_{40} = \frac{1}{100} \int_{d_{\min}}^{d_{\max}} f(d_p) \cdot d_p \cdot d(d_p) \tag{3-19}$$

该平均直径是指 $f(d_p)$ 曲线下的面积形心位置的直径,这是描述分布最常用的平均直径。

(2)众径:位于 $f(d_p)$ 曲线的最高点,即: $\dfrac{df(d_p)}{d(d_p)} = 0$ 。

(3)中位径 d_{50} : $R = D = 50\%$ 时,此处的直径。

当频度分布曲线是对称性分布时(如正态分布),算术平均径、中位径和众径具有相同值;对于频度分布曲线是非对称性分布时,众径<中位径<算术平均径。

三、粒径分布函数

粒径分布比较理想的表示方法是数学函数法。它可用较少特征参数确定的数学函数来表示粒径分布,应用更为方便。目前常用的粒径分布函数表示法是正态分布、对数正态分布及罗辛-拉姆勒分布(R-R 分布)。

(一)正态分布

正态分布的频率密度函数为:

$$f(d_p) = \frac{1}{\sqrt{2\pi}\,\sigma} \exp\left[-\frac{(d_p - d_{10})^2}{2\sigma^2} \right] \tag{3-20}$$

式中: d_{10} ——算术平均粒径;

σ ——几何标准差。

正态分布是最简单的函数形式,它的频率密度分布曲线是关于算术平均粒径 d_{10} 的对称性钟形曲线,因而 d_{10} 和众径 d_{d} 与中位径 d_{50} 相等。它的频率密度分布曲线在正态概率坐标纸上为一直线(图3-5)。该直线上累计频率为50%的粒径就是 d_{10},几何标准差 σ 等于中位径 d_{50} 和筛上累计频率为84.13%的粒径 $d_{84.13}$ 之差,或筛上累计频率为15.87%的粒径 $d_{15.87}$ 和中位径 d_{50} 之差,即:

$$\sigma = d_{50}-d_{84.13}=d_{15.87}-d_{50}=\frac{1}{2}(d_{15.87}-d_{84.13}) \tag{3-21}$$

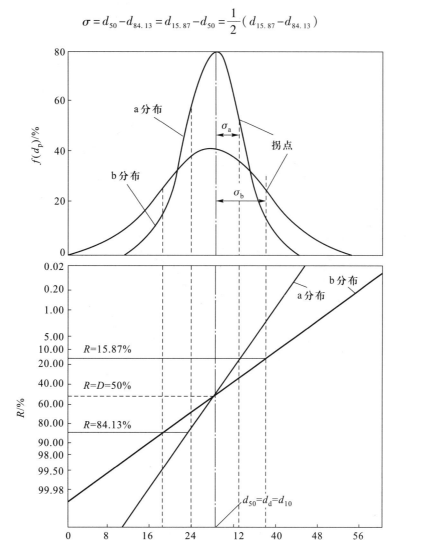

图3-5 正态分布曲线及其特征值估计

(二) 对数正态分布

大部分颗粒群的粒径分布是非对称的,并向粗颗粒方向偏移。如果横坐标用对数坐标代替,就可以将其转化为近似正态分布曲线的对称性钟形曲线。这种经对数转换的正态分布,称为对数正态分布,如图3-6所示。物理过程中形成的粒径分布都倾向于对数正态分布。

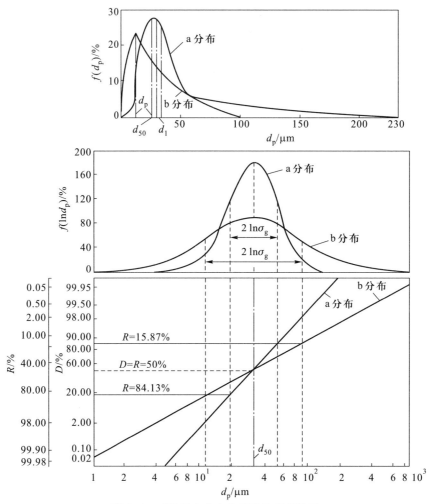

图 3-6 　对数正态分布曲线及特征值估计

对数正态分布的频度函数可表示为：

$$f(\ln d_p) = \frac{1}{\sqrt{2\pi}\ln \sigma_g}\exp\left[-\frac{1}{2}\left(\frac{\ln d_p - \ln \overline{d}_g}{\ln \sigma_g}\right)^2\right] \tag{3-22}$$

式中：$\overline{d}_g$——几何平均直径，与中位径 d_{50} 相等；

σ_g——几何标准差，可由下式计算：

$$\sigma_g = \left[\frac{d_{15.87}}{d_{84.13}}\right]^{\frac{1}{2}} = \frac{d_{50}}{d_{84.13}} = \frac{d_{15.87}}{d_{50}} \tag{3-23}$$

对数正态分布的特点：无论是以质量表示还是以个数或表面积表示的粒径分布，都遵循对数正态分布，且几何标准差相等，在对数概率坐标中代表三种分布的直线相互平行。因此，在坐标图上有了一种分布的直线，要确定另两种分布曲线时，只要知道该线上的一个点即可。中位径最便于确定，其换算式为：

$$d_{50} = d'_{50} \cdot \exp(3\ln^2\sigma_g) \tag{3-24}$$

$$d_{50} = d''_{50} \cdot \exp(0.5\ln^2\sigma_g) \tag{3-25}$$

式中:d_{50}、d'_{50} 和 d''_{50}——分别是以粒子的质量、个数和表面积表示的对数正态分布的中位径。

[例3-3]　经测定某城市大气飘尘的质量粒径分布遵循对数正态分布规律,其中位径为 $d_{50}=5.7~\mu m$,筛上累计分布 $R=15.87\%$ 时,粒径 $d_{15.87}=9.0~\mu m$。试确定以个数表示时对数正态分布函数的特征数。

解:对数正态分布函数的特征数是中位径和几何标准差。由于以个数和质量表示的粒径分布函数的几何标准差相等,按式(3-23)得:

$$\sigma_g = \frac{d_{50}}{d_{84.13}} = \frac{d_{15.87}}{d_{50}} = \frac{9.0}{5.7} = 1.58$$

由式(3-24)得以个数表示的中位径:

$$d'_{50} = \frac{d_{50}}{\exp(3\ln^2\sigma_g)} = \frac{5.7}{\exp(3\ln^2 1.58)}\mu m = 3.04~\mu m$$

（三）罗辛–拉姆勒（R–R）分布

对破碎、研磨、筛分过程中产生的微细颗粒及分布很宽的各种粉尘,其粒径分布更符合罗辛–拉姆勒分布规律,其函数表达式为:

$$R(d_p) = \exp(-\beta d_p^n) \tag{3-26}$$

式中:n——分布指数;

β——分布系数。

对式(3-26)两端取两次对数可得:

$$\lg\left(\ln\frac{1}{R}\right) = \lg\beta + n\lg d_p \tag{3-27}$$

若以 $\lg d_p$ 为横坐标,以 $\lg\left(\ln\frac{1}{R}\right)$ 为纵坐标作图,则可得到一条直线(图3-7)。所以粒径分布规律符合 R–R 分布的颗粒物,其粒径组成数据标绘于 R–R 坐标图上呈一直线,并可求出相应的 n 和 β。

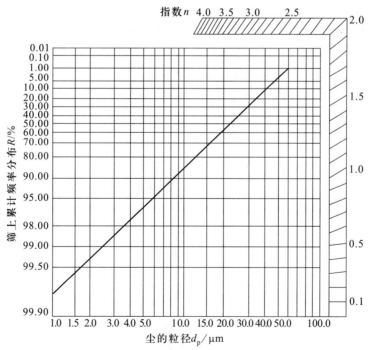

图3-7　罗辛–拉姆勒粒径分布

若将中位径 d_{50} 代入式(3-26)可求得 β，则得到一个常用的 R-R 分布函数表达式：

$$R(d_p) = \exp\left[-0.693\left(\frac{d_p}{d_{50}}\right)^n\right] \tag{3-28}$$

[例 3-4]　已知水泥厂包装机处飘尘的中位径为 1.24 μm，粒径分布指数为 1.7，试计算小于 0.5 μm 的颗粒在总飘尘中的百分比。

解：由式(3-28)得到小于 0.5 μm 的颗粒所占的比例：

$$D = 1 - R = 1 - \exp\left[-0.693\left(\frac{0.5}{1.24}\right)^{1.7}\right] = 0.1375$$

即：小于 0.5 μm 的颗粒所占的百分比为 13.75%。

第四节　粉尘颗粒的物理性质

一、密度

单位体积粉尘颗粒的质量称为颗粒的密度。它一般分为真密度和堆积密度。

（1）真密度：将粉尘颗粒表面和其内部的空气排出后测得的粉尘自身的密度，称为真密度，用 ρ_p 表示，通常用于研究尘粒在气体中的运动等。

（2）堆积密度：包含粉尘颗粒间气体空间在内的粉尘密度，称为堆积密度，用 ρ_b 表示，计算粉尘容积时都用堆积密度。

对于同一种粉尘而言，$\rho_b \leqslant \rho_p$。粉尘的真密度和堆积密度的关系如下：

$$\rho_b = (1-\varepsilon)\rho_p \tag{3-29}$$

式中：ε——粉尘的空隙率，它与粉尘的种类、粒径大小和充填方式等有关。

常见工业粉尘的真密度与堆积密度如表 3-4 所示。

表 3-4　常见工业粉尘的真密度与堆积密度

粉尘种类	真密度 /(g·cm⁻³)	堆积密度 /(g·cm⁻³)	粉尘种类	真密度 /(g·cm⁻³)	堆积密度 /(g·cm⁻³)
滑石粉	2.75	0.56 ~ 0.71	造型黏土尘	2.47	0.72 ~ 0.8
炭黑烟尘	1.85	0.04	铸沙尘	2.7	1
硅沙粉尘 (0.5 ~ 72 μm)	2.63	1.26	硅酸盐水泥尘 (0.7 ~ 91 μm)	3.12	1.5
电炉冶炼尘	4.5	0.6 ~ 1.5	水泥原料尘	2.76	0.29
化铁炉尘	2.0	0.8	水泥干燥尘	3.0	0.6
黄铜熔化炉尘	4 ~ 8	0.25 ~ 1.2	锅炉渣尘	2.1	0.6
铜精炼尘	4 ~ 5	0.2	转炉烟尘	5	0.7
锌精炼尘	5	0.5	石墨尘	2	0.3
铅精炼尘	6	—	矿石烧结尘	3.8 ~ 4.2	1.5 ~ 2.6
铝二次精炼尘	3	0.3	重油铝炉烟尘	1.98	0.2

二、比表面积

粉尘的比表面积定义为单位体积(或质量)粉尘所具有的表面积。粉尘的比表面积的变化范围比较广,大部分在 100 m^2/kg(粗粉尘)至 1 000 m^2/kg(烟炱)之间变动。

粉状物料的许多理化性质,往往与它的比表面积大小有关,小颗粒往往表现出较好的物理、化学活性,如溶解、蒸发、吸附、催化等作用都会因细小颗粒具有较大的比表面积而增强。而对于除尘来讲,比表面积的增大,意味着粉尘粒径的减小,或颗粒形状不规则性增大,将增加沉降和捕集的难度。

三、颗粒的润湿性

粉尘颗粒与液体相互附着难易程度的性质称为颗粒的润湿性。尘粒与液体一旦接触就能扩大润湿表面而相互附着的粉尘称为润湿性粉尘或亲水性粉尘;尘粒与液体接触后润湿表面缩小而不能附着,则称为非润湿性粉尘或疏水性粉尘。

粉尘的润湿性除与粉尘的粒径、组分、温度、含水率、表面粗糙度及荷电性等性质有关外,同时还与液体的表面张力、黏附力及固液接触方式等因素有关。

颗粒的润湿性是选用除尘方式的重要依据之一,对润湿性好的亲水性粉尘,可考虑采用湿式除尘;对润湿性差的疏水性粉尘,一般采用干式除尘。有时为了提高粉尘的润湿性,可在水中加入某些润湿剂(如皂角素),以降低固液间的表面张力,提高粉尘的亲水性。

四、颗粒的荷电性与导电性

颗粒在其产生和运动过程中,粒子与粒子间的碰撞,粒子与器壁间的摩擦,都可能使粒子获得静电荷。在气体电离化的电场内,粒子会从气体离子获得电荷,大粒子是与气体离子碰撞而获得电荷,小粒子则由于扩散而获得电荷。粒子荷电后,将改变它的某些物理性质,如凝聚性、附着性,以及在气体中的稳定性。粒子的荷电性对于纤维层过滤及静电除尘是很重要的。

粉尘的导电性通常以比电阻表示,单位 $\Omega \cdot cm$。粉尘的导电不仅指靠粉尘颗粒本体内的电子或离子发生的所谓容积导电,也包括靠颗粒表面吸附的水分和化学膜发生的所谓表面导电。比电阻高的粉尘,在较低温度下,主要是表面导电;在较高温度下,容积导电占主导地位。粉尘的比电阻是粉尘的主要特性之一,对电除尘器性能有重要影响。

五、颗粒的休止角

粉尘自漏斗连续落到水平板上,自然堆积成圆锥体。圆锥体母线与水平面的夹角称为粉尘的休止角,也称安息角或堆积角。休止角 ϕ_r 是表征粉尘流动性能的一个重要指标,休止角越小,表示颗粒群的流动性越好;反之则越差。一般 $\phi_r < 30°$ 时颗粒很容易自由流动;$30° \leqslant \phi_r < 38°$ 时可以自由流动;$38° \leqslant \phi_r < 45°$ 时是还可以流动的颗粒;$45° \leqslant \phi_r < 55°$ 时呈现黏性粉尘性状;$\phi_r \geqslant 55°$ 是

黏性很高的粉尘。

影响粉尘休止角的因素有:粉尘粒径、含水率、粒子形状、粒子表面光滑程度、粉尘黏性等。粉尘粒径越小,含水率越高,球形系数越小,表面粗糙度越大,黏性越大,则粉尘的休止角越大。

粉尘休止角是设计除尘器灰斗(或粉料仓等)的锥度及输灰管道倾斜度的重要依据。

六、颗粒的黏附性

粉尘颗粒附着在固体表面上,或粉尘彼此相互附着的性质称为黏附性。不同类型的颗粒黏附性不同,例如,锅炉飞灰及粗煤粉只有轻微黏附性,炭黑有中等黏附性,而吸湿的水泥、石灰等则有强烈的黏附性。

粉尘的黏附性既有其有利的一面,也有其有害的一面。例如,颗粒之间由于互相黏附而形成团聚,使粒径增大,是有利于分离的,许多除尘器的捕集机制都是依赖于在施加捕集力以后粉尘对表面的黏附。但是,在含尘气流管道和净化设备中,又要防止粉尘在管壁上黏附,以免造成管道和设备的堵塞。

七、颗粒群的爆炸性

可燃性悬浮粉尘与空气混合后在一定浓度范围内会发生爆炸,能够引起爆炸的浓度范围称作爆炸极限。影响粉尘爆炸性的因素很多,如粉尘的易燃性、分散度、湿度等。

某些粉尘堆积时不易燃烧,但它的悬浮物却易燃而发生爆炸,按其爆炸性强烈次序排列为:细木屑、软木粉、细糖粉、细合成树脂粉、萤石粉、麦芽粉、合成橡胶粉、淀粉、植物纤维等。而有的粉尘(如镁粉和碳化钙等)遇水或与另一种粉尘(如溴与磷、锌粉与镁粉)相互混合后也会发生爆炸。

各种粉尘发生爆炸的最低浓度是不同的,如褐煤粉为 $6\sim8\ \mathrm{g/m^3}$,石煤粉为 $10\sim12\ \mathrm{g/m^3}$,木屑为 $12\ \mathrm{g/m^3}$,铝粉为 $7\ \mathrm{g/m^3}$,合成橡胶粉为 $8\ \mathrm{g/m^3}$。此外,粉尘爆炸所需的最低氧浓度(体积分数)也各不相同,如焦炭粉为 16%,褐煤粉为 14%,木屑、硫黄粉等为 10%,合成树脂、棉花等为 5% 等。

第五节　颗粒捕集的理论基础

一、流体阻力

颗粒在流体中运动,作用在它上面的力除了重力和流体浮力外,还有周围流体对它的阻力。这种阻力包括两方面:由于颗粒具有一定的形状,运动时必须排开其周围的流体,导致其前面的压力较后面大,产生形状阻力;此外,颗粒与其周围流体之间存在摩擦,导致了摩擦阻力。二者一起构成了流体阻力。它的大小取决于颗粒的形状、粒径、表面特性、运动速度及流体的种类和性

质,其方向总是和速度向量方向相反。对一般形状粉尘颗粒的流体阻力,可按下式进行计算:

$$F_D = F_1 + F_2 = C_D A_p \frac{\rho v_s^2}{2} \tag{3-30}$$

式中:F_D——流体阻力,N;

F_1——颗粒的形状阻力,N;

F_2——颗粒的摩擦阻力,N;

C_D——阻力系数;

v_s——颗粒与流体的相对速度,m/s;

A_p——粉尘颗粒垂直于气流方向的最大截面积,m^2;

ρ——粉尘密度,kg/m^3。

当颗粒为球形时,气体对它的阻力 F_D 可用下式表示:

$$F_D = C_D \frac{\pi d_p^2}{4} \cdot \frac{\rho v_s^2}{2} \tag{3-31}$$

式中:d_p——颗粒直径,μm。

C_D 是颗粒雷诺数(Re_p)的函数,即 $C_D = f(Re_p)$,其中 $Re_p = d_p \rho v_s / \mu$,$\mu$ 为气体黏度,Pa·s。通过实验测得球形系数 $\Psi_s = 1$ 的固体颗粒的阻力系数如图 3-8 所示。球形颗粒的 C_D-Re_p 曲线可分为三个区域:

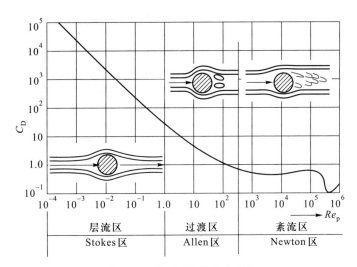

图 3-8 球形颗粒的阻力系数

(1) 当 $Re_p < 1$ 时,称为层流区或斯托克斯(Stokes)区,颗粒运动处于层流状态,C_D 与 Re_p 呈如下关系:

$$C_D = \frac{24}{Re_p} = \frac{24\mu}{d_p v_s \rho} \tag{3-32}$$

将式(3-32)代入式(3-31)则得斯托克斯公式:

$$F_D = 3\pi\mu d_p v_s \tag{3-33}$$

(2) 当 $1 < Re_p < 500$ 时,称为过渡区,颗粒运动渐渐过渡到湍流,C_D 与 Re_p 呈曲线关系。C_D 的

计算式很多,如伯德(Bird)公式:

$$C_D = \frac{18.5}{Re_p^{0.6}} \tag{3-34}$$

(3) 当 $500 < Re_p < 2 \times 10^5$ 时,称为紊流区或牛顿区,颗粒运动处于湍流状态,C_D 几乎不随 Re_p 而变,$C_D = 0.44$,通常所称的牛顿阻力公式为:

$$F_D = 0.44 \frac{\pi d_p^2}{4} \cdot \frac{\rho v_s^2}{2} \tag{3-35}$$

当粒径小到接近气体分子运动平均自由程的微粒在气体介质中运动时,它与气体分子的碰撞将不会连续发生,有可能与气体分子发生相对滑动。在这种情况下,微粒在运动中实际受到的阻力就比连续介质考虑的阻力小。为此而进行的阻力值修正称为滑动修正或康宁汉修正。将康宁汉(Cunningham)滑动修正系数 C 引入到斯托克斯公式:

$$F_D = 3\pi\mu d_p v_s / C \tag{3-36}$$

戴维斯(Davis)以米尔堪(Millkan)的油滴实验为基础,综合热力和动力因素,给出了滑动修正系数表达式:

$$C = 1 + \frac{2\lambda_M}{d_p} \left[1.257 + 0.400 \exp\left(-0.55 \frac{d_p}{\lambda_M} \right) \right] \tag{3-37}$$

式中:λ_M——气体分子运动平均自由程,m。λ_M 可按下式计算:

$$\lambda_M = \frac{\mu}{\rho} \sqrt{\frac{\pi M}{2RT}} \tag{3-38}$$

式中:R——通用气体常数,$R = 8.314 \ \text{J} \cdot (\text{mol} \cdot \text{K})^{-1}$;

$\quad\quad T$——气体温度,K;

$\quad\quad M$——气体的摩尔质量,kg/mol。

对于常压下的空气,卡尔弗特(Calvert)给出了类似的方程:

$$C = 1 + \frac{6.21 \times 10^{-10} T}{d_p} \tag{3-39}$$

对大于 1 μm 的粒子,在常温常压下的空气中运动时一般可忽略滑动修正。

[例3-5] 试计算一球形颗粒在静止干空气中运动时所受的阻力。已知:

(1) $d_p = 100 \ \mu\text{m}, v = 1.0 \ \text{m/s}, T = 293 \ \text{K}, p = 101\ 325 \ \text{Pa}$;

(2) $d_p = 1 \ \mu\text{m}, v = 0.1 \ \text{m/s}, T = 373 \ \text{K}, p = 101\ 325 \ \text{Pa}$。

解:(1) 在 $T = 293 \ \text{K}$ 和 $p = 101\ 325 \ \text{Pa}$ 下,干空气黏度 $\mu = 1.82 \times 10^{-5} \ \text{Pa} \cdot \text{s}$,密度 $\rho = 1.205 \ \text{kg/m}^3$,则颗粒雷诺数:

$$Re_p = \frac{100 \times 10^{-6} \times 1.205 \times 1.0}{1.81 \times 10^{-5}} = 6.66 > 1.0$$

颗粒的运动属过渡区,由式(3-34)得到阻力系数:

$$C_D = \frac{18.5}{6.66^{0.6}} = 5.93$$

代入式(3-31)得到流体阻力:

$$F_D = 5.93 \times \frac{\pi (100 \times 10^{-6})^2}{4} \times \frac{1.205 \times 1^2}{2} \ \text{N} = 2.81 \times 10^{-8} \ \text{N}$$

(2) 在 $T = 373 \ \text{K}$ 和 $p = 101\ 325 \ \text{Pa}$ 下,干空气黏度 $\mu = 2.18 \times 10^{-5} \ \text{Pa} \cdot \text{s}$,

密度 $\rho = 0.947\ \text{kg/m}^3$，则颗粒雷诺数：

$$Re_p = \frac{1\times10^{-6}\times0.947\times0.1}{2.18\times10^{-5}} = 4.34\times10^{-3} < 1.0$$

此时要对斯托克斯公式进行滑动修正，由式（3-38）可得：

$$\lambda_M = \frac{\mu}{\rho}\sqrt{\frac{\pi M}{2RT}} = \frac{2.18\times10^{-5}}{0.947}\sqrt{\frac{\pi\times28.97\times10^{-3}}{2\times8.314\times373}}\ \text{m}$$

$$= 8.82\times10^{-8}\ \text{m}$$

将 λ_M 代入式（3-37），则颗粒的滑动修正系数为：

$$C = 1 + \frac{2\lambda_M}{d_p}\left[1.257 + 0.400\exp\left(-0.55\frac{d_p}{\lambda_M}\right)\right]$$

$$= 1 + \frac{2\times8.82\times10^{-8}}{1\times10^{-6}}\left[1.257 + 0.4\exp\left(-0.55\frac{1\times10^{-6}}{8.82\times10^{-8}}\right)\right]$$

$$= 1.222$$

所以：

$$F_D = \frac{3\pi\mu d_p v_s}{C}$$

$$= \frac{3\times\pi\times2.18\times10^{-5}\times1\times10^{-6}\times0.1}{1.222}\ \text{N}$$

$$= 1.68\times10^{-11}\ \text{N}$$

二、受外力作用的球形颗粒在流体中的运动

静止状态的颗粒受外力（如重力、离心力、电力等）作用时，开始做加速运动，颗粒运动方向与受力方向一致，以后由于流体阻力的不断增加，外力与阻力的差值越来越小，导致加速度逐渐减小，一直到二者相等，加速度为零，颗粒达到其终端速度，并保持这一速度做匀速运动。颗粒的这一过程可用牛顿第二定律来描述：

$$F - F_D = m\frac{dv_s}{dt} = \frac{1}{6}\pi d_p^3\cdot\rho_p\cdot\frac{dv_s}{dt} \tag{3-40}$$

式中：F——颗粒所受外力，N；

ρ_p——颗粒密度，kg/m^3。

由于颗粒的密度较气体的密度大得多，所以上式中未考虑浮力 F_B 的影响。将式（3-31）代入式（3-40）可得：

$$\frac{dv_s}{dt} = \frac{6}{\pi\rho_p d_p^3}F - \frac{3\rho C_D}{4\rho_p d_p}v_s^2 \tag{3-41}$$

当式（3-41）中 $dv_s/dt = 0$，即颗粒运动达到恒速状态，v_t 为一定值，这时的速度称为终端速度 v_t。由式（3-41）可求得：

$$v_t = \left(\frac{8F}{C_D\cdot\pi\rho d_p^2}\right)^{\frac{1}{2}} \tag{3-42}$$

三、重力沉降

在重力场中，气溶胶中的悬浮颗粒必然会在重力的作用下发生沉降。在斯托克斯区，重力

$G = mg = \pi d_p^3 \rho_p g/6$，再将此力代入式（3-42），并考虑滑动修正系数得：

$$v_t = \frac{\rho_p d_p^2 g C}{18\mu} \tag{3-43}$$

［例3-6］　颗粒直径为 0.25 μm，密度为 2 250 kg/m³，在重力作用下，在 20 ℃常压空气中降落，干空气黏度 $\mu = 1.82 \times 10^{-5}$ Pa·s，试计算其终端速度。

解：常压下空气的康宁汉修正因子可由式（3-39）求取：

$$C = 1 + \frac{6.21 \times 10^{-10}(20+273)}{0.25 \times 10^{-6}} = 1.728$$

由式（3-43）求得终端速度为：

$$v_t = \frac{\rho_p d_p^2 g C}{18\mu} = \frac{2\,250 \times (0.25 \times 10^{-6})^2 \times 1.728 \times 9.81}{18 \times 1.82 \times 10^{-5}} \text{ m/s}$$

$$= 7.28 \times 10^{-6} \text{ m/s}$$

四、离心沉降

在工业上，离心沉降原理被广泛应用，旋风分离器、旋风水膜除尘器便是采用这一原理实现气固分离的。

在离心力场中，气溶胶颗粒受到的作用力主要有颗粒旋转运动产生的离心力及颗粒离心沉降时相对于流体运动而受到的流体阻力。在斯托克斯沉降区内匀速运动时，颗粒受到的离心力 F_r 与流体阻力（斯托克斯沉降阻力）F_s 相互平衡。颗粒是在旋转半径为 r 的轨道以角速度 ω_r 运动时，则颗粒所受的离心力为 $F_r = mr\omega_r^2 = \pi d_p^3 \cdot \rho_p r\omega_r^2/6$，代入式（3-42），并考虑滑动修正系数得：

$$v_t = \frac{\rho_p d_p^2 r \omega_r^2 C}{18\mu} \tag{3-44}$$

五、静电沉降

在强电场中，如在电除尘器中，如忽略重力和惯性力等的作用，荷电颗粒所受作用力主要是静电力和气流阻力，当颗粒的荷电量为 q_p，电场强度为 E 时，则颗粒所受的电场力为 $F = q_p \cdot E$，代入式（3-42），并考虑滑动修正系数得：

$$v_t = \frac{q_p E C}{3\pi\mu d_p} \tag{3-45}$$

六、惯性沉降

在集尘装置中，当含尘气流通过液态或固态捕集体（或称靶子）时，如图 3-9 所示，气体将沿气流流线绕过捕集体，而粉尘颗粒则由于比气体分子具有更大的惯性而脱离气体流线，沿虚线向前运动，并与捕集体相撞而被捕获，这种捕获称为惯性沉降。

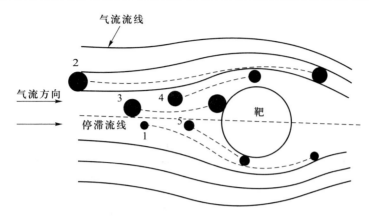

图 3-9　粉尘颗粒在捕集体上的惯性沉降

在图中,颗粒 3 依惯性与捕集体直接相撞而沉降;颗粒 4 和 5 虽避免了直接相撞,但绕过捕集体时因与其表面接触而被拦截捕集;颗粒 1 和 2 则由于粒径较小或偏离捕集体较大而未被捕集。

(一) 惯性碰撞

惯性碰撞的沉降效率又称中靶效率,通常用捕集体捕获的颗粒数,占绕流含尘气体中可能被捕获的粉尘颗粒的百分数来表示。含尘气流中粉尘颗粒的惯性沉降效率,主要取决于捕集体周围的气流速度分布及粉尘颗粒的运动轨迹等因素。

表征颗粒运动的量是斯托克斯准数 Stk,又称惯性碰撞参数:

$$\mathrm{Stk} = \frac{d_\mathrm{p}^2 \rho_\mathrm{p} v_0 C}{18 \mu D} \tag{3-46}$$

式中:v_0——气流未扰动时的颗粒初速度,m/s;

D——捕集体的特性尺寸,m。

当流体中的粉尘颗粒的 Stk 数达到一定值后,颗粒将会离开流线与捕集体相撞。出现碰撞时的最小斯托克斯准数称为临界斯托克斯准数,用 $\mathrm{Stk_{cr}}$ 表示。显然,当含尘气流中粉尘粒子的惯性碰撞准数大于临界惯性碰撞准数时,粉尘粒子会被捕集体捕集;反之则不会被捕集。

在 $\mathrm{Stk} \geqslant 0.1$ 的区域内,有势流动的情况下,球面捕集体的沉降效率,可用下式确定:

$$\eta_\mathrm{Stk} = \left(\frac{\mathrm{Stk}}{\mathrm{Stk} + 0.35} \right)^2 \tag{3-47}$$

(二) 拦截捕集

拦截捕集能够捕集流线与捕集体表面距离小于和等于颗粒半径的所有颗粒。拦截沉降效率取决于拦截参数 $R = d_\mathrm{p}/D$,其定义为颗粒直径与捕集体直径之比。

当流体为有势流时,拦截捕集效率 η_g 可由下式进行计算:

对球形捕集体:

$$\eta_\mathrm{g} = (1 + R)^2 - \frac{1}{1 + R} \tag{3-48}$$

对圆柱形捕集体：

$$\eta_g = 1 + R - \frac{1}{1+R} \tag{3-49}$$

七、扩散沉降

当粉尘颗粒直径较小时，在气体中一般都存在布朗运动，表示粉尘微粒在气体中布朗运动强度的参数称为扩散系数。若粉尘颗粒的尺寸大于气体分子的平均自由程，且处于斯托克斯区域，扩散系数可用下式进行计算：

$$D_B = \frac{kTC}{3\pi\mu d_p} \tag{3-50}$$

式中：D_B——粉尘微粒在气体中的扩散系数，m^2/s；

k——玻尔兹曼常数，$k = 1.38 \times 10^{-23} \ J/K$。

若粉尘颗粒的直径大于气体分子，但小于气体分子的平均自由程时，扩散系数可按朗格缪尔计算式进行计算：

$$D_B = \frac{4kT}{3\pi d_p^2 p} \sqrt{\frac{8RT}{\pi M}} \tag{3-51}$$

式中：p——气体压力，Pa。

粉尘颗粒的扩散沉降效率取决于皮克莱数与雷诺数。捕集体的雷诺数 Re_D 为：

$$Re_D = \frac{v\rho D}{\mu} \tag{3-52}$$

式中：v——无扰动气流中颗粒相对于捕集体的速度，m/s；

D——捕集体的特征尺寸，m。

皮克莱数（Pe）表示由惯性力产生的粒子迁移量与布朗扩散产生的粒子迁移量的比值，其表达式为：

$$Pe = \frac{vD}{D_B} \tag{3-53}$$

对黏性流体，朗格缪尔提出颗粒在圆形捕集体上的扩散沉降效率计算式为：

$$\eta_D = \frac{1.71 Pe^{-\frac{2}{3}}}{(2 - \ln Re_D)^{\frac{1}{3}}} \tag{3-54}$$

对于势流，速度场与 Re_D 无关，在高 Re_D 下纳坦森提出的扩散沉降效率计算式为：

$$\eta_D = \frac{3.19}{Pe^{\frac{1}{2}}} \tag{3-55}$$

第六节　净化装置的性能

净化装置的性能指标主要包括技术指标和经济指标两方面。技术指标主要有处理气体量、压力损失和净化效率等；经济指标主要有设备费、运行费和占地面积等。

一、处理气体量

处理气体量是代表装置处理能力大小的指标，通常用体积流量表示。由于实际运行中净化装置本体漏气等原因，导致装置进出口的气体流量不同，因此采用两者的平均值作为净化装置的处理气体量：

$$q_{V,N} = (q_{V,1N} + q_{V,2N})/2 \qquad (3-56)$$

式中：$q_{V,N}$、$q_{V,1N}$、$q_{V,2N}$——标准状态(273.15 K，101.33 kPa)下净化装置的处理气体量、进口流量和出口流量，m_N^3/s。

净化装置的漏风率 $\delta(\%)$ 可用下式计算：

$$\delta = \frac{q_{V,2N} - q_{V,1N}}{q_{V,1N}} \times 100 \qquad (3-57)$$

二、压降

净化装置进口与出口的全压之差称为净化装置压降或阻力损失 $\Delta p(\text{Pa})$，它反映了净化过程流体所消耗的能量。净化装置的压降可写成如下形式：

$$\Delta p = \xi \frac{\rho v^2}{2} \qquad (3-58)$$

式中：ρ——流体密度，kg/m^3；

$\quad v$——流体速度，m/s；

$\quad \xi$——阻力系数，与分离器结构形式、尺寸、表面粗糙度及雷诺数等有关，一般通过实验或经验公式来确定。

三、净化效率

净化效率是表示净化装置对污染物净化效果的重要技术指标。净化效率定义为：在单位时间内净化装置去除(收集)污染物的量与进入装置的污染物量之百分数，用 η 表示。净化效率的计算主要包括净化总效率、分级效率等。

(一) 净化总效率

如图 3-10 所示，净化装置入口的气体流量为 $q_{V,1N}(m_N^3/s)$、污染物流量为 $q_{m,1}(g/s)$、污染物浓度 $\rho_{1N}(g/m_N^3)$，装置出口的气体流量为 $q_{V,2N}(m_N^3/s)$、污染物流量为 $q_{m,2}(g/s)$、污染物浓度 $\rho_{2N}(g/m_N^3)$，装置捕集的污染物量为 $q_{m,3}(g/s)$，则：

$$q_{m,1} = q_{m,2} + q_{m,3}$$
$$q_{m,1} = \rho_{1N} q_{V,1N}, \quad q_{m,2} = \rho_{2N} q_{V,2N} \qquad (3-59)$$

按照净化效率的定义:

$$\eta = \frac{q_{m,3}}{q_{m,1}} = 1 - \frac{q_{m,2}}{q_{m,1}} \qquad (3-60)$$

或

$$\eta = 1 - \frac{\rho_{2N} q_{V,2N}}{\rho_{1N} q_{V,1N}} \qquad (3-61)$$

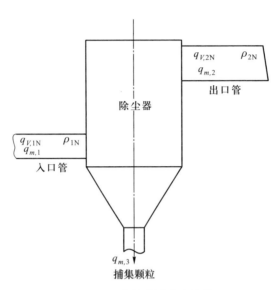

图 3-10 净化装置效率计算

如净化装置不漏风,即 $q_{V,1N} = q_{V,2N}$,则上式简化为:

$$\eta = 1 - \frac{\rho_{2N}}{\rho_{1N}} \qquad (3-62)$$

当污染物浓度很高时,有时将几级净化装置串联使用,若已知每一级的净化效率为 η_1、η_2、η_3、$\cdots$、η_n,则总效率可按下式计算:

$$\eta_T = [1 - (1-\eta_1)(1-\eta_2)(1-\eta_3)\cdots(1-\eta_n)] \qquad (3-63)$$

(二)分级效率

除尘器的除尘效率往往与粉尘粒径有关,粒径越大,越易去除,即除尘器对不同粒径的粉尘具有不同的去除效果,这就提出了分级效率的概念。分级效率系指除尘装置对某一粒径 d_{pi} 或粒径范围 d_{pi} 至 $d_{pi} + \Delta d_p$ 内的除尘效率。

设除尘器进口、出口和捕集的 d_{pi} 颗粒的质量流量分别为 $q_{m,1i}$、$q_{m,2i}$、$q_{m,3i}$,则该除尘器对粒径为 d_{pi} 颗粒的分级效率 η_{di} 为:

$$\eta_{di} = \frac{q_{m,3i}}{q_{m,1i}} = 1 - \frac{q_{m,2i}}{q_{m,1i}} \qquad (3-64)$$

特别地,当 $\eta_{di} = 50\%$ 所对应的粒径,称为除尘器的分割粒径,一般用 d_{c50} 表示,在讨论除尘器的性能时经常用到。

（三）分级效率与净化总效率的关系

1. 由净化总效率求分级效率

如以 ΔD_{1i}、ΔD_{2i}、ΔD_{3i}分别表示除尘器进口、出口和捕集颗粒的相对频数分布,由粒径频率分布和分级效率的定义式有:

$$q_{m,1i} = q_{m,1}\Delta D_{1i}, q_{m,2i} = q_{m,2}\Delta D_{2i}, q_{m,3i} = q_{m,3}\Delta D_{3i}$$

$$\eta_{di} = \frac{q_{m,3}\Delta D_{3i}}{q_{m,1}\Delta D_{1i}} = \eta \frac{\Delta D_{3i}}{\Delta D_{1i}} \tag{3-65}$$

或

$$\eta_{di} = 1 - \frac{q_{m,2}\Delta D_{2i}}{q_{m,1}\Delta D_{1i}} = 1 - \frac{(q_{m,1}-q_{m,3})\Delta D_{2i}}{q_{m,1}\Delta D_{1i}} = 1 - (1-\eta)\frac{\Delta D_{2i}}{\Delta D_{1i}} \tag{3-66}$$

同样地,若以 f_{1i}、f_{2i}、f_{3i}分别表示除尘器进口、出口和捕集颗粒的粒径频率密度分布,则可得到净化总效率和分级效率的关系如下:

$$\eta_{di} = \eta \frac{f_{3i}}{f_{1i}} \tag{3-67}$$

$$\eta_{di} = 1 - (1-\eta)\frac{f_{2i}}{f_{1i}} \tag{3-68}$$

由上可知,在已知 η 和 ΔD_{1i}、ΔD_{2i}、ΔD_{3i}或 f_{1i}、f_{2i}、f_{3i}中任意两项时,可以用式(3-67)或(3-68)计算出分级效率。表3-5 为旋风除尘器分级效率的计算实例。

表 3-5 分级效率的计算实例($\eta=90.8\%$)

粒径范围 $\Delta d_p/\mu m$	粒径频度分布/(%·μm^{-1})			分级效率 η_{di}/%		
	入口 f_1	出口 f_2	捕集 f_3	按式(3-67)计算结果	按式(3-68)计算结果	二式平均结果
0 ~ 5	2.08	16.32	0.64	28.0	27.5	27.8
5 ~ 10	2.80	3.00	2.56	83.1	90.0	86.6
10 ~ 20	1.96	0.24	2.00	92.8	98.7	95.8
20 ~ 40	1.12	0.05	1.16	94.2	99.5	96.9
40 ~ 60	0.70	0	0.74	96.0	100	98.0
≥60	—	0	—	100	100	100

2. 由分级效率求净化总效率

根据某一除尘器净化某类粉尘的分级效率数据和某粉尘的粒径分布数据可以求出该除尘器净化此粉尘时能达到的总除尘效率。由式(3-65)有 $\eta\Delta D_{3i} = \eta_{di}\Delta D_{1i}$,等式两端对各种粒径间隔求和,并注意 $\sum\Delta D_{3i}=1$,可得:

$$\eta = \sum_i \eta_{di}\Delta D_{1i} \tag{3-69}$$

表3-6 给出了这类计算的例子。

表 3-6 由粒径分布和分级效率计算净化总效率的实例

$\Delta d_p / \mu m$	0 ~ 5.8	5.8 ~ 8.2	8.2 ~ 11.7	11.7 ~ 16.5	16.5 ~ 22.6	22.6 ~ 33.0	33.0 ~ 47.0	47.0
$\Delta D_{1i} / \%$	31	4	7	8	13	19	10	8
$\eta_{di} / \%$	61	85	93	96	98	99	100	100
$\eta_{di} \Delta D_{1i} / \%$	18.9	3.4	6.5	7.7	12.7	18.8	10.0	8.0
$\eta / \%$	$\eta = \sum_i \eta_{di} \Delta D_{1i} = 86.0$							

若分级效率以 $\eta_{di} = \eta_d(d_p)$ 函数形式给出,入口尘粒粒径分布以 $\Delta D_{1i} = \Delta D_1(d_p)$ 形式或频度函数 $f_{1i} = f_1(d_p)$ 形式给出,则总效率可按下式积分得到:

$$\eta = \int_0^1 \eta_d(d_p) \, d\Delta D_{1i} = \int_0^\infty \eta_d(d_p) f_1(d_p) \, dd_p \qquad (3-70)$$

习题

3.1 试求甲烷气在 25 ℃,一个大气压下的密度和比热容。

3.2 已知某一定量燃料气中含有甲烷 12 g,乙烷 0.667 g,二氧化碳 0.067 g,试问该燃料气在标准状况下的密度。

3.3 某烟气脱硫系统的烟气处理量为 100 000 m_N^3/h,烟气中含 SO_2 为 4 500 mg/m_N^3。新鲜石灰中 CaO 含量为 96%,系统在钙硫比为 1.2 的情况下,欲使尾气中 SO_2 下降到 100 mg/m_N^3,试计算石灰的消耗量。

3.4 试解释颗粒粒径的下述定义:

① 用当量直径表示的单颗粒粒径有哪几种?

② 什么是 Stokes 直径?什么是空气动力直径?

③ 表示颗粒群粒子粒径分布有哪几种方法?各有何特点?

3.5 已知某粉尘粒径分布如下表所示:

粒径范围/μm	0 ~ 5	5 ~ 10	10 ~ 15	15 ~ 20	20 ~ 25	25 ~ 30
粉尘质量/g	2.5	5.0	11	22	36	46
粒径范围/μm	30 ~ 35	35 ~ 40	40 ~ 45	45 ~ 50	50 ~ 55	55 ~ 60
粉尘质量/g	46	36	22	11	5.0	2.5

① 试判断该粉尘粒径分布属于哪一种形态分布;

② 试将计算出的频率、相对频数、频率密度、筛上和筛下累计分布数绘于图上;

③ 在绘出的图纸上标示出众径、中位径的位置和大小。

3.6 经测定某市大气中飘浮粉尘的质量粒径遵循对数正态分布规律,其中粒径为 $d_{50} = 4.3$ μm,$d_{15.87} = 7.6$ μm。试确定该对数正态分布函数的特征数和算术平均径。

3.7 某平炉炼钢产生的粉尘服从罗辛-拉姆勒分布。已知其中位径为 0.24 μm,粒径分布指数 $n = 1.7$。试确定小于 0.5 μm 和 0.1 μm 两种粒径烟尘占总烟尘量的百分数。

3.8 有两种粒径的粉尘粒子在不同条件空气沉降室中自由沉降,试求在下述条件下,匀速沉降粒子所受到的阻力。已知条件为:

① 粒径 $d_p = 120$ μm,沉降室空气温度 $T = 293$ K,压力 $p = 1.013 \times 10^5$ Pa,沉降速度 $v_0 = 2.38 \times 10^{-5}$ m/s;

② 粒径 $d_p = 1$ μm，沉降室空气温度 $T = 400$ K，压力 $p = 1.013 \times 10^5$ Pa，沉降速度 $v_0 = 0.37$ m/s。

3.9　将两台除尘装置串联在一起净化烟气中的粉尘，其第一级除尘效率为 $\eta_1 = 91.9\%$，第二级除尘效率为 $\eta_2 = 82\%$，问该两级串联除尘系统的总除尘效率为多少？

3.10　已知某粉尘的粒径分布和分级效率如下表所示，试确定总除尘效率。

平均粒径/μm	0.5	2.0	4.0	8.0	10.0	14.0	20.0	22.5
质量频率/%	0.4	7.6	25.0	28.0	16.2	14.3	7.4	1.1
分级效率/%	10.0	48.0	69.0	79.0	87.0	98.0	99.0	100.0

第四章　颗粒污染物控制

废气中颗粒污染物控制系指从废气中分离捕集固态或液态的颗粒,一般称为除尘,其相应净化装置称为除尘器。根据主要除尘机理可分为:机械式除尘器、湿式除尘器、过滤式除尘器、电除尘器等。本章主要介绍几种常用除尘器的工作原理、结构及性能。

第一节　机械式除尘器

机械式除尘器是指利用质量力(重力、惯性力和离心力等)分离粉尘的除尘器,即重力沉降室、惯性除尘器和旋风除尘器等。

一、重力沉降室

重力沉降室是通过重力作用使颗粒污染物从气体中沉降分离的一种除尘装置。如图 4-1 所示,含尘气流由管道进入沉降室后,流速大大降低,大而重的尘粒在重力作用下沉降至底部。

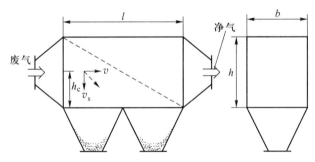

图 4-1　重力沉降室示意图

(一) 沉降室的除尘效率

沉降室的除尘效率,主要决定于气流的流动状态,一般可分为层流式重力沉降和湍流式重力沉降两类。层流式沉降包括:无混合的塞状流和无混合的层流两种流动状态;湍流式沉降则包括:横向混合的湍流和完全混合的湍流。这里仅介绍无混合的塞状流沉降室除尘效率计算。

计算沉降室的除尘效率时,做了如下假定:气流流动状态保持在层流范围内,各断面气流速度分布均匀;颗粒在除尘器入口断面上分布均匀;颗粒的运动轨迹是由两个分速度合成的,在气流(水平)方向,颗粒与气体具有相同的速度 v_0,在垂直方向,忽略气体的浮力,颗粒仅在重力和气体阻力作用下以其终端重力沉降速度 v_s 沉降。

设沉降室的长、宽、高分别为 l、b、h，水平气流速度为 $v_0(\mathrm{m/s})$，处理气体流量为 $q_V(\mathrm{m^3/s})$，则气流在沉降室内的停留时间：

$$t = \frac{l}{v_0} = \frac{lbh}{q_V} \tag{4-1}$$

在时间 t 内，粒径为 d_p 的颗粒的重力沉降高度 h_c 为：

$$h_\mathrm{c} = v_\mathrm{s}t = \frac{v_\mathrm{s}l}{v_0} = \frac{v_\mathrm{s}lbh}{q_V} \tag{4-2}$$

因此，对于粒径为 d_p 的颗粒，只有在高度 h_c 以下进入沉降室，才能以其沉降速度 v_s 沉降到下部灰斗中。若 $h_\mathrm{c} \leqslant h$，则对粒径为 d_p 的颗粒的分级除尘效率为：

$$\eta_i = \frac{h_\mathrm{c}}{h} = \frac{v_\mathrm{s}l}{v_0 h} = \frac{v_\mathrm{s}lb}{q_V} \tag{4-3}$$

对于斯托克斯区域，沉降速度 $v_\mathrm{s} = d_\mathrm{p}^2 \rho_\mathrm{p} g/(18\mu)$，代入上式中得到：

$$\eta_i = \frac{\rho_\mathrm{p} g l}{18\mu v_0 h} d_\mathrm{p}^2 = \frac{\rho_\mathrm{p} g l b}{18\mu q_V} d_\mathrm{p}^2 \tag{4-4}$$

重力沉降室能 100% 去除的最小粒径为：

$$d_{\min} = \sqrt{\frac{18\mu v_0 h}{\rho_\mathrm{p} g l}} = \sqrt{\frac{18\mu q_V}{\rho_\mathrm{p} g b l}} \tag{4-5}$$

（二）沉降室的设计

沉降室的设计包括确定几何尺寸（l、b、h）和分级除尘效率、总除尘效率等。在确定几何尺寸时，首先选定要全部去除的最小粒径 $d_{\min}$，计算出对应的重力沉降速度 v_s^*；再按式（4-3）计算值的一半考虑，则有 $l = 2v_0 h/v_\mathrm{s}^*$。其次，确定平均气流速度 v_0，由选定的高度 h 求出最小宽度 b，或由选定的 b 求出最大高度 h。气流速度 v_0 一般取值范围为 0.2～2m/s，视要求的除尘效率和占地空间大小而定。沉降室尺寸确定后，便可进行分级效率计算。然后根据 η_i 和粉尘粒径分布数据计算总除尘效率。沉降室的压力损失一般为 50～150 Pa。

在实际中为了提高沉降室的除尘效率，可采用设置几层水平隔板的多层沉降室，也有加设一些垂直的挡板，利用气流绕流的惯性作用，成为折流板式沉降室。

沉降室适宜于净化密度大、颗粒粗的粉尘，特别是磨损性很强的粉尘。经过精心设计，能有效地捕集 40 μm 以上的尘粒。但占地面积大、除尘效率低是沉降室的主要缺点，一般用作初级净化装置。

［例 4-1］ 用沉降室作为含尘气流的初级净化装置，粉尘真密度为 2 670 kg/m³，浓度为 28.9 g/m³，常温常压下的空气流量为 1 800 m³/h。试确定全部捕集 40 μm 以上的颗粒时沉降室的尺寸。

解：确定沉降室尺寸：

首先计算 $d_\mathrm{p} = 40$ μm 颗粒的重力沉降速度 v_s^*：

$$v_\mathrm{s}^* = \frac{d_\mathrm{p}^2 \rho_\mathrm{p} g}{18\mu} = \frac{(40\times10^{-6})^2 \times 2\,670 \times 9.81}{18 \times 1.81 \times 10^{-5}}\ \mathrm{m/s} = 0.129\ \mathrm{m/s}$$

选取气流速度 $v_0 = 0.3$ m/s，沉降室高 $h = 1.2$ m，

则沉降室长：

$$l = \frac{2v_0 h}{v_\mathrm{s}^*} = \frac{2\times0.3\times1.2}{0.129}\ \mathrm{m} = 5.6\ \mathrm{m}$$

沉降室宽：
$$b = \frac{q_V}{v_0 h} = \frac{1\ 800}{3\ 600 \times 0.3 \times 1.2}\ \text{m} = 1.4\ \text{m}$$

二、惯性除尘器

（一）惯性除尘器除尘机理

惯性除尘器是使含尘气流方向发生急剧转变，借助尘粒本身的惯性作用使其与气流分离的装置。

图4-2所示是含尘气流冲击到两块挡板上时尘粒分离的机理。当含尘气流冲击到挡板 B_1 上时，惯性大的粗尘粒（d_1）首先被分离下来。被气流带走的尘粒（d_2，且 $d_2 < d_1$），由于挡板 B_2 使气流方向转变，借助离心力作用也被分离下来。若设该点气流的旋转半径为 R_2，切向速度为 v_T，则尘粒（d_2）所受离心力与 $d_2^2 \cdot \dfrac{v_T^2}{R_2}$ 成正比。回旋气流的曲率半径愈小，愈能分离捕集细小的粒子。显然惯性除尘器，除借助惯性力作用外，还利用了离心力和重力的作用。

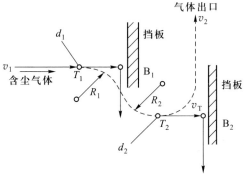

图4-2 惯性除尘器的分离机理

（二）惯性除尘器结构形式

惯性除尘器的结构形式可分为碰撞式和回转式两类。图4-3示出四种形式，其中（a）为单级碰撞式，（b）为多级碰撞式，（c）为百叶式，（d）为回转式。图中的（a）和（c）两种形式适用于管道的自然转弯处，可在动力消耗不大的情况下将粗粉尘除掉。

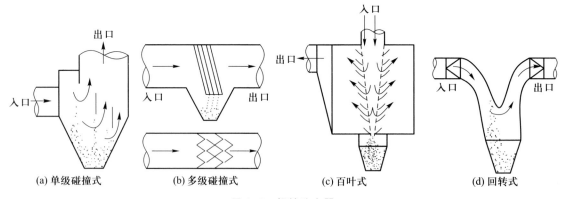

(a) 单级碰撞式　　(b) 多级碰撞式　　(c) 百叶式　　(d) 回转式

图4-3 惯性除尘器

（三）惯性除尘器的应用

惯性除尘器宜用于净化密度和粒径较大的金属或矿物性粉尘。由于其净化效率不高，只能用于多级除尘中的第一级除尘，捕集 $10 \sim 20\ \mu m$ 以上的粉尘，其压力损失差别很大，一般为 $100 \sim 1\ 000\ \text{Pa}$。

三、旋风除尘器

（一）旋风除尘器的基本原理

旋风除尘器是使含尘气流作旋转运动,在离心力作用下使尘粒从气流中分离捕集下来的装置,是常用的除尘器。

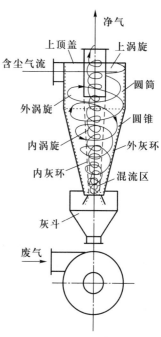

旋风除尘器内气流流动状况如图4-4所示。进入旋风除尘器的含尘气流沿筒体内壁边旋转边下降,同时有少量气体沿径向运动到轴心区域中。当旋转气流的大部分到达锥体底部附近时,则开始转为向上流动,在轴心区域边旋转边上升,最后由出口管排出,同时也存在着离心的径向运动。通常将旋转向下的外圈气流称为外涡旋,旋转向上的轴心气流称为内涡旋,使大部分外涡旋转变成为内涡旋的锥体底部附近的区域称为回流区或混流区。由于气体具有黏性,旋转气流与尘粒之间存在着摩擦力,所以外涡旋不是纯自由涡旋,而是所谓准自由涡旋,内涡旋类同于刚体的转动,称为强制涡旋。

气流中所含尘粒在旋转过程中,在离心力的作用下逐步沉降到内壁上,在外涡旋的推动和重力作用下,沿锥体内壁降落到灰斗中。此外,进口气流中的少部分气流沿筒体内壁旋转向上,到达上顶盖后又继续沿出口管外壁旋转下降,最后到达出口管下端附近被上升的内涡旋带走。通常把这部分气流称为上涡旋。随着上涡旋将有微量粉尘被带走。同样,在混流区也会有少量细尘进入内涡旋,并有部分被带出。

图4-4 普通旋风除尘器内气流流型

为研究方便,通常把内、外涡旋的全速度分解成为三个速度分量:切向速度(见图4-5)、径向速度和轴向速度。气流的切向速度是决定气流全速度大小的主要速度分量,也是决定气流中粒子所受离心力大小的主要因素。切向速度 v_T 的表达式为:

$$v_T R^n = 常数 \tag{4-6}$$

式中:R——气流质点的旋转半径,即距除尘器轴心的距离,m;

n——由流型决定的涡旋指数。对外涡旋,$n<1$,实验证明 n 值可用亚历山大(Alexander)提出的公式估算:

$$n = 1-(1-0.67D^{0.14})\left(\frac{T}{283}\right)^{0.3} \tag{4-7}$$

式中:D——旋风除尘器筒体直径,m;

T——气体温度,K。

对内涡旋,$n=-1$,则有:

$$\frac{v_T}{R} = \omega = 常数 \tag{4-8}$$

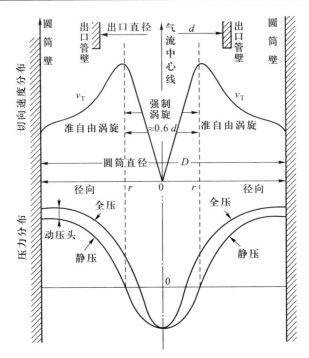

图 4-5 旋风除尘器内气流切向速度和压力分布

在内外涡旋的交界圆柱面上，$n=0$，v_T = 常数，气流切向速度 v_{T0} 达到了最大值。实验测出其径向位置在 $(0.6\sim0.7)d$ 处。

旋转气流的径向速度，因内、外旋流性质不同，其矢量方向不同。根据塔林登(TerLinden)测量的结果，可以近似认为气流通过这个圆柱面时的平均速度就是外涡旋气流的平均径向速度 v_r，即：

$$v_r = \frac{q_V}{2\pi r_0 h_0} \tag{4-9}$$

式中：q_V——旋风除尘器处理气量，$\mathrm{m^3/s}$；

r_0，h_0——交界圆柱面的半径和高度，m。

关于轴向速度，与径向速度类似，视内、外涡旋而定。外涡旋的轴向速度向下，内涡旋的轴向速度向上。在内涡旋，随着气流逐渐上升，轴向速度不断增大，在排出管底部达到最大值。

由于轴向速度变化较小，所以沿轴向几乎不产生压力差。在旋转方向上压力变化也很小。径向的全压和静压变化非常显著，但动压变化不大。

（二）旋风除尘器的除尘效率及影响因素

旋风除尘器的除尘效率与其结构形式和运行条件等多种因素有关，目前主要是根据实验确定某一形式的除尘器在特定运行条件下的除尘效率。但是，对除尘器内气流流型做适当简化，抓住影响尘粒分离沉降的主要作用力，忽略次要的作用力，则可导出简化了的效率计算公式。

在旋风除尘器内，粒子的沉降主要取决于离心力 F_C 和向心运动气流作用于尘粒上的阻力 F_D。在内外涡旋界面上，如果 $F_C > F_D$，粒子在离心力推动下移向外壁而被捕集；如果 $F_C \leqslant F_D$，粒子在向心气流的带动下进入内涡旋，最后由排出管排出；如果 $F_C = F_D$，作用在尘粒上的外力之和等于零,粒子在交界面上不停地旋转。实际上由于各种随机因素的影响,处于这种平衡状态的尘粒有 50% 的可能性进入内涡旋,也有 50% 的可能性移向外壁,它的除尘效率为 50%。此时的粒径即为除尘器的分割直径,用 d_c 表示。因为 $F_C = F_D$,对于球形粒子,由斯托克斯定律得到:

$$\frac{\pi}{6}d_c^3\rho_p\frac{v_{T0}^2}{r_0} = 3\pi\mu d_c v_r \tag{4-10}$$

式中:v_{T0}——交界面处气流的切向速度,m/s;

v_r 可由式(4-9)估算,则:

$$d_c = \left[\frac{18\mu v_r r_0}{\rho_p v_{T0}^2}\right]^{1/2} \tag{4-11}$$

d_c 愈小,说明除尘效率越高,性能愈好。

当 d_c 确定后,可以根据雷思-利希特模式计算其他粒子的分级效率:

$$\eta_i = 1 - \exp\left[-0.6931\times\left(\frac{d_p}{d_c}\right)^{\frac{1}{n+1}}\right] \tag{4-12}$$

其中涡流指数 n 可由式(4-7)计算。

对于给定的旋风除尘器,在涡旋指数基本不变时,随气体流量增加、颗粒密度增大、气体黏度减小(或气体温度降低)、旋风除尘器尺寸 D 减小,分级效率升高。

一些实验表明,旋风除尘器的除尘效率将随进口含尘浓度的增加而提高。这可能是由于颗粒在更拥挤的条件下,粗颗粒碰撞并截住细颗粒导致凝聚作用的结果。

旋风除尘器的结构形式,对除尘器的除尘效率影响很大。例如出口管直径 d 变小时,除尘效率提高;锥体适当加长,也有利于提高除尘效率。

此外,旋风除尘器在运行中,中心核心区处于负压状态,特别是接近锥底部分负压更大。如果锥底和下部灰斗不严密,外部空气漏入,会使落入灰斗的粉尘重新被带走,造成除尘效率显著下降。

(三) 旋风除尘器的压力损失

旋风除尘器的压力损失与其结构形式和运行条件等有关,理论上计算是困难的,所以主要靠实验确定。从技术、经济诸方面考虑,旋风除尘器压力损失控制范围一般为 500~2 000 Pa。

用压力损失系数(ξ)表示的旋风除尘器压力损失计算式为:

$$\Delta p = \xi\frac{\rho v_1^2}{2} \tag{4-13}$$

式中:Δp——压力降,Pa;

ρ——气体的密度,kg/m³;

v_1——进口气流速度,m/s。

压损系数 ξ 为无因次数,一般根据实验确定,对一定结构形式的除尘器,ξ 为一常数值。在缺少实验数据的情况下,可用下式估算:

$$\xi = 16A/d^2 \tag{4-14}$$

式中:A——旋风除尘器进口面积,m²;

d——旋风除尘器出口直径,m。

（四）旋风除尘器的结构形式

　　旋风除尘器的形式很多,按气流进入方式不同,可分为切向进入式和轴向进入式两类,如图 4-6 所示。切向进入式又分为直入式和蜗壳式等。直入式入口是入口管外壁与筒体相切,蜗壳式入口是入口管内壁与筒体相切,外壁采用渐开线形式,渐开角有 180°、270°、360°三种。蜗壳式入口形式增大进口面积较容易,进口处有一个环状空间,可以减少进气流与内涡旋之间的相互干扰,减小进口压力损失。

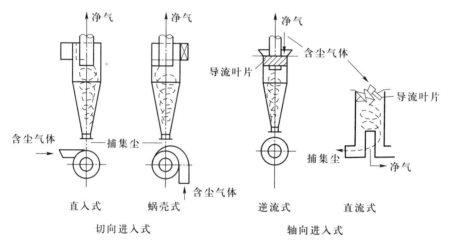

图 4-6　旋风除尘器的入口形式

　　轴向进入式是靠导流叶片使气流旋转的,与切向进入式相比,在同一压力损失下,能处理约为 3 倍的气体量,而且气流分配容易均匀,所以主要用其组合成多管旋风除尘器,用在处理气体量大的场合。逆流式的压力损失一般为 800 ~ 1 000 Pa,除尘效率与切线进入式比较差别不大。直流式的压力损失一般为 400 ~ 500 Pa,除尘效率也较低。

　　通常,小直径的旋风除尘器除尘效率比较高,但是处理气量小;大直径的旋风除尘器处理气量比较大,但是除尘效率较低。当处理气量较大时,可将若干个小旋风除尘器并联起来使用,这种组合方式称为并联式旋风除尘器组合形式。

　　图 4-7 为并联式旋风除尘器,特点是布置紧凑,风量分配均匀,实际应用效果好。并联除尘器的压损约为单体的 1.1 倍,气体量为各单体气体量之和。

　　除了单体组合式并联旋风除尘器外,还有采用许多小型旋风除尘器(称为旋风子)组合在一个壳体内并联使用的整体组合方式,并称为多管除尘器。多管除尘器较单体组合式的布置更紧凑,外形尺寸小;处理气体量更大;可以用直径较小的旋风子($D = 100$ mm、150 mm 和 250 mm)来排列组合,能较

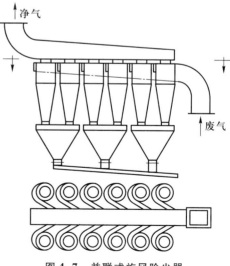

图 4-7　并联式旋风除尘器

有效地捕集 5 ~ 10 μm 的粉尘;可用耐磨铸铁铸成,因而允许处理含尘浓度较高的气体。多管旋风除尘器所用旋风子采用轴向进入式,入口段设有导流叶片,以使气流做旋转运动。

(五)旋风除尘器的设计

1. 收集设计资料

(1)含尘气体特性:成分、温度、湿度、腐蚀性、流量等。

(2)粉尘特性:浓度、成分、密度、粒径分布、黏度、含水率、纤维性和爆炸性等。

(3)防尘性能要求:除尘效率和压力损失等。

(4)粉尘回收:粉尘回收利用的方式与价值。

(5)各种除尘器的特征:除尘效率、压力损失、价格、金属耗量、运行费用及维修管理难易程度等。

(6)其他资料:如水源、电源、通风机、冷却装置、安装现场及有关设备材料的供应情况等。

2. 旋风除尘器的选型设计

对旋风除尘器选型时,一般采用计算法或经验法。

计算法的大致步骤是:① 由入口含尘浓度和出口含尘浓度(或排放标准)计算出要求达到的除尘效率 η;② 结合流体性质及安装场所等选定旋风除尘器的结构形式;③ 根据所选除尘器的分级效率 η_d 和粉尘的颗粒粒径分布,计算所选除尘器能够达到的除尘效率 η_T,若 $\eta_T > \eta$,说明设计满足要求,否则应选择更高性能的旋风除尘器或改变运行参数;④ 计算运行条件下的阻力损失 Δp。

经验法的选型步骤大致为:① 计算所要求的除尘效率 η;② 选定除尘器的结构形式;③ 根据所选除尘器的 $\eta - v_i$ 实验曲线确定入口风速 v_i;④ 根据处理气量 q_V 和入口风速 v_i 计算出所需除尘器的进口面积 A;⑤ 由旋风除尘器的类型系数 $K = A/D^2$ 求出除尘器的筒体直径 D,然后便可从手册中查到所需除尘器的型号规格。

3. 旋风除尘器的结构设计

旋风除尘器的结构设计内容主要包括结构尺寸的确定及性能参数的计算。在旋风除尘器结构尺寸中,以旋风筒直径、气体入口及排气管尺寸对除尘器性能影响最为明显。斯台尔曼(Stairmand),斯威夫特(Swift)和拉普尔(Lapple)等人根据调查研究的结果,提出了一般旋风除尘器与高效旋风除尘器各部件的尺寸比例见表4-1(表中将筒体直径 D 定为1,其他各部位的尺寸则为筒体直径的比值)。

表 4-1　切向入口旋风除尘器标准尺寸比例

符号	名称	高效旋风除尘器		普通旋风除尘器	
		斯台尔曼	斯威夫特	拉普尔	斯威夫特
D	筒体直径	1.0	1.0	1.0	1.0
d	排气管直径	0.5	0.4	0.5	0.5
d_x	卸灰口直径	0.375	0.4	0.25	0.4
l_1	筒体长度	1.5	1.4	2.0	1.75
l_2	锥体长度	2.5	2.5	2.0	2.0
l	排气管长度	0.5	0.5	0.625	0.6
h	入口高度	0.5	0.44	0.5	0.5
b	入口宽度	0.2	0.21	0.25	0.25

[例 4-2]　试根据拉普尔的标准尺寸比例设计一普通旋风除尘器,已知:处理废气量 q_V 为 4 608 m³/h;废气温度 t 为 20 ℃;含尘浓度为 ρ_j 为 10 g/m³;粉尘密度 ρ_p 为 2 600 kg/m³;空气密度 ρ 为 1.29 kg/m³;废气黏度可近似按空气处理,μ 为 1.81×10⁻⁵ Pa·s。废气中粉尘粒度分布见下表:

粒径/μm	0~10	10~20	20~40	40~60	60~80	80~100
质量分数/%	24.75	25.68	18.63	8.21	10.33	12.40

解:(1) 确定旋风除尘器的几何尺寸:

设进口面积为 A,取进口速度 $v=16$ m/s 因此:

$$A = h \times b = \frac{q_V}{v} = \frac{4\ 608}{3\ 600 \times 16}\ \text{m}^2 = 0.08\ \text{m}^2$$

根据拉普尔标准尺寸比例,取 $h=2b$;则:

① 入口宽度 b:　　$b = (A/2)^{1/2} = 0.2$ m

② 入口高度 h:　　$h = 2b = 0.4$ m

③ 筒体直径 D:　　$D = 4b = 0.8$ m

④ 排气管直径 d:　$d = 0.5D = 0.4$ m

⑤ 卸灰口直径 d_x:　$d_x = 0.25D = 0.2$ m

⑥ 筒体长度 l_1:　　$l_1 = 2D = 1.6$ m

⑦ 锥体长度 l_2:　　$l_2 = 2D = 1.6$ m

⑧ 排气管长度 l_3:　$l_3 = 0.625D = 0.5$ m

(2) 计算除尘效率:

计算旋涡指数 n,由式(4-7)得:

$$n = 1 - (1 - 0.67D^{0.14})\left(\frac{T}{283}\right)^{0.3} = 1 - (1 - 0.67 \times 0.8^{0.14})\left(\frac{293}{283}\right)^{0.3} = 0.646$$

取内外涡旋分界圆柱的直径 $d_0 = 0.7d$,由式(4-6)得:

$$v_{T0} = v\left(\frac{D}{d_0}\right)^n = 16 \times \left(\frac{0.8}{0.7 \times 0.4}\right)^{0.646}\ \text{m/s} = 31.52\ \text{m/s}$$

$$h_0 = l_1 + l_2 - l_3 = (1.6 + 1.6 - 0.5)\ \text{m} = 2.7\ \text{m}$$

v_r 由式(4-9)可得:

$$v_r = \frac{q_V}{2\pi r_0 h_0} = \frac{\dfrac{4\ 608}{3\ 600}}{2\pi \times 0.7 \times 0.2 \times 2.7}\ \text{m/s} = 0.54\ \text{m/s}$$

根据式(4-11)临界分离粒径 d_c 为:

$$d_c = \left[\frac{18\mu v_r r_0}{\rho_p v_{T0}^2}\right]^{\frac{1}{2}} = \left[\frac{18 \times 1.81 \times 10^{-5} \times 0.54 \times 0.7 \times 0.2}{2\ 600 \times 31.52^2}\right]^{\frac{1}{2}}\ \text{m} = 3.09 \times 10^{-6}\ \text{m} = 3.09\ \mu\text{m}$$

分级效率由式(4-12)给出:

$$\eta_i = 1 - \exp\left[-0.693\ 1 \times \left(\frac{d_{pi}}{d_c}\right)^{\frac{1}{n+1}}\right] = 1 - \exp\left[-0.693\ 1 \times \left(\frac{d_{pi}}{3.09 \times 10^{-6}}\right)^{\frac{1}{1.646}}\right]$$

分级除尘效率计算结果如下:

粒径/μm	<10	10~20	20~40	40~60	60~80	80~100
分级除尘效率/%	60.5	83.6	93.7	97.7	99.0	99.5

总除尘率:

$\eta = \Sigma\Delta w_i\eta_i$

$= (0.247\ 5\times60.5+0.256\ 8\times83.6+0.186\ 3\times93.7+0.082\ 1\times97.7+0.103\ 3\times99.0+0.124\ 0\times99.5)\times100\%$

$= 84.5\%$

（3）计算阻力损失:

ξ 由式（4-14）给出:

$$\xi = 16A/d^2 = 16\times0.08/0.4^2 = 8$$

阻力损失由式（4-13）得:

$$\Delta p = \xi\frac{\rho v_1^2}{2} = 8\times\frac{1.29\times16^2}{2}\ \text{Pa} = 1\ 321\ \text{Pa}$$

第二节　湿式除尘器

　　湿式除尘器是实现含尘气体与液体的密切接触,使颗粒污染物从气体中分离捕集的装置,能同时达到除尘和脱除部分气态污染物的效果,还能用于气体的降温和加湿。

　　湿式除尘器具有结构简单、造价低和净化效率高等优点,适宜净化非纤维性和非水硬性的各种粉尘,尤其是净化高温、易燃和易爆气体。选用湿式除尘器时要特别注意管道和设备的腐蚀、污水和污泥的处理、烟气抬升高度减小及冬季排气产生冷凝水雾等问题。

一、湿式除尘原理

（一）湿式除尘机理

　　湿式除尘机理可采用第三章所讨论的各种除尘机制,但主要是惯性碰撞和拦截作用。由惯性碰撞参数 Stk 和直接拦截比 R 可知,前者主要取决于尘粒的质量,后者则主要取决于粒径的大小。而布朗扩散、热泳和静电的作用在一般情况下则是较为次要的。只有很小的尘粒的沉降才受到布朗运动引起的扩散作用的影响。

　　任一种湿式除尘器的除尘效率,一般是上述各种机制综合作用的结果。任一种机制的作用都决定于尘粒和液滴的尺寸以及气流与液滴之间的相对运动速度。对于给定的除尘系统,要提高 Stk 值,必须提高液气相对运动速度和减小液滴尺寸,目前工程中常用的各种湿式除尘器基本上是围绕这两个因素发展起来的。但液滴直径也不是愈小愈好,直径过小的液滴易随气流一起运动,减小了液气相对运动速度。

（二）湿式除尘器的除尘效率与能耗

　　一般说来,对一定特性粉尘的除尘效率愈高,消耗的能量越大。湿式除尘器的总能量消耗 E_t 等于气体的能耗 E_g 与加入液体的能耗 E_l 之和,则有:

$$E_t = E_g+E_l = \frac{1}{3\ 600}\left(\Delta p_g+\Delta p_1\frac{q_{V,1}}{q_{V,g}}\right) \tag{4-15}$$

式中: E_t ——总能量消耗,kW·h/(1 000 m³);

Δp_g——气体通过除尘器的压力损失,Pa;

Δp_1——加入液体的压力损失,Pa;

$q_{V,1}$——液体的流量,m^3/s;

$q_{V,g}$——气体的流量,m^3/s。

湿式除尘器的总除尘效率是气液两相之间接触功率的函数,且可以用气相总传质单元数 N_{OG} 表示:

$$\eta = 1 - \exp(-N_{OG}) = 1 - \exp(-\alpha E_t^{\beta}) \qquad (4-16)$$

式中:α、β——特性参数,取决于要捕集的粉尘的特性和所采用的洗涤器的形式,赛姆洛(Semrau K T)给出了部分粉尘的特性参数(见表4-2)。

表4-2　公式(4-16)中特性参数 α 和 β 值

No.	粉尘或尘源类型	α	β
1	LD 转炉粉尘	4.450	0.466 3
2	滑石粉	3.626	0.350 6
3	磷酸雾	2.324	0.631 2
4	化铁炉粉尘	2.255	0.621 0
5	炼钢平炉粉尘	2.000	0.568 8
6	从硅钢炉升华的粉尘	1.266	0.450 0
7	鼓风炉粉尘	0.955	0.891 0
8	石灰窑粉尘	3.567	1.052 9
9	从黄铜熔炉排出的氧化锌	2.180	0.531 7
10	从石灰窑排出的碱	2.200	1.229 5
11	硫酸铜气溶胶	1.350	1.067 9
12	肥皂生产排出的雾	1.169	1.414 6
13	从吹氧平炉升华的粉尘	0.880	1.619 0
14	没有吹氧的平炉粉尘	0.795	1.594 0

No.	黑液回收、各种洗涤液	α	β
15	冷水	2.880	0.669 4
16	45% 和 60% 黑液,蒸气处理	1.900	0.649 4
17	45% 黑液	1.640	0.775 7
18	循环热水	1.519	0.859 0
19	45% 和 60% 黑液	1.500	0.804 0
20	两级喷射,热黑液	1.056	1.862 8
21	60% 黑液	0.840	1.428 0

二、湿式除尘器分类和性能

湿式除尘器可分为低能和高能两类。低能除尘器的压力损失为 0.25 ~ 1.5 kPa,包括喷雾塔和旋风洗涤器等;液气比为 0.4 ~ 0.8 L/m^3 时,对大于 10 μm 的粉尘的净化效率可达90% ~ 95%。高能除尘器,如文丘里洗涤器,净化效率达 99.5% 以上,压力损失范围为 2.5 ~ 9.0 kPa。

　　根据湿式除尘器机制,可将其大致分为七类:① 喷雾塔洗涤器;② 旋风洗涤器;③ 自激喷雾洗涤器;④ 泡沫洗涤器;⑤ 填料塔洗涤器;⑥ 文丘里洗涤器;⑦ 机械诱导喷雾洗涤器。各类除尘器的结构形式、性能和操作范围的摘要列在表 4-3 中。

表 4-3　湿式气体洗涤器的性能和操作范围表

序号	洗涤器形式	对 5 μm 尘粒的近似分级效率/%	压力损失/Pa	液气比/(L·m⁻³)
1	喷雾塔	80①	125 ~ 500	0.67 ~ 2.68
2	旋风洗涤器	87	250 ~ 4 000	0.27 ~ 2.00
3	自激喷雾	93	500 ~ 4 000	0.067 ~ 0.134
4	泡沫板式	97	250 ~ 2 000②	0.40 ~ 0.67
5	填料塔	99	50 ~ 250③	1.07 ~ 2.67
6	文丘里	>99	1 250 ~ 9 000	0.27 ~ 1.34④
7	机械诱导喷雾	>99	400 ~ 1 000	0.53 ~ 0.67

　　注:① 近似数值。不同文献中给出的数值差别很大。

　　② 文丘里孔板使压力损失提高很多。

　　③ 压力损失为 17.5 kPa 的已有采用。

　　④ 对文丘里喷射式洗涤器,液气比增大到 6.7 L/m³。

　　本章将局限于讨论应用较广泛的四类湿式除尘器,即喷雾塔洗涤器、旋风洗涤器、自激喷雾洗涤器和文丘里洗涤器。

三、喷雾塔洗涤器

　　喷雾塔洗涤器是湿式洗涤器中最简单的一种。如图 4-8 所示,当含尘气体通过喷淋液体所形成的液滴空间时,因尘粒和液滴之间的碰撞、拦截和凝聚等作用,形成含尘液滴,并在重力作用下沉降,与洗涤液一起从塔底排出,气体经除雾后从上部排出。

　　喷雾塔的压力损失小,一般小于 250 Pa。对小于 10 μm 的尘粒捕集效率较低,工业上常用于净化大于 50 μm 的尘粒。喷雾塔最常与高效洗涤器联用,起预净化和降温、增湿等作用。喷雾塔的特点是结构简单、压损小、操作稳定方便。但设备庞大,效率低、耗水量及占地面积均较大。

　　斯台尔曼(Stairmand)研究了尘粒和水滴尺寸对喷雾塔除尘效率的影响。如图4-9所示,在液气比一定时,当水滴直径在 0.5 ~ 1.0 mm 的范围内时,对各种尺寸的尘粒均有最高除尘效率。喷水压力为 0.1 ~ 0.8 MPa,液气比一般范围是 0.7 ~ 2.7 L/m³。实际中空塔气速 v_0 一般采用 0.6 ~ 1.2 m/s,水滴的大小应使其沉降速度大于空塔气速,否则会发生过量的水滴从塔顶被带走的现象。

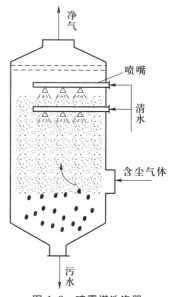

图 4-8　喷雾塔洗涤器

喷雾塔的除尘效率取决于液滴直径及其与气流之间的相对运动速度,这与拦截和惯性碰撞理论是一致的。存在最佳液滴直径的原因为:在喷液量一定时,喷雾愈细,液滴的数量越大,靠拦截捕集尘粒的概率越大。但细液滴的沉降速度较小,则与气体之间的相对运动速度要比大液滴小,因而靠惯性碰撞捕集尘粒的概率随液滴直径的减小而减小。由于这两种对立的机制,便存在一最佳液滴直径。如果液滴再细一些,则要考虑液滴在塔中的降落时间及被气流带走的可能,这取决于液滴的沉降速度和空塔气速 v_0。在实际中,v_0 值大致取为液滴沉降速度 v_{SD} 的 50%。这样,液滴直径为 500 μm 时 v_{SD} 为 1.8 m/s,则 v_0 取 0.9 m/s 较合适。严格控制喷雾液滴大小均匀,对提高除尘效率是很重要的。

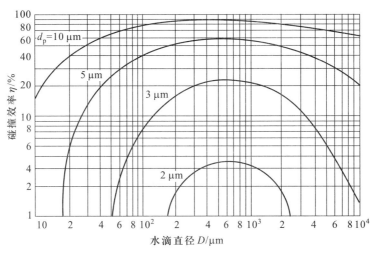

图 4-9　在喷雾塔中的碰撞捕集效率

四、旋风洗涤器

把喷雾塔改成气体自塔下部沿切向导入的旋风洗涤器,对提高除尘效率有明显效果。湿式旋风洗涤器和干式旋风除尘器相比,由于附加了液滴的捕集作用,消除了粉尘的返混,除尘效率明显提高。

在旋风洗涤器(图 4-10)中,由于带水现象较少,则可以采用比在喷雾塔中更细的雾滴。气体的旋转运动所产生的离心力,把液滴甩到塔壁上,形成壁流而流到底部,因而液滴的有效寿命较短。为增强除尘效果,采用较高的入口气流速度,一般为 15 ~ 45 m/s,并从逆向或横向对旋转气流喷雾,使气液间的相对速度增大,惯性碰撞效率提高。随着喷雾变细,虽然惯性碰撞变小,但靠拦截的捕集概率增大。液滴愈细,它在气流中保持自身速度和有效捕集能力的时间愈短。

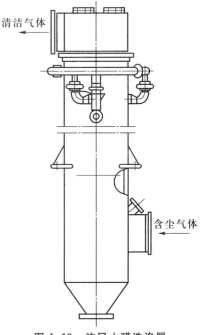

图 4-10　旋风水膜洗涤器

旋风洗涤器中的最佳液滴直径已从理论上估算出为 100 μm 左右,实际中采用的液滴直径范围为 100 ~ 200 μm。常采用螺旋型喷嘴、旋转圆盘、喷溅型喷嘴和超声喷嘴等来获得这样细的液滴。

旋风洗涤器适于净化 5 μm 以上的尘粒。在净化亚微米范围内的粉尘时,常将它放在文丘里洗涤器之后,用于分离液滴。也用于吸收某些气体,如:净化含有 SO_2、SO_3、H_2S、NO_x 等有毒有害气体,而麻石水膜除尘器则从材料上解决了除尘防腐的问题。

五、自激喷雾洗涤器

凡是由具有一定动能的气流直接冲击到液体表面上以形成雾滴的洗涤器称为"自激喷雾式"洗涤器。它的优点是处理高含尘浓度废气时能维持高的气流量,耗水量小,一般低于 0.13 L/m³,压力损失范围为 0.5 ~ 1.4 kPa。这里仅介绍常用的冲击水浴除尘器。

常用的冲击水浴除尘器如图 4-11(a)所示,结构简单。含尘气流高速冲击水面并急剧地改变流向,气流中的大尘粒因惯性与水碰撞而被捕获;气流以细流方式穿过水层,激发出大量泡沫和水花,粉尘受到了二次净化;气流穿过泡沫层进入筒体内,受到激起的水花和雾滴的淋浴,得到了进一步净化。

提高除尘效率的经济有效途径是改进喷口形式,增大比值 A/q_V。圆管喷头是最简单的一种,效果不好,一般采用图 4-11(b)所示的形式,气流是从环形窄缝喷出的。

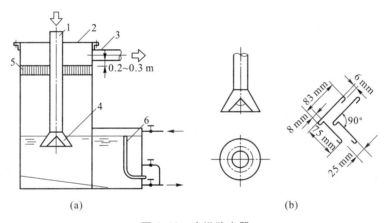

(a) 　　　　　　　　(b)

图 4-11　水浴除尘器
1—气流入口;2—顶板;3—气流出口;4—气体通道;5—挡水板;6—溢流管

水浴除尘器气体出口的埋水深度一般为 0 ~ 30 mm,喷出速度为 8 ~ 14 m/s,耗水量为 0.1 ~ 0.3 L/m³。除尘效率一般达 85% ~ 95%,压力损失为 1 ~ 1.5 kPa。

六、文丘里洗涤器

(一) 文丘里洗涤器的工作原理和结构尺寸

1. 文丘里洗涤器的工作原理

文丘里洗涤器是一种高效湿式洗涤器,多用于高温烟气的除尘和降温。图 4-12 为文丘里洗涤器,主要由文氏管和旋风除雾器组成。

　　文丘里洗涤器的除尘过程,可分为雾化、凝聚和除雾三个过程,前两个过程在文氏管内进行,后一过程在除雾器内完成。文氏管由收缩管、喉管和扩散管组成,见图 4-13 所示。在收缩管和喉管中气液两相间的相对流速很大,从喷嘴喷出来的液滴,在高速气流冲击下,进一步雾化成为更细的雾滴。同时,气体被水汽所饱和,尘粒表面附着的气膜被冲破,使尘粒被水润湿。因此在尘粒与液滴或尘粒之间发生着激烈的碰撞、凝聚。在扩散管中,气流速度的减小和压力的回升,使这种以尘粒为凝结核的凝聚作用发生得更快,凝聚成较大的含尘液滴,易被除雾器分离。

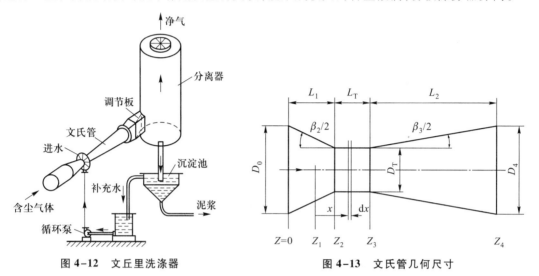

图 4-12　文丘里洗涤器　　　　　　　图 4-13　文氏管几何尺寸

　　2. 文氏管几何尺寸的确定

　　文氏管的几何尺寸的确定,应以保证净化效率和减小流体阻力为基本原则。文氏管的进口直径 D_0,一般按与之相连的管道直径确定,进口管道中流速一般为 16～22 m/s;文氏管出口管直径 D_4,一般按出口管后面的除雾器要求的进气速度确定,除雾器入口气速一般选 18～22 m/s。因为扩散管后面的直管道还有捕集尘粒和压力恢复的作用,故最好设 1～2 m 的直管,再接除雾器。文氏管的喉管尺寸对效率和阻力的影响较大,喉管直径按喉管内气流速度确定,一般取 40～120 m/s,净化亚微米的粉尘,可取 90～120 m/s,甚至高达 150 m/s;净化较粗粉尘,可取 60～90 m/s。喉管的长度一般取直径的 0.8～1.5 倍,或取 200～350 mm。加长喉管,气流通过喉管时间增长,会增强尘粒与液滴之间的碰撞、凝聚作用,使除尘效率提高,但气流阻力也相应增大。收缩管的收缩角愈小,阻力愈小,一般取 23°～28°;扩散管的扩散角,一般取 6°～8°,有人认为以不超过 6°为宜。

(二) 文丘里洗涤器的压力损失和除尘效率

　　1. 压力损失

　　文氏管的压力损失是一个很重要的性能参数。影响文氏管压力损失的因素很多,如结构尺寸、喷雾方式、压力、液气比、气体流动状况等。

　　卡尔弗特(Calvert)等人基于气流损失的能量全部用于在喉管内加速液滴的假定,发展了计算文丘里洗涤器压力损失的数学模型。假定① 在喉管内气流速度为常数;② 气体流动为不可压缩的绝热过程;③ 在任何断面上液气比不变;④ 液滴直径为常数;⑤ 液滴周围压力是对称的,因而可以忽略。则有:

$$\Delta p = -1.03 \times 10^{-3} v_T^2 \left(\frac{q_{V,1}}{q_{V,g}} \right) \tag{4-17}$$

式中：Δp——压损，cmH_2O[①]；

$\quad\quad v_T$——喉管内气流速度，cm/s；

$q_{V,1}$、$q_{V,g}$——分别为液体和气体流量，单位相同，二者之比称为液气比。

根据由多种形式文丘里洗涤器得到的实验数据间的关系，海斯凯茨（Hesketh）提出了如下方程式：

$$\Delta p = 0.863 \rho_g (A)^{0.133} v_T^2 \left(\frac{q_{V,1}}{q_{V,g}} \right)^{0.78} \tag{4-18}$$

式中：Δp——压损，Pa；

$\quad\quad A$——喉管的横断面积，m^2；

$\quad\quad \rho_g$——气体密度，kg/m^3。

2. 除尘效率

虽然文丘里洗涤器广泛使用于除尘过程，但尚缺乏可靠的计算除尘效率的方程式。

卡尔弗特（Calvert）考虑到文氏管捕集尘粒的最重要机制是惯性碰撞，提出了分级效率的概念，其公式为：

$$\eta_{di} = 1 - \exp \left[\frac{2}{55} \frac{q_{V,1}}{q_{V,g}} \frac{D_1 \rho_1}{\mu_g} v_T F(\text{Stk}, f) \right] \tag{4-19}$$

$$F(\text{Stk}, f) = \frac{1}{\text{Stk}} \left[-0.7 - \text{Stk} \cdot f + 1.4 \ln \left(\frac{\text{Stk} \cdot f + 0.7}{0.7} \right) + \frac{0.49}{0.7 + \text{Stk} \cdot f} \right] \tag{4-20}$$

$$\text{Stk} = \frac{C \rho_{pi} d_{pi}^2 v_T}{9 \mu_g D_1} \tag{4-21}$$

式中：f——实验修正系数，对憎水性粉尘，$f = 0.25$；对亲水性粉尘，$f = 0.4 \sim 0.5$；对大型洗涤器，$f = 0.5$。

$\quad\quad C$——Cunningham 修正系数。

$\quad\quad D_1$——液滴直径，μm。D_1 可由 Nukiyama 和 Tanasawa 提出的经验公式计算：

$$D_1 = \frac{586 \times 10^3}{v_T} \left(\frac{\sigma}{\rho_1} \right)^{0.5} + 1682 \left(\frac{\mu_1}{\sqrt{\sigma \rho_1}} \right)^{0.45} \left(\frac{q_{V,1}}{q_{V,g}} \right)^{1.5} \tag{4-22}$$

式中：ρ_1——液体密度，g/cm^3；

$\quad\quad \rho_{pi}$——粒径为 d_{pi} 的粉尘密度，g/cm^3；

$\quad\quad \mu_g$——气体黏度，Pa·s；

$\quad\quad \sigma$——液体表面张力，N/m。

七、湿式除尘器的设计

（一）湿式除尘器的设计步骤

（1）收集需处理废气的有关资料，包括废气流量、废气温度、废气密度、废气中粉尘的浓度、

---

① 　$1 cmH_2O = 98.0665 Pa$。

粉尘的密度、粒尘的粒径分布,以及当地政府对该污染源下达的粉尘排放标准等。

（2）确定要达到的处理效率。

（3）根据废气和粉尘的特点、性质及需要达到的处理效率,选取恰当的湿式除尘设备。

（4）根据工程经验,选取设备的有关参数。

（5）计算各种粒径粉尘的分级效率,由此得到总去除率,并与要求的除尘效率比较,如达到要求,则继续向下计算,如达不到要求,则重新选择设备参数,再计算分级效率和总除尘效率,直至达到要求为止。

（6）计算设备的其他结构参数。

（7）计算设备的阻力降。

（二）湿式除尘器的设计举例

[例4-3]　某厂外排废气的流量为40 000 m³/h,废气温度为20 ℃(与除尘水温一样),废气中尘粒浓度为3 500 mg/m³$_N$,尘粒密度为$5×10^3$ kg/m³,尘粒粒度分布如表所示:

粒径范围/μm	<1.0	1.0 ~ 4.0	4.0 ~ 10.0	>10.0
平均粒径/μm	0.5	2.0	5.0	15.0
含量/%	56	24	10	10

试设计一湿式除尘器,使废气处理后出口尘粒浓度达到低于100 mg/m³$_N$的要求。

解:(1)要求的总除尘效率为:

$$\eta_T = (1-100/3\ 500)×100\% = 97.1\%$$

(2)由于废气中尘粒的粒径很小,$d_p \leq 1$ μm 的尘粒占据了较大比例,再加之要求的除尘效率很高,所以宜选择文丘里除尘器,且文氏管的喉管气速选择为120 m/s,液气比为1.0 L/m³。

(3)计算液滴的平均粒径:

根据式(4-22):

$$D_1 = \frac{586×10^3}{v_T}\left(\frac{\sigma}{\rho_1}\right)^{0.5} + 1\ 682\left(\frac{\mu_1}{\sqrt{\sigma\rho_1}}\right)^{0.4}\left(\frac{q_{V,1}}{q_{V,g}}\right)^{1.5}$$

查表得,在温度为20 ℃时:$\sigma = 7.275×10^{-2}$ N/m　$\mu_1 = 102×10^{-5}$ Pa·s

所以:$D_1 = \frac{586×10^3}{120}\left(\frac{7.275×10^{-2}}{10^3}\right)^{0.5} + 1\ 682\left(\frac{102×10^{-5}}{\sqrt{7.275×10^{-2}×10^3}}\right)^{0.4}\left(\frac{1}{1\ 000}\right)^{1.5}$ μm

$= 42$ μm

(4)计算除尘效率:

采用式(4-19)计算各粉尘的分级效率,以$d_{pi} = 0.5$ μm 为例,查表得:$\mu_g = 1.81×10^{-5}$ Pa·s,$\rho_g = 1.29$ kg/m³。

首先计算 Cunningham 修正系数:

$$C = 1 + \frac{6.21×10^{-10}×T}{d_p} = 1 + \frac{6.21×10^{-10}×293}{0.5×10^{-6}} = 1.36$$

取$f = 0.5$,根据式(4-21):

$$Stk = \frac{C\rho_{pi}d_{pi}^2 v_g}{9\mu_g D_1} = \frac{1.36×5×10^3×(0.5×10^{-6})^2×120}{9×1.81×10^{-5}×42×10^{-6}} = 29.82$$

代入式(4-20):

$$F(Stk, f) = \frac{1}{29.82}\left[-0.7 - 29.82 \times 0.5 + 1.4\ln\left(\frac{29.82 \times 0.5 + 0.7}{0.7}\right) + \frac{0.49}{0.7 + 29.82 \times 0.5} \right]$$

$$= -0.377$$

根据式(4-19)：

$$\eta_{di} = 1 - \exp\left[\frac{2}{55}\frac{q_{V,1}}{q_{V,g}}\frac{D_1\rho_1}{\mu_g}v_T \cdot F(Stk, f) \right]$$

$$= 1 - \exp\left[-\frac{2}{55} \times \frac{1}{1\,000} \times \frac{42 \times 10^{-6} \times 10^3}{1.81 \times 10^{-5}} \times 120 \times 0.377 \right]$$

$$= 0.978$$

同理可算出其他粒径粉尘的分级效率：

<1 μm	1～4 μm	4～10 μm	>10 μm
97.8%	99.3%	100%	100%

由此可得,总的除尘效率为：

$$\eta = 0.56 \times 97.8\% + 0.24 \times 99.3\% + 0.1 \times 100\% + 0.1 \times 100\%$$

$$= 98.6\% > 97.1\%$$

可见能达到除尘要求。

（5）确定文氏管的几何尺寸：

喉管直径：$D = \sqrt{\dfrac{4q_V}{\pi v}} = \sqrt{\dfrac{4 \times 40\,000}{3\,600 \times 3.14 \times 120}}$ m $= 343$ mm ≈ 340 mm

喉管长度：$L_T = 1.0D = 340$ mm

（其他尺寸应根据进出口管要求进行计算,此处不再计算。）

（6）计算阻力降：

校核 v_T：

$$v_T = \frac{4q_V}{\pi d^2} = \frac{4 \times 40\,000}{3\,600 \times \pi \times 0.34^2} \text{ m/s} = 122.38 \text{ m/s}$$

按式(4-17)计算阻力降：

$$\Delta p = -1.03 \times 10^{-3} v_T^2 \left(\frac{q_{V,1}}{q_{V,g}}\right)$$

$$= -1.03 \times 10^{-3} \times (122.38 \times 100)^2 \frac{1}{1\,000} \text{ cmH}_2\text{O}$$

$$= -154.26 \text{ cmH}_2\text{O}$$

第三节　电除尘器

电除尘器是利用静电力实现粒子与气流分离的一种除尘装置。与其他类型除尘器相比,电除尘器的能耗小,压力损失一般为 200～500 Pa,除尘效率高。最高可达 99.99%。此外,处理气体量大,可以用于高温、高压的场合,能连续运行,并可完全实现自动控制。电除尘器的主要缺点是初投资高,要求制造、安装和管理的技术水平较高。

一、电除尘的工作原理

电除尘器的工作原理见图4-14,涉及粉尘荷电、粉尘沉降以及集尘极表面清灰等三个基本过程:

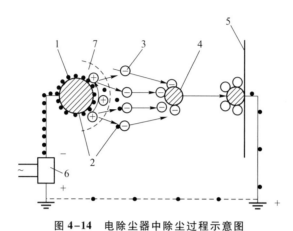

图 4-14　电除尘器中除尘过程示意图
1—电晕极;2—电子;3—离子;4—尘粒;5—集尘极;6—供电装置;7—电晕区

(1)粉尘荷电:在放电极与集尘极之间施加直流高电压,使放电极附近发生电晕放电,气体电离,生成大量的自由电子和正离子。在放电极附近的电晕区内正离子立即被电晕极吸引过去而失去电荷。自由电子和随即形成的负离子则因受电场力的作用向集尘极移动,并充满到两极间的绝大部分空间。含尘气流通过电场空间时,自由电子、负离子与粉尘碰撞并附着其上,便实现了粉尘的荷电。

(2)粉尘沉降:荷电粉尘在电场中受库仑力的作用向集尘极移动,经过一定时间后到达集尘极表面,放出所带电荷而沉积其上。

(3)集尘板表面清灰:集尘极表面上的粉尘沉积到一定厚度后,用机械振打等方法将其清除掉,使之落入下部灰斗中。放电极也会附着少量粉尘,隔一定时间也需进行清灰。

二、电晕放电

(一)电晕放电机理

电除尘过程需要大量的供粒子荷电用的离子,在工业电除尘器中,都是采用电晕放电产生的。

将高压直流电施加到一对电极上,其中一极是管状或板状的,另一极是细导线或具有曲率半径很小的尖端。在细导线表面或尖端附近的强电场空间内,气体中的微量自由电子将被加速到很高的速度,并足以通过碰撞使气体分子释放出外层电子,而产生新的自由电子和正离子。这些自由电子接着又被加速到很高的速度,又进一步引起气体分子的碰撞电离。这种过程在极短的瞬间又重复无数次,于是在放电极表面附近产生大量的自由电子和正离子。这就是所谓的电子雪崩过程。

若电晕极是负极,即所谓负电晕,则由电子雪崩过程产生的电子向接地极迁移,正离子向电晕极迁移。如果电负性气体存在,则由电晕产生的电子为其俘获,而形成负离子,也在电场作用下向接地极迁移。就是这些负离子使进入电场的粉尘荷电。

形成负离子对维持稳定的负电晕是很重要的。对负电晕来说,电负性气体的存在是维持电晕放电的重要条件。在空气或多数工业废气中,存在着数量足够多的电负性气体,如 O_2、Cl_2、CCl_4、HF、SO_2、SF_6 等气体都是电负性气体。

(二) 起始电晕电压

起始电晕场强系指开始发生电晕放电处的电场强度,此时两极间所加的电压称为起始电晕电压。

对于管式电除尘器,将电晕线近似地看成无限长均匀带电直线,由高斯定理可以得到距电晕线距离为 r 处的场强与电晕线和圆管间电压 V 的关系式(参见图 4-15):

$$E_r = \frac{V}{r\ln(r_b/r_a)} \tag{4-23}$$

式中:E_r——距离为 r 处的电场强度,V/m;

　r——距电晕线中心的距离,m;

　r_a——电晕线半径,m;

　r_b——管式电极的半径,m。

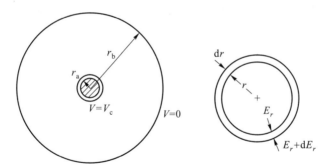

图 4-15　管式电除尘器的电场

上式表明,在电晕开始发生之前,管式电除尘器中任一点的场强随极间电压 V 的升高和距电晕线的距离 r 的减小而增大。在电晕线表面上($r=r_a$)场强达到了最大值。

电晕开始发生所需的场强取决于几何因素及气体的性质。皮克(Peek)通过大量实验研究,就圆线在空气中产生负电晕所需起始电晕场强提出了一个经验公式:

$$E_c = 3\times10^6\, m_p(\delta+0.03\sqrt{\delta/r_a}) \tag{4-24}$$

式中:E_c——起始电晕场强,V/m;

　　δ——空气的相对密度 $\delta = (T_0 p)/(T p_0)$,$T_0 = 298$ K,$p_0 = 101\,325$ Pa,T 和 p 为运行工况下空气的温度与压力;

m_p——导线光滑修正系数，一般 $0.5 < m_p \leqslant 1$，对清洁光滑的导线 $m_p = 1$，实际中可取 $m_p = 0.6 \sim 0.7$。

由式(4-23)，$r = r_a$ 时，$V_c = E_c r_a \ln(r_b/r_a)$，将式(4-24)代入，求得起始电晕电压公式：

$$V_c = 3 \times 10^6 r_a m_p (\delta + 0.03\sqrt{\delta/r_a}) \ln(r_b/r_a) \qquad (4-25)$$

起始电晕电压随电极的几何形状而改变，电晕线愈细，电晕起始电压愈低。

［例4-4］　若管式电除尘器电晕线半径为 1 mm，集尘圆管直径为 200 mm，运行空气压力为 101 325 Pa，温度为 300 ℃，试计算起始电晕电压和场强。

解：由式(4-24)，取 $m_p = 0.7$ 时，求得起晕场强：

$$E_c = 3 \times 10^6 \times 0.7 \left(\frac{298 \times 101\,325}{573 \times 101\,325} + 0.03\sqrt{\frac{298 \times 101\,325}{573 \times 101\,325 \times 0.001}} \right) \text{ V/m}$$

$$= 2.53 \times 10^6 \text{ V/m} = 25.3 \text{ kV/cm}$$

起晕电压为：

$$V_c = 2.53 \times 10^6 \times 0.001 \times \ln(0.1/0.001) \text{ V} = 1.17 \times 10^4 \text{ V} = 11.7 \text{ kV}$$

（三）影响电晕特性的因素

气体组成决定着电荷载体的分子种类。不同的气体，对电子的亲和力不同，负电性不同，电子附着形成负离子的难易程度不同。对于电子亲和力高和迁移率低的气体可以施加更高的电压，即更强的电场，这对改善电除尘器的性能是有利的。

气体的温度和压力既改变起始电晕电压，又改变电压-电流关系。温度和压力的影响是使气体密度改变，导致电子平均自由程改变，于是将电子加速到电离所需速度对电场强度的要求也发生改变。压力升高和温度降低时气体密度增大，因此起始电晕电压增高。

三、粒子荷电

粒子的荷电量和荷电速率影响着电除尘器的性能。粒子荷电理论认为存在电场荷电和扩散荷电两种荷电机制。

（一）电场荷电

电场荷电是离子在电场力作用下做定向运动与粒子相碰撞的结果。作为电介质的粒子在电场中出现将被极化，从而改变粒子附近电场的分布。一部分电力线被遮断于粒子上，如图 4-16(a)所示。这时有些离子沿着这些电力线运动和粒子发生碰撞并附着。荷电粒子产生的电场如图中(b)所示，它和外加电场相叠加产生如图中(c)所示的合成电场。随着粒子上电荷的增加，被粒子遮断的电力线越来越少，于是单位时间运动到粒子上的离子也越来越少。粒子上的电量趋于一个极限值，称为饱和电量，如图中(d)所示。

如果粒子引入前外电场是均匀的；假定粒子为球形；又假定一个粒子的电荷仅影响它自身邻近的电场，由此导出饱和荷电量的表达式为：

$$Q_s = \frac{3\pi \varepsilon_r \varepsilon_0 E_0 d_p^2}{\varepsilon_r + 2} \qquad (4-26)$$

式中：Q_s——粒子的饱和荷电量，C；

$\quad\varepsilon_r$——粒子的相对介电系数（无因次）；

$\quad\varepsilon_0$——真空介电常数，8.85×10^{-12} C/（V·m）；

$\quad d_p$——粒子直径，m；

$\quad E_0$——两极间的平均场强，V/m。

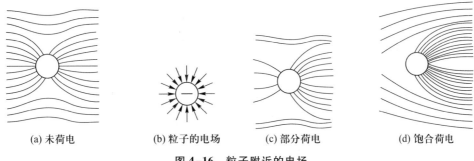

(a) 未荷电　　　(b) 粒子的电场　　　(c) 部分荷电　　　(d) 饱合荷电

图 4-16　粒子附近的电场

饱和荷电量主要取决于粒子直径、粒子的介电系数和电场强度。由于粒径以平方因子出现在公式中，所以粒径是影响粒子荷电量的主要因素。

一般电场荷电所需要的时间小于 0.1 s。这个时间相当于气流在电除尘器内流动 10~20 cm 所需的时间。因此，可认为粒子进入电除尘器后立刻达到了饱和电荷。

（二）扩散荷电

扩散荷电是离子做不规则热运动和粒子相碰撞的结果。悬浮于有离子的气体中的某一粒子，单位时间内接受离子撞击的次数，依赖于粒子附近离子密度及离子的热运动平均速率，后者又取决于温度和气体的性质。当粒子获得电荷之后，将排斥后来的离子。然而与电场荷电不同，由于热能的统计分布，总会有些离子具有能够克服排斥力的扩散速度，因而不存在理论上的饱和电荷。但是随着粒子上积累电荷的增加，荷电速率将越来越低。

怀特（White）利用动力学原理推导出扩散荷电量的理论方程：

$$Q_t = \frac{2\pi\varepsilon_0 kTd_p}{e}\ln\left(1+\frac{e^2 N_0 \bar{v} d_p t}{8\varepsilon_0 kT}\right) \tag{4-27}$$

式中：Q_t——时间 t 时粒子的扩散荷电量，C；

$\quad k$——波尔兹曼常数，1.38×10^{-23} J/K；

$\quad T$——气体温度，K；

$\quad N_0$——离子密度，个/m³；

$\quad\bar{v}$——气体离子的平均热运动速度，m/s，$\bar{v}=\sqrt{\dfrac{8kT}{m\pi}}$；

$\quad e$——电子电量，$e=1.6\times10^{-19}$ C；

$\quad t$——荷电时间，s；

$\quad m$——单个气体分子（离子）的质量，kg。

(三) 电场荷电和扩散荷电的综合作用

电场荷电和扩散荷电的相对重要性,主要决定于粒子直径。在通常的电除尘器运行条件下,粒径大于 $1\ \mu m$ 的粒子,电场荷电一般占优势;而小于 $0.2\ \mu m$ 的粒子,扩散荷电则占优势;对于这中间粒径范围的粒子,两种荷电机制皆重要。多数研究者推荐按饱和荷电量[式(4-26)]和扩散荷电量[式(4-27)]的简单相加来确定粒子的总荷电量。

[例 4-5]　计算板式电除尘器中粒径为 $0.5\ \mu m$ 的尘粒在荷电时间分别为 $0.1\ s$、$1.0\ s$ 和 $10\ s$ 时的近似荷电量,已知条件为 $\varepsilon_r = 5$,$E_0 = 3 \times 10^5\ V/m$,$T = 300\ K$,$N_0 = 10^{14}$ 个$/m^3$,离子质量 $m = 5.3 \times 10^{-26}\ kg$。

解:$0.5\ \mu m$ 的尘粒,属于粒径的中间范围,故两种荷电机制均需考虑。这里采用最简单的一种近似计算方法,取尘粒的总荷电量等于电场荷电量和扩散荷电量之和。

由已知条件可看出,所给荷电时间均大于 $0.1\ s$,所以电场荷电量可按饱和荷电量公式(4-26)计算。

将离子的平均速度:$\bar{v} = \sqrt{\dfrac{8kT}{m\pi}}$ 代入扩散荷电量计算公式(4-27)中,则有:

$$Q_t = \frac{2\pi\varepsilon_0 d_p kT}{e}\ln\left(1 + \frac{e^2 d_p N_0 t}{2\varepsilon_0\sqrt{2m\pi kT}}\right)$$

再将上式与饱和荷电量计算公式(4-26)相加,则得尘粒总荷电量的近似计算公式:

$$Q'_t = 3\pi\varepsilon_0 E_0 d_p^2\left(\frac{\varepsilon_r}{\varepsilon_r + 2}\right) + \frac{2\pi\varepsilon_0 d_p kT}{e}\ln\left(1 + \frac{e^2 d_p N_0 t}{2\varepsilon_0\sqrt{2m\pi kT}}\right)$$

代入数值后得:

$$Q'_t = 44.7 \times 10^{-19} + 7.19 \times 10^{-19}\ln(1 + 1.95 \times 10^3 t)$$

因此,当荷电时间 $t = 0.1\ s$ 时,荷电量 $Q'(0.1) = 8.26 \times 10^{-18}\ C$;$t = 1\ s$ 时,荷电量 $Q'(1) = 9.92 \times 10^{-18}\ C$;$t = 10\ s$ 时,荷电量 $Q'(10) = 11.57 \times 10^{-18}\ C$。

四、粒子的捕集

(一) 粒子驱进速度

电除尘器中的荷电粒子在库仑力和空气阻力平衡时所达到的终端电力沉降速度,即粒子驱进速度 ω,其计算公式为:

$$\omega = \frac{qE_p}{3\pi\mu d_p} \tag{4-28}$$

粒子驱进速度与粒子荷电量、粒子直径、集尘场强及气体黏度有关。对于较大粒子,粒子荷电量可以近似地按电场荷电的饱和值确定,代入上式得:

$$\omega = \frac{\varepsilon_r\varepsilon_0 d_p E_0 E_p}{(\varepsilon_r + 2)\mu} \tag{4-29}$$

对于 $0.2\ \mu m$ 以下粒子,可近似按扩散荷电方程计算,但需用康宁汉修正系数加以修正。

(二) 分级除尘效率方程

电除尘器的捕集效率,与粒子性质、电场强度、气流速度、气体性质及除尘器结构等因素有关。严格地从理论上推导捕集效率方程是困难的,必须做一些假定。

多依奇(Deutsch)从理论上推导出分级捕集效率方程式。在推导过程中,做了一系列假定,其中主要有:① 电除尘器中的气流为紊流状态,通过除尘器任一横断面的粒子浓度和气流分布是均匀的;② 进入除尘器的粒子立刻达到饱和荷电量;③ 忽略电风、气流分布不均匀、粒子返流、气流旁路等的影响。在此基础上进行如下的推导:

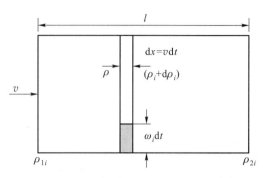

图4-17 捕集效率方程式推导示意

如图4-17所示,设气体流向为 x,气体和粒子的流速均为 $v(\mathrm{m/s})$,气体流量为 $q_V(\mathrm{m^3/s})$,气流方向上每单位长度的集尘极板面积为 $A_l(\mathrm{m^2/m})$,总集尘极板面积为 $A_\mathrm{T}(\mathrm{m^2})$,电场长度为 $l(\mathrm{m})$,流动方向的横断面积为 $A_V(\mathrm{m^2})$,粒径为 d_{pi} 的粒子驱进速度为 $\omega_i(\mathrm{m/s})$,在气体中的浓度为 $\rho_i(\mathrm{g/m^3})$,则在 $\mathrm{d}t$ 时间内于 $\mathrm{d}x$ 空间捕集的粒子质量为:

$$\mathrm{d}m = A_l(\mathrm{d}x)\omega_i\rho_i(\mathrm{d}t) = -A_V(\mathrm{d}x)(\mathrm{d}\rho_i) \tag{4-30}$$

由于 $v\mathrm{d}t = \mathrm{d}x$,代入上式得:

$$\frac{A_l\omega_i}{A_V v}\mathrm{d}x = \frac{\mathrm{d}\rho_i}{\rho_i} \tag{4-31}$$

对上式积分,代入边值条件:除尘器入口粒子浓度为 ρ_{1i},出口为 ρ_{2i},并考虑到 $A_V v = q_V$,$A_l l = A_\mathrm{T}$,即得到理论分级捕集效率方程(即多依奇方程):

$$\eta_i = 1 - \frac{\rho_{2i}}{\rho_{1i}} = 1 - \exp\left(-\frac{A_\mathrm{T}}{q_V}\omega_i\right) \tag{4-32}$$

多依奇方程概括地描述了分级捕集效率与集尘板面积、气体流量和粒子驱进速度之间的关系,指明了提高电除尘器效率的途径,因而被广泛应用在电除尘器的性能分析和设计中。

(三) 影响捕集效率的因素

(1)有效驱进速度 ω_e:由于各种因素的影响,使得按理论方程计算的捕集效率远高于实际值。对此,实际中的做法是,将某种结构形式的电除尘器在一定运行条件下捕集某类粉尘达到的总捕集效率值,代入多依奇方程中反算出相应的驱进速度,并称为有效驱进速度 ω_e。据估计,理论计算的驱进速度值比实测所得的有效驱进速度可能大2~10倍左右。这样,便可用此有效驱进速度来描述电除尘器的捕集性能,并作为同类电除尘器设计中确定其尺寸的基础。一般将按有效驱进速度表达的总捕集效率方程称为多依奇-安德森(Deutsh-Anderson)方程,即:

$$\eta = 1 - \exp\left(-\frac{A_\mathrm{T}}{q_V}\omega_e\right) \tag{4-33}$$

有效驱进速度值的大小,取决于粉尘种类、粒径分布、电场风速、电除尘器的结构形式、振打清灰方式、供电方式等因素。这类经验数据的大量积累,在电除尘器的实际设计中是很有用的。表4-4列出了各种工业粉尘的有效驱进速度 ω_e。

表 4-4　各种工业粉尘的有效驱进速度

粉尘种类	驱进速度/(m·s⁻¹)	粉尘种类	驱进速度/(m·s⁻¹)
煤粉(飞灰)	0.10~0.14	冲天炉(铁焦比=10)	0.03~0.04
纸浆及造纸	0.08	水泥生产(干法)	0.06~0.07
平炉	0.06	水泥生产(湿法)	0.10~0.11
酸雾(H_2SO_4)	0.06~0.08	多层床式焙烧炉	0.08
酸雾(TiO_2)	0.06~0.08	红磷	0.03
飘悬焙烧炉	0.08	石膏	0.16~0.20
催化剂粉尘	0.08	二级高炉(80%生铁)	0.125

一般说来,对于一定的电除尘器,在入口粉尘粒径分布不变时,气流速度增大,除尘效率下降,而有效驱进速度却有所增大。气流速度范围一般为 0.5~2.5 m/s。对于板式电除尘器,多选为 1.0~1.5 m/s。气流速度的选择,要考虑到粉尘的性质、除尘器结构及经济性等因素。

(2)粉尘比电阻:工业气体中的粉尘比电阻往往差别很大,低者约为10^3 Ω·cm,高者可达10^{14} Ω·cm。一般情况下,电除尘器运行最适宜的范围为 10^4~2×10^{10} Ω·cm。

如果粉尘比电阻过低,当带负电的粉尘到达集尘极后不仅立刻放出所带负电荷,而且立即因静电感应获得与集尘极同极性的正电荷。若正电荷形成的斥力大于粉尘的黏附力,则沉积的粉尘又立刻重返气流。结果就造成粉尘沿极板面跳动着前进,最后被气流带出除尘器。

如果粉尘的比电阻过高,到达集尘极的粉尘放电很慢,并残留着部分电荷。这不但排斥随后而来的带同性电荷的粉尘,影响其沉降,且随着极板上沉积粉尘层的不断加厚,粉尘层和极板之间造成一个很大的电压降,以致引起粉尘层空隙中的气体被电离,发生电晕放电。这种在集尘极板上形成的电晕放电现象称为"反电晕"。它与放电极发生的现象类似,也可见到亮光,也产生成对的离子和电子,正离子向放电极运动。结果集尘极附近场强减弱,粉尘所带的负电荷部分被正离子中和,粉尘电荷减少,因而削弱了粉尘的沉降,除尘效率显著降低。

可采用调节烟气温度和湿度的方法降低比电阻。在冶金炉、水泥窑及城市垃圾焚烧的高温烟气除尘中,常用喷水雾的方法,能起到降温和加湿的综合效果,从而使粉尘比电阻降低。

五、电除尘器的类型和结构

(一)电除尘器的分类

根据电除尘器的结构特点,可以进行不同的分类。

1. 管式和板式电除尘器

管式电除尘器的集尘极一般为圆形金属管,一般管径为 150~600 mm,管长 2~6 m,通常采用多根圆管并列的结构。管式电除尘器适用于气体量较小的情况。

板式电除尘器一般采用压制成各种断面形状的平行钢板作为集尘电极,极板之间均布电晕线。

2. 立式和卧式电除尘器

在立式电除尘器中,气流通常自下而上流动。管式电除尘器都是立式的,板式电除尘器也有采用立式的。立式电除尘器高度较高,气体通常从上部直接排入大气,所以在正压下运行。在卧式电除尘器中,气体水平流过电除尘器。根据结构和供电的要求,通常每隔3 m左右分隔成单独的电场,根据所需除尘效率确定设几个电场,常用的是二或三个电场,有时也设四个电场。在工业废气除尘中,卧式的板式电除尘器是应用最广泛的一种。

3. 单区和双区电除尘器

粉尘的荷电和沉降在同一区域内的电除尘器称为单区电除尘器;反之,将分设荷电区与沉降区的称为双区电除尘器。单区电除尘器是目前工业废气除尘中应用最广的一类,双区电除尘器主要用于空气调节系统的进气净化。

4. 湿式和干式电除尘器

湿式电除尘器是用喷水或溢流水等方式使集尘极表面形成一层水膜,将沉积在极板上的粉尘冲走。湿式清灰可以避免沉积粉尘的再飞扬,达到很高的除尘效率。但是,与其他湿式除尘器一样,存在着腐蚀、污泥和污水的处理问题。所以只是在气体含湿量较大,要求除尘效率较高时采用。

最常见的是干式电除尘器,它是用机械振打等方法来实现极板和极线的清灰。回收的干粉尘便于处置和利用,但振打清灰时存在二次扬尘问题,导致除尘效率降低。

(二) 电除尘器的结构

电除尘器的形式多种多样,从其结构来看,不论哪种类型的电除尘器都包括以下几个主要部分:电晕电极、集尘电极、电晕极与集尘极的清灰装置、气流均匀分布装置、壳体、保温箱、供电装置及输灰装置等。

1. 电晕电极和集尘电极

电晕电极是电除尘器中使气体产生电晕放电的电极,主要包括电晕线、电晕框架、电晕框悬吊架、悬吊杆和支持绝缘套管等。

对电晕线的基本要求是:① 放电性能好,起晕电压低,放电强度高,电晕电流大;② 机械强度高,不易断线,高温下不弯曲变形,耐腐蚀;③ 电晕线的固定,有利于维持准确的极距,有利于传递振打力,易于清灰。

电晕线的形式很多,目前常用的有圆形线、星形线、螺旋线及芒刺线等。电晕线的固定方式有重锤悬吊式、管框绷线式和桅杆式三种。

集尘电极的结构形式直接影响到电除尘器的除尘效率、金属耗量和造价。对集尘极的要求是:① 有利于粉尘在板面上沉积,又能顺利落入灰斗,二次扬尘少;② 极板的振打性能好,易于清灰;③ 对气流阻力小;④ 形状简单,制造容易;⑤ 刚度好,不易变形。

集尘极的形式很多,有板式和管式两大类,而板式电极又可分为三类:① 平板形电极:包括网状电极和棒帏式电极等;② 箱式电极:包括鱼鳞板式和袋式(郁金香式)电极等;③ 型板式电极:是用1.2～2.0 mm厚的钢板冷轧加工成一定形状的型板,如C型、Z型、CS型、CSA型、CSW型、CSV型、ZT型及波纹型等。

极板之间的间距,对电除尘器的电场性能和除尘效率影响较大。通常采用72～100 kV变压器的情况下,极板间距一般取 250 ~ 350 mm,多取 300 mm。近年来开始发展的宽间距电除尘器(板间距 400 ~ 600 mm),由于极距增大,使集尘极和电晕极数量减少,钢材耗量减少,并使电极的安装和维护更方便,平均场强提高,板电流密度并不增加,有利于捕集高比电阻粉尘。

2. 电极清灰装置

及时有效地清除电极上的积灰,是保证电除尘器高效运行的重要环节之一。

目前应用最广的极板清灰方式是下部机械挠臂锤切向振打。振打清灰效果主要决定于振打强度和振打频率。一般要求极板上各点的振打强度不小于 50 ~ 200 g。实际上,振打强度也不宜过大,只要能使板面上残留极薄的一层粉尘即可,否则二次扬尘增多,结构损坏加重。

电晕极上沉积粉尘一般都比较少,但对电晕放电的影响很大。常用的是与集尘极振打装置基本相同的侧部机械振打装置,所不同的是电晕极带有高压电,振打轴上需要装电瓷轴,使之与集尘极和壳体绝缘。此外,电瓷轴两端还需装万向联轴节,以补偿振打轴同轴度的偏差。

3. 气流分布装置

电除尘器中气流分布的均匀性对除尘效率影响很大。当气流分布不均匀时,在流速低处所增加的除尘效率远不足以弥补流速高处效率的降低,因而总效率降低。

气流分布均匀程度决定于除尘器断面与其进出口管道断面的比例和形状,以及在扩散管内设置气流分布装置情况。当进气扩散管的扩散角较大或急剧转向时,可设置分隔板和导流板,分配在全流通断面上的气流,使全断面气流分布均匀,减少动压损失。同时,在气流进入除尘器的电场之前,设 1 ~ 3 层气流分布板。

Lind 和 Hein A G 等提出了电除尘器斜气流技术,即采用电除尘器进气端以上小下大,出气端以上大下小的不均匀气流分布形式,并引入工业应用,取得了一定效果。

4. 电除尘器的供电

电除尘器通常在接近火花放电的条件下运行,随着电压的升高,电晕电流和电晕功率都急剧增大,效率也迅速提高。因此,为了充分发挥电除尘器的作用,应配备能供给足够高的电压并具有足够功率的供电设备。

板式电除尘器的平均场强为 3 ~ 4.5 kV/cm。电流值可用线密度和面密度表示。板式电除尘器要求的线电流密度为 0.10 ~ 0.35 mA/m。如用面密度即单位阳极板面积上的电流表示,其值为 0.11 ~ 1.1 mA/m^2。

电压升到一定值时电除尘器内将产生火花放电。火花放电不但需要高电压,还需要在电场内发生偶然扰动才能触发它。电压较低时,需要较强的扰动;电压较高时只需要较弱的扰动。

火花放电对电除尘器产生有害的影响。发生火花的一瞬间,正、负极电压下降,火花放电的扰动使极板上产生二次扬尘。可是为了提高捕集效率又必须尽可能提高运行电压。大量现场运行经验表明,每一电除尘器(或每一电场)都存在一最佳火花率,其数值约为每分钟 100 次左右。

高压供电装置是一个以电压、电流为控制对象的闭环控制系统,主要包括升压变压器、高压整流器、控制元件和控制系统的传感元件等四部分。控制系统的功能是根据电除尘器工况的变化,自动调节输出电压和电流,使除尘器保持在最佳运行工况,同时提供各种连锁保护。

六、电除尘器的设计和选型

(一) 收集有关资料

选择设计电除尘器时所需原始资料除了与旋风除尘器相同各项外,还需要下列原始数据:

(1) 粉尘的比电阻及其随运行条件的变化情况;

(2) 电除尘器壳体承受压力;

(3) 电除尘器的风载、雪载以及地震载荷;

(4) 安装除尘器处的海拔高度;

(5) 车间、现场平面图。

(二) 确定粉尘的有效驱进速度 ω_e

确定 ω_e 值是项复杂而困难的工作,因为影响 ω_e 值的因素很多,它既与除尘器结构形式有关,又与其运行条件有关。影响有效驱进速度 ω_e 值的基本因素有粒径、捕集效率、粒子比电阻、电晕功率及二次扬尘情况等。通常是依靠对现有装置的分析或经验得到。

(三) 确定所要求的除尘效率 η 和集尘板面积

确定除尘效率可按烟气含尘浓度和允许出口排放浓度考虑,同时考虑技术、经济、环保三方面的综合影响。根据给定的气体流量、除尘效率和 ω_e,按式(4-33)计算集尘极板面积。

(四) 电除尘器选型

由集尘极板面积即可查阅相关资料进行电除尘器的选型。

(五) 验算电场风速

选定型号后应验算电场风速,若在 0.7～1.3 m/s 之内,说明选型合理,若不在此范围,则还需重新计算选型。

[例4-6] 某钢厂90 m² 烧结机机尾废气电除尘器的实测结果为:入口含尘浓度为26.8 g/m³ₙ,出口含尘浓度为 0.133 g/m³ₙ,气体流量 q_V 为 44.4 m³/s。该电除尘器断面积 A_V 为 40 m²,集尘极板总面积 A_T 为 1 982 m²。试参考以上数据设计另一新建 130 m² 烧结机机尾的电除尘器,要求除尘效率99.8%,工艺设计给出的总烟气量为 70.0 m³/s。

解:根据实测数据计算原电除尘器的除尘效率和有效驱进速度:

$$\eta = 1 - \frac{\rho_2}{\rho_1} = 1 - \frac{0.133}{26.8} = 0.995 = 99.5\%$$

$$\omega_e = -\frac{q_V}{A_T}\ln(1-\eta) = -\frac{44.4}{1\,982}\ln(1-0.995)\ \text{m/s} = 0.119\ \text{m/s}$$

除尘器横断面风速:

$$v = \frac{q_V}{A_V} = \frac{44.4}{40}\ \text{m/s} = 1.11\ \text{m/s}$$

按要求的 $\eta = 99.8\%$,选取 $\omega_e = 0.119$ m/s,求得新除尘器比集尘极板面积 $A_T/q_V = 52.3$ s/m,则所需集尘极板总面积:

$$A_T = 52.3 \times 70 \text{ m}^2 = 3661 \text{ m}^2$$

若选取系列产品 SHWB60 型,则集尘极板总面积为 3743 m²,有效断面积为 63.3 m²,此时除尘器断面风速为:

$$v = \frac{q_V}{A_V} = \frac{70.0}{63.3} \text{ m/s} = 1.1 \text{ m/s}$$

计算所得 v 在 0.7~1.3 m/s 范围之内,符合要求,说明选型合适。

第四节   过滤式除尘器

过滤式除尘器是使含尘气流通过多孔过滤材料将粉尘分离捕集的装置。过滤式除尘器分为采用滤布的表面式过滤器,采用纤维、硅砂等的内部式过滤器。采用滤纸或纤维作滤料的空气过滤器,主要用于通风和空气调节工程的进气净化;采用滤布作滤料的袋式除尘器,主要用于工业废气的除尘;采用硅砂等作滤料的颗粒层除尘器,可用于高温烟气除尘。这里主要介绍常用的袋式除尘器。

一、袋式除尘器的除尘机理

(一) 袋式除尘器的滤尘机理

简单的袋式除尘器如图 4-18 所示,含尘气流从下部孔板进入圆筒形滤袋内,气流通过滤布的孔隙时,粉尘被滤布阻留下来,透过滤布的气流由排出口排出。沉积于滤布上的粉尘层,在机械振动的作用下从滤布表面脱落下来,落入灰斗中。

袋式除尘器的滤尘机制包括筛分、惯性碰撞、拦截、扩散和静电吸引等作用。筛分作用是袋式除尘器的主要滤尘机制之一。

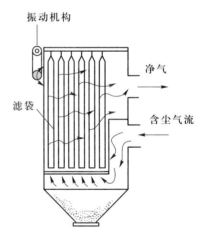

图 4-18   机械振动袋式除尘器

(二) 袋式除尘器的除尘效率

在各种除尘装置中,袋式除尘器是除尘效率最高的一种,一般滤尘效率都可达到 99% 以上。

影响袋式除尘器滤尘效率的因素包括粉尘特性、滤料特性、运行参数(主要是粉尘层厚度、压力损失和过滤速度等)以及清灰方式和效果等。下面对主要影响因素做一简述。

1. 滤料的结构

袋式除尘器采用的滤布有机织布、针刺毡和表面过滤材料等。不同结构滤布的滤尘过程不同,对滤尘效率的影响也不同。绒布是素布通过起绒机拉刮成具有绒毛的织物。开始滤尘时,尘粒首先被多孔的绒毛层所捕获,经、纬线主要起支撑作用。随后,很快在绒毛层上形成一层强度较高且较厚的多孔粉尘层,如图4-19所示。由于绒布的容尘量比素布大,所以滤尘效率比素布高。可见织布的滤尘作用,主要靠滤料上形成的粉尘层,而滤布则更多地起着形成粉尘层和支撑骨架的作用。

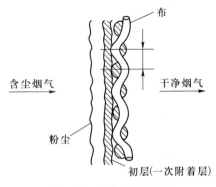

图4-19 滤布的滤尘过程

针刺毡滤料具有更细小、分布均匀且有一定纵深的孔隙结构,能使尘粒深入滤料内部,因而在未形成粉尘层的情况下,也能获得较好的滤尘效果。

近年来发展的表面过滤材料,是在滤布表面造成具有微小孔隙的薄层,其孔径小到足以使所有粉尘都被阻留在滤料表面,即靠滤布的作用捕集粉尘。在获得更高滤尘效率的同时,也使清灰变得容易,从而保持较低的压力损失。

2. 粉尘粒径

粉尘粒径大小,直接影响袋式除尘器的滤尘效率。从袋式除尘器的分级效率曲线可以看出(图4-20),对于粒径为0.2~0.4μm的粉尘,在不同状况下的过滤效率皆最低。这是因为这一粒径范围的尘粒正处于惯性碰撞和拦截作用范围的下限,扩散作用范围的上限。此外还可看出,清洁滤料的滤尘效率最低,积尘后升高,清灰后有所下降。

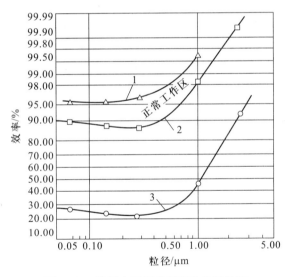

图4-20 滤料在不同状况下的分级效率

1—积尘后的滤料;2—振打后的滤料;3—清洁滤料

3. 粉尘层厚度

滤布表面粉尘层的厚度,一般用粉尘负荷 m 表示,它代表每平方米滤布上沉积的粉尘质量(kg/m^2)。粉尘层厚度对不同结构的滤料的影响是不同的,只是在使用机织布滤料的条件下,对滤尘效率的影响才显著。对于针刺毡滤料,这一影响则较小,对表面过滤材料则几乎没有影响。

4. 过滤速度

袋式除尘器的过滤速度系指气体通过滤料的平均速度。若以 q_V 表示通过滤料的气体流量

(m^3/h)，以 A_f 表示滤料总面积(m^2)，则过滤速度定义为：

$$v = \frac{q_V}{60A_f} \quad (m/min) \tag{4-34}$$

过滤速度 v 是代表袋式除尘器处理气体能力的重要技术经济指标。从经济方面考虑，选用的过滤速度高时，处理相同流量的含尘气体所需的滤料面积小，则除尘器的体积、占地面积、耗钢量亦小，因而投资小，但除尘器运行的压力损失、耗电量、滤料损伤增加，因而运行费用却会加大。从除尘效率方面看，过滤速度的影响更多地表现在机织布条件下，较小的过滤速度有助于提高除尘效率。当使用针刺毡滤料或表面过滤材料时，过滤速度的影响主要表现在压力损失而非除尘效率方面。

过滤速度的选取，与清灰方式、清灰制度、粉尘特性、入口含尘浓度等因素有密切关系。在下列条件下可选取较高的过滤速度：采用强力清灰方式；清灰周期较短；粉尘颗粒较大、黏性较小；入口含尘浓度较低；处理常温气体；采用针刺毡滤料或表面过滤材料。

5. 清灰方式的影响

袋式除尘器的清灰方式是影响其除尘效率的重要因素。如前所述，滤料刚清灰后滤尘效率是最低的，随着粉尘层厚度的增加，滤尘效率迅速上升。当粉尘层厚度进一步增加时，效率保持在几乎恒定的高水平上。清灰方式不同，清灰时逸散粉尘量不同，清灰后残留粉尘量也不同。

6. 除尘效率计算公式

丹尼斯(Dennis)和克莱姆(Klemm)提出了计算袋式除尘器的效率公式：

$$\eta_i = 1 - \left\{ \left[P_n + (0.1 - P_n) e^{-am} \right] + \frac{\rho_R}{\rho_i} \right\} \tag{4-35}$$

$$P_n = 1.5 \times 10^{-7} \exp\left[12.7 (1 - e^{1.03v}) \right] \tag{4-36}$$

$$a = 3.6 \times 10^{-3} v^{-4} + 0.094 \tag{4-37}$$

式中：P_n——无量纲常数；

ρ_R——脱除浓度(常数)，g/m^3，Dennis 取 $\rho_R = 0.5\ g/m^3$；

ρ_i——进口粉尘浓度，g/m^3；

m——粉尘负荷，g/m^2；

v——滤袋表面过滤速度，m/s。

（三）袋式除尘器的压力损失

袋式除尘器的压力损失不但决定着它的能耗，还决定着除尘效率和清灰的时间间隔。袋式除尘器的压损与它的结构形式、滤料特性、过滤速度、粉尘浓度、清灰方式、气体黏度等因素有关。目前主要通过实验确定。

袋式除尘器的压力损失可表达成如下形式：

$$\Delta p = \Delta p_c + \Delta p_f \tag{4-38}$$

式中：Δp——袋式除尘器的压力损失，Pa；

Δp_c——除尘器结构的压力损失，Pa；

Δp_f——过滤层的压力损失，Pa。

除尘器结构的压力损失 Δp_c 系指气流通过除尘器入口、出口和其他构件的压力损失，通常为

200~500 Pa。过滤层的压力损失 Δp_f 可表示成清洁滤料的压力损失 Δp_0 与滤料上沉积的粉尘层的压力损失 Δp_d 之和,即:

$$\Delta p_f = \Delta p_0 + \Delta p_d = (\xi_0 + \alpha m)\mu v \tag{4-39}$$

式中:ξ_0——清洁滤料的阻力系数,m^{-1};

μ——气体黏度,$Pa \cdot s$;

v——过滤速度,m/s;

m——粉尘负荷,kg/m^2;

α——粉尘层的平均比阻力,m/kg。

由上式可见,过滤层的压损与过滤速度和气体黏度成正比,与气体密度无关。这是由于滤速小,通过滤层的气流呈层流状态,气流动压小到可以忽略的缘故。这一特性与其他类型除尘器是完全不同的。清洁滤料阻力系数 ξ_0 的数量级为 $10^7 \sim 10^8$ m^{-1},如玻璃纤维布为 1.5×10^7 m^{-1},涤纶布为 7.2×10^7 m^{-1},呢料为 3.6×10^7 m^{-1}。因此,清洁滤料的压损较小,一般为 $50 \sim 200$ Pa。在实用范围内,粉尘负荷 m 为 $0.1 \sim 0.3$ kg/m^2,粉尘层比阻力 α 为 $10^{10} \sim 10^{11}$ m/kg。过滤层压力损失随过滤风速和粉尘负荷的增加而迅速增加。粉尘层的压力损失要占袋式除尘器总压力损失的绝大部分,通常达 $500 \sim 2000$ Pa。

清灰方式也在很大程度上影响着除尘器的压力损失。采用脉冲喷吹清灰时,压力损失较低,而采用机械振动、气流反吹等清灰时,压力损失则较高。

二、袋式除尘器的滤料

滤袋是袋式除尘器最重要的部件之一,袋式除尘器的性能在很大程度上取决于制作滤袋的滤料性能。滤料的性能,主要指过滤效率、透气性和强度等,这些都与滤料材质和结构有关。

按照结构的不同可将滤料分成机织布、针刺毡和表面过滤材料等。

(1)机织布:机织布是将经纱和纬纱按一定的规则呈直角连续交错制成的织物。其基本结构有平纹、斜纹、缎纹三种。织布在很长的时期里,几乎是唯一的滤料结构。针刺毡的出现改变了这种局面。

(2)针刺毡:针刺毡是在底布两面铺以纤维,或完全采用纤维以针刺法成型,再经后处理而制成的滤料。针刺毡的孔隙是在单根纤维之间形成的,因而在厚度方向上有多层孔隙,孔隙率可达70%~80%,而且孔隙分布均匀。针刺毡主要用于脉冲喷吹类袋式除尘器,随着制作技术的进步,现已广泛用于各种反吹清灰类的袋式除尘器。

(3)表面过滤材料:表面过滤材料系指包括微细尘粒在内的粉尘几乎全部阻留在其表面而不能透入其内部的滤料。美国戈尔(GORE)公司生产的戈尔-特克斯(GORE-TEX)薄膜滤料是这种表面过滤材料的典型。它是一种复合滤料,其表面有一层由聚四氟乙烯经膨化处理而形成的薄膜,为了增加强度,又将该薄膜复合在常规滤料(称为底布)上。

聚四氟乙烯薄膜布满微细的孔隙,其孔径都小于 0.5 μm。从过滤角度来看,薄膜可以看做为在工厂预制的质量可控而稳定的一次粉尘层,因而可获得比一般滤料高得多的过滤效率。对于粒径 0.1 μm 的粉尘,也能获得99.9%以上的分级效率。薄膜滤料的过滤作用主要依赖于这层薄膜。

薄膜滤料的透气率较一般滤料低,在滤尘的初期,压力损失增加较快。进入正常使用期后,薄膜滤料的压力损失则趋于恒定,而不像一般滤料那样以缓慢的速度增加。

薄膜滤料的使用可以降低过滤能耗和清灰能耗,减少粉尘的排放量,延长滤袋的使用寿命。薄膜滤料的缺点是价格昂贵,成为其推广应用的主要障碍。

随着化学工业的发展,出现了许多耐高温、耐腐蚀等多种功能复合的高性能过滤材料,如聚苯硫醚纤维、聚酰亚胺纤维、聚四氟乙烯纤维、芳砜纶、玻璃纤维、聚四氟乙烯微孔覆膜滤料和多种纤维组合的复合纤维过滤材料等,使得布袋除尘器应用于高温烟气除尘,并得到迅速发展。

三、袋式除尘器的结构形式

袋式除尘器的结构形式多种多样,可以按其清灰方式、滤袋形状、气流通过滤袋的方向(过滤方向)、除尘器内气体压力及进气口位置等进行分类。

1. 按清灰方式分类

清灰方式在很大程度上影响着袋式除尘器的性能,是袋式除尘器分类的主要依据。一般可分为机械振动类、逆气流反吹类、脉冲喷吹类等。

(1) 机械振动类:利用手动、电动或气动的机械装置使滤袋产生振动而清灰。振动可以是垂直、水平、扭转或组合等方式(图4-21);振动频率有高、中、低之分。清灰时必须停止过滤,有的还辅以反向气流,因而箱体多做成分室结构,逐室清灰。

(2) 逆气流反吹类:利用与过滤气流相反的气流,使滤袋形状变化,粉尘层受挠曲力和屈曲力的作用而脱落,图4-22是一种典型的气流反吹清灰方式。

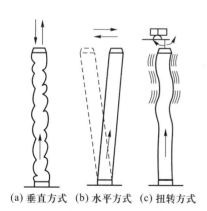

(a) 垂直方式　(b) 水平方式　(c) 扭转方式

图4-21　机械振动清灰的振动方式

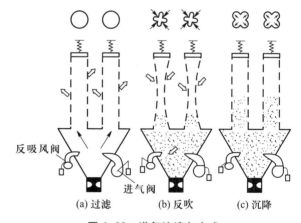

(a) 过滤　　(b) 反吹　　(c) 沉降

图4-22　逆气流清灰方式

清灰多采用分室工作制度。也有使部分滤袋逐次清灰而不取分室结构的形式。反向气流可由除尘器前后的压差产生,或由专设的反吹风机供给。某些反吹清灰装置设有产生脉动作用的机构,造成反向气流的脉冲作用,以增加清灰能力。反吹气流在整个滤袋上的分布较为均匀,振动也不剧烈,对滤袋的损伤较小。其清灰能力属各种清灰方式中的最弱者,因而允许的过滤风速较低,过滤层压力损失较大。

(3) 脉冲喷吹类:将压缩空气在短暂的时间(不超过0.2 s)内高速吹入滤袋,同时诱导数倍于喷射气流的空气,造成袋内较高的压力峰值和较高的压力上升速度,使袋壁获得很高的向外加速度,从而清落粉尘。这种清灰方式应注意选择适当压力的压缩空气和适当的脉冲持续时间(通常为 0.1~0.2 s)。每清灰一次叫一个脉冲,全部滤袋完成一个清灰循环的时间称为脉冲周期,通常为 60 s。图 4-23 所示为脉冲喷吹清灰袋式除尘器。

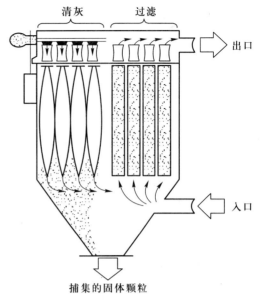

图 4-23　脉冲喷吹清灰袋式除尘器

虽然喷吹时被清灰的滤袋不起过滤作用,但因喷吹时间很短,而且只有少部分滤袋清灰,因此可不采取分室结构。

2. 按滤袋形状分类

(1)圆袋:袋式除尘器多采用圆筒形滤袋,通常直径为 120~300 mm,袋长为 2~12 m。圆袋受力较好,袋笼及连接简单,易获得较好的清灰效果。

(2)扁袋:扁袋有板形、菱形、楔形、椭圆形、人字形等多种形状。特点是均为外滤式,内部都有相应的骨架支撑。扁袋布置紧凑,在体积相同时,可布置较多的过滤面积,一般能增加 20%~40%。

3. 按过滤方向分类

(1)外滤式:气体由滤袋外侧穿过滤料流入滤袋的内侧,粉尘被阻留在滤袋的外表面。外滤式滤袋内需设支撑骨架。脉冲喷吹类和高压反吹类多为外滤式。

(2)内滤式:含尘气体由袋口进入滤袋内,然后穿过滤袋流向外侧,粉尘被阻留在滤袋的内表面。内滤式多用于圆袋。机械振动、逆气流反吹等清灰方式多用内滤式。

四、袋式除尘器的设计

(一) 袋式除尘器的选型

1. 收集有关资料(内容与旋风除尘器相同)

2. 初步确定袋式除尘器的基本形式

主要包括除尘器类型、滤料及滤袋形状、过滤及清灰方式等的选择及确定。

3. 计算过滤面积

根据处理风量及过滤风速(参照产品样本),按式(4-34)计算过滤面积。

过滤风速 v 可根据含尘浓度、粉尘特性、滤料种类及清灰方式等从有关手册选取。

4. 袋式除尘器型号规格的确定

过滤面积确定后,根据风量和过滤面积可选定袋式除尘器的型号规格。

（二）袋式除尘器结构设计

当无法采用定型产品，必须自行设计时，可按下述步骤进行。

1. 根据处理气体流量，按式（4-34）计算总过滤面积

过滤风速应根据含尘浓度、粉尘特性、滤料种类及清灰方式进行确定。一般可采用以下数据：手动清灰：0.20～0.75 m/min；机械振动清灰：1～2 m/min；逆气流反吹清灰：1～3 m/min；脉冲喷吹清灰：2～4 m/min。

2. 确定滤袋尺寸，包括滤袋直径 d 和滤袋长度 l

滤袋直径一般为 100～300 mm。直径小，易堵灰；直径大，有效空间利用率低。袋长多为 2～10 m。脉冲喷吹式袋长较小，回转反吹风式滤袋可长一些。一般说来，直径小，滤袋短；直径大，滤袋长。每组内相邻两滤袋间距一般为 50～70 mm，组与组以及滤袋与壳体之间距离视检修方便而定。

3. 计算每个滤袋面积 A

$$A = \pi d l \tag{4-40}$$

4. 计算滤袋数 n

$$n = A_f/A \tag{4-41}$$

当所需滤袋数较多时，可根据清灰方式及运行条件，按一定间隔将其分为若干组，以方便检修和换袋。

5. 壳体及附属装置设计

该部分内容包括除尘器箱体、进排气口形式、灰斗形状、支架结构、检修孔及操作平台等。

6. 粉尘清灰机构设计与清灰制度确定，以及卸灰输灰装置设计

[例4-7] 已知一水泥磨的废气风量 q_V 为 6 120 m³/h，含尘浓度 ρ 为 50 g/m³，气体温度为 100 ℃。若该地区粉尘排放标准为 150 mg/m³$_N$，试设计该设备的袋式收尘系统（忽略流体在系统中的温度变化）。

解：（1）预收尘器的选型：

由于磨机废气含尘浓度较大，考虑采用二级收尘器。第一级选用 CLG 多管旋风收尘器。考虑到管道漏风，假设其漏风率为 10%，则旋风除尘器的处理风量为：

$$q_{V,1} = 6\ 120 \times 1.1\ \text{m}^3/\text{h} = 6\ 732\ \text{m}^3/\text{h}$$

查设计手册，选取 CLG-12×2.5X 型多管旋风除尘器，在正常工作时，其工作和性能参数为：除尘效率 $\eta = 80\% \sim 90\%$；阻力损失 Δp 约为 670 Pa。

（2）袋式收尘器的选型设计：

① 处理风量的确定：

考虑从旋风除尘器到袋式收尘器的管道漏风率为 10%，则进入袋式收尘器的风量为：

$$q_{V,2} = q_{V,1} \times 1.1 = 6\ 732 \times 1.1\ \text{m}^3/\text{h} = 7\ 405\ \text{m}^3/\text{h}$$

② 入口含尘浓度的确定：

设旋风除尘器的收尘效率为 80%，则袋式收尘器的流体入口含尘浓度为：

$$\rho_j = \rho q_V(1-\eta)/q_{V,2} = 50 \times 6\ 120(1-0.8)/7\ 405\ \text{g/m}^3 = 8.26\ \text{g/m}^3$$

③ 计算滤袋总过滤面积：

由于水泥磨废气温度及湿度相对较高，滤料选用"208"工业涤纶绒布；初步考虑采用回转反吹清灰，由于温度、湿度及滤料的影响，过滤风速选择 1.2 m/min，则滤袋总过滤面积为：

$$A_f = q_{V,2}/(60v) = 7\,405/(60 \times 1.2)\,\mathrm{m}^2 = 102.8\,\mathrm{m}^2$$

④ 确定袋式收尘器型号规格：

查设计手册及产品样本，初步确定采用 72ZC200 回转反吹扁袋除尘器。其基本工作及性能参数为：公称过滤面积：110 m^2；过滤风速：1.0～1.5 m；处理风量：6 600～9 900 m^3/h；滤袋数量：72 个；本体总高：6 030 mm；筒体直径：2 530 mm；入口含尘浓度≤15 $\mathrm{g/m}^3$；正常工作时其阻力损失 Δp 约为 780～1 270 Pa，除尘效率 $\eta \geqslant 99\%$。

⑤ 计算袋式收尘器正常工作时的粉尘排放浓度：

其工况排放浓度为：

$$\rho = \rho_j(1-\eta) = 8.26(1-0.99)\,\mathrm{g/m}^3 = 0.082\,6\,\mathrm{g/m}^3 = 82.6\,\mathrm{mg/m}^3$$

折算为标准状态的排放浓度 ρ_n 为：

$$\rho_N = \rho T/T_N = 82.6 \times (273.15+100)/273.15\,\mathrm{mg/m}_N^3 = 112.8\,\mathrm{mg/m}_N^3$$

显然，该除尘系统满足当地大气污染粉尘排放标准。

第五节　除尘器的选择

除尘器装置的选择问题可以归结为除尘效率、处理能力、设备费用和动力消耗之间的平衡。除尘效率高的装置往往动力消耗较大或设备费较高。所以，应在全面衡量装置的技术指标和经济指标的基础上进行选择。

一、除尘器选择的原则

（一）根据粉尘性质选择

被捕集粉尘的性质直接影响装置的性能，尤其是粉尘的粒径分布，对装置性能影响更大。一般首先根据粉尘的粒径分布和装置的除尘效率（总效率和分级效率）来选择装置种类。目前，由于对某些除尘器尚缺乏可靠的分级效率曲线，所以在工程上常根据经验和实验数据进行粗略的选择。

选择除尘器，除首先考虑粉尘的粒径分布外，还必须全面了解粉尘的其他物理性质。例如，对于湿式洗涤器，粉尘的湿润性应为首先考虑的因素；对于电除尘器，则应考虑粉尘的比电阻；对于含有易燃易爆粉尘或气体的净化，则不宜选用电除尘器，最适合的是湿式洗涤器；对于含水率高，黏附性强的粉尘，则不宜选用袋式除尘器。

（二）根据运行条件选择

除尘系统的运行条件也是影响装置性能的重要因素。所谓运行条件，在这里主要指系统的操作工况（温度、压力等）和气体的性质。如前所述，分级效率曲线是选择除尘器的重要依据。但是，分级效率曲线仅适用于某一特定温度和压力状况及特定的含尘气体，即随运行条件的改变，曲线必然发生变化。所以，选择装置时，还必须考虑装置本身对运行条件的适应性。

烟气温度对除尘器性能的影响主要有三个方面：一是对气体体积流量的影响。气体体积流量的改变会使含尘浓度改变，并且决定装置体积的大小和设备费用。二是各种除尘器因其结构材料不同,对温度有一定的适应范围。表 4-5 列出了各种除尘器的最高使用温度。也可以说,除尘器结构材料的选择应符合处理烟气温度的需要,如多管旋风除尘器用于高温时采用铸铁制造旋风子,袋式除尘器用于高温时应选择耐温滤料等。三是温度还将影响气体的黏度、密度和粉尘的比电阻等技术参数,如黏度增大将使粉尘的沉降速度减小。

表 4-5   各种除尘器的耐温性

除尘器种类	旋风除尘器	袋式除尘器		电除尘器		湿式洗涤器
		普通滤料	玻璃丝滤料	干式	湿式	
最高使用温度/℃	400	80 ~ 120	250	350	80	400
备注	特高温者(<1 000 ℃)可采用内衬耐火材料以提高耐温性	温度随滤料种类而异	聚四氟乙烯滤料的耐温性和价格与之差不多	高温时易产生粉尘比电阻随温度而变化的问题	温度过高会产生使绝缘部分失效的问题	特高温时,在入口内衬的耐火材料,由于与水接触,存在因冷却而出现的问题

除尘系统通常在常压下运行。一般说来,气体压力对除尘机制的影响较小,但当系统运行压力比大气压力高或低很多时,就需要按压力容器来设计除尘器。当生产过程本身产生高压时,可以利用其克服除尘过程的压力损失,选择高能洗涤器将变得经济可靠。

气体性质亦直接影响装置的选择。对于含尘气体中同时含气态污染物时,采用湿式洗涤器可同时实现除尘和脱除气态污染物的双重效果;对于湿度很大的气体,容易造成机械式除尘器的堵塞,易使袋式除尘器的滤料结块,因此选用湿式洗涤器也可能是适当的;当处理腐蚀性气体时,则必须考虑装置的防腐问题。

(三) 根据气体含尘浓度选择

对于运行状况不稳定的系统,要注意烟气处理量和含尘浓度变化对除尘效率和压力损失的影响。如旋风除尘器除尘效率和压力损失,随处理烟气量增加而增加;但大多数除尘器(如电除尘器)的效率却随处理烟气量的增加而下降。

含尘浓度较高时,在电除尘器或袋式除尘器前应设置低阻力的预净化设备,去除较大尘粒,以使设备更好地发挥作用。例如,降低除尘器入口的含尘浓度,可以提高袋式除尘器过滤速度,防止电除尘器产生电晕闭塞。对湿式除尘器则可减少泥浆处理量,节省投资及减少运转和维修工作量。一般说来,为减少喉管磨损及防止喷嘴堵塞,对文丘里、喷淋塔等湿式除尘器,希望含尘浓度在 10 g/m³ 以下,袋式除尘器的适宜含尘浓度为 0.2 ~ 10 g/m³,电除尘器适用于含尘浓度在 30 g/m³ 以下。

(四) 根据排放标准选择

选用的除尘器必须满足达标排放的要求。应严格执行《大气污染物综合排放标准》(GB

16297—1996)等相关标准,按标准所规定的时段控制要求确定排放限值,并按标准规定选择烟囱高度。

二、常用除尘器性能比较

全面地评价净化装置的性能应该包括技术指标和经济指标两个方面的内容,而二者之间又是互相联系的。作为技术指标,一般常以处理气体流量、净化效率、压力损失及负荷适应性等特性参数来表示;作为经济指标,则主要包括设备费、运行费和占地面积等。除上述基本性能外,还应考虑装置安装、操作、检修的难易等因素。表 4-6 列出了常用除尘器的综合性能,可供设计选用除尘器时参考。

表 4-6　常用除尘器的性能

除尘器名称	适用的粒径范围/μm	效率/%	阻力/Pa	设备费	运行费
重力沉降室	>50	<50	50～130	少	少
惯性除尘器	20～50	50～70	300～800	少	少
旋风除尘器	5～30	60～70	800～1 500	少	中
冲击水浴除尘器	1～10	80～90	600～1 200	少	中
卧式旋风水膜除尘器	>5	90～95	800～1 200	中	中
文丘里洗涤器	0.5～1.0	90～98	4 000～10 000	少	大
电除尘器	0.5～1.0	95～99	50～130	大	大
袋式除尘器	0.5～1.0	95～99	1 000～1 500	大	大

习题

4.1　降低沉降室高度是提高重力沉降室分级除尘效率的有效技术措施,试分析在其他条件不变情况下,在沉降室内增设二层隔板,则该沉降室的分级效率会发生什么变化?

4.2　试结合图 4-3,分析不同类型惯性除尘器的除尘机理。

4.3　简述旋风除尘器分割直径 d_c 的含义,并说明影响 d_c 变化的主要因素。

4.4　试结合图 4-9,确定喷雾塔最佳水滴直径范围,并根据喷雾塔内拦截和惯性碰撞理论说明理由。

4.5　与旋风除尘器相比,为何旋风洗涤器具有除尘效率更高而压力损失较小的特点?

4.6　试结合图 4-13,分析说明含尘气流在文氏管(收缩管、喉管、扩散管)中气流速度和压力的变化情况,进而分析影响文丘里洗涤器除尘效率和压力损失的主要因素。

4.7　试分析粉尘比电阻对电除尘器运行的影响。

4.8　为什么粒径为 0.2～0.4 μm 的粉尘,在袋式除尘器中的过滤效率最低?

4.9　试分析下列气流速度对各类除尘器除尘效率和压力损失的影响,并说明其工业化运行的取值范围:① 旋风除尘器的入口气速;② 喷雾塔洗涤器的空塔气速;③ 文丘里洗涤器的喉管气流速度;④ 电除尘器的电场气速;⑤ 脉冲袋式除尘器的过滤速度。

4.10　有一沉降室长 5.0 m,高 3.0 m,气速 0.3 m/s,空气温度 300 K,粉尘密度 2 500 kg/m³,空气黏度 1.82×10^{-5} Pa·s,求该沉降室能 100% 捕集的最小粒径。

4.11　某旋风除尘器处理含有 4.58 g/m³ 粉尘的气流($\mu=2.5\times10^{-5}$ Pa·s),其除尘总效率为 90%。粉尘分

析实验得到下列结果:

粒径范围/μm	捕集粉尘的质量分数/%	逸出粉尘的质量分数/%
0 ~ 5	0.5	76.0
5 ~ 10	1.4	12.9
10 ~ 15	1.9	4.5
15 ~ 20	2.1	2.1
20 ~ 25	2.1	1.5
25 ~ 30	2.0	0.7
30 ~ 35	2.0	0.5
35 ~ 40	2.0	0.4
40 ~ 45	2.0	0.3
>45	84.0	1.1

① 作出分级效率曲线;

② 确定分割粒径。

4.12　利用下列数据,计算电场和扩散荷电综合作用下粒子荷电量随时间的变化。已知 $\varepsilon = 5$,$E_0 = 3 \times 10^6$ V/m,$T = 300$ K,$N = 2 \times 10^{15}$ 离子/m^3,$\bar{v} = 467$ m/s,$d_p = 0.1, 0.5$,和 1.0 μm。

4.13　板间距为 25 cm 的板式电除器的分割直径为 0.9 μm,使用者希望总效率不小于 98%,有关法规规定排气中含尘浓度不得超过 0.1 g/m^3。假定电除尘器入口处粉尘浓度为 30 g/m^3,且粒径分布如下:

质量频率/%	20	20	20	20	20
平均粒径/μm	3.5	8.0	13.0	19.0	45.0

并假定多依奇方程的形式为 $\eta = 1 - e^{-K d_p}$,其中 η 为捕集效率;K 为经验常数;d_p 颗粒直径。试确定:

① 该除尘器效率能否等于或大于 98%;

② 出口处烟气中含尘浓度能否满足环保规定。

4.14　设计一个带有旋风分离器的文丘里洗涤器,用来处理锅炉在 101 325 Pa 和 510.8 K 条件下排出的气流,其流量为 71 m^3/s,要求压降为 152.4 cmH$_2$O,以达到要求的处理效率。估算洗涤器的尺寸。

4.15　除尘器系统的处理烟气量为 10 000 m^3/h,初始含尘浓度为 6 g/m^3,拟采用逆气流反吹清灰袋式除尘器,选用涤纶绒布滤料,要求进入除尘器的气体温度不超过 393 K,除尘器压力损失不超过 1 200 Pa,烟气性质近似于空气。试确定:

① 过滤速度;

② 粉尘负荷;

③ 除尘器的压力损失;

④ 最大清灰周期;

⑤ 滤袋面积;

⑥ 滤袋尺寸(直径和长度)和滤袋条数。

第五章　吸收法净化气态污染物

　　吸收是根据气体混合物中各组分在液体溶剂中物理溶解度或化学反应活性不同而将混合物分离的一种方法。吸收净化法具有效率高,设备简单,一次投资费用相对较低等优点,因此广泛地应用于气态污染物控制中。该法的主要缺点是对吸收后的液体还需要进行处理,设备易受腐蚀。

　　利用气体混合物在所选择的溶剂中溶解度的差异而使其分离的吸收过程称为物理吸收,伴有显著化学反应的吸收过程称为化学吸收。化学吸收可以是被溶解的气体溶质与吸收剂或溶于吸收剂的其他物质进行化学反应,也可以是两种或多种同时溶于吸收剂的气体溶质发生化学反应。

　　针对实际工程问题常具有废气量大、污染物浓度低、气体成分复杂和排放标准要求高等特点,采用通常的物理吸收难以适应和满足上述特点与要求,因此大多采用化学吸收法。化学吸收法能使吸收过程的推动力增大,阻力减少,吸收效率提高,能满足处理低浓度气态污染物的要求。故本章在介绍有关低浓度、等温、单组分的物理吸收过程的基础上,重点讨论伴有不同类型化学反应的吸收过程及其应用。

第一节　吸　收　平　衡

一、物理吸收平衡

(一) 气体组分在液体中的溶解度

　　当混合气体与吸收剂接触时,气相中的可吸收组分就会向液相进行质量传递,称为吸收过程;伴随吸收过程的同时,还会发生液相中吸收组分反过来向气相逸出的质量传递过程,称为解吸过程。在一定的温度和压力下,吸收过程的速率和解吸过程的速率最终将会相等,气液两相间的质量传递达到动态平衡。平衡时,液相中吸收组分的量称为该气体的平衡溶解度,简称溶解度。溶解度是吸收的最大限度。

　　图 5-1 是几种常见污染气体(SO_2、NH_3、HCl)在不同温度下溶解于水中的平衡溶解度。由图可以看出,气体的溶解度在同一系统中一般随温度的升高而减少,随着压力的增加而增大。增大气相中该气体的浓度也可以使液相中浓度增加。

(二) 亨利定律

　　物理吸收时,常用亨利定律来描述气液相间的相平衡关系,当总压不太高(一般约小于

5×10^5 Pa)时,在一定温度下,稀溶液中溶质的溶解度与其在气相中的平衡分压成正比,即:

$$c_A = H_A \cdot p_A^* \qquad (5-1)$$

$$p_A^* = E_A \cdot x_A \qquad (5-2)$$

式中:p_A^*——气相组分 A 的分压,Pa;

   c_A——液相中组分 A 的浓度,mol/m³;

   x_A——组分 A 溶于溶剂中的浓度,摩尔分率;

   H_A、E_A——均为亨利系数,单位分别为 mol/(m³·Pa)和 Pa。

在系统压力不太高,温度不太低,以及溶解气体组分又不与液体起化学反应的情况下,难溶气体的溶解平衡可近似认为遵从亨利定律,对中溶和易溶气体在液相溶解浓度较低时也可近似认为遵从亨利定律。因此,在实际的废气处理时也经常用亨利定律进行计算。

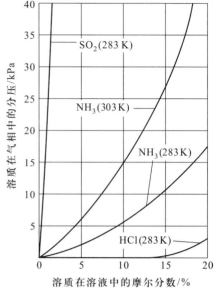

图 5-1   几种常见气体污染物水中溶解度曲线

二、化学吸收平衡

为了加快净化速率、提高净化效率,实际气态污染物净化过程通常采用化学吸收法。此时,气体溶于液体中,且与液体中某组分发生化学反应,被吸收组分既遵从相平衡关系又遵从化学平衡的关系。

设气态污染物 A 与吸收液中所含组分 B 发生如下反应:

$$aA + bB \rightleftharpoons mM + nN$$

则气态污染物 A 在溶液中的转化过程可表示为:

$$aA(g)$$
$$\Updownarrow$$
$$aA(l) + bB \rightleftharpoons mM + nN$$

气态污染物的总净化量由液相物理吸收量和化学反应消耗量两部分组成,即:

$$[A]_{净化} = [A]_{物理平衡} + [A]_{化学消耗} \qquad (5-3)$$

其中[A]$_{物理平衡}$可采用前面介绍的亨利定律近似计算,而[A]$_{化学消耗}$可根据化学平衡进行计算。

由亨利定律有:

$$[A]_{物理平衡} = H_A p_A^* \qquad (5-4)$$

由化学平衡有:

$$K = \frac{[M]^m [N]^n}{[A]^a [B]^b} \qquad (5-5)$$

由于吸收组分既遵从相平衡关系又遵从化学平衡的关系,式(5-5)中[A]就是式(5-4)中的[A]$_{物理平衡}$,在已知化学平衡常数 K 及反应前后反应物 B 的浓度变化的情况下可求出生成物 M、N 的浓度,再由化学反应式可求出[A]$_{化学消耗}$,从而可由式(5-3)求出[A]$_{净化}$。

　　下面以溶液中只有一种组分与气态污染物 A 发生反应且化学计量数为 1 的简单情况来分别讨论不同反应情况下的平衡。

（一）被吸收组分 A 与溶剂相互作用

　　水对氨的吸收过程就属于这种情况。这种情况下气态污染物 A 在溶液中转化过程的通式可表示为：

$$A(g)$$
$$\Updownarrow$$
$$A(l) + B(溶剂) \Longleftrightarrow M(l)$$

　　吸收前 $[M] = 0$，被吸收组分 A 从气相溶入液相后，与溶剂 B 进行化学反应生成 M，最后达到平衡，此时组分 A 进入溶剂的总浓度 c_A 由式（5-3）得：

$$c_A = [A] + [M] \tag{5-6}$$

由亨利定律有：

$$[A] = H_A p_A^* \tag{5-7}$$

由化学平衡有：

$$[M] = K[A][B] \tag{5-8}$$

将以上三式联解得：

$$c_A = H_A(1 + K[B])p_A^* \tag{5-9}$$

由式（5-9）变形有：

$$p_A^* = \frac{1}{H_A(1 + K[B])} \cdot c_A \tag{5-10}$$

　　在 A 的稀溶液中，溶剂 B 的浓度很大，$[B]$ 可视为常数，且 K 也为常量，此时 $(1 + K[B])$ 近似为常数，因此式（5-10）在形式上可看成与亨利系数相符，p_A^* 与 c_A 表观上仍遵从亨利定律。但亨利系数是无化学作用时的 $(1 + K[B])$ 倍，使过程有利于对气体组分 A 的吸收。

（二）被吸收组分在溶液中离解

　　用水吸收 H_2S 时，H_2S 会进一步离解成为 H^+ 和 HS^-。对于这种情况组分 A 在溶液中的转化过程为：

$$A(g)$$
$$\Updownarrow$$
$$A(l) \Longleftrightarrow M^+ + N^-$$

由式（5-3）有：

$$c_A = [A] + [M^+] \tag{5-11}$$

由化学平衡有：

$$K = \frac{[M^+][N^-]}{[A]} \tag{5-12}$$

当溶液中没有相同离子存在时，则 $[M^+] = [N^-]$，代入式（5-12）得：

$$[M^+] = \sqrt{K[A]} \tag{5-13}$$

把式(5-13)代入式(5-11)有：

$$c_A = [A] + \sqrt{K[A]} \tag{5-14}$$

由气液相平衡 $[A] = H_A p_A^*$ 则得到进入溶液中 A 的总浓度 c_A：

$$c_A = H_A p_A^* + \sqrt{K H_A p_A^*} \tag{5-15}$$

（三）被吸收组分与溶剂中活性组分作用

废气治理中用含亚硫酸铵、亚硫酸氢铵、碳酸钠和亚硫酸钠等溶液吸收烟气中二氧化硫就属于这种情况。对于这种情况，组分 A 在溶液中的转化过程为：

$$A(g)$$
$$\Updownarrow$$
$$A(l) + B(l) \Longleftrightarrow M(l)$$

这种情况和第一种情况的差别在于活性组分 B 的浓度在反应前后不能认为不变。设溶剂中活性组分 B 的初始浓度为 c_{B0}，若平衡转化率为 x，则溶液中组分 B 的平衡浓度为 $[B] = c_{B0}(1-x)$，而生成物 M 的平衡浓度为 $[M] = c_{B0} \cdot x$。

由化学平衡关系式有：

$$K = \frac{[M]}{[A][B]} = \frac{x}{[A](1-x)} \tag{5-16}$$

将气液平衡关系 $[A] = H_A \cdot p_A^*$ 代入式(5-16)得：

$$p_A^* = \frac{x}{K H_A (1-x)} \tag{5-17}$$

进入溶液中 A 的总浓度：

$$c_A = [A] + x c_{B0} = H_A p_A^* + \frac{K_1 p_A^*}{1 + K_1 p_A^*} c_{B0} \tag{5-18}$$

式(5-18)中，K_1 为平衡常数 K 与亨利系数 H_A 的乘积，即 $K_1 = K \times H_A$，它表征了带化学反应的气液平衡的特征。

若物理溶解量与化学溶解量相比可忽略不计，则由式(5-18)可得：

$$c_A = x c_{B0} = \frac{K_1 p_A^*}{1 + K_1 p_A^*} c_{B0} \tag{5-19}$$

在式(5-19)中，随着 p_A^* 的增加，组分 A 在液相内的溶解度 c_A^* 变大，但无论 p_A^* 怎样增大，式中右端第二个因子 $\frac{K_1 p_A^*}{1 + K_1 p_A^*}$ 总是小于 1 的，也就是说在此种反应类型情况下，对纯粹的化学吸收而言，A 组分的溶解度 c_A^* 的最大值不超过吸收活性组分的初始浓度值。

第二节   吸 收 速 率

一、物理吸收速率

吸收是气态污染物从气相向液相转移的过程，对于吸收机理的阐释以双膜理论模型的应用较为普遍。图5-2是双膜理论示意图,相互接触的气-液两相间存在一稳定的相界面,在相界面两侧的气相和液相中分别存在两层滞留膜,即气膜和液膜,在气膜以外的气相称为气相主体,在液膜以外的液相称为液相主体。气体的吸收过程包括:被吸收组分从气相主体通过气膜边界向气膜移动;被吸收组分从气膜向相界面移动;被吸收组分在相界面处溶入液相;溶入液相的被吸收组分从气液相界面向液膜移动;溶入液相的被吸收组分从液膜向液相主体移动。

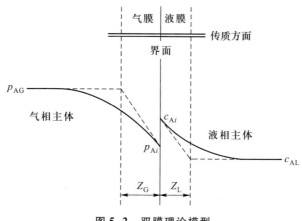

图5-2　双膜理论模型

根据双膜理论,在稳态吸收操作中,从气相主体传递到界面的吸收质通量等于从界面传递到液相主体的通量,在界面上无吸收质的积累和亏损。

被吸收组分在气膜和液膜内的传质速率可用描述分子扩散的费克定律推出,对于气膜:

$$N_A = \frac{D_{AG}}{Z_G}(p_{AG} - p_{Ai}) = k_{AG}(p_{AG} - p_{Ai}) \qquad (5-20)$$

式中: N_A——被吸收组分A的传质速率,$kmol/(m^2 \cdot s)$;

　　D_{AG}——组分A在气相中的分子扩散系数,$kmol/(m \cdot s \cdot Pa)$;

　　Z_G——气膜厚度,m;

p_{AG}、p_{Ai}——气相主体与界面处的分压,Pa;

　　k_{AG}——气相传质系数,$kmol/(m^2 \cdot s \cdot Pa)$。

对于液膜:

$$N_A = \frac{D_{AL}}{Z_L}(c_{Ai} - c_{AL}) = k_{AL}(c_{Ai} - c_{AL}) \qquad (5-21)$$

式中: D_{AL}——A在液相中的分子扩散系数,m^2/s;

　　Z_L——液膜厚度,m;

c_{AG}、c_{Ai}——液相主体与界面处的浓度,$kmol/m^3$;

　　k_{AL}——液相传质系数,m/s。

由于组分A在界面位置处于气液平衡状态,根据亨利定律有:

$$c_{Ai} = H_A \cdot p_{Ai} \qquad (5-22)$$

将式(5-22)代入式(5-20)、(5-21)中,消去界面参数 p_{Ai}、c_{Ai},可得稳定吸收过程的总传质速率方程式:

$$N_A = \frac{p_{AG} - p_A^*}{\dfrac{1}{k_{AG}} + \dfrac{1}{k_{AL} \cdot H_A}} = K_{AG}(p_{AG} - p_A^*) \qquad (5-23)$$

或：

$$N_A = \frac{c_A^* - c_{AL}}{\dfrac{1}{k_{AL}} + \dfrac{H_A}{k_{AG}}} = K_{AL}(c_A^* - c_{AL}) \qquad (5-24)$$

其中：

$$\frac{1}{K_{AG}} = \frac{1}{k_{AG}} + \frac{1}{k_{AL} \cdot H_A} \qquad (5-25)$$

$$\frac{1}{K_{AL}} = \frac{1}{k_{AL}} + \frac{H_A}{k_{AG}} \qquad (5-26)$$

$$p_A^* = \frac{c_{AL}}{H_A} \qquad (5-27)$$

$$c_A^* = H_A \cdot p_{AG} \qquad (5-28)$$

式(5-23)、(5-24)表明传质过程速率 N_A 等于传质推动力($p_{AG} - p_A^*$)与传质阻力 $1/K_{AG}$ 之比或($c_A^* - c_{AL}$)与传质阻力 $1/K_{AL}$ 之比。传质推动力越大,传质阻力越小,则过程的传质速率就越快。从式(5-25)、(5-26)中看出吸收传质过程总阻力 $1/K_{AG}$ 为气膜阻力 $1/k_{AG}$ 与液膜阻力 $\dfrac{1}{k_{AL} \cdot H_A}$ 之和, $1/K_{AL}$ 为液膜阻力 $1/k_{AL}$ 与气膜阻力 H_A/k_{AG} 之和。在总传质阻力中,若气膜的阻力远远大于液膜阻力,则称为气膜控制;若液膜阻力远远大于气膜阻力则称为液膜控制。

根据上面各式分析可知,要提高物理吸收速率可采取以下措施:

(1) 提高气液相对运动速度,以减小气膜和液膜的厚度。

(2) 增大供液量,降低液相吸收质浓度,以增大吸收推动力。

(3) 增加气液接触面积。

(4) 选用对吸收质溶解度大的吸收剂。

二、化学吸收速率

(一) 化学吸收速率方程

对于典型的气液相反应:

$$
\begin{array}{c}
A(g) \\
\Updownarrow \\
A(l) + vB(l) \Longleftrightarrow M(l)
\end{array}
$$

气相组分 A 与液相组分 B 的反应全过程,根据双膜理论可表示为图5-3(b)的过程,要经历以下步骤:

(1) 气相反应物 A 从气相主体通过气膜向气-液相界面传递。

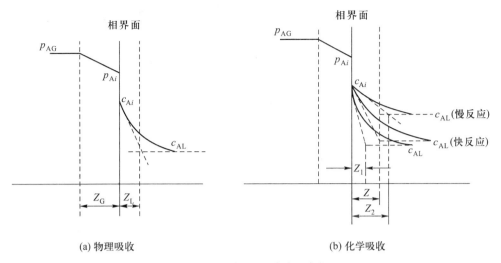

图 5-3　液相中 A 的浓度变化

（2）气相反应物 A 自气-液相界面向液相传递。

（3）反应物 A 在液膜或液相主体中与 B 发生反应（视反应速率的快慢而定）。

（4）反应生成的液相产物留存在液相中（如有气相产物生成则向相界面扩散）。

（5）气相产物自相界面通过气膜向气相本体扩散。

化学吸收法净化气态污染物一般要求吸收剂在吸收条件下的蒸气压很低或趋于零，化学反应只在液相内发生。所以上述过程不存在组分 B 从相界面向气相扩散的问题。

在吸收过程中，当传递速率远大于化学反应速率时，实际的过程速率取决于后者，称为动力学控制；反之，如果化学反应速率很快，而传质速率很慢，过程速率主要取决于传质速率的大小，称为扩散控制。

从以上吸收过程可以看出，对化学吸收而言，气膜的传质速率仍可按与物理吸收相同的式（5-20）表示。在气液界面处，组分 A 仍处于平衡状态，可用亨利定律描述。

在液膜中的情况，化学吸收 [图 5-3(b)] 和物理吸收 [图 5-3(a)] 却很不相同。对于化学吸收，组分 A 按分子扩散从气膜扩散至界面溶解后，在液膜内一边进行扩散，一边与吸收剂组分 B 进行化学反应，若在液膜内未反应完还要转移至液相主体中进行。从图 5-3(b) 中可以看出，组分 B 不断地从液相主体扩散到界面附近并与 A 相遇。A 与 B 在什么位置进行反应取决于反应速率与扩散速率的相对大小。反应进行得愈快，A 消耗愈快，则 A 抵达气液界面后扩散不远便会消耗尽。反之，如果 A 与 B 反应较慢，A 可能扩散到液相主体仍有大部分未能参加反应。因此，化学吸收的速率不但取决于液相的物理性质与流动状态，也取决于化学反应速率。但是由于液相中有化学反应的存在，组分 A 的浓度 c_A 降低加快，从而使过程吸收速率提高。

在过程稳定的情况下，仍可采用费克定律来描述液膜中的吸收情况：

$$N_A = -D_{AL} \frac{dc_A}{dZ}\bigg|_{Z=0} \tag{5-29}$$

式中：D_{AL}——组分 A 在液相中的扩散系数，m^2/s。

若已知组分 A 在界面处的液相浓度梯度，就可利用上式求得液膜内的过程速率。在液膜内对组分 A 做物料衡算可得到液相浓度分布规律及梯度。

为了确定液膜内组分 A 与 B 的浓度分布,可在液膜内离界面 Z 处,取一厚度为 dZ 的微元,对气体 A 在微元体内进行物料衡算:

A 扩散入微元的通量−A 扩散出微元的通量=A 在微元的反应量

即:

$$-D_{AL}\frac{dc_A}{dZ} - \left[-D_{AL}\frac{d}{dZ}\left(c_A + \frac{dc_A}{dZ}\cdot dZ\right)\right] = (-r_A)\cdot dZ \tag{5-30}$$

整理得:

$$D_{AL}\frac{d^2 c_A}{dZ^2} = (-r_A) \tag{5-31}$$

同理对 B 作物料衡算有:

$$D_{BL}\frac{d^2 c_B}{dZ^2} = (-r_B) = v(-r_A) \tag{5-32}$$

反应动力学方程:

$$-r_A = f(c_A, c_B) \tag{5-33}$$

若式(5−31)边界条件给定,就可确定液膜中组分 A 的浓度分布,代入式(5−29)可求得液相内的传质速率方程。将其与气膜中的传质速率方程式(5−20)和气液相平衡关系式(5−22)联解,就可获得吸收过程的总速率方程式。由于反应动力学方程一般比较复杂,大多数情况下,微分方程式(5−31)只能给出数值解,但对一些特殊情况有解析解。

(二) 典型特定情况的化学吸收速率方程

用吸收法处理气态污染物时,化学吸收剂一般能与被吸收组分发生极快的化学反应;或其用量大大过量,以使其液相中浓度几乎不变,这时可看成拟一级反应。以下分别针对这两种典型的特定情况进行讨论。

1. 极快速不可逆化学反应吸收过程

对于典型的气液相反应 $a\text{A(g)} + b\text{B(l)} \Longleftrightarrow r\text{M(l)}$,如果化学反应速率极快,反应瞬时即可完成,则传质阻力比化学反应阻力大得多,整个过程属于扩散控制。反应速率极快使反应区厚度极小,成为一个反应面。由于吸收组分 A 与反应物 B 的扩散速率不同,反应界面与气液界面的位置有所不同,会使液相浓度分布出现三种不同的情况,如图 5−4 所示。

(1) 当由气相扩散至相界面的吸收组分 A 的量超过由液相扩散至界面的 B 物质反应所需的量时,相界面上的 B 物质被耗尽,吸收组分 A 过剩,即相界面上 $c_{Bi} = 0$,$c_{Ai} > 0$。过剩的 A 物质向液膜扩散,并继续与 B 物质反应,所以反应面 R 向液相移动。当反应面移动到 $N_B = \frac{b}{a}N_A$ 的位置时,过程达到稳定,其位置不再移动 [图 5−4(a)]。

根据式(5−31)、(5−32)可以得到组分 A 在液相中的浓度分布,代入式(5−29)并利用式(5−20)、式(5−22)消去 c_{Ai},可以得到过程的速率方程:

$$N_A = \frac{p_{AG} + \dfrac{a}{bH_A}\cdot\dfrac{D_{BL}}{D_{AL}}\cdot c_{BL}}{\dfrac{1}{k_{AG}} + \dfrac{1}{H_A\cdot k_{AL}}} = K_{AG}\left(p_{AG} + \frac{a}{bH_A}\cdot\frac{D_{BL}}{D_{AL}}\cdot c_{BL}\right) \tag{5-34}$$

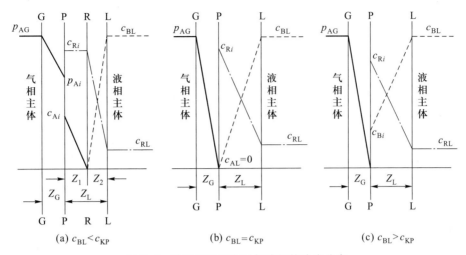

$(a)\ c_{BL}<c_{KP}$　　　　　$(b)\ c_{BL}=c_{KP}$　　　　　$(c)\ c_{BL}>c_{KP}$

图 5-4　进行极快反应时气液相的浓度分布

G-G—气相主体与气膜的界面；P-P—气-液相界面；L-L—液相主体与液膜的界面；R-R—反应面

与物理吸收相比，传质阻力未变，但推动力增加，因此提高了过程的吸收速率。

由式(5-34)和式(5-20)可求出相界面处的 A 组分分压 p_{Ai}：

$$p_{Ai} = \frac{k_{AG} \cdot p_{AG} - \dfrac{a}{b} \cdot \dfrac{D_{BL}}{D_{AL}} \cdot k_{AL} \cdot c_{BL}}{H_A \cdot k_{AL} + k_{AG}} \tag{5-35}$$

令式(5-35)中 $p_{Ai}=0$，此时求出的 c_{BL}，称为临界浓度，用 c_{KP} 表示：

$$c_{KP} = c_{BL}\big|_{p_{Ai}=0} = \frac{b}{a} \cdot \frac{D_{AL}}{D_{BL}} \cdot \frac{k_{AG}}{k_{AL}} \cdot p_{AG} \tag{5-36}$$

在这种情况下，实际的吸收液浓度小于临界浓度，即 $c_{BL}<c_{KP}$。

（2）当由气相扩散至界面的吸收组分 A 的扩散通量与由液相扩散至界面的 B 物质的扩散通量恰好符合化学计量关系$\left(\text{即 } N_B = \dfrac{b}{a}N_A\right)$时，物质 A 与物质 B 在界面上刚好反应完全。此时反应面 R 与相界面 P 重合，且在此位置 $c_{Ai}=c_{Bi}=0$，$p_{Ai}=0$（图 5-4b）。

在这种情况下，实际的吸收液浓度等于临界浓度，即 $c_{BL}=c_{KP}$。吸收过程总速率等于物质 A 从气相扩散到相界面上的速率，也等于物质 B 从液相扩散到相界面的速率的 $\dfrac{a}{b}$ 倍。即过程总速率方程式为：

$$N_A = k_{AG} \cdot p_{AG} \tag{5-37}$$

或：

$$N_A = \frac{a}{b}N_B = \frac{a}{b}k_{BL} \cdot c_{BL} \tag{5-38}$$

（3）当由液相扩散至界面的 B 物质的量超过由气相扩散至界面的吸收组分 A 反应所需的量时，相界面上的 A 物质被耗尽，B 物质过剩，此时反应面也与相界面 P 重合，在相界面上也有 $p_{Ai}=0$，但 $c_{Ai}=0$，$c_{Bi}>0$（图 5-4c）。

在这种情况下，实际的吸收液浓度大于临界浓度，即 $c_{BL}>c_{KP}$。物质 A 从气相扩散到相界面

上的速率是整个过程的控制速率,即过程总速率方程式为:

$$N_A = k_{AG} \cdot p_{AG} \tag{5-39}$$

[例5-1]　在吸收塔中用硫酸溶液吸收混合气体中的氨。试计算塔底和塔顶的吸收速率 N_{A2} 和 N_{A1}。已知:气体混合物中氨的分压进口处为 5 000 Pa,出口处为 1 000 Pa,吸收剂中 H_2SO_4 的浓度进口处为 0.6 kmol/m³,出口处为 0.5 kmol/m³,气液两相逆流接触,气体加入量 $G = 45$ kmol/h,$k_{AG} = 3.5 \times 10^{-6}$ kmol/(m² · Pa · h),$k_{AL} = 0.005$ m/h,亨利系数:$H = 7.5 \times 10^{-4}$ kmol/(m³ · Pa),总压 $p = 1 \times 10^5$ Pa(绝对压力),$D_{AL} = D_{BL}$。

解:硫酸吸收氨的反应为瞬间化学反应:

$$2NH_3 + H_2SO_4 \longrightarrow (NH_4)_2SO_4$$

故:$\dfrac{b}{a} = 0.5$

在塔顶处:$p_{AG1} = 1\ 000$ Pa,$c_{BL1} = 0.6$ kmol/m³

在塔底处:$p_{AG2} = 5\ 000$ Pa,$c_{BL2} = 0.5$ kmol/m³

塔顶:

$$c_{KP} = \frac{b}{a} \cdot \frac{k_{AG}}{k_{AL}} \cdot \frac{D_{BL}}{D_{AL}} \cdot p_{AG1} = 0.5 \times \frac{3.5 \times 10^{-6}}{0.005} \times 1 \times 1\ 000 \text{ kmol/m}^3$$

$$= 0.35 \text{ kmol/m}^3 < c_{BL1} = 0.6 \text{ kmol/m}^3$$

故 N_A 由式(5-39)计算得:

$$N_{A1} = k_{AG} p_{AG} = 3.5 \times 10^{-6} \times 1\ 000 \text{ kmol/(m}^2 \cdot \text{h)} = 0.003\ 5 \text{ kmol/(m}^2 \cdot \text{h)}$$

塔底:

$$c_{KP2} = \frac{b}{a} \cdot \frac{k_{AG}}{k_{AL}} \cdot \frac{D_{AL}}{D_{BL}} \cdot p_{AG2} = 0.5 \times \frac{3.5 \times 10^{-6}}{0.005} \times 1 \times 5\ 000 \text{ kmol/m}^3$$

$$= 1.75 \text{ kmol/m}^3 > c_{BL2} = 0.5 \text{ kmol/m}^3$$

故 N_{A2} 由式(5-34)计算得:

$$N_{A2} = \frac{p_{AG} + \dfrac{a}{b \cdot H_A} \cdot \dfrac{D_{BL}}{D_{AL}} \cdot c_{BL}}{\dfrac{1}{k_{AG}} + \dfrac{1}{H_A \cdot k_{AL}}} = \frac{5\ 000 + \dfrac{1}{0.5 \times 7.5 \times 10^{-4}} \times 0.5}{\dfrac{1}{3.5 \times 10^{-6}} + \dfrac{1}{7.5 \times 10^{-4} \times 0.005}} \text{ kmol/(m}^2 \cdot \text{h)}$$

$$= 0.011\ 5 \text{ kmol/(m}^2 \cdot \text{h)}$$

2. 拟一级不可逆反应的吸收过程

对于 n 级不可逆反应 $aA + bB \longrightarrow rR$,在反应物组分 B 的量相对于被吸收组分 A 大量过剩的情况下,c_{BL} 的浓度变化相对很小,在过程中近似看成常数,因此反应过程可视为拟一级反应:

$$-r_A = k_r \cdot c_A \tag{5-40}$$

对于中等速率的化学反应,被吸收组分 A 在液相中的浓度分布如图5-5所示。由于反应速度不是很快,吸收组分 B 与被吸收组分 A 可同时存在,化学反应在整个液膜区域进行,这与快速反应的情况不同。

将反应速率方程式(5-40)代入微分方程式(5-31)中,得:

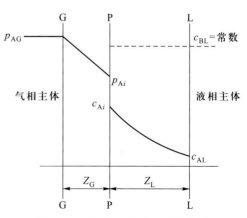

图5-5　液相中有中等速率的化学反应且 c_{BL} 为常数时的浓度分布

$$D_{AL} \cdot \frac{d^2 c_A}{dZ^2} - k_r c_A = 0 \qquad (5-41)$$

从图中可看出,过程的边界条件为:$Z=0$ 时,$c_A = c_{Ai}$;

$$Z = Z_L \text{ 时}, c_A = c_{AL} \text{。}$$

根据上述微分方程并令 $\alpha = \sqrt{\dfrac{k_r}{D_{AL}}}$,得液膜内被吸收组分 A 的浓度分布为:

$$c_A = \frac{c_{AL} \cdot \sin h(\alpha \cdot Z) + c_{Ai} \cdot \sin h[\alpha(Z_L - Z)]}{\sin h(\alpha \cdot Z_L)} \qquad (5-42)$$

这样由式(5-29)可求得过程速率:

$$\begin{aligned}
N_A &= -D_{AL} \frac{dc_A}{dZ}\bigg|_{Z=0} \\
&= -D_{AL} \times \frac{c_{AL}\alpha \cdot \cos h(\alpha Z) - c_{Ai}\alpha \cdot \cos h[\alpha(Z_L - Z)]}{\sin h(\alpha \cdot Z_L)}\bigg|_{Z=0} \\
&= \frac{D_{AL} \cdot \alpha[c_{Ai}\cos h(\alpha Z_L) - c_{AL}]}{\sin h(\alpha \cdot Z_L)} \\
&= \frac{D_{AL} \cdot \alpha}{\tan h(\alpha \cdot Z_L)}\left[c_{Ai} - \frac{c_{AL}}{\cos h(\alpha \cdot Z_L)}\right]
\end{aligned} \qquad (5-43)$$

若令:

$$\gamma = \alpha \cdot Z_L$$

$$\beta = \frac{\gamma}{\tan h\gamma}$$

则:

$$N_A = \beta \cdot k_{AL}\left[c_{Ai} - \frac{1}{\cos h\gamma} \cdot c_{AL}\right] \qquad (5-44)$$

式(5-44)中包含有不确定参数 c_{Ai},故将气膜传质分速率公式(5-20)与亨利定律式(5-22)代入式(5-44)中,消去 c_{Ai} 后,得到化学吸收速率方程式:

$$N_A = K_{AG}\left(p_{AG} - \frac{p_A^*}{\cos h\gamma}\right) \qquad (5-45)$$

式中:

$$\frac{1}{K_{AG}} = \frac{1}{k_{AG}} + \frac{1}{\beta \cdot H_A \cdot k_{AL}} \qquad (5-46)$$

β 也称为增大因子,反映了化学吸收速率与物理吸收速率之比。与物理吸收比较,由于 $\beta > 1$,过程阻力减小,同时由于 $\cos h\gamma > 1$,过程推动力增大,因此使得化学吸收的总吸收速率大于物理吸收速率。

γ^2 称为膜内转化系数:

$$\gamma^2 = (\alpha \cdot Z_L)^2 = \frac{k_r}{D_{AL}} \cdot \left(\frac{D_{AL}}{k_{AL}}\right)^2 = \frac{k_r \cdot D_{AL}}{k_{AL}^2} = \frac{k_r \cdot c_{Ai} \cdot Z_L}{k_{AL} \cdot c_{Ai}}$$

$$= \frac{\text{液膜内可能进行的最大化学反应速率}}{\text{通过界面可能进行的最大传质速率}} \qquad (5-47)$$

图 5-6 反映了增大因子 β 与 γ 的关系,从图中可看出:

当: $\qquad \gamma \to 0, \qquad \beta \to 1$
$\qquad\qquad\quad \gamma \geqslant 3, \qquad \beta = \gamma$

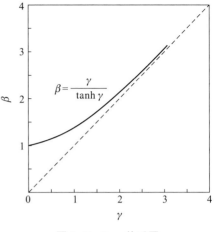

图 5-6　β-γ 关系图

根据上述关系可做如下讨论:

(1) 当 $\gamma \leqslant 0.2$ 时,$\cos h\gamma \to 1$,$\beta \to 1$,故式(5-45)简化为:

$$N_A = \frac{1}{\dfrac{1}{k_{AG}} + \dfrac{1}{H_A \cdot k_{AL}}} (p_{AG} - p_A^*) \qquad (5-48)$$

该式与物理吸收速率公式相同。从物理意义上讲,膜内转化系数小,即意味着化学反应速率占整个吸收速率的比例小,因此吸收过程可近似看出物理吸收。

(2) 当 $\gamma \geqslant 2$ 时,$\gamma \approx \beta$,即 $\beta \cdot k_{AL} = \gamma \cdot k_{AL} = \sqrt{\dfrac{k_r \cdot D_{AL}}{k_{AL}^2}} \cdot k_{AL} = \sqrt{k_r \cdot D_{AL}}$

故式(5-46)变为:

$$\frac{1}{K_{AG}} = \frac{1}{k_{AG}} + \frac{1}{H_A \sqrt{k_r \cdot D_{AL}}} \qquad\qquad (5-49)$$

即过程传质阻力与液膜厚度无关。

(3) 当 $0.2 < \gamma < 2$ 时,化学吸收速率用普通式(5-45)计算。

(4) 当 $\gamma \to \infty$,$\beta \to \infty$,过程吸收速率按快速瞬间反应的吸收过程计算。

对于难溶气体,$K_{AG} = \beta \cdot H_A k_{AL}$,属液膜控制;对于易溶气体,$K_{AG} = k_{AG}$,属气膜控制。

第三节　吸收设备与设计

一、吸收设备

对用于处理气态污染物的吸收设备,一般要求气液有效接触面积大,气液湍动程度高(以利于提高吸收效率),设备的压力降损失小,结构简单,易于操作和维修,从而减少投资及操作费用。

吸收设备按气液相接触形态可分为:① 气体以气泡形态分散在液相中的鼓泡反应器、搅拌鼓泡反应器和板式反应器;② 液体以液滴状分散在气相中的喷雾、喷射和文氏反应器等(它们主要用于含尘气流的除尘,但在某些特定场合,也可用于处理气态污染物);③ 液体以膜状运动与气相进行接触的填料反应器和降膜反应器等。

按气液分散形式可分为:① 气相分散、液体连续,如板式塔;② 液相分散、气相连续,如喷淋塔、填料塔;③ 气液相同为分散相,如文丘里吸收器。图 5-7 列出了几种主要的气-液反应器。

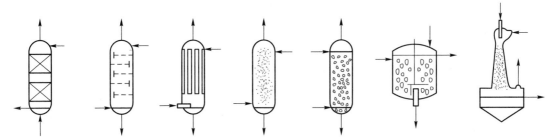

(a)填料床反应器 (b)板式反应器 (c)降膜反应器 (d)喷雾反应器 (e)鼓泡反应器 (f)搅拌鼓泡反应器 (g)喷射或文氏反应器

图5-7　气-液反应器的形式

工程中用于净化气态污染物的吸收设备中最常用的是填料塔,其次是板式塔。此外还有喷淋(雾)塔和文丘里吸收器等。

(一)填料塔

在填料塔中,一般气液逆流操作。混合气体由塔底进入,自下而上穿过填料层,从塔顶排出;吸收剂由塔顶通过液体分布器均匀喷淋到填料层中,沿填料表面向下流动,直至塔底排出塔外。它具有操作适应性好、结构简单、能耐腐蚀等优点,广泛地应用于带有化学反应的气体净化过程。填料对吸收塔的性能影响很大,其主要类型有拉西环、鲍尔环、鞍形填料等。

(二)板式塔

板式塔中液体与气体在塔板上分段逆流接触。吸收液从塔顶进入,借重力流到下一块塔板,最后从塔底排出。气体向上通过塔板中的各种孔眼,然后鼓泡穿过液体,分离泡沫后到上面的另一塔板,在这一过程中有害气体组分扩散至气液接触表面进入液相被除去。板式反应器内的塔板按不同的开孔形式有筛板和泡罩塔板两种。

(三)喷淋(雾)塔

在喷淋(雾)塔中,一般气液逆流操作。吸收剂由塔顶进入,由一级或多级喷嘴被喷成雾滴或微细液滴;气体由塔底进入,经气体分布系统均匀分布后向上穿过整个设备。气体与雾滴或液滴密切接触进行传质,使混合气体中易溶组分被吸收,净化后气体经除雾后从塔顶排出。它具有结构简单、不易被堵塞、阻力小、操作维修方便等优点。喷淋(雾)塔的关键部件是喷嘴,要求喷嘴能够提供细小和尺寸均匀的液滴以使喷淋(雾)塔有效运转。

二、吸收设备的选择

强化吸收过程,提高处理效率,降低设备的投资和运行费用,是吸收设备选择的基本要求。能完全满足上述要求的吸收设备是很难选择的,通常根据实际情况权衡多种因素,有所侧重地加以选择。下面从强化传质吸收过程、提高吸收效率的角度对其选型进行讨论。

对反应速率很快,即γ和β均较大的化学吸收而言,其过程属扩散控制,故要求所选择的吸收设备能产生高的气液湍动和大的气液接触面积,以降低气膜的传质阻力,增大传质面积,从而提高吸收效率。这类设备有喷雾塔、填料塔、文丘里吸收器和板式塔等,见表 5-1。其中喷雾塔、填料塔、文丘里吸收器中气相湍动程度很高,更适宜液膜控制的吸收过程。

若化学反应速率很低,即 γ 和 β 都较小时,吸收过程属动力学控制。此时,要求所选择的吸收设备具有持液量大,气液接触时间长的特点,以使较慢的化学反应有足够的空间和时间进行反应。在这种情况下增大气液接触面积,提高气液湍动程度对强化吸收过程意义不大,此时宜选用鼓泡塔、鼓泡搅拌釜等吸收设备,见表 5-1。

表 5-1　几种主要形式化学吸收设备的特性及其适用范围

形式	$\dfrac{相界面积}{液相体积}$/$(m^2 \cdot m^{-3})$	液相所占体积分率	$\dfrac{液相体积}{膜体积}$/$(m^3 \cdot m^{-3})$	适用范围
喷雾塔	1 200	0.05	2 ~ 10	$\gamma > 2$ 的极快反应和快反应
填料塔	1 200	0.08	10 ~ 100	
板式塔	1 000	0.15	40 ~ 100	0.2 < γ < 2 中速反应和慢反应,也适用于气相浓度高、液气比小的快反应
鼓泡搅拌釜	200	0.9	150 ~ 800	
鼓泡塔	20	0.98	4 000 ~ 10 000	$\gamma < 0.2$ 的极慢反应

表 5-2 表示了部分吸收过程的膜控制情况,可在选择吸收设备时参考。

表 5-2　部分吸收过程的膜控制情况

气膜控制	液膜控制	气、液膜控制
1. 水或稀氨水吸收氨	1. 水或弱碱液吸收二氧化碳	1. 水吸收二氧化碳
2. 浓硫酸吸收三氧化硫	2. 水吸收氧气	2. 水吸收丙酮
3. 水或稀盐酸吸收氯化氢	3. 水吸收氯气	3. 浓硫酸吸收二氧化氮
4. 酸吸收 5% 氨		4. 碱吸收硫化氢
5. 碱或氨水吸收二氧化硫		
6. 氢氧化钠溶液吸收硫化氢		
7. 液体的蒸发或冷凝		

三、吸收设备设计

此处以填料塔设计为例介绍吸收塔的设计。

(一) 吸收剂用量

吸收剂用量取决于适宜的液气比,而适宜的液气比是由设备费和操作费两个因素决定的。

工程中,一般取最小液气比的 $1.1 \sim 2.0$ 倍,即:

$$L_{s} = (1.1 \sim 2.0) G_{B} \left(\frac{L_{s}}{G_{B}} \right)_{min} \tag{5-50}$$

$$\left(\frac{L_{s}}{G_{B}} \right)_{min} = \frac{Y_{1} - Y_{2}}{X_{1}^{*} - X_{2}} \tag{5-51}$$

式中:L_{s}——单位时间通过塔任意截面单位面积吸收剂摩尔流率,$kmol/(m^{2} \cdot s)$;

G_{B}——单位时间通过塔任意截面单位面积惰性气体摩尔流率,$kmol/(m^{2} \cdot s)$;

Y_{1}、Y_{2}——入口和出口混合气体中吸收质与惰性气体的摩尔比;

X_{2}——入口液相中吸收质与吸收剂的摩尔比;

X_{1}^{*}——吸收液与进口 Y_{1} 平衡的吸收质与吸收剂的摩尔比。

(二) 塔径的计算

填料吸收塔塔径取决于处理的气量 $q_{V}(m^{3}/s)$ 和适宜的空塔气速 $v_{0}(m/s)$:

$$D_{T} = \sqrt{\frac{4q_{V}}{\pi \cdot v_{0}}} \quad (m) \tag{5-52}$$

处理气量 q_{V} 根据实际的工业过程而定,空塔气速 v_{0} 一般由填料塔的液泛速率 v_{f} 确定,通常取:$v_{0} = (0.60 \sim 0.75) v_{f}$。

液泛气速是填料塔正常操作气速的上限,正确估算泛点气速对填料塔的操作及设计都是非常重要的。目前,工程设计中广泛采用埃克特(Eckert)提出的通用关联图来计算,也可以根据特定条件查相关手册。

(三) 填料层高度的计算

填料层高度由过程吸收速率 N_{A} 和对吸收率的要求来确定。

对于按如下化学计量方程式进行的化学吸收过程:

$$A(g) + bB(l) \longrightarrow rR(l)$$

每吸收 1 mol 组分 A 要消耗 b mol 的反应组分 B,现对如图 5-8 所示填料塔做物料衡算:

设 L_{s}、G_{s} 分别是除吸收组分 B 以外的液相惰性组分流量和除被吸收组分 A 以外的气相惰性组分流量 $[mol/(m^{2} \cdot s)]$;Y_{A1}、Y_{A2} 分别是塔顶和塔底组分 A 的气相浓度 $[mol(组分 A)/mol(气相惰性组分)]$;X_{B1}、X_{B2} 分别是塔顶和塔底组分 B 的液相浓度 $[mol(组分 B)/mol(液相惰性组分)]$;L、G 分别是液相和气相的总流量 $[mol/(m^{2} \cdot s)]$;c_{I}、c_{T} 分别是液相中惰性组分浓度和液相总浓度 (mol/m^{3});p_{I}、p 分别是气相中惰性组分分压和气相总压(Pa)。则有:

$$G_{s} dY_{A} = -\frac{1}{b} L_{s} dX_{B} = N_{A} \cdot a dh \tag{5-53}$$

式中:a——单位填充层内填料的表面积,m^{2}/m^{3};

h——任一截面填料层高度,m。

积分上式,得任一截面处组分 Y_{A} 与 X_{B} 的关系:

$$G_{s}(Y_{A1} - Y_{A2}) = -\frac{L_{s}}{b}(X_{B1} - X_{B2}) \tag{5-54}$$

填料层高度 H 为：

$$H = G_s \int_{Y_{A1}}^{Y_{A2}} \frac{\mathrm{d}Y_A}{N_A \cdot a} = \frac{G_s}{p_1} \int_{p_{AG1}}^{p_{AG2}} \frac{\mathrm{d}p_{AG}}{N_A \cdot a} \tag{5-55}$$

$$H = -\frac{L_s}{b} \int_{X_{B1}}^{X_{B2}} \frac{\mathrm{d}X_B}{N_A \cdot a} = \frac{L_s}{b \cdot c_1} \int_{c_{BL1}}^{c_{BL2}} \frac{\mathrm{d}c_{BL}}{N_A \cdot a} \tag{5-56}$$

通常，气态污染物的浓度很低，化学吸收剂的浓度也不高，即 $p_1 \approx p$，$c_1 \approx c_T$，故将其代入上式得：

$$H = \frac{G_s}{p} \int_{p_{AG1}}^{p_{AG2}} \frac{\mathrm{d}p_{AG}}{N_A \cdot a} = \frac{L_s}{b \cdot c_T} \int_{c_{BL2}}^{c_{BL1}} \frac{\mathrm{d}c_{BL}}{N_A \cdot a} \tag{5-57}$$

[例 5-2]　用一逆流操作的填料塔将某一尾气中的有害组分从 0.1% 的含量降低到 0.02%，试计算以下几种情况下吸收塔的填料层高度 H。（1）用纯水吸收，已知使用这种填料时，$k_{AG} \cdot a$ 为 320 mol/(h·m³·kPa)；$k_{AL} \cdot a$ 为 0.1 h⁻¹。亨利常数 H_A 为 0.08 mol/(Pa·m³)，液体流量 L 为 7×10^5 mol/(m²·h)，气体流量 G 为 1×10^5 mol/(m²·h)，总压 p 为 1×10^5 Pa，液体物质的总浓度 c_T 为 56 000 mol/m³；（2）水中加入组分 B 进行瞬间快速化学反应，组分 B 浓度较高，c_{BL} 为 800 mol/m³，化学计量式 A+B ⟶ C。其余情况同（1），且 $D_{AL} = D_{BL}$；（3）使用低浓度吸收剂 c_{BL} 为 32 mol/m³，其余同（1）、（2）；（4）使用中等浓度吸收剂 c_{BL} 为 128 mol/m³，其余同（1）、（2）。

解：吸收系统见图 5-9。$p_{AG1} = 0.02\% \times 1 \times 10^5$ Pa = 20 Pa，$p_{AG2} = 0.1\% \times 1 \times 10^5$ Pa = 100 Pa，$c_{AL1} = 0$ mol/m³

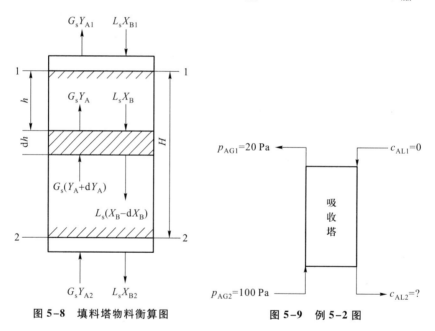

图 5-8　填料塔物料衡算图　　　　图 5-9　例 5-2 图

（1）这种情况下为物理吸收过程，做吸收塔物料衡算有：

$$\frac{G}{p} \cdot \mathrm{d}p_{AG} = \frac{L}{c_T} \cdot \mathrm{d}c_{AL}$$

积分得：$p_{AG} - p_{AG1} = \frac{L \cdot p}{G \cdot c_T}(c_{AL} - c_{AL2})$

代入已知：$p_{AG} - 20 = \dfrac{7 \times 10^5 \times 1 \times 10^5}{1 \times 10^5 \times 56\,000} c_{AL}$

故操作线方程为：$c_{AL} = 0.08 p_{AG} - 1.6$

物理吸收的总传质阻力由式（5-25）可得：

$$\frac{1}{K_{AG} \cdot a} = \frac{1}{k_{AG} \cdot a} + \frac{1}{H_A \cdot k_{AL} \cdot a}$$

$$= \left(\frac{1}{320 \times 10^{-3}} + \frac{1}{0.1 \times 0.08} \right) (\text{h} \cdot \text{m}^3 \cdot \text{Pa})/\text{mol}$$

$$= 128.13 \ (\text{h} \cdot \text{m}^3 \cdot \text{Pa})/\text{mol}$$

所以：$K_{AG} \cdot a = 0.0078 \ \text{mol}/(\text{h} \cdot \text{m}^3 \cdot \text{Pa}) = 7.8 \ \text{mol}/(\text{h} \cdot \text{m}^3 \cdot \text{kPa})$

填料层高度：

$$H = \frac{G}{p} \int_{p_{AG1}}^{p_{AG2}} \frac{\mathrm{d}p_{AG}}{N_A \cdot a} = \frac{G}{p} \int_{p_{AG1}}^{p_{AG2}} \frac{\mathrm{d}p_{AG}}{K_{AG} \cdot a(p_{AG} - p_A^*)}$$

$$= \frac{G}{p \cdot K_{AG} \cdot a} \int_{p_{AG1}}^{p_{AG2}} \frac{\mathrm{d}p_{AG}}{p_{AG} - c_{AL}/H_A}$$

将操作线方程代入上式，利用已知条件得：

$$H = \frac{1 \times 10^5}{1 \times 10^5 \times 0.0078} \int_{20}^{100} \frac{\mathrm{d}p_{AG}}{p_{AG} - (0.08 p_{AG} - 1.6)/0.08} \ \text{m} = 513 \ \text{m}$$

（2）对于瞬间快速反应的吸收过程，将物料衡算式变为：

$$p_{AG} - p_{AG1} = \frac{Lp}{bGc_T} (c_{BL1} - c_{BL2})$$

亦即 $p_{AG} - 20 = \dfrac{7 \times 10^5 \times 1 \times 10^5}{56000 \times 1 \times 10^5} (800 - c_{BL})$

操作线方程：$c_{BL} = 801.6 - 0.08 p_{AG}$

$$c_{BL2} = (801.6 - 0.08 \times 100) \ \text{mol}/\text{m}^3 = 793.6 \ \text{mol}/\text{m}^3$$

临界浓度：$c_{BK} = b \cdot \dfrac{k_{AG}a}{k_{AL}a} \cdot \dfrac{D_{AL}}{D_{BL}} \cdot p_{AG} = 3.2 \, p_{AG}$

在塔顶处：$c_{BK1} = 3.2 \times 20 \ \text{mol}/\text{m}^3 = 64 \ \text{mol}/\text{m}^3 < c_{BL1} = 800 \ \text{mol}/\text{m}^3$

在塔底处：$c_{BK2} = 3.2 \times 100 \ \text{mol}/\text{m}^3 = 320 \ \text{mol}/\text{m}^3 < c_{BL1} = 793.6 \ \text{mol}/\text{m}^3$

可见在整个填料塔内 $c_{BL} > c_{BK}$，故吸收过程属气膜控制，填料高度 H 可由式（5-39）求得：

$$H = \frac{G}{p} \int_{p_{AG1}}^{p_{AG2}} \frac{\mathrm{d}p_A}{k_{AG} \cdot a \cdot p_{AG}} = \frac{1 \times 10^5}{1 \times 10^5} \int_{20}^{100} \frac{\mathrm{d}p_A}{0.32 p_{AG}} = 5.03 \ \text{m}$$

（3）对于瞬间快速反应的吸收过程 c_{BL} 较低的情况，物料衡算式仍与②相同，只是：

$$c_{BL1} = 32 \ \text{mol}/\text{m}^3，因而有：c_{BL} = 33.6 - 0.08 p_{AG}$$

所以　　　　　　　　　$c_{BL2} = (33.6 - 0.08 \times 100) \ \text{mol}/\text{m}^3 = 25.6 \ \text{mol}/\text{m}^3$

临界浓度：　　　　　　$c_{BK} = b \cdot \dfrac{k_{AG} \cdot a}{k_{AL} \cdot a} \cdot \dfrac{D_{AL}}{D_{BL}} \cdot p_{AG} = 3.2 \cdot p_{AG}$

在塔顶：　　　　　$c_{BK1} = 3.2 \times 20 \ \text{mol}/\text{m}^3 = 64 \ \text{mol}/\text{m}^3 > c_{BL1} = 32 \ \text{mol}/\text{m}^3$

在塔底：　　　　　$c_{BK2} = 3.2 \times 100 \ \text{mol}/\text{m}^3 = 320 \ \text{mol}/\text{m}^3 > c_{BL2} = 25.6 \ \text{mol}/\text{m}^3$

可见在整个塔内，$c_{BL} < c_{BK}$，故过程吸收速率由式（5-34）计算，填料层高度为：

$$H = \frac{G}{p} \int_{p_{AG1}}^{p_{AG2}} \frac{\mathrm{d}p_{AG}}{N_A \cdot a} = \frac{G}{p} \int_{p_{AG1}}^{p_{AG2}} \frac{\mathrm{d}p_{AG}}{\dfrac{p_{AG} + c_{BL}/H_A}{\dfrac{1}{k_{AG} \cdot a} + \dfrac{1}{k_{AL} \cdot a \cdot H_A}}}$$

$$= \frac{1 \times 10^5}{1 \times 10^5} \int_{20}^{100} \frac{\dfrac{1}{0.32} + \dfrac{1}{0.1 \times 0.08}}{p_{AG} + (33.6 - 0.08 p_{AG})/0.08} \cdot \mathrm{d}p_{AG}$$

$$= 24.4 \ \text{m}$$

（4）对于瞬间快速反应吸收过程，c_{BL} 较适中的情况。做物料衡算得操作线方程为：

$$c_{BL} = 129.6 - 0.08 p_{AG}$$

故：$c_{BL2} = (129.6 - 0.08 \times 100) \text{ mol/m}^3 = 121.6 \text{ mol/m}^3$

而临界浓度：$c_{BK} = 3.2 p_{AG}$

在塔顶：$c_{BK1} = 3.2 \times 20 \text{ mol/m}^3 = 64 \text{ mol/m}^3 < c_{BL1} = 128 \text{ mol/m}^3$

在塔底：$c_{BK2} = 3.2 \times 100 \text{ mol/m}^3 = 320 \text{ mol/m}^3 > c_{BL2} = 121.6 \text{ mol/m}^3$

可见，在塔的上部，$c_{BK} < c_{BL}$，属气膜控制，反应发生在相界面；在塔的底部 $c_{BK} > c_{BL}$，N_A 由式（5-34）计算。

填料塔在 $c_{BL} = c_{BK}$ 处分为上下两段：

此时有：$129.6 - 0.08 p_{AG} = 3.2 p_{AG}$

故此时：$p_{AG} = 39.5 \text{ Pa}$，$c_{BL} = 126.4 \text{ mol/m}^3$

因此填料层高度为：

$$H = \frac{G}{p} \int_{20}^{39.5} \frac{\mathrm{d}p_{AG}}{k_{AG} \cdot a \cdot p_{AG}} + \frac{G}{p} \int_{39.5}^{100} \frac{\mathrm{d}p_{AG}}{\dfrac{p_{AG} + \dfrac{c_{BL}}{H_A}}{\dfrac{1}{k_{AG} \cdot a} + \dfrac{1}{k_{AL} \cdot a \cdot H_A}}}$$

代入已知条件得：$H = (2.13 + 4.78) \text{ m} = 6.91 \text{ m}$

从这个例题中可看出，采用化学吸收方法能显著降低填料层高度，且吸收剂的用量对填料层高度也有显著影响。

第四节   吸收工艺的配置

一、吸收剂的选择

吸收剂的选择原则是：① 吸收剂对污染物具有良好的选择性和吸收能力；② 吸收剂在吸收污染物后形成的富液应成为副产品或无污染液体，或更易处理和再生利用的物质；③ 吸收剂的蒸气压要低，不易起泡，热化学稳定性好，黏度低，腐蚀性小；④ 价廉易得。表 5-3 列出了常见气态污染物与适宜的吸收剂。

表 5-3   常见气态污染物与适宜的吸收剂

污染物	适宜的吸收剂
氯化氢	水、氢氧化钙
氟化氢	水、碳酸钠
二氧化硫	氢氧化钠、亚硫酸钠、氢氧化钙
硫化氢	二乙醇胺、氨水、碳酸钠
氯气	氢氧化钠、亚硫酸钠
氨	水、硫酸、硝酸

续表

污染物	适宜的吸收剂
苯酚	氢氧化钠
有机酸	氢氧化钠
硫醇	次氯酸钠

二、工艺流程设置中的其他问题

(一)除尘

废气除含有气态污染物外,往往还含有一定的烟(粉)尘。尽管吸收设备可能具有同类型湿式除尘设备的除尘功能,可在一个设备中既除尘,又吸收气态污染物,但这种设备往往存在废液处理难度大、二次污染严重等问题。因此,在吸收之前一般需要专门设置电除尘、布袋除尘等高效的除尘器,以除去绝大部分烟(粉)尘。

(二)烟气的预冷却

生产过程不同,排出的废气温度差异很大。例如锅炉燃烧排出的烟气,温度通常在 423 ~ 458 K 左右。由于气态污染物在吸收剂中的溶解度随温度的升高而降低,吸收操作一般需在较低的温度下进行,这就需要烟气在进入吸收塔之前进行冷却。

冷却烟气的方法有:① 在低温省煤器中间接冷却,这种方法虽可回收一些余热,但所需的换热器太大(因多是常压废气),同时烟气中酸会冷凝成酸性液体而腐蚀设备;② 直接增湿冷却,即采用水直接喷入烟气管道中增湿降温,这种方法虽简单,但要考虑水冲击管壁和形成酸雾腐蚀设备,以及可能造成沉积物阻塞管道和设备的问题;③ 用预洗涤塔(或预洗涤段)除尘增湿降温,这种方法较好,是目前使用较广泛的方法。

将烟气冷却到何等程度,需从技术和经济等方面进行考虑。烟温过高,不利于吸收操作过程;烟温过低,将带来热交换器面积、冷却负荷太大等问题。综合考虑各方面的因素,一般只将高温烟气冷却到 333 K 左右较为适宜。

(三)结垢和堵塞

在气态污染物的吸收净化过程中,可能出现设备结垢和堵塞问题。它已成为某些吸收装置能否正常长期运行的一个关键。为此,首先要弄清结垢的机理、影响结垢和造成堵塞的因素,然后有针对性地从工艺设计、设备结构、操作控制等方面着手解决。

虽然各种净化方法造成的结垢机理是不同的,但有一些防止结垢的方法和措施则大体是一致的。例如工艺操作上,控制溶液或料浆中水分的蒸发量,控制溶液 pH,控制溶液中易于结晶物质不要过饱和,保持溶液有一定的晶种,严格除尘,控制进入吸收系统的尘量。设备结构上设计或选择不易结垢和堵塞的吸收器。例如流动床型洗涤器比固定填充洗涤器不易阻塞和结垢,选择表面光滑、不易腐蚀的材料作吸收器等。

（四）除雾

在吸收塔内易存在生成"雾"的问题,雾不仅含有水分,它还是一种溶有气态污染物的盐液。任何漏到烟囱部分的雾,实际上就是把污染物排入到大气,雾气中所含液滴的直径主要在 $10 \sim 60\ \mu m$,一般小于 $10\ \mu m$ 的液滴不会产生,因而工艺上要对吸收设备提出除雾的要求。

（五）烟气再加热与排放"消白"

在处理高温烟气的湿式净化中,烟气在洗涤中被冷却增湿,如果排入大气后,在一定的气象条件下,将发生"白烟"。由于烟气温度低,使热力抬升作用减少、扩散能力降低,特别是在处理大量烟气和某些不利的条件下,白烟没有充分稀释之前就已回到地面,容易出现较高浓度的污染。湿式净化后烟囱出口的白烟主要为大量小尺度水滴,其主要来源包括:湿式净化单元夹带的液体小液滴和烟气中气态水的凝结。形成白烟的原因在于:① 烟囱排出的净化烟气中的水不能及时被大气充分稀释;② 排放烟气与大气形成的局部混合气体的露点温度高于混合气体干球温度。如果要消除"白烟",需要改变"白烟"由烟囱排出时的初始状态点,使"白烟"在环境空气扩散过程中始终不会变为饱和状态,"白烟"中的水蒸气不会凝结、析出。通常采取烟气再热、烟气降温冷凝和烟气降温再热方法来消除"白烟"。

烟气再热方法是通过升高烟温降低烟囱出口湿烟气的相对含湿量来减轻"白烟"现象,分为直接法和间接法。直接法是将高温烟气与吸收净化后的饱和湿烟气直接混合,实现湿烟气的升温。高温烟气可以是一部分未净化的烟气,也可以是设置尾部燃烧炉,在炉内燃烧天然气或重油,产生 $1\ 273 \sim 1\ 373\ K$ 的高温燃烧气。国外的湿式排烟脱硫装量,大多采用此法。燃烧耗用的燃料约为锅炉耗用燃料的 3% 左右,排放的净化烟气被加热到 $379 \sim 403\ K$。间接升温除湿的代表技术为气体气体换热器(GGH)、蒸汽加热器等。

烟气降温冷凝方法采用冷源介质对净化装置出口的饱和湿烟气进行冷却,烟气沿着饱和湿度曲线降温,大量水蒸气冷凝析出,烟气的绝对含湿量大幅下降。现在较为成熟的冷凝消白技术有以下几种:烟气节能减排一体化技术、相变凝聚器技术、冷凝析水器技术、脱硫零补水技术等。

烟气降温再热方法是前述两种方法组合使用。通过这种先降温再加热湿烟气的方法,不仅可以在降温过程中回收湿烟气冷凝放热量和凝结下来的水,而且将冷凝后湿烟气需要再加热的温度降低,水分析出后湿烟气的定压比热降低,故冷却后湿烟气再加热需要的热量大为减少。

第五节　吸收净化法的应用

一、吸收法净化含二氧化硫废气

（一）石灰石/石灰-石膏法烟气脱硫

石灰石/石灰-石膏法是最早实现工业化应用的烟气脱硫(FGD)技术。由于其技术成熟、运行状况稳定,而且原材料石灰石分布极广、成本低廉,是目前实用业绩最多的单项技术。在世界上应用烟气脱硫装置最多的美、德、日三国中,石灰石/石灰-石膏法装置分别占80%、90%、75%以上。

1. 反应原理

石灰石/石灰-石膏法烟气脱硫反应过程分吸收和氧化两步,SO_2 在吸收塔内先被吸收生成亚硫酸钙或亚硫酸氢钙,然后在塔底亚硫酸钙或亚硫酸氢钙被鼓入的空气氧化为硫酸钙。其主要反应为:

(1) 吸收:

$$Ca(OH)_2 + SO_2 \longrightarrow CaSO_3 \cdot \frac{1}{2}H_2O + \frac{1}{2}H_2O$$

$$CaCO_3 + SO_2 + \frac{1}{2}H_2O \longrightarrow CaSO_3 \cdot \frac{1}{2}H_2O + CO_2 \uparrow$$

$$CaSO_3 \cdot \frac{1}{2}H_2O + SO_2 + \frac{1}{2}H_2O \longrightarrow Ca(HSO_3)_2$$

(2) 氧化:

$$2CaSO_3 \cdot \frac{1}{2}H_2O + O_2 + 3H_2O \longrightarrow 2CaSO_4 \cdot 2H_2O$$

$$Ca(HSO_3)_2 + \frac{1}{2}O_2 + H_2O \longrightarrow CaSO_4 \cdot 2H_2O + SO_2 \uparrow$$

2. 工艺流程

石灰石/石灰-石膏法的脱硫工艺流程如图5-10所示。烟气经电除尘或布袋除尘后进入气体气体换热器(GGH)进行降温,降温后的烟气进入吸收塔,用石灰浆液洗涤脱硫,然后经过除沫、GGH升温后由烟囱排放。吸收后的含亚硫酸钙和硫酸钙的混合浆液进入塔底,通过鼓入空气,将其氧化为硫酸钙,得到的石膏浆料经离心脱水、过滤洗涤得成品石膏。

3. 石灰石-石膏烟气脱硫系统

(1) 系统组成:石灰石-石膏法烟气脱硫系统原则上可由下列结构系统构成:① 由石灰石粉料仓和石灰石磨及测量站构成的石灰石制备系统;② 由洗涤循环、除雾器和氧化工序组成的吸收塔;③ 由回转式烟气-烟气换热器或蒸气-烟气预热器、清洁烟气冷却塔排放或湿烟囱排烟构成的烟气再热系统;④ 脱硫风机;⑤ 由水力旋流分离器和过滤皮带组成的石膏脱水装置;⑥ 石膏贮存装置;⑦ 废水处理系统。

(2) 吸收剂:石灰石是目前烟气脱硫(FGD)中最常用的吸收剂,因为它在许多国家有丰富的储藏量,并且要比其他吸收剂更便宜。我国的石灰石储藏量大,矿石品位较高,$CaCO_3$ 含量一般大于93%。在选择石灰石作为吸收剂时必须考虑石灰石的纯度和活性,其脱硫反应活性主要取决于石灰石粉的粒度和颗粒比表面积。一般要求石灰石粉90%通过325目筛(44 μm)或250目筛(63 μm),并且 $CaCO_3$ 含量大于90%。

(3) 吸收塔:吸收塔是烟气脱硫系统的核心装置,要求气液接触面积大,气体的吸收反应良好,压力损失小,并且适用于大容量烟气处理。吸收塔主要有喷淋塔、填料塔、双回路塔和喷射鼓泡塔等四种类型(图5-11)。

图5-11(a)是喷淋吸收塔,在全世界的湿法FGD系统中占有突出的地位,喷淋塔一般有3～4个喷淋联管,每个联管都装有很多喷嘴,磨细的石灰石粉的悬浮液经喷嘴雾化后均匀地喷淋于

塔中。进入吸收塔的烟气可以与自由移动的液滴紧密接触,一般是以逆流方式布置,且不设气流限制装置,所带出的液态雾滴由除雾器捕获。这种设计主要是针对解决装有内部构件的吸收塔的结垢问题而设计的。

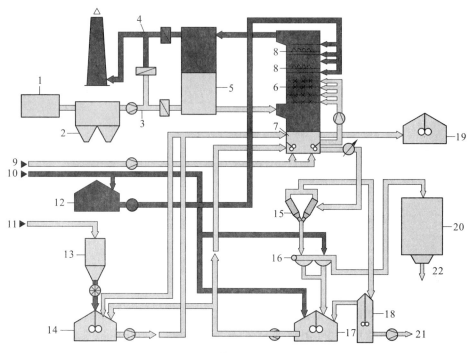

图 5-10　石灰石-石膏法烟气脱硫工艺流程简图

1—锅炉;2—电除尘器;3—待净化烟气;4—净化烟气;5—气-气换热器;6—吸收塔;7—持液槽;
8—除雾器;9—氧化用空气;10—工艺过程用水;11—粉状石灰石;12—工艺过程用水;
13—粉状石灰石贮仓;14—石灰石中和剂贮箱;15—水力旋流分离器;16—皮带过滤机;17—中间贮箱;
18—溢流贮箱;19—维修用塔槽贮箱;20—石膏贮仓;21—溢流废水;22—石膏

图 5-11(b)是一个填料吸收塔,采用塑料格栅作填料,是由三菱重工开发研制的。填料延长了气-液接触的时间,从而获得更高的脱硫效率。由于加深了对 FGD 工艺的认识,现在填料塔可以在无结垢问题的情况下运行。另外,采用高速顺流气流的布置方式,使体积庞大的吸收塔可以设计得更紧凑一些。顺流时空塔气速为 4~5 m/s,气体压降因格栅填充高度而各异。

图 5-11(c)是著名的在千代田(CT-121)工艺中应用的喷射鼓泡反应器(简称 JBR)。烟气通过喷射分配器以一定压力进入吸收液中,形成一定高度的喷射气泡层,可省去再循环泵和喷淋装置。净化后的烟气经上升管进入混合室,除雾后排放。此塔型的特点是系统可在低 pH(一般为 3.5~4.5)下运行,生成的石膏晶体颗粒大,易于脱水;脱硫率的高低与系统的压降有关,可通过增大喷射管的浸没深度来提高脱硫,从而增大压降。脱硫率为 95% 时,系统压降在 3 000 Pa左右。

图 5-11(d)采用了双回路概念,最早由美国 Research-Contrell 公司开发,又称为 Noell-KRC工艺,在美国、德国有应用业绩。这类吸收塔被一个集液斗分成两个回路:下段作为预冷却区,并

进行一级脱硫,控制较低的 pH(4.0~5.0),有利于氧化和石灰石的溶解,防止结垢和提高吸收剂的利用率;上段为吸收区,其排水经集液斗引入塔外另设的加料槽,在此加入新鲜石灰石浆液,维持较高的 pH(6.0 左右),以获得较高的脱硫效率。

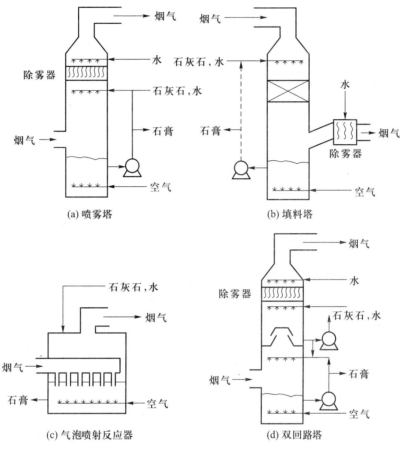

图 5-11　烟气脱硫吸收塔类型

（4）烟气再加热:烟气经过湿法 FGD 系统洗涤后,温度降至 50~60 ℃,已低于露点,为了增加烟囱排出烟气的扩散能力,减少可见烟团的出现,许多国家规定了烟囱出口的最低排烟温度。在德国有关大型燃煤装置的法规中,要求对洗涤后的烟气进行再热,在燃用烟煤的情况下,再热温度为 45~52 ℃;当燃料为褐煤时,温度为 60~80 ℃,到烟囱顶部达到 72 ℃。英国规定的排烟温度为 80 ℃,而日本要求把烟气加热到 90~110 ℃,防止烟囱排出蒸气白烟。美国一般不采用烟气再加热系统,而对烟囱采取防腐措施。

（二）软锰矿法烟气脱硫

软锰矿法烟气脱硫是在 SO_2 溶液浸取软锰矿的基础上引申发展而来的。该法是利用软锰矿的主要成分 MnO_2 在酸性条件下的强氧化性,与 SO_2 在水溶液中的强还原性特点,将烟气中 SO_2 引入软锰矿浆中发生氧化还原反应生成硫酸锰,硫酸锰溶液经过净化,可以制备硫酸锰产品,或者进一步生产电解锰。主要化学反应如下：

$$SO_2+H_2O \Longrightarrow H_2SO_3$$
$$MnO_2+H_2SO_3 \Longrightarrow MnSO_4+H_2O$$

将以上两式合并可得总反应：

$$SO_2+MnO_2 \Longrightarrow MnSO_4$$

图 5-12 是一个典型的软锰矿法烟气脱硫制备硫酸锰的工艺流程,主要由脱硫系统和硫酸锰制备系统构成。软锰矿与水配浆,在脱硫反应器中与烟气二氧化硫逆流接触,净化后的烟气达标排放。脱硫反应器可以采用喷淋塔或喷射鼓泡反应器,为了保证脱硫效率和锰矿中锰的浸出率,通常需要采用多级脱硫反应器串联使用。脱硫液经净化、结晶后得到硫酸锰产品。

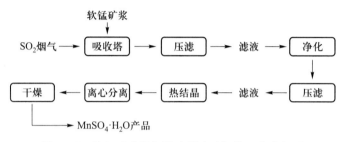

图 5-12　软锰矿法烟气脱硫制硫酸锰的工艺流程图

（三）氨法烟气脱硫

氨是一种良好的碱性吸收剂,其碱性强于钙基吸收剂。用氨吸收烟气中的 SO_2 是气-液或气-气相反应,反应速率快,吸收剂利用率高,吸收设备体积可大大减小。另外,其脱硫副产品硫酸铵在某些地区可作为农用肥料。20 世纪 70 年代初,日本和意大利等国相继开发成功湿式氨法烟气脱硫工艺,但因其运行成本高、腐蚀和净化后烟气中的气溶胶等问题影响了推广应用。进入 90 年代后,随着技术进步,许多问题逐步得到解决。该法脱硫效率高,对烟气条件变化适应性强,整个系统不产生废水或废渣,能耗低,对安全运行有高可靠性和适用性,因而其应用呈上升趋势。

氨法烟气脱硫工艺主要由吸收过程和结晶过程组成。在吸收塔中,烟气与氨水吸收剂逆向接触,SO_2 与氨反应生成亚硫酸铵和亚硫酸氢铵,主要反应为：

$$SO_2+2NH_3+H_2O \Longrightarrow (NH_4)_2SO_3$$
$$(NH_4)_2SO_3+SO_2+H_2O \Longrightarrow 2NH_4HSO_3$$
$$NH_4HSO_3+NH_3 \Longrightarrow (NH_4)_2SO_3$$

在吸收塔底槽,亚硫酸铵被充入的强制氧化空气氧化为硫酸铵：

$$(NH_4)_2SO_3+1/2O_2 \Longrightarrow (NH_4)_2SO_4$$

由底槽排出的硫酸铵吸收液,先经灰渣过滤器滤去飞灰,再在结晶反应器中析出硫酸铵结晶液,经脱水、干燥后得到副产品硫酸铵,其工艺流程见图 5-13。

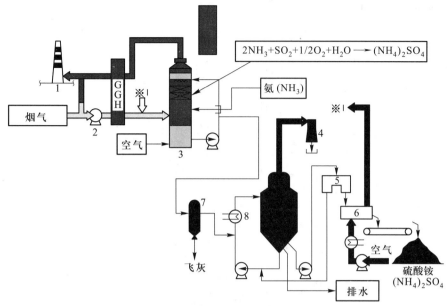

图 5-13　氨法烟气脱硫工艺流程图
1—烟囱;2—BUF 风机;3—吸收塔;4—喷射器;5—脱水机;6—干燥机;7—过滤器;8—硫酸铵结晶器

（四）喷雾干燥法烟气脱硫

喷雾干燥脱硫是 20 世纪 70 年代中期在美国和欧洲发展起来的。该技术在美国的燃煤电站上得到商业应用始于 1980 年,如今在 FGD 市场中列第二位。

1. 化学过程

当雾化的石灰浆液在吸收塔中与烟气接触后,浆液中的水分开始蒸发,烟气降温并增湿,在石灰消化槽中产生的 $Ca(OH)_2$ 与 SO_2 反应生成干粉产物。

生石灰制浆:$CaO+H_2O \longrightarrow Ca(OH)_2$

SO_2 被液滴吸收:$SO_2+H_2O \longrightarrow H_2SO_3$

吸收剂与 SO_2 反应:$Ca(OH)_2+H_2SO_3 \longrightarrow CaSO_3+2H_2O$

液滴中 $CaSO_3$ 过饱和沉淀析出:$CaSO_3(aq) \longrightarrow CaSO_3(s)$

被溶于液滴中的氧气氧化生成硫酸钙:$CaSO_3(aq)+1/2O_2 \longrightarrow CaSO_4(aq)$

$CaSO_4$ 难溶于水,便会迅速沉淀析出固态 $CaSO_4$:$CaSO_4(aq) \longrightarrow CaSO_4(s)$

在喷雾干燥工艺中,烟气中的其他酸性气体 SO_3、HCl 等也会同时与 $Ca(OH)_2$ 反应,而且 SO_3 和 HCl 的脱除率高达 95%,远大于湿法脱硫工艺中 SO_3 和 HCl 的脱除率。

2. 工艺流程

喷雾干燥烟气脱硫工艺流程如图 5-14 所示。它是利用喷雾干燥的原理,在吸收剂喷入吸收塔后,一方面吸收剂与烟气中的 SO_2 发生化学反应,生成固体产物;另一方面烟气将热量传递给吸收剂,使之不断干燥,在塔内脱硫反应后形成的产物为干粉,其部分在塔内分离,由锥体出口排出,另一部分随脱硫后烟气进入电除尘器收集。工艺过程包括:① 吸收剂制备;② 吸收剂浆液雾化;③ 雾粒与烟气的接触混合;④ 液滴蒸发与 SO_2 吸收;⑤ 灰渣排出;⑥ 灰渣再循环。其中② ~

④在喷雾干燥吸收塔内进行。

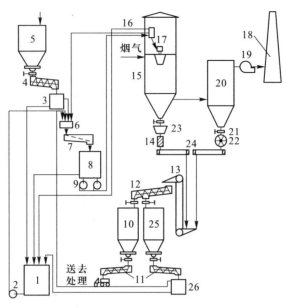

图 5-14 喷雾干燥烟气脱硫工艺流程图

1—贮存槽;2—泵;3—消化槽;4、11、12、24—螺旋输送机;5—石灰仓;6—延时箱;7—筛;8—吸收罐;9—供给泵;
10—终产物仓Ⅱ13—斗式提升机;14—双片阀;15—吸收塔;16—高位槽;17—雾化器;18—烟囱;19—风机;
20—除尘器;21—阀;22—调节阀;23—产物调节器;25—终产物仓Ⅰ;26—再循环浆池

二、吸收法净化含氮氧化物废气

HNO₃ 生产和燃煤等过程产生的 NO_x,可采用吸收法进行净化处理。按吸收剂的种类可分为水吸收法、酸吸收法、碱吸收法、氧化-吸收法和配位吸收法等。由于吸收剂种类较多,来源广,适应性强,为中小型企业广泛采用。

(一) 水吸收法

水吸收 NO_x 时,水与 NO_2 反应生成硝酸和亚硝酸:

$$2NO_2 + H_2O \longrightarrow HNO_3 + HNO_2$$

生成的亚硝酸在通常情况下很不稳定,很快发生分解:

$$3HNO_2 \longrightarrow HNO_3 + 2NO + H_2O$$

NO 不与水发生反应,它在水中的溶解度也很低(0 ℃时,100 g 水中可溶解 NO 7.34 mL;100 ℃时,NO 完全不溶解)。水不仅不能吸收 NO,在水吸收 NO_2 时还将放出部分 NO,因而常压下水吸收法效率不高,特别不适用于燃烧废气脱硝,因为燃烧废气中 NO 占总 NO_x 的 95%。

(二) 稀硝酸吸收法

由于 NO 在稀硝酸中的溶解度比在水中大得多(表 5-4),故可用硝酸吸收 NO_x 废气。

表 5-4　一氧化氮在硝酸水溶液中的溶解度

硝酸浓度/%	0	0.5	1.0	2	4	6	12	65	99
溶解度/$(m_N^3 \cdot m^{-3})$	0.041	0.7	1.0	1.48	2.16	3.19	4.20	9.22	12.5

采用稀硝酸吸收净化含氮氧化物废气的工艺流程如图 5-15 所示。该过程采用的吸收液为 15%~20% 的硝酸,含有 NO_x 的废气由吸收塔下部进入,与吸收液逆流接触,净化后的尾气在回收能量之后排空。吸收过 NO_x 的硝酸经加热器加热后进入漂白塔,利用二次空气进行漂白,冷却后循环使用。吹出的 NO_x 再进入吸收塔进行吸收。过程为物理吸收,当空塔速度小于 0.2 m/s,净化效率可达 67%~87%。

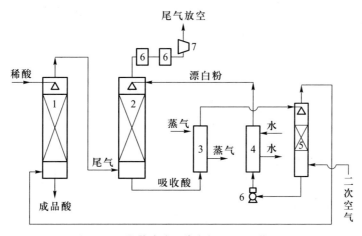

图 5-15　用稀硝酸吸收净化 NO_x 工艺流程

1—硝酸吸收塔;2—尾气吸收塔;3—加热器;4—冷却器;
5—漂白塔;6—尾气预热器;7—尾气透平机

三、吸收法净化含氟废气

含氟废气通常是指含有 HF 和 SiF_4 的废气。主要来源于冶金工业的电解铝和炼钢过程及化学工业的黄磷、磷肥等生产过程。

(一) 工艺原理

吸收法采用水、碱性溶液或某些盐溶液来吸收含氟废气中的氟化物,同时还可以得到氟硅酸、冰晶石等副产品,其优点是净化设备体积小,净化效率高,可以回收各种氟化物,缺点是容易造成二次污染。

用 Na_2CO_3 吸收废气中的氟化物,可以得到氟化钠,然后与新生态氢氧化铝反应生成冰晶石:

吸收:
$$HF + Na_2CO_3 \longrightarrow NaF + NaHCO_3$$
$$2HF + Na_2CO_3 \longrightarrow 2NaF + CO_2 \uparrow + H_2O$$

生成冰晶石:
$$6NaF + 4NaHCO_3 + NaAlO_2 \longrightarrow Na_3AlF_6 + 4Na_2CO_3 + 2H_2O$$

$$NaAlO_2 + 6NaF + 2CO_2 \longrightarrow Na_3AlF_6 + 2Na_2CO_3$$

（二）工艺流程

用 Na_2CO_3 或 NH_3 来吸收废气中的氟化物,不仅可以净化铝厂含氟废气,而且可以用于磷肥厂含 SiF_4 的废气治理。

图 5-16 为用碳酸钠溶液吸收炼铝厂含氟废气制取冰晶石的工艺流程示意图。含氟烟气（主要是 HF）经除尘后进入吸收塔,在塔内 Na_2CO_3 与 HF 发生反应,吸收塔出来的净化气,经气水分离器分离水分后排放。吸收液进入循环槽,在吸收过程放出的 CO_2 酸化作用下与 $NaAlO_2$ 制备槽来的 $NaAlO_2$ 发生合成冰晶石的反应;合成的冰晶石经沉降结晶、过滤、干燥即得成品冰晶石。此合成冰晶石 Na_3AlF_6 的反应是在吸收塔内循环过程中完成的,故称为塔内合成法。

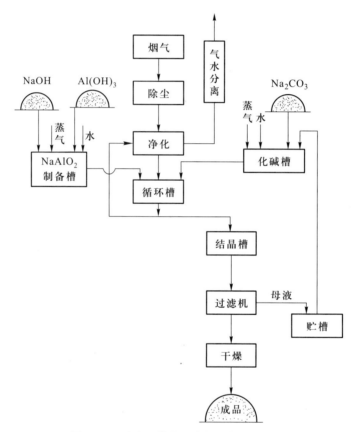

图 5-16　碱法吸收净化含氟废气工艺流程

习题

5.1　试求 303 K,氢气的分压为 2×10^4 Pa 时氢气在水中的溶解度。已知氢气在水中的亨利系数 $E_{H_2} = 7.39 \times 10^7$ Pa。

5.2　试推导氢气溶解于水并发生反应 $NH_3 + H_2O \longrightarrow NH_3 \cdot H_2O$ 的情况下溶解度表达式。若不考虑化学反应,其表达式又是怎样的?

5.3　如何理解传质方程式中总传质系数和分传质系数的实际意义。

5.4　在伴有一级不可逆反应的吸收过程中,为什么对于难溶气体有 $K_{AG}=\beta \cdot H_A k_{AL}$;对于易溶气体有 $K_{AG}=k_{AG}$?

5.5　试分析提高气态污染物吸收净化效率的措施。

5.6　介绍一个你了解到的采用吸收法净化废气的工艺流程,并分析它的优缺点。

5.7　已知某低浓度气体溶质被吸收时,平衡关系服从亨利定律,气膜吸收系数 $k_G=2.74\times10^{-7}$ kmol/(m²·s·kPa),液膜吸收系数 $k_L=6.94\times10^{-5}$ m/s,亨利系数 $H=1.5$ kmol/(m³·kPa)。试求吸收总系数 K_G,并分析该吸收过程的控制因素。

5.8　含有 5% SO₂ 的废气以 2 000 m³/h 的流量从填料塔底送入。塔内在 101 325 Pa 条件下,用 30 ℃ 水向下喷淋与该气体逆流接触,要求洗涤后废气中 SO₂ 的去除率为 90%。查阅相关资料,得到 SO₂ 亨利系数数据,并计算达到此要求所需最小喷液量为多少?

5.9　用一逆流操作的填料塔将某一废气中有害组分 A 从 0.2% 降到 0.04%,加入组分 B 与 A 进行极快化学反应:A+B ⟶ C,液气流量分别为 7.2×10^5 mol/(m²·h) 和 1.2×10^5 mol/(m²·h),总压为 1×10^5 Pa,液体总物质的量浓度 c_T 为 50 000 mol/m³,组分 B 的浓度较高,c_{BL} 为 1 000 mol/m³,$D_{AL}=D_{BL}$,$k_{AG}\cdot a$ 为 300 mol/(h·m³·kPa),$k_{AL}\cdot a$ 为 0.12 h⁻¹,试计算填料层高度。

5.10　酸溶液从气体混合物中吸收氨,已知进口气体混合物中氨的分压为 5 000 Pa,出口处为 1 000 Pa;吸收剂进口浓度为 0.6 kmol/m³,出口为 0.5 kmol/m³;k_G 为 0.35 kmol/(m²·h·10⁵ Pa),k_L 为 0.005 m/h,H 为 75 kmol/(m³·10⁵ Pa);气体混合物流量为 45 kmol/h,总压为 1×10^5 Pa(绝对压力),气液逆流接触,试计算吸收塔的传质面积。

5.11　乙醇胺(MEA)溶液吸收 H₂S 气体,气体压力为 2.0×10^6 Pa,其中含 0.1%(体积分数)的 H₂S。吸收剂中含 0.25 kmol/m³ 的游离 MEA,吸收操作温度为 293 K。反应可视为如下的瞬时不可逆反应:

$$H_2S+H_2CHCH_2NH_2 \longrightarrow HS^-+CH_2CHCH_2NH_3$$

已知:$k_{AL}\cdot a$ 为 108 h⁻¹;$k_{AG}\cdot a$ 为 216×10^5 mol/(m³·h·Pa);D_{AL} 为 5.4×10^{-6} m²/h;D_{BL} 为 3.6×10^{-6} m²/h。试求单位时间的吸收速率。

第六章　吸附法净化气态污染物

　　气体吸附是利用多孔性固体吸附剂处理气体混合物,使其中所含的一种或数种气体组分吸附于固体表面上,达到气体分离目的的一种气态污染物净化技术。通常将被吸附到固体表面的物质称吸附质,用来进行吸附的物质称为吸附剂。吸附技术因其选择性高、分离效果好、净化效率高、设备简单、操作方便、能分离其他过程难以分离的混合物、可有效地分离浓度很低的有害物质、易实现自动控制,已被广泛地应用于化工、环保等领域。本章主要介绍吸附法的一些基本理论,即物理吸附和化学吸附,吸附剂、吸附平衡及吸附速率,并讨论固定床吸附过程的计算和吸附剂的再生操作。

第一节　吸附及吸附剂

一、物理吸附与化学吸附

　　根据气体与固体吸附剂之间的作用力不同,吸附过程分为物理吸附过程和化学吸附过程。

　　固体吸附剂与气体分子之间的作用力是分子间引力(即范德华力)的吸附过程称为物理吸附。物理吸附主要特征有:① 固体表面与被吸附的气体之间不发生化学反应;② 对吸附的气体没有特殊选择性,可吸附一切气体;③ 吸附可以是单分子层吸附,也可形成多分子层吸附;④ 吸附过程为放热过程,因此低温有利于物理吸附,物理吸附放热量很少,为 $2.09 \sim 20.9 \ kJ/mol$,与相应气体的液化热相近,因而物理吸附可被看成是气体组分在固体表面上的凝聚;⑤ 固体吸附剂与气体之间的吸附力弱,因而有较高的可逆性,当改变吸附操作条件,被吸附的气体很容易从固体表面上逸出,工业上正是依据这种可逆性对吸附剂进行再生。

　　固体表面与吸附气体分子之间的作用力是化学键力的吸附过程称为化学吸附。该吸附需要一定的活化能,故又称为活性吸附。化学吸附的主要特征有:① 由于发生化学反应,因而有明显的选择性;② 吸附为单分子层或单原子层吸附;③ 吸附热量大,与一般化学反应热相当,为 $40 \sim 400 \ kJ/mol$,除特殊情况外,自发的吸附过程是放热过程;④ 从化学吸附中能量变化的大小考虑,被吸附分子的结构发生了变化,成为活性吸附态分子,活性显著升高,由于吸附分子所需的反应活化能比自由分子的反应活化能低,从而加快了反应速率;⑤ 吸附速率随温度升高而增加;⑥ 吸附为不可逆吸附。

　　两种吸附过程的主要特征比较如表 6-1 所示。

　　实际中往往无法严格区分物理吸附和化学吸附,某些系统在较低温度下是物理吸附,而在较高温度下是化学吸附,即物理吸附常发生在化学吸附之前,到吸附剂逐渐具备一定的活化能后,才发生化学吸附,有时两种吸附也可能同时发生。

表 6-1 物理吸附与化学吸附的主要特征比较

项目	物理吸附	化学吸附
吸附剂	一切固体	某些固体
吸附质	低于临界点的一切气体	某些能与之起化学反应的气体
温度范围	低温	通常是高温
吸附热	低,与凝结热数量级相同	高,与反应热的数量级相当
速率及活化能	非常快,活化能低	非活性吸附活化能低,活性吸附活化能高
覆盖情况	单层或多层吸附	单分子层或单原子层
可逆性	可逆	通常是不可逆
某些应用	用于测量固体表面积以及孔隙大小;分离或净化气体和液体	用于测定表面浓度,吸附及解附速率;估计活性中心的面积;阐明表面反应动力学

二、吸附剂的选择原则及工业吸附剂

(一) 吸附剂的选择原则

1. 吸附容量大,吸附能力强

吸附容量是指在一定的温度和一定的吸附质浓度下,单位质量(或单位体积)吸附剂所能吸附的吸附质的最大量。在大气污染控制工程中,固体吸附剂的吸附容量一般可达 30% ~ 70% [kg(污染物)/kg(吸附剂)]。

2. 具有巨大的比表面积和孔隙率

气体吸附剂的比表面积一般在 200 ~ 2 000 m^2/g,吸附剂的有效表面积包括颗粒的外表面积和内表面积。只有具有高度疏松结构和巨大暴露表面积的孔性物质,才能提供如此巨大的比表面积,而内表面积比外表面积大得多。因此,一般吸附剂都为疏松多孔的物质。

3. 具有良好的选择性

选择性是选择吸附剂的首选条件之一。

4. 具有良好的机械强度、化学稳定性和热稳定性

吸附剂的工作条件如温度、湿度、压力等变化较大,这就要求吸附剂有良好的机械强度和稳定性。尤其是采用流化床吸附装置,吸附剂的磨损大,对机械强度的要求更高,否则将破坏吸附的正常操作。

5. 颗粒均匀

如果颗粒大小不均匀,易造成短路和流速分布不均,引起气流返混,降低吸附分离效率;若颗粒太小,床层阻力过大,严重时会将吸附剂带出吸附器外。

6. 再生能力好

吸附剂再生效果的好坏是吸附技术使用的关键。因此,要求具有简单的再生方法,稳定的再生活性。

7. 来源广泛,成本低廉

价格便宜取材广泛的吸附剂使吸附操作更加经济可行。

(二) 工业吸附剂

工业上常用的吸附剂主要有以下四种:

1. 活性氧化铝

活性氧化铝是一种极性吸附剂,含氧化铝大于 92%,也常用作催化剂的载体。具有良好的机械强度,可在移动床、流动床中使用。常用于空气或气体干燥、烃或石油气的浓缩、脱硫、焦炉气精制、含氟废气的净化等。它是由含水氧化铝经严格控制的加热脱水而制成的多孔物质,有粒状、片状和粉状。

2. 活性炭

活性炭是许多具有较高吸附性能的碳基物质的总称。一般来说是指比表面积大于 500 m^2/g、含碳大于 95% 的碳基物质。活性炭的结构特点是具有非极性的表面,为疏水性和亲有机物质的吸附剂。因而有利于从气体或液体混合物中吸附回收有机物,故为非极性吸附剂。活性炭作吸附剂的用途很广,可用于混合气体中有机溶剂蒸气(苯、甲苯、二甲苯、丙酮、乙醇、乙醚、甲醛等)的回收;烃类气体的提浓分离;空气或其他气体的脱臭;SO_2、NO_x、H_2S、Cl_2、CS_2、CCl_4 等废气的净化处理。其特点是吸附容量大、抗酸耐碱、化学稳定性好、易解吸,经过多次吸附和解吸操作,仍能保持原有的吸附性能。通常活性炭对有机物的吸附效果最好,其吸附效率随有机物分子量的增大而提高。其缺点是其具可燃性,因而使用温度一般不能超过 473 K。几乎所有含碳的物质如煤、木材、锯木、骨头、椰子壳等,在低于 873 K 进行炭化,所得残炭再用水蒸气或过热空气进行活化处理(近年来还有用氯化锌、氯化镁、氯化钙和硫酸代替蒸气作活化剂)即可制得。其中最好的原料是椰子壳,其次是核桃壳和水果核等。

3. 硅胶

硅胶是一种坚硬无定形链状和网状结构的硅酸聚合物颗粒,其中含硅大于 95%。硅是一种亲水性的极性吸附剂,分子式为 $SiO_2 \cdot nH_2O$,孔径为 2~20 nm,由于硅胶表面羟基产生一定的极性,使硅胶对极性分子和不饱和烃基具有明显的选择性,并对芳香族的 π 键有很强的选择性,与活性炭相比较,孔径分布比较单一和窄小。硅胶是工业上和实验室常用的吸附剂,主要用于气体或液体的干燥,烃类气体的回收,废气(含 SO_2、NO_x)净化等。硅胶的制备是将水玻璃(硅酸钠)溶液用酸处理,沉淀后得到硅酸凝胶,再经老化、水洗、(去盐、)干燥而得。

4. 分子筛

分子筛是一种人工合成的泡沸石,孔径 0.3~1 nm,与天然泡沸石一样是水合铝硅酸盐的晶体,化学通式为:$Me_{x/n}[(AlO_2)_x(SiO_2)_y] \cdot mH_2O$。式中的 x/n 是价数 n 的金属原子数。

分子筛的结构是有许多孔径均匀的孔道与排列整齐的孔穴构成的,这些孔穴不但提供了很大的比表面积,而且只允许直径比孔径小的分子进入,故称为分子筛。根据孔径大小不同和 SiO_2 与 Al_2O_3 分子比例的不同,常用分子筛可分为 A/X/Y 型,如 3A(钠 Y)、4 A(钠 A)、5A(钙 A)、10X(钙 X)、13X(钠 X)、Y(钠 Y)等,而有效吸附 VOCs 的分子筛为 ZSM/BEA 等类型,国六的机动车废气净化催化剂用 BEA 和 CHA 等类型。

分子筛与其他吸附剂比较,其优点在于:① 吸附选择性强,这是由于分子筛的孔径大小整齐均一,又是一种离子型吸附剂,因此它能根据分子的大小及极性的不同进行选择性吸附;② 吸附能力强,对低浓度气体仍然具有较大的吸附能力;③ 较高温度下仍具有较强的吸附能力,在相同温度条件下,分子筛的吸附容量较其他吸附剂大。

基于上述优点,分子筛作为一种十分优良的吸附剂被广泛应用于有机化工和石油化工生产中,解决了许多精馏和吸收操作难以解决的分离问题。在废气净化中,分子筛可以选择性地除去有害气态污染物。

几种常用吸附剂的主要特性列于表 6-2 中。

表 6-2　常见吸附剂的主要特性

吸附剂类别	颗粒活性炭	活性氧化铝	硅胶	沸石分子筛		
				4A	5A	X
堆积密度/$(kg \cdot m^{-3})$	350~600	750~1 000	800	800	800	800
热容/$[kJ \cdot (kg \cdot K)^{-1}]$	0.836~1.254	0.836~1.045	0.920	0.794	0.794	—
操作温度上限/K	423	773	673	873	873	873
平均孔径/Å	1.2~4.0	18.0~45.0	22.0	4.0	5.0	13.0
再生温度/K	373~413	473~523	393~423	473~573	473~573	473~573
比表面积/$(m^2 \cdot g^{-1})$	700~1 500	210~360	600	—	—	—

第二节　吸　附　机　理

一、吸附平衡

当吸附质和固体吸附剂充分接触后,终会达到吸附平衡。平衡吸附量是指在一定温度下,吸附剂上所吸附的吸附质与气相中吸附质的初始浓度成平衡的最大吸附量,一般用单位质量吸附剂在吸附平衡时所能吸附的吸附质量表示。平衡吸附量又称为静态吸附量或静活性,常用 a_m 表示,它反映了固体吸附剂对气体吸附量的极限,是设计和生产中十分重要的参数。

动活性是考虑到气体通过吸附层时,随着床层吸附剂的逐渐接近饱和,吸附质最终不能全部被吸附,当流出气体中吸附质浓度达到一个预定值时,即认为此吸附剂已失效,此时单位吸附剂所吸附的吸附质的量称为动活性。由此可见,动活性永远小于静活性。在多数情况下不允许吸附质超过预定值,因此吸附剂用量应按动活性来计算。动活性的选用值根据吸附剂和吸附质的工艺要求不同而不同。例如在工业吸附器中,一般活性炭的动活性选取为静活性的 80%~90%;硅胶的动活性为静活性的 30%~40%。

气体和固体吸附剂之间吸附平衡可用吸附等温线、吸附等压线和吸附等量线表示,常用的是吸附等温线,吸附等温线可根据实验绘制。对于单一气体或蒸气的吸附等温线,是以吸附量对恒压下气体或蒸气的平衡压力标绘的,图 6-1 表示几种常见污染物在活性炭上的吸附等温线。

　　当压力或吸附作用力适中时,吸附量与平衡分压 p 则呈曲线关系,大量的实验结果也证实了这一点。但也有许多实验结果是不符合朗缪尔吸附等温式的。从实验测得的很多系统的吸附等温线来看,大致可归纳成五种类型,如图 6-2 所示。

　　吸附等温线还可用函数式表示,通常称为吸附等温式。常见的吸附等温式有:朗缪尔(Langmuir)吸附等温式、弗罗因德利希(Freundlich)吸附等温式、捷姆金(Temkin)吸附等温式、BET 方程等。各种吸附等温方程如表 6-3 所示。

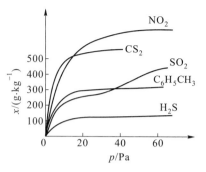

图 6-1　几种常见污染物在活性炭上的吸附等温线

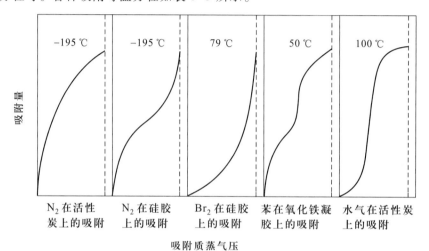

图 6-2　五种类型的吸附等温线

表 6-3　吸附等温方程

方程名称	基本假设	方程式形式	适用范围
朗缪尔	表面的活性中心具有均匀的吸附能力;吸附热 ΔH 与 θ 无关;理想吸附,单分子层吸附	$\theta_A = \dfrac{V}{V_m} = \dfrac{K_A p_A}{1 + K_A p_A}$	物理吸附与化学吸附
弗罗因德利希	固体表面是不均匀的,各化学中心的能量不相等;吸附热随 θ 的增加而呈对数趋势下降;真实吸附	$\theta_A = B p_A^{1/n}$	同上
捷姆金	固体表面是不均匀的,各化学中心的能量不相等;吸附热随 θ 的增加而线性下降;真实吸附	$\theta_A = \dfrac{1}{f} \ln(K p_A)$	化学吸附
BET	物理吸附;同朗缪尔,多层吸附	$\dfrac{p}{V(p_0 - p)} = \dfrac{(c-1)p}{V_m c p_0}$	物理吸附

　　注:θ_A 是组分 A 的覆盖率;V、V_m 是组分 A 的吸附量及最大吸附量;K_A 是组分 A 的平衡吸附常数,$K_A = k_a/k_d$;B 是经验参数,对于一定温度下的吸附体系而言是常数,$B = (k_a/k_d)^{1/n}$;n 是经验参数;c,f 均为常数,与温度和吸附体系的性质有关;p_0 是在该温度下吸收组分的饱和蒸气压。

二、吸附速率

在吸附过程中,由于被吸附物质在气相中的浓度大,而在固相吸附剂表面和内部的浓度较低,此浓度差形成传质推动力。一般将气体穿过界面(气膜),到达固体表面的过程称之为外扩散。气体到达固体后在微孔内、孔壁上以及晶粒内的扩散统称为内扩散。吸附过程如图 6-3 所示。

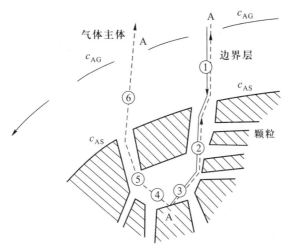

图 6-3　吸附过程示意图

吸附过程大体经历如下步骤:

(1)外扩散,吸附质分子 A 从气流主体穿过边界层扩散到固体外表面。

(2)内扩散,吸附质分子 A 从外表面进入微孔内在微孔内扩散到内表面。

(3)吸附,组分 A 在内表面上被吸附。

(4)脱附,被吸附组分 A 从内表面上脱附。

(5)内扩散,被吸附组分 A 在微孔内经内扩散到达吸附剂外表面。

(6)外扩散,被吸附组分 A 穿过边界层外扩散进入气流主体。

通常情况下,吸附、脱附过程的速率是很快的,吸附过程的阻力主要来自外扩散阻力和内扩散阻力,即吸附质分子从气流主体到达吸附剂外表面的外扩散阻力和吸附质分子沿着吸附剂内部孔道扩散的内扩散阻力。为了简化计算常以扩散速率最小、扩散阻力最大的步骤作为整个吸附过程的控制步骤,吸附过程的速率方程可用类似于气体吸收过程的方法来处理。

外扩散传质速率方程:外扩散传质速率方程一般用下式表示:

$$\frac{\mathrm{d}q_A}{\mathrm{d}\tau}=k_Y a_p (Y_A-Y_{AS}) \tag{6-1}$$

式中:q_A——$\mathrm{d}\tau$ 时间内吸附质 A 从气相扩散到吸附剂外表面的量,$\mathrm{kg/m^3}$;

k_Y——外扩散吸附分系数,$\mathrm{kg/(m^2 \cdot s)}$;

a_p——吸附剂颗粒的外表面积,$\mathrm{m^2/m^3}$;

Y_A、Y_{AS}——吸附质 A 在气相及固体吸附剂外表面的比质量浓度,kg(吸附质)/kg(载气)。

内扩散传质速率方程:若吸附过程为连续稳定的过程,内扩散速率可用 $\mathrm{d}q_A/\mathrm{d}\tau$ 表示,则吸附质 A 的内扩散传质速率为:

$$\frac{\mathrm{d}q_A}{\mathrm{d}\tau} = k_X a_p (X_{AS} - X_A) \tag{6-2}$$

式中:k_X——内扩散吸附分系数,kg/(m^2·s);

X_{AS}、X_A——吸附质 A 在固体吸附剂外表面及内表面的比质量浓度,kg(吸附质)/kg(吸附剂)。

总传质吸附速率方程:由于内、外表面吸附质 A 的浓度不易测定,式(6-1)、式(6-2)使用起来不方便,吸附速率也常用下面的总吸附速率方程式来表示:

$$\frac{\mathrm{d}q_A}{\mathrm{d}\tau} = K_Y a_p (Y_A - Y_A^*) = K_X a_p (X_A^* - X_A) \tag{6-3}$$

式中:K_Y、K_X——气相和吸附相总传质系数,kg/(m^2·s);

Y_A^*、X_A^*——吸附平衡时气相和吸附相中吸附质 A 的浓度,kg(吸附质)/kg(吸附剂)。

假设吸附平衡时气相的浓度与吸附量的关系可简单表示为:

$$Y_A^* = m X_A \tag{6-4}$$

式中:m——平衡曲线的斜率。

联立式(6-1)~式(6-4),得到:

$$\frac{1}{K_Y a_p} = \frac{1}{k_Y a_p} + \frac{m}{k_X a_p} \tag{6-5}$$

$$\frac{1}{K_X a_p} = \frac{1}{m k_Y a_p} + \frac{1}{k_X a_p} \tag{6-6}$$

由上两式可得:

$$K_Y = \frac{1}{m} K_X \tag{6-7}$$

当外扩散的阻力很小,即 $1/k_Y$ 远大于 m/k_X,则 $K_Y = k_X/m$,此时,外扩散的阻力可忽略不计,吸附过程的阻力以内扩散的阻力为主;反之,若 $1/k_Y$ 远小于 m/k_X,则 $K_Y = k_Y$,此时内扩散阻力可忽略不计,吸附过程的阻力以外扩散的阻力为主,总扩散系数 K_Y 等于外扩散吸附分系数 k_Y。此外,总传质系数还可用下式计算:

$$K_Y \cdot a = 1.6 \frac{D v^{0.54}}{\nu^{0.54} d^{1.46}} \tag{6-8}$$

式中:D——扩散系数,m^2/s;

v——气体混合物的流速,m/s;

ν——运动黏度,m^2/s;

d——吸附剂颗粒直径,m。

式(6-8)是在雷诺数 $Re<40$ 时,用活性炭吸附乙醚蒸气的实验数据归纳整理而得到的经验式。由于吸附机理较为复杂,传质系数目前从理论上推导还存在一定的困难,因而还常用经验式求取。

第三节　吸附装置及工艺

一、吸附装置

常用于有机溶剂回收、混合气体分离、废气净化的吸附装置包括固定床吸附器、回转床吸附器、移动床吸附器等三类。

（一）固定床吸附器

固定床吸附器是指吸附床是固定不动的,有多种形式的固定床吸附器,如图 6-4 所示,其中（a）（b）为立式吸附器,（c）为卧式吸附器。固定床吸附器的优点是:结构简单、操作简便、操作弹性大、适用浓度范围广。但对单台吸附器来说,吸附操作是间歇过程,为使气体吸附过程连续进行,一般需两台以上的吸附器交替进行使用。

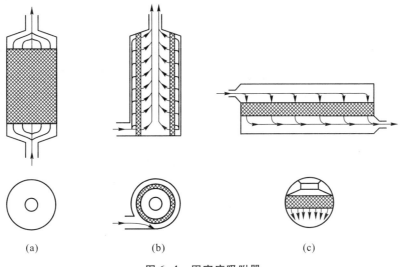

（a）　　　　　　　　　（b）　　　　　　　　　（c）

图 6-4　固定床吸附器

（二）回转床吸附器

回转床吸附器的吸附床一般为圆筒形,吸附床绕其轴缓慢回转,隔板和外壳罩固定不动,隔板将回转床吸附器分成 3 个区,即吸附区、再生区、冷却区。如图 6-5 为回转床吸附器（转轮）。废气、再生用热空气和冷却空气从装置的侧面进入,然后由另一侧流出,这样回转吸附床在旋转过程中到达吸附区时,废气得到净化,吸附床层被吸附质饱和而失去吸附活性后,旋转至再生区进行吸附剂的再生,使吸附剂恢复吸附能力,再生后的吸附剂经冷却后重新回到吸附区。因此,吸附、再生和冷却过程都是连续进行的。回转床吸附器适用于废气连续排放、气态污染物的浓度较大、污染物有回收价值而需回收的情况,但只能处理中等气量或小气量的气体。

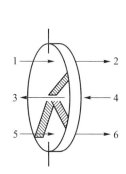

图 6-5　回转床吸附器的横截面

1—废气;2—净化气;3—解吸废气;
4—再生热空气;5—冷却气;6—冷却废气

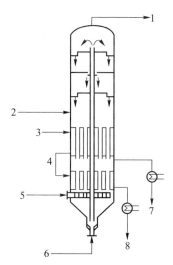

图 6-6　流动床吸附器

1—净化气;2—废气;3—过热蒸气;4—预热段;
5—解吸蒸气;6—输送用空气;7—回收的有机物质;8—冷凝水

(三) 流动床吸附器

　　流动床吸附器有多种类型,图 6-6 所示为其中的一种。此吸附装置上部为吸附段,下部为再生段(包括预热段),废气从装置的中部进入,颗粒状吸附剂从装置的上部进入,废气与吸附剂二者呈逆流接触,每块塔板上的吸附剂呈流化状,并自上而下移动,最后进入再生段,经过热蒸气间接加热达到要求的再生温度,再生用的蒸气从再生段的下部进入,进行吸附剂的再生,从吸附剂上脱附的吸附质,从再生段中部引出,经冷凝回收吸附质。由再生段下部出来的吸附剂已恢复了吸附能力,用空气沿中心管再送入吸附段进行吸附操作,如此不断循环。流动床吸附器的特点是吸附和再生均在吸附装置中进行,吸附操作是连续的,且气量大小均可适用,缺点是吸附器和吸附剂的磨损较大。

二、吸附工艺

　　图 6-7 是一个典型的有机物废气吸附净化的工艺流程。有机物废气首先进入左侧固定床,废气中的有机物质被吸附,净化后的气体从固定床上部排放,当此固定床达到饱和时,则将废气通入右侧固定床,而向左侧固定床通入蒸汽进行吸附剂的再生,脱附出来的有机物质经冷凝器冷凝下来进一步回收利用。经过再生的左侧固定床(一般还要经干燥冷却处理)待用,当右侧固定床达到饱和停止吸附操作时,再次启用左侧固定床。如此两台固定床轮流进行吸附与再生操作,使气体的吸附操作得以连续进行。

三、变压吸附工艺

　　变压吸附(PSA)技术是近几十年来在工业上新崛起的气体分离技术。由于其具有能耗低、流程简单、产品气体纯度高等优点,在工业上得到了推广应用。

变压吸附的基本原理是利用气体组分在固体吸附材料上吸附特性的差异,通过周期性的压力变化过程实现气体的分离。如果要使吸附和解吸过程吸附剂的吸附容量的差值增加,可采用升高压力和抽真空的方法,即可采用加压吸附、常压解吸;也可采用常压或加压吸附、减压解吸。

变压吸附工艺流程如图6-8所示。每塔操作时间为整个循环的一半,其简单的循环是塔 I 送入原料气升压吸附,将氧排出,塔 II 下吹降压用氧清洗,同时取得富氮。

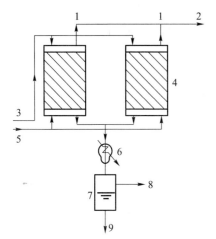

图6-7　有机气态污染物固定床
吸附工艺流程

1、2—净化气;3—蒸气;4—固定床;5—废气;
6—冷凝器;7—分离器;8—吸附质;9—冷凝水

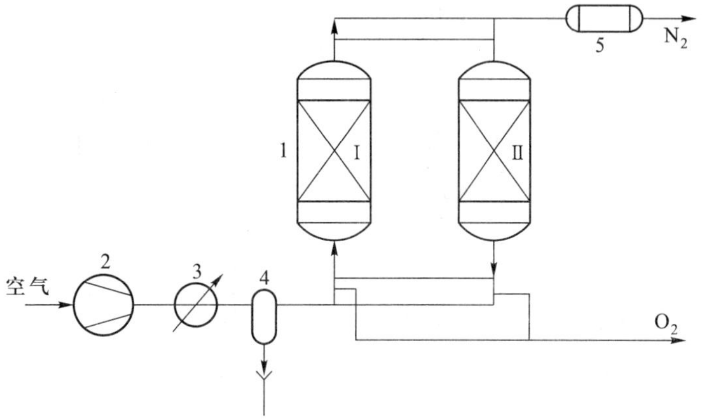

图6-8　变压吸附工艺流程图

1—固定床;2—压缩机;3—冷却器;4—分离器;5—产品气柜

四、吸附剂再生

在吸附床层达到饱和时,就必须对吸附床进行再生,也称为吸附质的解吸。吸附剂再生过程是吸附过程的逆过程,因此,再生首先须破坏吸附平衡,使吸附过程向着解吸的方向进行,然后将解吸出来的气体移走。吸附剂再生常用的方法如表6-4所示。

用来进行再生的物质称为再生剂。水蒸气是常用的再生剂,特别适合于吸附有机溶剂类污染物吸附剂的再生,主要是由于水蒸气饱和温度适中,不会对有回收价值的有机溶剂引起破坏;它的冷凝热很高,因此饱和蒸气实际上是在恒定和适中的温度下把大量热量迅速传递给吸附剂;许多有机溶剂不溶于水,这样汽-气混合物冷凝相成为互不相溶的两相,可以使溶剂的回收达到满意的效果;水蒸气与多数有机溶剂不起反应,在可燃有机蒸气浓度高的环境中,用水蒸气作再生剂十分安全。利用有机化合物与水的不互溶性,脱附后的有机蒸气,经冷凝、分离后可以回收有机溶剂。表6-5列举了适宜用水蒸气再生的有机蒸气。

有些有机溶剂被活性炭吸附后,用水蒸气脱附困难,则应采用其他方法进行再生。如果再生脱附的污染物浓度低,且没有回收价值或可溶于水,污染物溶于水蒸气冷凝液中给污水处理带来困难,则水蒸气就不一定是最好的再生剂了,此情况下比较合理的再生剂则是空气等不凝性气体。

表6-4　吸附剂再生方法

吸附剂再生方法	特　　点
热再生	使热气流(蒸气、热空气或惰性气体)与床层接触直接加热床层,吸附质可解吸释放,吸附剂恢复吸附性能。不同吸附剂允许的加热温度不同
降压再生	再生时压力低于吸附操作时的压力,或对床层抽真空,使吸附质解吸出来,再生温度可与吸附温度相同
通气吹扫再生	向再生设备中通入基本上无吸附性的吹扫气,降低吸附质在气相中的分压,使其解吸出来。操作温度愈高,通气温度愈低,效果愈好
置换脱附再生	采用可吸附的吹扫气,置换床层中已被吸附的物质,吹扫气的吸附性愈强,床层解吸效果愈好,比较适用于对温度敏感的物质。为使吸附剂再生,还需对再吸附物进行解吸
化学再生	向床层通入某种物质使吸附质发生化学反应,生成不易被吸附的物质而解吸下来

表6-5　适用于水蒸气再生的部分气体

丙酮	二硫化碳	脂族烃	二氯乙烯	甲醇	三氯乙烷
苯	二氧化碳	芳族烃	氟代烃	氯苯	三氯乙烯
粗苯	汽油	异丙醇	丁酮	四氯乙烯	二甲苯
溴氯甲烷	碳卤化合物	酮类	二氯甲烷	甲苯	混合二甲苯
丁醇	庚烷	乙酸乙酯	二乙醚	粗甲苯	四氢呋喃

第四节　固定床吸附过程的计算

一、固定床吸附过程的分析

1. 吸附负荷曲线

在流动状态下,流动相中的吸附质沿床层高度的浓度变化曲线,或吸附剂中所吸附的吸附质沿床层高度变化的曲线称为吸附负荷曲线,它是对吸附剂的吸附能力进行分析的依据。

吸附负荷曲线是以床层离气体出口端的长度 z 为横轴,床层中吸附负荷 X 为纵轴得到的曲线,如图6-9所示。开始吸附时吸附剂是高度活化的,其吸附质的浓度 X_0 是很低的,吸附时间为 τ_0,如图6-9(a)。流体以质量流速 G 均匀地进入吸附剂床层,流动为稳定状态下的连续流,流体中吸附质不断为吸附剂所吸收。经过时间 τ 后从床层中取均匀样品分析,可得到图6-9(b)所示的吸附负荷曲线。再经过了 $\Delta\tau$ 时间后,床层出现如图6-9(c)所示的情况,在床层进料端吸附质负荷为 X_e,相当于进料中吸附质浓度的平衡负荷,吸附负荷为 X_e 的部分,其吸附能力为零,即吸附剂达饱和,称为"平衡区"或"饱和区"。而靠出口端,床层内的吸附质负荷仍为 X_0,与床层初始

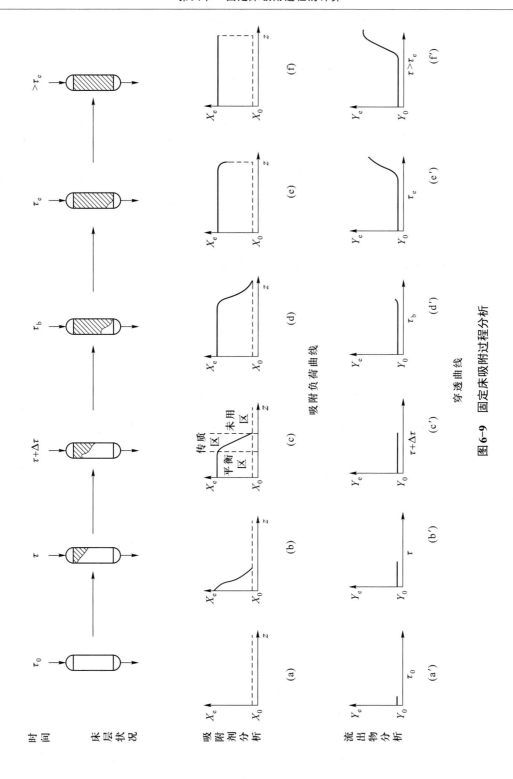

图6-9　固定床吸附过程分析

状态一样,仍具备吸附能力,这一部分床层称为"未用(床层)区"。介于平衡区与未用区之间的这一部分床层,其吸附质负荷由饱和的 X_e 变化到起始吸附质负荷 X_0,形成一个 S 形曲线,此段床层吸附剂仍具有吸附能力,故 S 形波所占的这一部分床层为"传质区",而 S 形曲线称为"吸附波"或"传质波",也称为"传质前沿"。

由于流体是以稳态进入床层,吸附波以等速向前移动,其曲线形状基本不变。当吸附波的前沿刚到床层出口端时,就产生所谓的"穿透现象",吸附波稍微再向前移动一点就出到床层以外,在流出物的分析中,将发现吸附质超过预定值,此点称为"破点",到达破点所需的时间 τ_b 称为"穿透时间",见图 6-9(d)。若吸附继续进行,吸附波逐渐地到达床层出口,相应时间 τ_e 称为"平衡时间",如图 6-9(e),此时床层中全部吸附剂与进料流体中吸附质浓度达到平衡状态,吸附剂容量全部被用完,床层失去吸附能力。实际操作中只要吸附进行到穿透点就要停止操作,进行再生处理。

2. 吸附穿透曲线

实际应用中分析吸附剂中吸附质的吸附量是很困难的,又易破坏床层的稳定。可用出口废气所含吸附质的量对吸附过程进行分析。吸附穿透曲线是分析床层出口气体中吸附质的浓度变化,以出口气体中吸附质浓度为纵坐标,时间 τ 为横坐标得到的曲线,可直观地了解床层内的操作状况,如图 6-9 中的 $(a')\sim(f')$。开始时出口气体中吸附质浓度为 Y_0。它是与吸附剂中 X_0 浓度相平衡的浓度。从时间 $\tau=\tau_0$ 到破点 τ_b,流出物中的吸附质浓度仍为 Y_0。再继续进行吸附操作,吸附波前端就移出床层,出口气体中的吸附质浓度开始迅速上升,到 τ_e 时升到 Y_e,在 $Y\sim\tau$ 图上也呈现一个 S 形曲线,这条曲线称为"穿透曲线",与"吸附波"相比完全相似,只是方向与之相反。由于它与吸附负荷曲线成镜面对称相似,所以有的也称此曲线为吸附波或传质前沿。由于穿透曲线容易测定和标绘,因而常用它来反映床层内吸附负荷曲线的形状和准确地测定破点。

3. 传质区高度

S 型吸附波(传质前沿)所占据的床层高度称传质区高度 z_a,见图 6-10(a)。理论上传质区高度应是流出气体中溶质浓度从 0 变到 c_0 这段区间内传质前沿或透过曲线在 z 轴上所占据的长度,但实际上再生后的吸附剂中还残留一定量的吸附质(一般为初始浓度的 5% 或 10%),而吸附剂完全达到饱和时间又太长,所以一般把由透过时间 τ_b 对应的溶质浓度 c_B 到平衡时间 τ_e 对应的溶质浓度 c_E 这段区间内传质前沿或透过曲线在 z 轴上所占据的长度称为传质区高度。

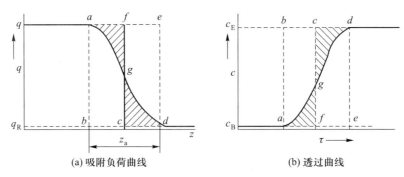

(a) 吸附负荷曲线　　　　　(b) 透过曲线

图 6-10　吸附饱和率和剩余饱和吸附能力分率的分析图

4. 吸附饱和率和剩余饱和吸附能力分率

在传质区 z_a 内,吸附剂实际吸附的吸附质量与吸附剂达到饱和时吸附的总吸附质量之比称为吸附饱和率。吸附剂仍具有的吸附容量与吸附剂饱和时吸附的总吸附质量之比称为剩余饱和吸附能力分率。在图 6-10 中 $q \sim z$ 曲线,吸附饱和率为面积 S_{agdcb}/S_{abcdef},剩余饱和吸附能力分率为 S_{agdef}/S_{abcdef},剩余饱和吸附率越小,表示床层的利用效率越高。

5. 影响穿透曲线的因素

由穿透曲线的形状可以分析吸附过程进行的情况,若穿透曲线比较陡,说明吸附过程速率较快,反之则较慢。若穿透曲线是一条竖立的直线,则是理想的吸附波。影响穿透曲线的因素很多,如吸附剂的性质、颗粒的大小、气体流速、吸附质浓度、床层温度等。影响穿透曲线的主要因素有:

(1) 吸附质浓度,浓度越高,相应的穿透曲线越陡,传质区较短,吸附速率较快。

(2) 吸附质分子量,对有机蒸气,分子量越大,相应的穿透曲线越陡,吸附速率越快。

(3) 吸附剂颗粒大小,颗粒越小则穿透曲线越陡。

(4) 吸附剂使用程度,随着吸附剂使用周期的增加,穿透曲线的形状产生变异,吸附剂已劣化,其穿透曲线逐渐延长、斜度下降。

(5) 不同的吸附剂吸附同一吸附质,所得的穿透曲线不同,例如用分子筛吸附 CO_2,用 13X 型比用 5A 型好。因 13X 型的穿透曲线斜率较大,故其传质区较短,吸附速率较快。

二、固定床吸附器计算

固定床吸附器的计算是以吸附平衡和吸附速率为基础。吸附平衡是由吸附剂和吸附质的性质所决定。吸附速率主要体现在传质区的大小、穿透曲线的形状、到达破点的时间以及破点出现时床层内吸附剂所达到的饱和程度。这些是设计固定床吸附器及选择吸附周期所必需的参数。由于固定床在操作时床层内有饱和、传质和未利用 3 个区,在传质区内,吸附剂的吸附质浓度是随时间而改变的,同时随着传质区的移动 3 个区的位置又在不断改变,所以固定床吸附是处于不稳定状态,其影响因素较多。为简化设计计算,一般采用近似计算法,常用的方法有:穿透曲线法、希洛夫(Wurof)方程和经验计算法。

(一)穿透曲线计算法

首先做如下假设:① 气相中吸附质的浓度低;② 吸附过程在等温条件下进行;③ 吸附等温线是线性的,即传质区向前移动时在床层内的高度保持恒定不变;④ 传质区高度与吸附器床层高度之比要小很多。这些简化限制条件对目前工业上应用的吸附器来说一般是符合的。

在计算中,由于吸附剂和不被吸附的载气在吸附过程中是不变的,所以下面的计算是以无吸附质基气体,即惰性气体的比质量分数来表示组成。

1. 传质区高度和饱和度的确定

图 6-11 为一理想穿透曲线。气体的初始浓度为 Y_0[kg(吸附质)/kg(惰性气体)],流过床层的质量流速为 G_s[kg(惰性气体)/($m^2 \cdot h$)],经过一段时间后流出物总量为 W[kg(惰性气体)/m^2]。穿透曲线是比较陡的。以 Y_B 作为破点的浓度,并认为流出物浓度升到接近 Y_0 的某一浓度值 Y_E 时,吸附剂已基本上没有吸附能力。在破点处流出物的量为 W_B,而流出物的浓度达到 Y_E 时,其流出物的量为 W_E,则穿透曲线出现期间所积累的流出物的量为 W_a,所以 $W_a = W_E - W_B$,

从 Y_B 到 Y_E 浓度变化的那部分床层,就是传质区高度 z_a。

当吸附波形成后,随着气体混合物不断进入,传质区沿床层不断移动。令 τ_a 为传质区沿床层深度向下移动的距离正好等于传质区区高度 z_a 所需的时间,于是:

$$\tau_a = (W_E - W_B)/G_s = W_a/G_s \tag{6-9}$$

令 τ_E 为传质区形成和移出床层所需时间之和,则:

$$\tau_E = W_E/G_s \tag{6-10}$$

令 τ_F 为传质区形成所需的时间,设吸附床层高

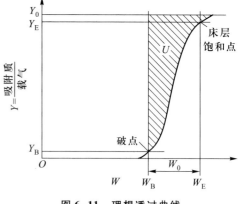

图 6-11　理想透过曲线

度为 $z(m)$,则传质区移动距离等于床层高度 z 所需时间为 $\tau_E - \tau_F$,因此传质区高度为:

$$z_a = (z\tau_a)/(\tau_E - \tau_F) \tag{6-11}$$

气体在传质区中,从破点到吸附剂基本上失去吸附能力所吸附的吸附质的量为 $U[\text{kg}(\text{吸附质})/\text{m}^2]$,即图 6-11 中的阴影面积。

$$U = \int_{W_B}^{W_E} (Y_0 - Y)\,\mathrm{d}W \tag{6-12}$$

若传质区中所有的吸附剂都被饱和,则吸附的吸附质的量为 $Y_0 W_a$,当刚出现破点时,传质区内吸附剂有一部分仍有吸附能力,设 f 代表传质区内仍具有吸附能力的面积比例(以全部吸附能力的分率表示),则:

$$f = \frac{U}{Y_0 W_a} = \frac{\int_{W_B}^{W_E} (Y_0 - Y)\,\mathrm{d}W}{Y_0 W_a} \tag{6-13}$$

当 $f=0$ 时,则表示吸附波形成后传质区内的吸附剂已完全被饱和,此情况 τ_F 基本上等于 τ_a。当 $f=1$,表示传质区形成的时间很短,传质区里吸附剂基本上不含吸附质,因而基本上等于零。根据此两种极端情况,可以得到下式:

$$\tau_F = (1-f)\tau_a \tag{6-14}$$

从式(6-14)中 f 值的大小可知到破点时传质区内饱和程度,f 越大,吸附饱和程度越低,最初形成传质区所需的时间越短。

将式(6-14)代入式(6-11)得:

$$z_a = \frac{z\tau_a}{\tau_E - (1-f)\tau_a} \tag{6-15}$$

由于 $\tau_a = W_a/G_s$,$\tau_E = W_E/G_s$,则:

$$z_a = \frac{zW_a}{W_E - (1-f)W_a} \tag{6-16}$$

由式(6-16)知,要确定传质区高度 z_a,必须知道穿透曲线的形状,从而确定 W_a、W_E 和 f 值。

假设床层中吸附剂的堆积密度用 $\rho_s(\text{kg/m}^3)$ 表示,吸附剂达到吸附平衡的饱和浓度为 $X_T[\text{kg}(\text{吸附质})/\text{kg}(\text{吸附剂})]$,则高度为 $z(m)$,截面积为 $1(\text{m}^2)$ 的吸附床层,其床层中吸附的吸附质的量为 $z\rho_s X_T(\text{kg})$。达到破点时,高度为 $z_a(m)$ 的传质区在床层底部,在 $z - z_a$ 以内的吸附剂已基

本上全部被饱和,在传质区内吸附吸附质的面积为 $1-f$,此时床层内吸附了吸附质的质量为 $[(z-z_a)\rho_s X_T + z_a \rho_s (1-f) X_T]$。故破点出现时,全床层的饱和度 S 为:

$$S = \frac{\text{达到破点时床层吸附的吸附质的量}}{\text{达到吸附平衡时床层吸附的吸附质的总量}}$$

$$= \frac{(z-z_a)\rho_s X_T + z_a \rho_s (1-f) X_T}{z \rho_s X_T}$$

$$= \frac{z-f z_a}{z} \tag{6-17}$$

整理上式得到计算吸附床层高度的方程式:

$$z = \frac{f \cdot z_a}{1-S} \tag{6-18}$$

2. 传质区内传质单元数的确定

在固定床操作中,传质区是通过固定床层沿流体流动的方向移动的,直到达到操作停止为止。然而,可以设想成固体吸附剂以足够的速度与流体逆向运动,以致传质区在床层一定高度上以稳定状态维持不动,如图 6-12 所示,从而使计算简化。图中表示离开床层顶部的吸附剂与进口气体平衡,而流出的气体中吸附质已被吸附,当然,要达到这样的要求,其床层应无限高,但这里主要是讨论涉及相当于传质区两端平面上的浓度。

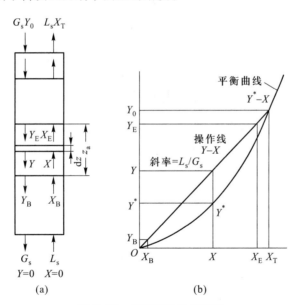

图 6-12　传质区物料平衡图

对整个床层的吸附质进行物料衡算,有:

$$G_s(Y_0-0) = L_s(X_T-0) \tag{6-19}$$

或:

$$Y_0 = (L_s/G_s) X_T \tag{6-20}$$

如图 6-12(b)所示,式(6-20)为一条通过原点斜率为 L_s/G_s 的操作线。

在床层的任一截面上,吸附质在气体中的浓度 Y 与吸附质在固体吸附剂上的浓度 X 之间有如下关系:

$$G_s Y = L_s X \tag{6-21}$$

在床层内取一微元高度 dz 作物料平衡,则在单位时间、单位面积的 dz 高度内,气相中吸附质的减少量应等于固相吸附剂的吸附量:

$$G_s dY = K_Y a_p (Y - Y^*) dz \tag{6-22}$$

对于传质区则有:

$$z_a = \int_0^{z_a} dz = \int_{Y_B}^{Y_E} \left(\frac{G_s}{K_Y a_p} \right) \frac{dY}{(Y - Y^*)} \tag{6-23}$$

传质区内的传质单元数为:

$$N_{OG} = \int_{Y_B}^{Y_E} \frac{dY}{Y - Y^*} \tag{6-24}$$

传质区内的传质单元高度为:

$$H_{OG} = G_s / (K_Y a_p) \tag{6-25}$$

于是式(6-23)可改写成:

$$z_a = N_{OG} H_{OG} \tag{6-26}$$

假设在 z_a 范围内 H_{OG} 不随浓度而变(即为一常数),则对于任一小于 z_a 的 z 值均有如下关系:

$$\frac{z}{z_a} = \frac{W - W_B}{W_a} = \frac{\int_{Y_B}^{Y} \frac{dY}{Y - Y^*}}{\int_{Y_B}^{Y_E} \frac{dY}{Y - Y^*}} \tag{6-27}$$

式(6-27)可用图解积分法求得 $\frac{z}{z_a}$,再根据式(6-27)标绘出穿透曲线。

(二) 固定床穿透时间的计算——希洛夫方程

假设传质阻力为零,吸附速率为无穷大,则吸附负荷曲线为一垂直于 z 轴的直线,传质区高度 z_a 为无穷小。又假设吸附剂床层达到透过点时全部处于饱和状态,其动活性等于静活性,即饱和度为 1。则在穿透时间 τ_b 内,吸附剂吸附吸附质的量为:

$$q = a_m A z \tag{6-28}$$

式中:A——吸附床层截面积,m^2;

z——床层高度,m;

a_m——吸附剂的平衡静吸附活性,kg(吸附质)/m^3(吸附剂)。

气相中吸附质减少的量 q 为:

$$q = v A c_0 \tau_b \tag{6-29}$$

式中:c_0——气流中吸附质的浓度,kg/m^3;

v——气流速度,m/s。

则:

$$a_m A z = v A c_0 \tau_b \tag{6-30}$$

即:

$$\tau_b = \frac{a_m z}{v c_0} \tag{6-31}$$

对于一定的吸附系统及操作条件,$a_m/(vc_0)$ 为常数,用 K 表示,即 $K = a_m/(vc_0)$,K 称为吸附层保护作用系数。于是:

$$\tau_{\rm b} = Kz \qquad (6-32)$$

式(6-32)表明,吸附床的持续时间(即穿透时间)$\tau_{\rm b}$与吸附床高度z成直线关系,在图6-13中为一条通过原点的直线1。因此只要计算出K值,就可由式(6-32)计算出持续时间$\tau_{\rm b}$,或者由需要的$\tau_{\rm b}$计算出相应的吸附层高度z。

实际上,吸附速率并不是无穷大,吸附不是在瞬间完成,吸附也不是在一个传质面进行,而是在一个传质区内进行。当吸附达穿透时,传质区中尚有一部分吸附剂未达到饱和,即实际的饱和吸附量小于静平衡吸附量$a_{\rm m}$,吸附床层的实际操作时间$\tau_{\rm B}$要小于理论持续时间$\tau_{\rm b}$,其差值用$\tau_{\rm m}$表示,$\tau_{\rm m}=\tau_{\rm b}-\tau_{\rm B}$称为持续时间(或保护作用时间)损失。

则实际操作时间: $\tau_{\rm B} = \tau_{\rm b} - \tau_{\rm m} \qquad (6-33)$

或: $\tau_{\rm B} = Kz - Kz_{\rm m} = K(z-z_{\rm m}) \qquad (6-34)$

式(6-34)称为希洛夫方程。式中的$z_{\rm m}$是与保护作用时间损失$\tau_{\rm m}$相对应的"吸附床层的高度损失",此高度$z_{\rm m}$可看成是完全没有起吸附作用的"死层"。

吸附床的实际操作时间$\tau_{\rm B}$与床层高度z如图6-13中的曲线2,(曲线2为实测)。由曲线2可以看出,当$z>z_0$(吸附区长度)时它是直线且与直线1平行,当$z<z_0$时,是一条通过原点的曲线。曲线2的切线(虚线)与z轴交于A,与τ轴交于负端B,则有:

$$z_{\rm m} = OA \qquad \tau_{\rm m} = OB$$

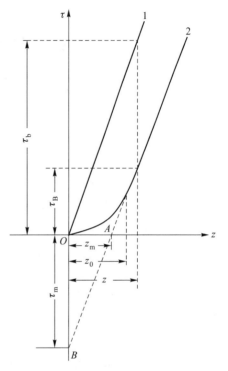

图6-13 $\tau_{\rm B}$-z曲线图
1—理论线;2—实际曲线

$z_{\rm m}$和$\tau_{\rm m}$值一般均按实际确定。由希洛夫方程能近似地计算出吸附床层的实际操作时间$\tau_{\rm B}$,或由要求的$\tau_{\rm B}$计算出相应的吸附床层高度z。希洛夫方程简单方便,得到了广泛应用。

[例6-1] 空气在300 K及9.807×10^4 Pa下,湿度为0.002 67 kg(H$_2$O)/kg(干空气),通过用硅胶填充的固定床吸附器去除水分,床层高0.61 m,空气通过床层的质量流速为466 kg/(h·m^2),假设吸附是等温的,流出空气的湿度达到0.000 1 kg(H$_2$O)/kg(干空气)时床层被视为已全部饱和,硅胶的堆积密度为671 kg/m^3,其传质分系数为$k_Y a_{\rm p} = 1\,259\,G'^{0.55}$ kg(H$_2$O)/(h·m^2),$k_X a_{\rm p} = 3\,476$ kg(H$_2$O)/(h·m^2),其中G'为空气的质量流速[(kg/(h·m^2)],求达到破点所需的时间。

解:平衡曲线如图6-14所示。硅胶原是"干"的,因此,最初流出的空气湿度很低,基本上也是"干"的,故操作线过原点,操作线与平衡线交于$Y_0=0.002\,67$,而:

$$Y_{\rm B} = 0.000\,1 \qquad Y_{\rm E} = 0.002\,4$$

根据式(6-27)和式(6-24),列表计算(见表6-6)。按式(6-24)对于整个吸附区的传质单元数$N_{\rm OG}=9.304$。

依照式(6-27)得到一条无因次形式的$W_{\rm B}$与$W_{\rm E}$之间的透过曲线,如图6-15。由式(6-13)可知,f为图6-15曲线上方直至$Y/Y_0=1.0$的整个面积。图解积分得$f=0.53$。

在空气的质量流速等于466 kg/(h·m^2)时的传质分系数为:

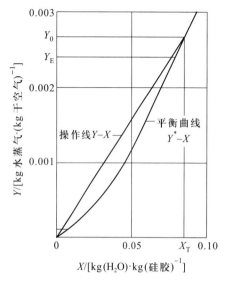

图 6-14　例 6-1 的平衡曲线与操作线　　　　　图 6-15　例 6-1 中计算的透过曲线

表 6-6　例 6-1 计算结果

Y kg(H$_2$O) /kg(干空气)	Y^* kg(H$_2$O) /kg(干空气)	$\dfrac{1}{Y-Y^*}$	$\displaystyle\int_{Y_B}^{Y}\dfrac{dY}{Y-Y^*}$	$\dfrac{W-W_B}{W_a}$	$\dfrac{Y}{Y_0}$
(1)	(2)	(3)	(4)	(5)	(6)
$Y_B=0.000\,1$	0.000 03	14 300	0.000	0.000	0.037
0.000 2	0.000 07	7 700	1.000	0.118	0.075
0.000 4	0.000 16	4 160	2.190	0.236	0.150
0.000 6	0.000 27	3 030	2.930	0.314	0.225
0.000 8	0.000 41	2 560	3.487	0.375	0.300
0.001 0	0.000 57	2 325	3.976	0.427	0.374
0.001 2	0.000 77	2 300	4.380	0.477	0.450
0.001 4	0.001 00	2 470	4.915	0.529	0.525
0.001 6	0.001 23	2 700	5.432	0.584	0.599
0.001 8	0.001 48	3 130	6.015	0.646	0.674
0.002 0	0.001 75	4 000	6.728	0.723	0.750
0.002 2	0.002 03	5 880	7.716	0.830	0.825
$Y_E=0.002\,4$	0.002 30	10 000	9.304	1.000	0.899

$$k_Y a_p = 1\,259 \times (466)^{0.55} = 36\,952\ \text{kg}(H_2O)/(h \cdot m^2)$$

$$k_X a_p = 3\,476\ \text{kg}(H_2O)/(h \cdot m^2)$$

平衡曲线的平均斜率为：

$$m = \Delta Y / X = 0.018\ 5$$

由式(6-5)传质总系数与分系数之间的关系，得：

$$\frac{1}{K_Y a_p} = \frac{1}{k_Y a_p} + \frac{m}{k_X a_p} = \frac{1}{36\ 952} + \frac{0.018\ 5}{3\ 476}$$

$$K_Y a_p = 30\ 879\ \text{kg}(H_2O)/(h \cdot m^2)$$

则：

$$H_{OG} = \frac{G_s}{K_Y a_p} = \frac{466}{30\ 879}\text{m} = 0.015\ 1\ \text{m}$$

依式(6-26)得吸附区高度：

$$z_a = N_{OG} H_{OG} = 9.304 \times 0.015\ 1\ \text{m} = 0.140\ 5\ \text{m}$$

床层高度 $z = 0.61$ m，于是由式(6-17)得床层出现破点时的饱和度为：

$$S = \frac{z - f z_a}{z} = \frac{0.61 - 0.53 \times 0.140\ 5}{0.61} = 0.878 = 87.8\%$$

床层中硅胶的填充体积为 0.61 m^3/m^2 时的堆积密度为 671 kg/m^3，则硅胶的质量为 0.61×671 $kg/m^2 = 409$ kg/m^2，在床层的饱和度为 87.8% 时，硅胶吸附的水分为：

$$409 \times 0.878 \times 0.085\ 8\ \text{kg}/m^2 = 30.8\ \text{kg}/m^2$$

其中 0.085 8 为硅胶对进口处组分为 Y_1 的气体的平衡吸附量（X_T）。由图 6-14 得出空气带入的水分为：

$$466 \times 0.002\ 67\ \text{kg}/(h \cdot m^2) = 1.244\ \text{kg}/(h \cdot m^2)$$

到破点所需时间为：30.8/1.244 h = 24.76 h

（三）经验计算法

吸附法净化气态污染物，所碰到的情况是多种多样的，可能缺乏前述理论计算所需要的数据，在此情况下可采用以下经验计算法：

（1）用生产或实验室里测得的吸附剂的"吸附容量"值，来估算所需吸附剂的用量。

（2）根据实测吸附剂的平均吸附量，用物料衡算法估算每次间歇操作的持续时间。

设每次间歇操作吸附的吸附质量为 G，则：

$$G = v \cdot A(\rho_1 - \rho_2)\tau_B \tag{6-35}$$

式中：v——按吸附层截面计算的气流速，m/s；

A——吸附层截面积，m^2；

ρ_1——废气中污染物初始浓度，mg/m^3；

ρ_2——吸附器净化后尾气中污染物的浓度，mg/m^3；

τ_B——吸附器的持续时间，s。

对于吸附剂而言，吸附的吸附质量还可按下式计算：

$$G = m(w_2 - w_1) \tag{6-36}$$

式中：m——吸附剂的质量，kg；

w_1——再生后吸附剂中仍然残存的吸附质的质量分数；

w_2——吸附终了时吸附剂吸附的吸附质的质量分数。

联立式(6-35)和式(6-36)，整理后可得持续时间的计算式：

$$\tau_B = \frac{m(w_2-w_1)}{v \cdot A(\rho_1-\rho_2)} \tag{6-37}$$

[例6-2]　拟采用活性炭吸附处理脱脂生产中排放的废气。废气排放条件为 294 K、1.38×10^5 Pa，废气量为 12 700 m³/h，废气中含有三氯乙烯 $2\,000\times10^{-6}$（体积分数），要求净化回收率为 99.5%。已知所采用的活性炭的吸附容量为 0.28 kg(三氯乙烯)/kg(活性炭)，活性炭的密度为 576.7 kg/m³，其操作周期为吸附 4 h、再生 3 h、备用 1 h。试计算活性炭的用量。

解：采用经验计算法，已知废气量：12 700 m³/h，

则三氯乙烯体积流量：$2\,000\times10^{-6}\times12\,700$ m³/h = 25.4 m³/h

换算为三氯乙烯的质量流量：188.9 kg/h

在 4 h 吸附操作中所要吸附的三氯乙烯的量：$188.9\times0.995\times4$ kg = 751.8 kg

则所需活性炭的量：751.8/0.28 kg = 2 685 kg

或：　　　　　　　　　2 685/576.7 m³ = 4.66 m³

第五节　吸附净化法的应用

一、吸附法净化含氮氧化物废气

含 NO_x 废气的吸附法净化常采用的吸附剂有分子筛、硅胶、活性炭、含氨泥煤等。活性炭对低浓度 NO_x 有很高的吸附能力，其吸附容量超过分子筛和硅胶。但活性炭在 300 ℃ 以上有可能自燃，给吸附和再生造成较大困难。

（一）吸附原理

活性炭不仅能吸附 NO_2，还能促进 NO 氧化成 NO_2，特种活性炭还可使 NO_x 还原成 N_2，其反应分子式为：

$$2NO+C = N_2+CO_2$$
$$2NO_2+2C = N_2+2CO_2$$

活性炭定期用碱液再生处理：

$$2NO_2+2NaOH = NaNO_3+NaNO_2+H_2O$$

近年来法国氮素公司发明了 COFZA 法，其原理是含 NO_x 的尾气与经过水或稀硝酸喷淋的活性炭相接触，NO 氧化成 NO_2，再与水反应，反应式为：

$$3NO_2+H_2O = 2HNO_3+NO$$

（二）工艺流程

1. 一般活性炭法

图 6-16 是活性炭净化 NO_x 常见工艺流程。NO_x 尾气进入固定床吸附装置被吸附，净化后气体经风机排至大气，活性炭定期用碱液再生。

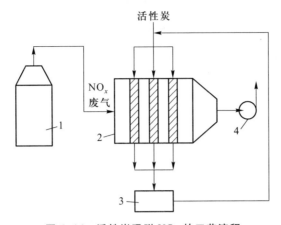

图 6-16　活性炭吸附 NO_x 的工艺流程

1—酸洗槽；2—固定吸附床；3—再生器；4—风机

2. COFZA 法

COFZA 法工艺流程见图 6-17。硝酸尾气进入吸附器的顶部，顺流而下经过活性炭层，同时水或稀硝酸经过流量控制装置由喷头均匀喷入活性炭层。净化后的气体会同吸附器底部的硝酸一起进入气液分离装置。气体经分离后自分离器顶部逸出，送入尾气预热器，并经透平膨胀机回收能量后放空。分离器底部出来的硝酸分为两路：一路经流量计由塔顶进入硝酸吸收塔；另一路经调节阀与工艺水掺和后经流量控制装置回吸附器。分离器中的液位用水自动补充，补充水用调节阀来调节。此法系统简单、体积小、费用省，能脱除 80% 以上的 NO_x，使排出气体变成无色，回收的硝酸约占总产量的 5%，是一种较好的方法。

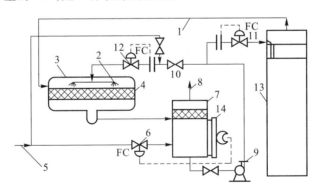

图 6-17　COFZA 法工艺流程

1—硝酸吸收塔尾气；2—喷头；3—吸附器；4—活性炭；5—工艺水或稀硝酸；6—控制阀；7—分离器；
8—排空尾气；9—循环泵；10—循环阀；11、12—流量控制阀；13—硝酸吸收器；14—液位计

（三）两种方法比较

活性炭吸附法及 COFZA 法净化 NO_x 的工艺比较见表 6-7。

（四）影响因素

吸附法净化 NO_x 的影响因素包括以下几方面：

表 6-7   活性炭及 COFZA 法净化 NO_x 工艺操作指标

方法	固定床进气量 /(m³·h⁻¹)	空间速率 /h⁻¹	空塔速度 /(m·s⁻¹)	进口 NO_x 浓度/(10⁻⁶)	吸附温度/℃	净化效率/%	再生条件	
							解吸	再生
一般活性炭法	3 000	5 000	0.5	约 8 000	15 ~ 55	>95	10% ~ 20% NaOH 泡 22 h, 水洗至 pH = 8 ~ 8.5	在封闭容器中通 1 h 蒸气, 17.2 ~ 20.3 MPa
COFZA 法	—	170 ~ 400	—	1 500 ~ 3 000	9 ~ 15	NO_2: 82 ~ 93 NO_x: 30 ~ 60		

（1）含氧量：NO_x 尾气中含氧量越大，则净化效率越高。

（2）水分：水分有利于活性炭对 NO_x 的吸附，当湿度大于 50% 时，影响更为显著。

（3）吸附温度：吸附是放热过程，低温有利于吸附。

（4）接触时间和空塔速度：接触时间长，吸附效率高；空塔速度大，吸附效率低。

二、吸附法净化有机废气

（一）吸附法净化有机废气的特点

吸附法被广泛应用于治理含烃废气，有如下特点：

（1）由于吸附剂吸附吸附质受到吸附容量的限制，因此，吸附法适于处理低浓度废气。

（2）可以相当彻底地净化废气，即可进行深度净化，特别是对于低浓度废气的净化，比用其他方法显现出更大的优势。

（3）在不使用深冷、高压等手段下，可以有效地回收有价值的有机物组分。

（二）吸附剂

可用于净化含烃废气的吸附剂有活性炭、硅胶、分子筛等，其中应用最广泛、效果最好的吸附剂是活性炭。活性炭可吸附的有机物种类较多，如：多种有机溶剂，包括汽油或石油醚之类的烃类、醇类、酯类、醚类、芳香类、二氯乙烷、二氯丙烷、甲苯、二甲苯等。吸附容量较大，并在水蒸气存在下也可对混合气中的有机组分进行选择性吸附。

（三）工艺流程

采用活性炭吸附法净化含烃的废气时，其流程通常包括以下部分：

1. 预处理

在吸附中通常使用粒状或柱状活性炭，为保证炭层具有适宜的孔隙率，减少气体通过的阻力，应预先除去气体中的固体颗粒物及液滴。

2. 吸附

通常采用固定床吸附器,为保证连续处理废气,一般需采用 2～3 个吸附器并联操作。

3. 吸附剂再生

吸附剂吸附吸附质后,其吸附能力将逐渐降低。为了保证吸附效率,对失去吸附能力的吸附剂必须进行再生。用活性炭吸附有机化合物时,活性炭的再生最常用的是水蒸气脱附法,脱附原理是利用有机化合物与水的不相互溶性,经脱附、冷凝、分离后回收有机溶剂。有些有机溶剂被活性炭吸附后,用水蒸气脱附困难,则应采用其他方法进行再生,难以从活性炭中除去的有机溶剂列于表 6-8。

表 6-8 难以从活性炭中除去的溶剂

丙烯酸	丙烯酸异癸酯
丙烯酸丁酯	异佛尔酮
丁酸	苯酚
二丁胺	皮考啉
二乙烯三胺	丙酸
丙烯酸乙酯	二异氰酸甲苯酯
2-乙基己酯	三亚乙基四胺
丙烯酸-2-乙基己酯	戊酸
丙烯酸异丁酯	

4. 溶剂回收

经冷凝、静置后不溶于水的溶剂分层后易于回收。水溶性溶剂与水不能自然分层的,需回收时可采用精馏的方法。对于量小的水溶性有机溶剂也可与水一起掺入煤炭中送锅炉燃烧。

工业上常采用的活性炭固定床净化流程见图 6-18。有机废气经冷却过滤器降温及除去固体颗粒物后,经风机进入吸附器,吸附后的气体排空。两个并联操作的吸附器,当其中一个吸附饱和时,则将废气转通入另一个吸附器进行吸附操作。饱和的吸附器中通入水蒸气进行再生。脱附气体进入冷凝器用冷水冷凝,冷凝液流入分离器,经一段时间停留后分离出溶剂和水。

三、吸附法净化含二氧化硫废气

(一) 吸附净化原理

利用活性炭/活性焦对烟气中的 SO_2 进行吸附,既有物理吸附,也有化学吸附,特别是当烟气中存在着氧和蒸气时,化学吸附表现得尤为明显。这是因为活性炭/活性焦是 SO_2 与 O_2 反应的催化剂,反应生成 SO_3,SO_3 易溶于水生成硫酸,因此化学吸附的吸附量比纯物理吸附的吸附量大。

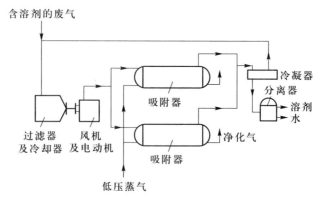

图 6-18　活性炭吸附有机蒸气的流程

1. 吸附

在氧和水蒸气存在的条件下,在活性炭/活性焦表面吸附 SO_2,伴随物理吸附将发生一系列化学反应。

物理吸附(以 * 表示吸附态分子):

$$SO_2 \longrightarrow SO_2^*$$

$$\frac{1}{2}O_2 \longrightarrow \frac{1}{2}O_2^*$$

$$H_2O \longrightarrow H_2O^*$$

化学吸附:

$$SO_2^* + 1/2O_2^* \longrightarrow SO_3^*$$

$$SO_3^* + H_2O^* \longrightarrow H_2SO_4^*$$

$$H_2SO_4^* + nH_2O \longrightarrow H_2SO_4 \cdot nH_2O^*$$

总反应方程式:

$$SO_2 + H_2O + \frac{1}{2}O_2 \xrightarrow{\text{活性炭/活性焦}} H_2SO_4$$

2. 再生

吸附了 SO_2 后的活性炭/活性焦由于其内、外表面覆盖了稀硫酸,使活性炭/活性焦吸附能力下降,因此必须对其再生,常见的再生方法有:

(1)洗涤再生:洗涤再生首先用水洗出活性炭微孔中的硫酸,得到稀硫酸,再将经过洗涤后的活性炭进行干燥,得以再生。

(2)加热再生:加热再生是对吸附有 SO_2 的活性炭/活性焦加热,使炭与硫酸发生反应,使 H_2SO_4 还原为 SO_2:

$$2H_2SO_4 + C \xrightarrow{\Delta} 2SO_2 \uparrow + 2H_2O + CO_2 \uparrow$$

通过再生时 SO_2 富集,可用于制硫酸或硫黄。而由于化学反应的发生,用此法再生必然要消耗一部分活性炭/活性焦,必须给予适当补充。

(3)微波再生:对吸附了 SO_2 后的载硫活性炭/活性焦采用微波辐照方法进行再生,通过控制再生条件可以达到制取高浓度 SO_2 或回收硫黄的目的,为低浓度 SO_2 回收利用提供了一条有效途径。

（二）活性炭法烟气脱硫工艺流程

活性炭吸附烟气中二氧化硫工艺的吸附装置主要有两种形式：固定床与移动床。其再生方法也有两种，即水洗再生法与加热再生法。

图6-19是德国的Lurgi法固定床吸附水洗再生活性炭脱硫的工艺流程图。需要净化的气体首先与吸附器出来的稀硫酸液体接触、换热，这样，既可以使烟道气冷却下来，有利于固定床吸附器中的活性炭吸附其中的SO_2，又可以使稀硫酸液体浓缩。在活性炭固定床吸附器中烟气连续流动，洗涤水间歇从吸附器上方喷入，将活性炭内的硫分洗去，恢复其脱硫能力。由吸附器中出来的水洗液中含10%~15%的硫酸，被送至硫酸浓缩装置中提浓，最后得到70%的硫酸。

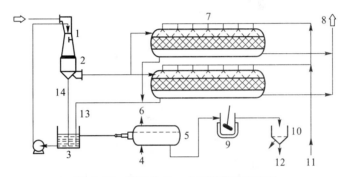

图6-19　德国的Lurgi法脱硫工艺流程

1—文丘里洗涤器；2—除沫器；3—液体供应槽；4—燃料油；5—燃烧器；6—尾气（去硫酸生产车间）；7—吸附器；
8—尾气；9—冷却器；10—过滤器；11—水；12—H_2SO_4（70%）；13—H_2SO_4（10%~15%）；14—H_2SO_4（25%~30%）

图6-20是日本的日立造船法即移动床吸附-水蒸气脱附法的工艺流程。该工艺主要装置由吸附器、脱附器、空气处理装置、热交换器等组成。从燃煤锅炉来的烟气进入吸附器，与吸附器内徐徐下移的活性炭错流接触，烟气中的SO_2被活性炭吸附氧化为硫酸而贮存于孔隙内，处理过的烟气排空。吸附了SO_2的活性炭由移动床脱附器上部进入，在下移过程中先被锅炉废气预热至300℃左右，再与300℃的过热水蒸气接触放出SO_2。再生后的活性炭，经换热器降温至150℃后离开再生器，送至空气处理装置以恢复其脱硫性能，最后进入吸附器循环使用。含高浓度SO_2的水蒸气离开再生器后，经冷却器冷凝分离后得到浓度约为80%的SO_2气体。

（三）活性焦法烟气脱硫工艺流程

活性焦法烟气脱硫系统主要由吸附、脱附（解析）和硫回收（硫副产品生产）等子系统组成，如图6-21所示。经过除尘器之后的烟气进入吸附塔，吸附塔内装有一定量的活性焦，烟气中的SO_2与氧气及水蒸气在活性焦上发生物理和化学吸附，生成的硫酸或水合硫酸，贮存在活性焦的孔隙内，净化后的烟气从烟囱排入大气。吸附SO_2饱和的活性焦在重力作用下移出吸附塔，经过物理输送系统送入脱附塔，经过预热段预热后，在加热段350~400℃的温度下解吸，含15%以上的浓SO_2脱附气被导出送入副产品生产工序。活性焦经过冷却段冷却后连同补充的新鲜活性焦一起输送回吸附塔，进入下一个循环。

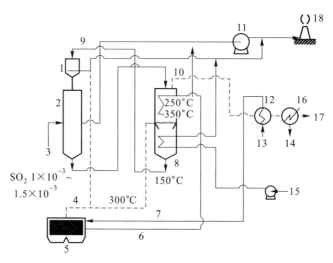

图 6-20　日本日立造船法脱硫工艺流程

1—空气处理单元;2—吸附器;3—烟气(130℃);4—水蒸气;5—锅炉;6—废气;7,13—锅炉补给水;8—解吸器;
9,10—活性炭;11—风机;12,16—热交换器;14—冷凝水;15—空气;17—富 SO₂ 气体(80%);18—烟囱

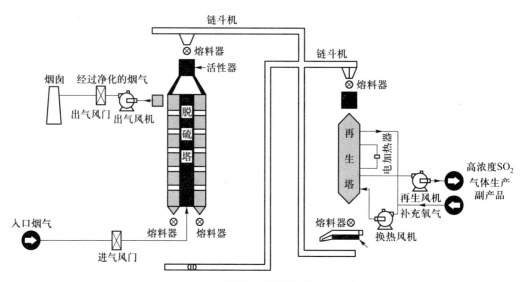

图 6-21　活性焦法烟气脱硫工艺流程

习题

6.1　用氧化锰和氧化铬的混合粉末在 578 K 下等温吸附氢,获得吸附压力和吸附量的关系如下:

吸附压力/kPa	5.7	6.8	8.4	16.1	20.1	30.7	35.9
吸附量/cm³	156.9	160.8	163.6	167.0	169.6	171.1	171.6

求:① 578 K 下的最大吸附量 V_m;

② 吸附平衡常数 K_A。

(提示:用 p_A/V-p 作图求 V_m。)

6.2　采用立式环形吸附器,以活性炭吸附净化废气中的乙醇蒸气。处理气量为 4 700 m³/h,温度 293 K,总

压 $p = 1.013\ 3 \times 10^5$ Pa,环型吸附层的外径 $D_外 = 1.2$ m,内径 $D_内 = 0.6$ m,吸附环高度 $H = 2.5$ m,活性炭粒径 $d = 2$ mm,$l = 4$ mm,已知在标准状态下乙醇在空气中的扩散系数 $D_0 = 1.02 \times 10^3$ m²/s,且 $D = D_0 (T/T_0)^{3/2} (p_0/p)$。试计算该吸附过程的传质过程的传质总系数 $K_y a_p$。

6.3　用固定床吸附器回收废气中的四氯化碳。常温常压下废气的体积流量为 1 000 m³/h,四氯化碳的初始浓度为 2 g/m³,空床速度为 20 m/min。选用粒状活性炭作为吸附剂,其平均直径为 3 mm,堆积密度为 450 kg/m³,采用水蒸气置换脱附,每周脱附一次,累计吸附时间为 40 h。在上述条件下进行动态吸附实验,测定不同床层高度下的透过时间,得到下列数据。

床层高度(z)/m	0.10	0.15	0.20	0.25	0.30	0.35
透过时间(τ_B)/min	109	231	310	462	550	650

试确定固定床吸附器的直径、高度、吸附剂用量。

6.4　某工厂用活性炭吸附废气中的 CCl_4,废气量为 $q_V = 1\ 000$ m³/h,浓度为 4 ~ 5 g/m³,活性炭的直径 $d_p = 3$ mm,堆密度 $\rho_p = 300 ~ 600$ g/L,其吸附操作条件是:293 K,$1.013\ 3 \times 10^5$ Pa,测得的实验数据见习题 6.3 的表格。

求:① 穿透时间 $\tau_B = 40$ h 的床层高度;

② 若设计成立式圆桶形吸附器,求理论上所需要的吸附剂用量。

6.5　设有一活性炭吸附器,活性炭装填厚度为 1 m。活性炭对苯的平衡静活性吸附值 45.5 kg(苯)/m³(活性炭),假设其死层为 0.3 m,气流通过速率为 0.2 m/s,废气中苯的浓度为 2 000 mg/m³。求吸附器的实际操作时间。

6.6　在直径为 $D = 1.4$ m 的立式吸附器中,装有密度为 $\rho = 220$ kg/m³ 的活性炭,炭层厚度 $z = 1.0$ m,含苯废气以 14 m/min 的速率通过活性炭层,废气含苯的初始浓度 $\rho_0 = 39$ g/m³,设苯蒸气被活性炭完全吸附,活性炭对苯的平均活性为 7%,解吸后苯在活性炭中的残余吸附量为 0.8%。

求:① 每次间歇操作的时间;

② 每次吸附所能处理的废气量。

6.7　设一固定床活性炭吸附器的活性炭填装厚度为 0.8 m,活性炭的堆积密度为 430 kg/m³,对苯吸附的平衡静活性值为 25.3%,并假定其死层厚度为 0.165 m,气体通过吸附器床层的速度为 0.3 m/s,废气含苯浓度为 2 500 mg/m³。求该吸附器的活性炭床层对含苯废气的保护作用时间。

6.8　某活性炭被用来净化含 CCl_4 的废气,其操作条件是:废气流量为 20 m³/min,温度为 25 ℃,压力为 101.33 kPa,CCl_4 的初始含量为 900×10^{-6}(体积分数),床深 0.6 m,空塔气速为 0.3 m/s。假定活性炭的装填密度为 400 kg/m³,操作条件下的吸附容量为饱和吸附容量的 40%,实验测得其饱和容量为 0.523 kg(CCl_4)/kg(活性炭)。

求:① 当吸附床长宽比为 2:1 时,试确定床的过气截面;

② 计算吸附床的活性炭用量;

③ 试确定吸附床穿透前能够连续操作的时间。

6.9　某厂试图安装活性炭吸附器来减少甲苯向大气的排放量。试根据如下参数设计相应的活性炭吸附器(包括活性炭的用量和吸附床的尺寸):废气流量:3 000 m³/min;吸附器进口气体中甲苯含量 0.32%;甲苯相对分子质量为 92;催化剂堆积密度为 450 kg/m³;操作时吸附器饱和度小于 30%;吸附器再生时间为 1 h,操作温度为 298 K;通过吸附器的最大气速为 0.5 m/s。

6.10　吸附床高 1.0 m,横截面积为 1.2 m²,操作条件为 313K,1.0×10^5 Pa。入口空气流量为 4.5 kg/min,污染物浓度为 3 g/m³。其吸附等温线符合弗伦德里希方程,式中常数 B 和 n 值分别为 0.075 2 和 1.6。吸附剂的计算密度为 400 kg/m³,传质系数为 25 s⁻¹。

求:① 吸附区的厚度;

② 吸附速率;

③ 保护作用时间。

第七章　催化法净化气态污染物

催化法是利用催化剂在化学反应中的催化作用,将废气中有害的污染物转化成无害的物质,或转化成更易处理或回收利用的物质的方法。该法与其他净化法的区别在于,化学反应发生在气流与催化剂接触过程中,反应物和产物无须与主气流分离,因而避免了其他方法可能产生的二次污染,使操作过程大为简化。催化法的另一个特点是对不同浓度的污染物均具有较高的去除率。因此,催化净化法已成为废气治理技术中一项重要的、有效的技术,在脱硫、脱硝、汽车尾气净化和有机废气净化等方面得到广泛的应用。但是,该法对废气的组成有较高要求,废气中不能有过多不参加反应的颗粒物质或使催化剂性能降低、寿命缩短的物质。

第一节　催化作用和催化剂

一、催化作用

能够加速化学反应速率或改变化学反应方向,而其本身的化学性质和数量在反应前后没有改变的物质称为催化剂或触媒。催化剂在化学反应过程中所起的加速作用称为催化作用。若催化剂和反应物处于同一相时,称均相催化;当催化剂与反应物处在不同相时,称多相催化。对于气态污染物的催化净化而言,催化剂通常是固体,因而属于气固相催化反应。

由反应动力学可知,化学反应的进行需要一定的活化能,而活化能的大小直接影响反应速率的快慢,反应速率与活化能之间的关系可用阿累尼乌斯方程表示:

$$k = k_0 \exp(-E/RT) \tag{7-1}$$

式中:k——反应速率常数;

　k_0——频率因子;

　E——活化能,J/mol;

　R——气体常数,8.314 J/(mol·K);

　T——反应温度,K。

显然,反应速率是随活化能的降低呈指数规律加快的。实验表明,催化剂加速反应速率正是通过降低活化能来实现的。

例如,对反应 A+B ——→C,在无催化剂时是经过中间活性络合物 $[AB]^*$ 而生成 C:

$$A+B \longrightarrow [AB]^* \longrightarrow C$$

由于有催化剂的加入,变成另一途径:

$$A+B+2K \longrightarrow [AK]^* + [BK]^* \longrightarrow [CK]^* + K \rightarrow C+2K$$

其中,K 表示催化剂,$[AK]^*$、$[BK]^*$、$[CK]^*$ 表示活性络合物。

由图 7-1 可以看出,催化剂的加入使化学反应沿着新的途径进行。新的反应历程往往包括一系列的基元反应,而在每个基元反应中,由于反应分子与催化剂生成了不稳定的活化络合物,反应分子的化学键发生松弛,使其活化能大大低于原反应活化能,化学反应速率明显加快,而催化剂分子结构在反应前后并没有发生变化。

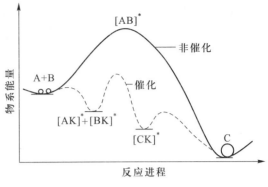

图 7-1 反应途径

催化剂的作用除了能加快化学反应速率外,还具有以下两个特征:

(1)催化剂只能缩短反应达到平衡的时间,而不能使平衡移动,更不能使热力学上不可能发生的反应发生。

(2)催化作用具有特殊的选择性。对同种催化剂而言,在不同的化学反应中可表现出明显不同的活性;而对相同的反应来说,选择不同的催化剂可以得到不同的产物。

二、催化剂

催化净化所用的催化剂通常由主活性物质、载体和助催剂组成。主活性物质可以单独对反应产生催化作用。由于催化作用一般发生在主活性物质的表面 20~30 nm 内,因而主活性物质一般附着在载体上。载体通常是惰性物质,它具有两种作用:一是提供大的比表面积,节约主活性物质,提高催化剂的活性;二是增强催化剂的机械强度、热稳定性及导热性,延长催化剂的寿命。常用的载体有:活性氧化铝、硅胶、活性炭、硅藻土、分子筛、陶瓷、耐热金属等。助催剂本身无催化性能,但它少量加入可以改善催化剂的某些性能。助催剂和主活性物质一样,都依附于载体上。常见的催化剂形状有:球状、圆柱状、片状、网状和蜂窝状等。

催化剂的性能主要由活性、选择性和稳定性三项指标来体现。活性是指催化剂加速化学反应速率的能力,通常用单位时间内单位体积(或质量)催化剂在动力学范围内指定的反应条件下所得到的产品数量来表示。催化剂的选择性是指在几个平行反应中对某个特定反应的加速能力,常用反应得到的目的产物量与反应物质反应了的量之比来表示。催化剂的稳定性是指在催化反应过程中催化剂保持活性的能力,它包括热稳定性、机械稳定性和抗毒稳定性三方面,通常用寿命来表示。影响寿命的主要因素是催化剂的老化和中毒。催化剂老化是指在正常工作条件下由于低熔点活性组分流失、催化剂烧结、低温表面积炭结焦、内部杂质的迁移以及冷热交替造成的机械性粉碎等引起的催化剂逐渐失活过程。催化剂中毒是指反应气体中含有少量杂质使催化剂活性大为降低的现象。催化剂中毒分暂时性中毒和永久性中毒。前者只要将毒物除去,催化剂可恢复活性,但一般情况下不能恢复其原活性;后者因毒物与催化剂发生了化学反应,其活性无法恢复。因此,不论是暂时性中毒还是永久性中毒,都应避免。

催化净化法选用催化剂的原则是:应根据污染气体的成分和确定的化学反应来选择恰当的催化剂,催化剂要求有很好的活性和选择性、足够的机械强度、良好的热稳定性和化学稳定性。选择催化剂还要考虑其经济性。

几种常用的净化气态污染物的催化剂及其组成如表7-1所示。

表 7-1　常用的几种废气净化催化剂的组成

用　途	主要活性物质	载　体	助催化剂
SO_2 氧化成 SO_3	V_2O_5　6%~12%	SiO_2	K_2O 或 Na_2O
HC 和 CO 氧化为 CO_2 和 H_2O	Pt、Pd、Rh	Ni、NiO	—
	CuO、Cr_2O_3、Mn_2O_3 和稀土类氧化物	Al_2O_3	—
苯、甲苯氧化为 CO_2 和 H_2O	Pt、Pd 等	Ni 或 Al_2O_3	—
	CuO、Cr_2O_3、MnO_2	Al_2O_3	
汽车排气中 HC 和 CO 的氧化	V_2O_5　4%~7%　CuO　3%~7%	$Al_2O_3-SiO_2$	Pt 0.01%~0.015%
NO_x 还原为 N_2	Pt 或 Pd 0.5%	$Al_2O_3-SiO_2$ Al_2O_3-MgO Ni	—
	$CuCrO_2$	$Al_2O_3-SiO_2$ Al_2O_3-MgO	—

第二节　气固相催化反应过程及速率方程

一、气固相催化反应过程

如图7-2所示,气固相催化反应的过程分为以下七个步骤:① 反应物从气流主体向催化剂外表面扩散(外扩散过程);② 反应物由催化剂外表面沿微孔方向向催化剂内部扩散(内扩散过程);③ 反应物在催化剂的表面上被吸附(吸附过程);④ 吸附的反应物发生化学反应转化成反应生成物(表面反应过程);⑤ 反应生成物从催化剂表面上脱附下来(脱附过程);⑥ 脱附的生成物从微孔向外扩散到催化剂的外表面处(内扩散过程);⑦ 生成物从催化剂表面扩散到主气流中被带走(外扩散过程)。

上述七个步骤可以归纳成三个过程:①、⑦为外扩散过程,主要受气流状况的影响;②、⑥为内扩散过程,主要受微孔结构的影响;③、④、⑤都与表面化学有关,统称为表面化学反应过程,主要受化学反应和催化剂

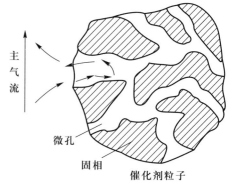

图 7-2　气固相催化反应过程示意图

性质、温度、气体压强等因素的影响。

显然,催化反应的速率的控制步骤由其中最慢的一步决定。按控制步骤的不同,可将催化反应过程分为:

(1) 化学动力学控制:在此情况下,内、外扩散进行得很快,化学反应速率最慢,总反应速率主要取决于化学反应速率。

(2) 内扩散控制:由于受催化剂颗粒中微孔大小和形状的影响,内扩散速率最慢,因而总反应速率取决于内扩散速率。

(3) 外扩散控制:吸附和表面化学反应很快,反应物一到催化剂外表面即被反应掉,这时总反应速率决定于反应物扩散到催化剂外表面的速率。

设反应组分 A 在气流主体中的浓度为 c_{AG},在催化剂外表面处的浓度为 c_{AS},在催化剂内表面处的浓度为 c_{AC},反应平衡浓度为 c_A^*。上述三种控制过程中反应组分 A 的浓度分布特点如图7-3所示。

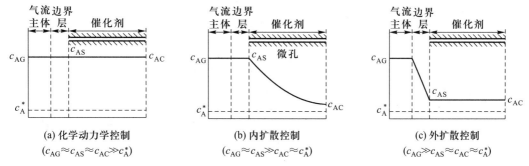

图7-3　不同控制过程反应物的浓度分布

弄清了反应过程的控制步骤,对选择催化剂的结构(颗粒度、比表面积、孔径分布等)及反应条件有很大帮助。对外扩散和内扩散控制过程,只能从传质的角度考虑改善过程的速率,如改变多孔催化剂的内部结构或改变主气流的速率和床层高度等。对于化学动力学控制过程,则主要用改变温度等办法来提高反应速率。

二、气固相催化反应动力学

在气固相反应过程中,两相之间的质量与热量传递和气体流动状况与反应历程密切相关,互相影响。因此,气固相催化反应过程的总速率既取决于催化剂表面的化学反应,又与气体流动、传热、传质等物理过程(内外扩散)有关。

(一) 本征速率方程

只考虑表面化学反应而不考虑扩散影响的方程称为本征速率方程。本征速率方程可以通过两种途径获得。一种是由实验数据直接整理得到,称为经验速率方程;一种是从假想(有一定的实验根据)的反应机理出发经推导得到,又称机理性速率方程。实际中应用的主要是通过实验得到的经验方程,而机理性方程主要用于理论研究。

本征速率方程有两类表达式:幂函数模型和双曲线模型。幂函数模型因其形式简单,能够明显地看出反应组分的浓度对反应速率的影响,反应活化能的高低即温度对反应的敏感程度,因而应用最多。

对于一般反应:
$$aA+bB \rightleftharpoons lL+mM$$

其速率方程的幂指数形式的通式为:
$$r = k_c p_A^\alpha p_B^\beta p_L^\gamma p_M^\omega - k_c' p_A^{\alpha'} p_B^{\beta'} p_L^{\gamma'} p_M^{\omega'} \tag{7-2}$$

式中:A、B、L、M——代表反应物和产物;

　　　　k_c、k_c'——正逆反应的速率常数;

　　　　α、β、γ、ω——正反应各组分的级数;

　　　　α'、β'、γ'、ω'——逆反应各组分的级数;

　　　　p——反应物和产物的分压,Pa。

例如:SO_2 催化转化为 SO_3 的反应为:
$$SO_2+1/2O_2 \rightleftharpoons SO_3$$

如不考虑逆反应,以产物 SO_3 生成表示的反应速率为:
$$r_{SO_3} = k_1 c_{SO_2}^i c_{O_2}^j c_{SO_3}^m \tag{7-3}$$

式中:c_{SO_2}、c_{O_2}、c_{SO_3}——分别表示 SO_2、O_2、SO_3 的浓度,mol/m^3;

　　　　i、j、m——幂指数,对不同催化剂而言有不同值。

当采用钒催化剂,实验测得:$i=0.8$,$j=1$,$m=-0.8$,于是:
$$r_{SO_3} = k_1 c_{O_2} \left(\frac{c_{SO_2}}{c_{SO_3}} \right)^{0.8} \tag{7-4}$$

若考虑逆反应,特别是反应离平衡较近的时期,则应对上式进行修正。实验表明:SO_3 的生成速率并非取决于气体中 SO_2 含量,而是 c_{SO_2} 与平衡浓度 $c_{SO_2}^*$ 之差:$c_{SO_2}-c_{SO_2}^*$,即将上式中 c_{SO_2} 用 $c_{SO_2}-c_{SO_2}^*$ 取代:
$$r_{SO_3} = k_1 c_{O_2} \left(\frac{c_{SO_2}-c_{SO_2}^*}{c_{SO_3}} \right)^{0.8} \tag{7-5}$$

(二) 宏观速率方程

在反应器床层内的催化剂,由于受内扩散的影响,催化剂内各处的浓度和温度并不相同,因而实际反应速率在颗粒内各处也不相同。如果把速率方程表示成以催化剂颗粒体积为基准的平均反应速率与其影响因素之间的关联式,则该平均反应速率称宏观反应速率。它与本征反应速率的关系为:
$$R_A = \frac{\int_0^{V_s} r_A dV_s}{\int_0^{V_s} dV_s} \tag{7-6}$$

式中:r_A——A 组分的本征反应速率,$mol/(s \cdot m^3)$;

　　　　R_A——A 组分的宏观反应速率,$mol/(s \cdot m^3)$;

　　　　V_s——催化剂颗粒体积,m^3。

    宏观反应速率不仅与本征反应速率有关,而且还受催化剂颗粒的大小、形状以及气体的扩散过程的影响。

    通常,建立宏观速率方程的方法是通过对催化剂的物料衡算和热量衡算,得到颗粒内的反应物浓度及温度分布表示式,代入本征反应速率方程中,并由式(7-6)积分得到。下面以球形颗粒为例来推导宏观速率方程。

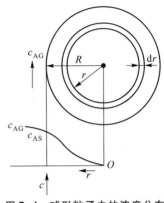

图7-4 球形粒子内的浓度分布

1. 物料衡算

    设球形颗粒的半径为 R,处于连续流动的气流中,气体在颗粒内的有效扩散系数为 $D_e(m^2/s)$,($D_e = D\varepsilon_0/\delta$,其中 ε_0 是催化剂孔隙率;δ 是微孔形状因子,$\delta = 1 \sim 6$;D 是考虑了微孔内努森扩散和分子扩散的综合扩散系数)。取任一半径 r 处厚度为 dr 的壳层(如图7-4)做物料衡算,则:

$$4\pi(r+dr)^2 D_e \frac{d}{dr}\left(c_A + \frac{\partial c_A}{\partial r} \cdot dr\right) - 4\pi r^2 D_e \frac{dc_A}{dr} = 4\pi r^2 dr(-r_A) \tag{7-7}$$

$$\underbrace{\qquad\qquad\qquad\qquad}_{(r+dr)面进入量} \qquad\qquad \underbrace{\qquad\quad}_{r面出去量} \qquad \underbrace{\qquad}_{反应掉的量}$$

经整理后得:

$$\frac{d^2 c_A}{dr^2} + \frac{2}{r}\frac{dc_A}{dr} = -\frac{r_A}{D_e} \tag{7-8}$$

边界条件:$r = 0, dc_A/dr = 0; r = R, c_A = c_{AS}$

2. 热量衡算

    热量衡算的体积单元取半径为 r 的球体。在体积单元内反应放出的热量应和该单元向外界传递的热量相等。于是:

$$(-\Delta H)\int_0^{V_s}(-r_A)dV_s = 4\pi r^2 D_e \left(\frac{dc_A}{dr}\right)_r \cdot (-\Delta H) \tag{7-9}$$

$$= -4\pi r^2 \lambda_e dT/dr$$

即:

$$dT = -\frac{(-\Delta H)D_e}{\lambda_e}dc_A \tag{7-10}$$

边界条件:$r = R, T = T_s, c_A = c_{AS}$

式中:λ_e——催化剂的导热系数,$J/(m \cdot s \cdot K)$;

    ΔH——反应热,J/kg;

    T_s——催化剂颗粒外表面温度,K。

    解上面微分方程可得:

$$\frac{T - T_s}{T_s} = \frac{(-\Delta H)D_e c_{AS}}{\lambda_e T_s}(1 - c_A/c_{AS}) \tag{7-11}$$

令:

$$\beta = \frac{(-\Delta H)D_e c_{AS}}{\lambda_e T_s} \quad (\beta \text{ 称为热效应参数})$$

则:

$$T = T_s[1 + \beta(1 - c_A/c_{AS})] \tag{7-12}$$

对于放热反应,当 $r=0$ 时,T 达到最大值:

$$T_{\max}=T_s(1+\beta) \tag{7-13}$$

催化剂的允许温度一般应大于 $T_{\max}$。

3. 宏观速率方程

联立式(7-6)、式(7-8)、式(7-10)求解,可得到宏观速率方程。这个方程组是很难求得解析解的,在某些特定条件下,经近似处理可以得到它的宏观动力学表达式。

对于等温一级不可逆反应,本征速率方程为:

$$-r_A=kc_A \tag{7-14}$$

代入式(7-8),并令 $\phi_s=\dfrac{R}{3}\sqrt{k/D_e}$ 为气固相反应的席勒模数,可以解得:

$$c_A=c_{AS}\sinh(3\phi_s r/R)/[(r/R)\sinh(3\phi_s)]$$

则:

$$\begin{aligned}
-R_A &= \frac{1}{V_s}\int_0^{V_s}(-r_A)\,dV_s\\
&= \frac{3}{4\pi R^3}\int_0^R \frac{kc_{AS}}{r/R}\cdot\frac{\sinh(3\phi_s r/R)}{\sinh(3\phi_s)}\cdot 4\pi r^2\,dr\\
&= \frac{1}{\phi_s}\left[\frac{1}{\tanh(3\phi_s)}-\frac{1}{3\phi_s}\right]\cdot kc_{AS} \tag{7-15}
\end{aligned}$$

将上式与浓度为 c_{AS} 的本征速率方程比较可得:

$$-R_A=\eta_s(-r_A) \tag{7-16}$$

$$\eta_s=\frac{1}{\phi_s}\left[\frac{1}{\tanh(3\phi_s)}-\frac{1}{3\phi_s}\right]$$

式中:η_s——气固相催化反应的催化剂有效系数。

对于等温非一级反应,设:

$$-r_A=kf(c_A) \tag{7-17}$$

利用类似的方法可解得:

$$-R_A=\eta_s(-r_A)_s \tag{7-18}$$

其中:

$$\eta_s=\frac{1}{\phi_s}\left[\frac{1}{\tanh(3\phi_s)}-\frac{1}{3\phi_s}\right]$$

$$\phi_s=\frac{R}{3}\sqrt{\frac{k}{D_e}f'(c_{AS})}$$

在上述宏观速率方程中,引入了席勒模数和催化剂有效系数两个概念。席勒模数是反映反应速率与扩散速率对过程影响程度的参数。当 ϕ_s 很小时,扩散速率大于反应速率,过程属化学反应控制,$\eta_s\approx1$;随着 ϕ_s 的增大,扩散过程对整个过程的影响逐渐增大,当 ϕ_s 很大时,反应受内扩散控制,此时 $\eta_s\approx1/\phi_s$。催化剂有效系数可以认为是受扩散影响的反应速率与不受内扩散影响的反应速率之比,因而它是反映内扩散影响大小的一个重要参数。若 η_s 接近或等于 1 时,反应过程属动力学控制;若远小于 1,则为内扩散控制。

不同形状催化剂的 ϕ_s 和 η_s 之间的关系如图 7-5 所示。从图中可以看出,长形、圆柱形和球形颗粒催化剂的 ϕ_s 和 η_s 之间关系大体近似。因而可以设想,对不同形状的催化剂,若用球形催

化剂的有效系数计算式来计算,不会出现大的偏差。但此时 ϕ_s 值应表示为:

$$\phi_s = \frac{V_s}{A_s}\sqrt{\frac{k}{D_e}f'(c_{AS})} \qquad (7-19)$$

而:

$$V_s/A_s = \psi_s d_s/6$$

式中: d_s——颗粒的当量直径,m;

　　　ψ_s——颗粒的形状系数:球形 $\psi_s = 1$;圆柱形,无定形 $\psi_s = 0.9$;片状 $\psi_s = 0.81$;

　　　A_s——催化剂颗粒表面积,m^2;

　　　V_s——催化剂颗粒体积,m^3。

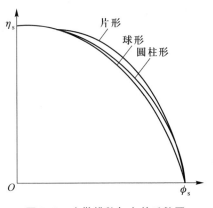

图 7-5　席勒模数与有效系数图

这样,对于任意形状催化剂的等温宏观速率方程可近似表示为:

$$-R_A = \eta_s(-r_A)_s \qquad (7-20)$$

$$\eta_s = \frac{1}{\phi_s}\left[\frac{1}{\tanh(3\phi_s)} - \frac{1}{3\phi_s}\right]$$

$$\phi_s = \frac{V_s}{A_s}\sqrt{\frac{k}{D_e}f'(c_{AS})}$$

对于非等温过程的宏观速率方程,则只能对式(7-6)、式(7-8)、式(7-10)联立求数值解。

三、总反应速率方程式

由气固相催化反应过程可知,催化反应的总反应速率是由三个过程的速率来决定的。宏观反应速率表示了内扩散和表面化学反应过程的反应速率,而在气流主体到催化剂表面的外扩散过程,由于存在一层流边界层,造成催化剂外表面浓度和气流主体相浓度的不同,所以存在一个传质过程,它对总反应速率有着重要的影响。传质过程的速率方程为:

$$-\frac{dN_A}{dt} = k_G A_s \psi_s(c_{AG} - c_{AS}) \qquad (7-21)$$

式中: k_G——气相传质系数。

对于连续稳定过程,反应组分 A 在单位时间内由气相主体扩散到颗粒外表面上的量应该等于在该时间内 A 组分在催化剂中被反应掉的量:

$$-\frac{dN_A}{dt} = k_G A_s \psi_s(c_{AG} - c_{AS}) = (-R_A)V_s = \eta_s V_s k f(c_{AS}) \qquad (7-22)$$

由上式可解得:

$$c_{AS} = \varphi(c_{AG}) \qquad (7-23)$$

因此在三种情况下的总反应速率可表示为:

$$-R_T = \eta_s k f[\varphi(c_{AG})] = \frac{k_G A_s \psi_s}{V_s}[c_{AG} - \varphi(c_{AG})] \qquad (7-24)$$

c_{AG} 可以直接测定,从而解决了实际应用中的定量问题。

由总反应速率方程式,可以得到三种控制过程下的反应速率:

(1)表面化学反应过程控制:内外扩散的影响均可忽略,这时,$c_{AG} \approx c_{AS}$,$\eta_s \approx 1$,式(7-24)变为:

$$-R_T = -r_A = kf(c_{AG}) \tag{7-25}$$

(2)内扩散过程控制:外扩散影响可以忽略,$c_{AG} \approx c_{AS}$,总反应速率取决于内扩散速率:

$$-R_T = \eta_s kf(c_{AG}) \tag{7-26}$$

(3)外扩散过程控制:这时内扩散和表面化学反应速率均很快,对可逆反应,$c_{AS} = c_A^*$;对不可逆反应,$c_{AS} \approx 0$,c_A^*为可逆反应平衡浓度。因而,式(7-24)变为:

$$-R_T = \frac{6k_G\psi_s}{d_s}(c_{AG} - c_{AS}) \tag{7-27}$$

第三节　催化反应器及其设计

工业上常见的气固相催化反应器分固定床和流化床两大类,而以固定床应用最为广泛。因此,本节主要讨论固定床反应器的选择与设计。固定床反应器的优点在于催化剂不易磨损,可长期使用;其流动模型简单,容易控制;反应气体与催化剂接触紧密。缺点主要是床层温度分布不均匀。

一、固定床催化反应器的分类及选择

固定床催化反应器大体有以下几类:

1. 绝热式固定床反应器

如图7-6所示,其外形一般呈圆筒形,内有栅板,承装催化剂。气体由上部进入,均匀通过催化剂床层并进行反应。整个反应器与外界无热量交换。这种反应器的优点是结构简单,气体分布均匀,反应空间利用率高,造价便宜,适合于反应热效应较小、反应过程对温度变化不敏感、副反应较少的反应过程。

2. 多段绝热式反应器

多段绝热式反应器是为弥补绝热固定床反应器的不足而提出的一类反应器。它把催化剂分成数层,在各段进行热交换,以保证每段床层的温度变化不大,并具有较高的反应速率。通常多段绝热式反应器分为反应器间设换热器、段间设换热构件、冷激式几种形式(图7-7),适用于中等热效应的反应。

3. 列管式反应器

如图7-8所示,在管内装填催化剂,管间通入热载体,传热效果较好,适用于反应热特别大的情况。

催化反应对反应器的要求是床温分布均匀;床层压力小;操作方便;安全可靠;结构简单,设备制造费及运行费用低。

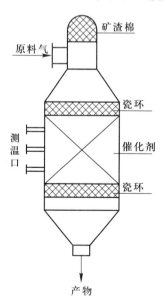

图7-6　绝热式固定床反应器

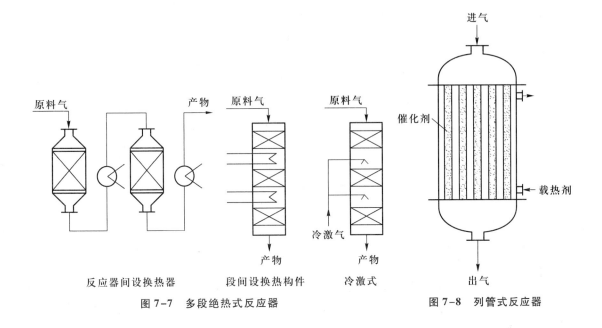

图 7-7 多段绝热式反应器   图 7-8 列管式反应器

二、固定床反应器的设计计算

反应器的主要作用是提供和维持化学反应所需要的条件,保证反应进行到指定程度所需要的反应时间。因此,固定床催化反应器的设计就是在选择反应条件的基础上确定达到一定的净化率所需要催化剂床层高度、体积、反应器数目,以及反应器的外形尺寸等。

(一) 设计基础

1. 空间速率与接触时间

空间速率简称空速,它表示单位时间内单位体积催化剂所能处理的气体体积。根据定义,空速表示为:

$$v_{sp} = q_{V,N}/V_R \tag{7-28}$$

式中:v_{sp}——空间速率,$m_N^3/[m^3(催化剂)\cdot h]$,或 h^{-1};

$\quad q_{V,N}$——标准状态下初始反应气体流量,m_N^3/h;

$\quad V_R$——催化剂体积,m^3。

接触时间定义为空间速率的倒数:

$$\tau = 1/v_{sp} = V_R/q_{V,N} \tag{7-29}$$

式中:τ——接触时间,h。

2. 转化率

在计算反应速率时,需要各组分瞬间摩尔流量,但实测各组分的瞬时摩尔流量是困难的。因此常采用反应物的转化率来表示反应速率。对于流动系统,将组分 A 的转化率定义为:

$$x_A = \frac{N_{A0}-N_A}{N_{A0}} \tag{7-30}$$

式中:N_{A0}、N_A——组分 A 的初始流量和瞬时流量,kmol/s。

即:
$$N_A = N_{A0}(1-x_A)$$

将上式微分:
$$dN_A = -N_{A0}dx_A \qquad (7-31)$$

在流动体系中,组分 A 的反应速率可用单位催化剂中该组分摩尔流量的减少表示:

$$r_A = -\frac{dN_A}{dV_R} = N_{A0}\frac{dx_A}{dV_R} \qquad (7-32)$$

$$r_A = -\frac{dN_A}{dA_R} = N_{A0}\frac{dx_A}{dA_R} \qquad (7-33)$$

$$r_A = -\frac{dN_A}{dm_R} = N_{A0}\frac{dx_A}{dm_R} \qquad (7-34)$$

式中:A_R——催化剂表面积,m^2;

m_R——催化剂质量,kg。

式(7-32)、式(7-33)、式(7-34)分别是以单位催化剂体积、单位催化剂反应表面积、单位催化剂质量上某一反应组分摩尔流量变化表示的反应速率。根据这三个式子,可以分别计算出达到某种要求所需的催化剂体积、表面积和质量。

(二)催化剂装量的计算

催化剂装量的计算方法有数学模型法和经验计算法两种。数学模型法要求建立可靠的速率方程,应有准确的化学反应基本数据(如反应热)和传递过程数据,因而使其应用受到一定限制,一般多用于理论研究和反应器结构的优化设计。经验计算法要求设计条件符合所借鉴的原生产工艺条件或中间实验条件,设计计算较为简单可靠,因而使用广泛,但由于对整个反应体系的反应动力学、传递和传热特性缺乏真正了解,因而设计结果是不精确的,也不一定先进,同时也不适合于反应器的高倍放大。

1. 数学模型法

数学模型法首先是通过对固定床反应器内流体与颗粒的行为进行合理"简化",提出一种物理模型;然后再根据化学反应原理,结合动量传递、热量传递、质量传递对物理模型进行数学描述,获得数学模型;最后对数学模型求解以得到所需要的结果。

按照上述过程,首先应建立数学模型。在催化法净化气态污染物的过程中,由于废气中污染物浓度不高,反应放出的热量不大,所要求的反应速率也不太高,可把该过程当作绝热过程。为了简化计算,将固定床反应器看成理想置换反应器,采用最简单的"一维拟均相理想流动模型"进行理论计算。

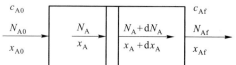

图 7-9   一维拟均相扩散模型图

如图 7-9 所示,在反应器内取微元体积 dV_R,其两端面转化率为 x_A 和 x_A+dx_A。在微元内进行物料衡算:

$$N_A-(N_A+dN_A)=(-R_T)dV_R \qquad (7-35)$$

即:
$$输入 A 量-输出 A 量=反应消耗 A 量$$

$$-\mathrm{d}N_\mathrm{A} = (-R_\mathrm{T})\mathrm{d}V_\mathrm{R}$$

代入式(7-31)可得:

$$\mathrm{d}V_\mathrm{R} = \frac{N_{\mathrm{A}0}\mathrm{d}x_\mathrm{A}}{-R_\mathrm{T}} \tag{7-36}$$

$$V_\mathrm{R} = \int_{x_{\mathrm{A}0}}^{x_{\mathrm{Af}}} \frac{N_{\mathrm{A}0}\mathrm{d}x_\mathrm{A}}{-R_\mathrm{T}} \tag{7-37}$$

同样地,也可在该微元 $\mathrm{d}V_\mathrm{R}$ 内进行热量衡算:

$$G_\mathrm{s}c_\mathrm{pm}T + (-R_\mathrm{T})\mathrm{d}V_\mathrm{R}(-\Delta H) = G_\mathrm{s}c_\mathrm{pm}(T+\mathrm{d}T) + \mathrm{d}Q_\mathrm{B} \tag{7-38}$$
气体带入热量　反应放热　　气体带出热　传给外界的热

式中: G_s——进入微元段的气体混合物流量,kg/s;

$\quad c_\mathrm{pm}$——气体的平均定压热容,kJ/(kg·K);

$\quad -\Delta H$——反应热,kJ/kg;

$\quad \mathrm{d}Q_\mathrm{B}$——向外界的传热速率,kJ/s。

整理得:
$$G_\mathrm{s}c_\mathrm{pm}\mathrm{d}T = N_{\mathrm{A}0}\mathrm{d}x_\mathrm{A}(-\Delta H) - \mathrm{d}Q_\mathrm{B} \tag{7-39}$$

绝热情况下: $\mathrm{d}Q_\mathrm{B}=0$,则上式变为:

$$\mathrm{d}T = \frac{N_{\mathrm{A}0}(-\Delta H)\mathrm{d}x_\mathrm{A}}{G_\mathrm{s}c_\mathrm{pm}}$$

$$= \frac{vA_\mathrm{t}c_{\mathrm{A}0}(-\Delta H)\mathrm{d}x_\mathrm{A}}{\rho_\mathrm{G}A_\mathrm{t}vc_\mathrm{pm}} = \frac{c_{\mathrm{A}0}(-\Delta H)\mathrm{d}x_\mathrm{A}}{\rho_\mathrm{G}c_\mathrm{pm}} \tag{7-40}$$

式中: ρ_G——废气密度,kg/m³;

$\quad A_\mathrm{t}$——床层横截面积,m²;

$\quad v$——空塔气速,m/s。

若 $N_{\mathrm{A}0}$、c_pm 不随温度及 x_A 变化,即取其平均值为常数,积分上式得:

$$\Delta T = T_2 - T_1 = \lambda(x_{\mathrm{A}_2} - x_{\mathrm{A}_1})$$
$$T_2 = T_1 + \lambda(x_{\mathrm{A}_2} - x_{\mathrm{A}_1}) \tag{7-41}$$

其中:
$$\lambda = \frac{c_{\mathrm{A}0}(-\Delta H)}{\rho_\mathrm{G}c_\mathrm{pm}}$$

λ 又称"绝热温升"。

由式(7-37)可求出在绝热条件下固定床反应器催化剂装量。使用这个式子时应注意:① 反应速率 R_T 可根据反应控制步骤简化,但必须表示成 x_A 的函数;② R_T 包含有反应常数 k,而 k 与温度有关,如为等温过程,可直接用式(7-37)进行计算,若为变温过程,还得联立式(7-41),建立 k 与 x_A 的关系求解。

2. 经验计算法

经验计算法是采用实验室、中间实验装置及其工厂现有装置中测得的一些最佳条件(如空速 v_sp、接触时间 τ 等)作为设计依据(或定额)来进行气固催化反应器计算的一种方法。

(1)已知空速 v_sp 的定额,需要处理的气体量为 $q_{\mathrm{V},0}$,则所需的催化剂体积为:

$$V_\mathrm{R} = q_{\mathrm{V},0}/v_\mathrm{sp} \tag{7-42}$$

由颗粒状况确定空塔气流速度 v_0,得出反应器直径 D_T,进而可求得床层高度为:

$$H = 4V_R / [(1-\varepsilon)\pi D_T^2] \tag{7-43}$$

（2）已知接触时间 τ 的定额，需要处理的气体量为 $q_{V,0}$，则所需的催化剂体积为：

$$V_R = \tau_0 q_{V,0} \tag{7-44}$$

同上，可以得到反应器直径和床层高度。

值得注意的是，不同的催化反应有不同的定额，就同一催化反应而言，各厂的管理水平不同，其定额也不相同。

[例7-1] 用载于硅胶上的 V_2O_5 作催化剂，在绝热条件下进行 SO_2 的氧化，反应为 $SO_2 + 1/2O_2 \longrightarrow SO_3$，其反应速率方程为：

$$-r_A = (k_1 p_{SO_2} p_{O_2} - k_2 p_{SO_3} p_{O_2}^{1/2}) / p_{SO_2}^{1/2} \quad [\text{mol/s} \cdot \text{g(催化剂)}]$$

$$\ln k_1 = 12.07 - 12\,900/RT$$

$$\ln k_2 = 22.75 - 224\,000/RT$$

物理量（单位）：$T(K)$；$R[J/(mol \cdot K)]$；$p(10^5\ Pa)$。操作条件：废气量 15 000 m^3/h；总压 1×10^5 Pa；进气温度 370 ℃。气体混合物摩尔组成：SO_2 8.0%，O_2 13.0%，N_2 79.0%。混合气比热 1.045 $J/(g \cdot K)$。反应热与温度的关系为：$\Delta H = -102.9 + 8.34 \times 10^{-3} T$，kJ/mol。此外，床层的堆积密度 $\rho_B = 600$ kg/m^3，反应器直径 1.8 m，现要求 SO_2 的出口浓度低于 1.6%，试计算所需床层高度。

解：气体的平均摩尔质量 $M = (0.08 \times 64 + 0.13 \times 32 + 0.79 \times 28)$ g/mol $= 31.4$ g/mol

进气气体的平均密度：

$$\rho_G = \frac{pM}{RT_0} = \frac{1 \times 31.4}{0.082\,06 \times (273+370)}\ \text{kg/m}^3 = 0.595\ \text{kg/m}^3$$

在床层中气体的质量流率可认为不变，故：

$$G_s = \rho_G \cdot q_V / (\pi d^2/4) = 0.595 \times 15\,000 / \left(3\,600 \times \frac{\pi \times 1.8^2}{4}\right)\ \text{kg/(m}^2 \cdot \text{s)}$$

$$= 0.975\ \text{kg/(m}^2 \cdot \text{s)}$$

要使出口 SO_2 浓度低于 1.6%，SO_2 在床层中的转化率 $x_A = \dfrac{8.0 - 1.6}{8.0} \times 100\% = 80\%$

将 r_A 换成 x_A 的函数，各组分的分压计算如下（以 100 mol 原料气为基准来建立各物质分压与 x_A 的关系）：

	SO_2	O_2	N_2	SO_3	总计
初始物质含量/mol	8.0	13.0	79.0	0	100.0
转化率为 x_A 时的物质含量/mol	$8.0(1-x_A)$	$13.0-4.0x_A$	79.0	$8.0x_A$	$100.0-4.0x_A$
$p/10^5$ Pa	$\dfrac{8.0(1-x_A)}{100.0-4.0x_A}$	$\dfrac{13.0-4.0x_A}{100.0-4.0x_A}$	$\dfrac{79.0}{100.0-4.0x_A}$	$\dfrac{8.0x_A}{100.0-4.0x_A}$	1

将以上值代入 $(-r_A)$ 的表达式，并改成以单位体积催化剂为基础，即 $(-r_A') = \rho_B(-r_A)$

$$-r_A' = 6 \times 10^6 \frac{k_1 \left[\dfrac{8.0(1-x_A)}{100.0-4.0x_A}\right]\left(\dfrac{13.0-4.0x_A}{100.0-4.0x_A}\right) - k_2\left(\dfrac{8.0x_A}{100.0-4.0x_A}\right)\left(\dfrac{13.0-4.0x_A}{100.0-4.0x_A}\right)^{1/2}}{\left[\dfrac{8.0(1-x_A)}{100.0-4.0x_A}\right]^{1/2}}$$

$$\text{mol/[s} \cdot \text{m}^3(\text{催化剂})]$$

由式（7-41）可知：

$$T = T_0 + \lambda(x_{A0} - 0) = T_0 + \lambda x_A$$

$$\lambda = \frac{(-\Delta H)c_{A0}}{\rho_G c_p} = \frac{(-\Delta H)c_{A0}v_0}{G_s c_p}$$

$$c_{A0}v_0 = \frac{G_s \cdot y_{SO_2}}{M} = \frac{0.975\times10^3\times0.08}{31.4}\ \mathrm{mol/(m^2\cdot s)} = 2.484\ \mathrm{mol/(m^2\cdot s)}$$

则

$$\lambda = \frac{(102.9-8.34\times10^{-3}T)10^3\times2.484}{0.975\times10^3\times1.045} = 250.87-0.0203\,T$$

代入上式可得：

$$T = \frac{643+250.87x_A}{1+0.0203x_A}$$

由式(7-37) $V_R = \frac{H\pi d^2}{4} = N_{A0}\int\frac{dx_A}{-r_A'}$ 得：

$$H = c_{A0}v_0\int_0^{0.8}\frac{dx_A}{-r_A'} = 2.484\int_0^{0.8}\frac{dx_A}{-r_A'}$$

$\int_0^{0.8}\frac{dx_A}{-r_A'}$ 可以采用数值积分法进行计算，得到 $H=2.8$ m

故床层高度为 2.8 m，即可达到出口浓度低于 1.6% 的要求。

三、固定床的压力降计算

流体通过固定床的压力降，主要是由流体和颗粒表面间的摩擦阻力和流体在颗粒间的收缩、扩大和再分布等局部阻力引起。因此，可以采用欧根(Ergun)等温流动压降公式进行估算：

$$-\Delta p = \lambda_m \frac{H}{d_s}\frac{\rho_G v_0^2}{2}\frac{(1-\varepsilon)}{\varepsilon^3} \tag{7-45}$$

式中：Δp——床层压降，Pa；

H——床高，m；

v_0——空床气速，m/s；

ρ_G——气体密度，kg/m³；

d_s——颗粒的体积表面积平均直径，m；

ε——床层空隙率；

λ_m——摩擦系数，可由下式计算：

$$\lambda_m = \frac{150}{Re_m}+1.75 \tag{7-46}$$

$$Re_m = \frac{d_s v_0 \rho_G}{\mu_G(1-\varepsilon)} \tag{7-47}$$

式中：μ_G——气体黏度，Pa·s。

第四节　影响催化转化的因素

影响催化净化气态污染物的因素很多，但主要有温度、空速、操作压力和废气的初始组成。

一、温度

催化反应是在催化剂的参与下进行的,反应的快慢与催化剂的活性有关。催化剂活性又与反应温度密切相关,因而对于伴有热效应的催化反应,温度的调节和控制对净化设备的生产能力、净化效果均有很大影响。

对不可逆反应,由于不存在逆反应的影响,即平衡的限制,因而无论是吸热反应还是放热反应,也不论反应进行在何阶段,温度升高,反应速率都会加快。因此,要求反应尽可能在高的温度下进行。

对于可逆反应,由于受到平衡的限制,须同时考虑平衡反应率 x_A^* 和反应速率常数 k 对总反应速率的影响。x_A^* 或 k 的增大都会加快反应速率,而 x_A^* 和 k 又分别是温度 T 和反应热效应的函数。

对可逆吸热反应,温度升高,x_A^* 和 k 均增加,反应速率加快。对于这种反应也是希望在尽可能高的温度下进行。

对于可逆放热反应,温度的升高,将造成 x_A^* 的降低和 k 的增加,因此反应速率的变化不是线性的,而是一个弯弓曲线,曲线的最高点也是反应速率最大的点,它所对应的温度称为最佳反应温度。显然,不同的平衡反应率对应有不同的最佳温度(如图 7-10 所示)。连结最佳温度点的曲线称为最佳温度曲线。由图中可以看出,可逆放热反应的最佳温度随着反应率升高是降低的。对于最佳温度也可以用速率方程求得,设反应速率方程为:

$$r_A = k_{10} \exp\left(-\frac{E_1}{RT}\right) f_1(x_A) - k_{20} \exp\left(-\frac{E_2}{RT}\right) f_2(x_A) \tag{7-48}$$

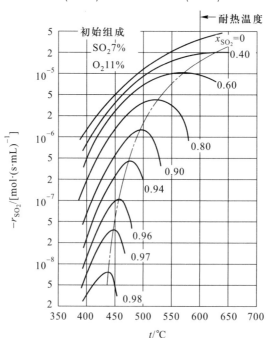

图 7-10　二氧化硫催化氧化反应速率

式中:k_{10}、k_{20}——正反应和逆反应的频率因子;

　　　E_1、E_2——正反应和逆反应的活化能,J/mol。

最佳温度时,反应混合物组成不变,r_A 取得极值。由 $\left(\dfrac{\partial r_A}{\partial T}\right)_{x_A} = 0$ 可以推出最佳温度 T_m 计算式为:

$$T_m = \frac{T_e}{1 + \dfrac{RT_e}{E_2 - E_1}\ln(E_2/E_1)} \qquad (7-49)$$

式中:T_e——反应处于平衡状态时的温度,K;

　　　R——气体常数,8.314 J/(mol·K)。

二、空速

由空速的定义可知,在一定范围内,空速增加可以提高单位体积催化剂床层的气体处理能力,而反应率降低不大。因此,催化反应一般在保证要求的反应允许床层压降的条件下,采用较大空速。在选择空速时还应保证,对上流式固定床操作,不能使床层冲起。

三、操作压力

加压一般能加速催化反应,减少设备体积,但因催化净化处理的是工厂排放的废气,故回收价值不大,一般将废气的排放压力(略高于常压)作为操作压力。

四、废气的初始组成

从例7-1可知,废气的初始组成直接影响反应速率 r_A、催化剂用量 V_R 和平衡转化率 x_A^*。不同的催化净化过程,理想的初始组成也不相同。例如:对硝酸尾气氨选择性催化还原,要求控制 NO_2/NH_3(体积比) = 1.0∶1.4;而对催化燃烧的有机废气,O_2 和 HC 的体积比应控制在爆炸下限。另外,废气中少量的催化剂毒物会影响催化剂的活性,因此一般要求对废气进行预处理,以除去这些少量毒物。

第五节　催化转化法的应用

一、催化法净化含二氧化硫废气

采用催化转化法去除 SO_2 主要有催化氧化和催化还原两大类,催化还原是用 CO 或 H_2S 作还原剂,在催化剂的作用下将 SO_2 转化成单质硫,由于在还原过程中易出现催化剂中毒,同时 H_2S 还会产生二次污染,在实际中应用不多。催化氧化又分为液相催化氧化和气固相催化氧化。

（一）液相催化氧化

液相催化氧化法是利用溶液中的 Fe^{3+} 或 Mn^{2+} 等金属离子,将 SO_2 直接氧化成硫酸,即:

$$2SO_2 + O_2 + 2H_2O \xrightarrow{Fe^{3+}} 2H_2SO_4$$

日本的千代田法烟气脱硫就是利用这一原理开发出来的,其工艺流程如图 7-11 所示。该法将 SO_2 氧化成稀硫酸后,可再与石灰石反应制成副产品——石膏。由于烟气中的氧含量少,SO_2 在吸收塔中不能充分氧化,多数只溶于水生成了亚硫酸,因而需在工艺流程中增设氧化塔。与其他烟气脱硫相比,该法技术并不复杂,流程简单,转化率也较高,并能制得石膏。但因稀硫酸对设备腐蚀性强,对材质要求高,需用钛、钼类特殊材质的不锈钢,加之气液比大,设备体积也大,造成设备投资很大。

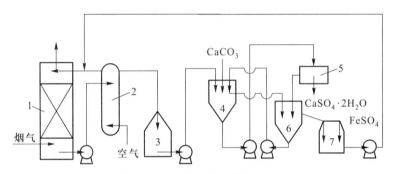

图 7-11　千代田法工艺流程图

1—吸收塔;2—氧化塔;3—储槽;4—结晶槽;5—离心机;6—增稠器;7—母液槽

（二）气固相催化氧化

气固相催化氧化法是在接触法制硫酸工艺的基础上发展起来的,其关键反应是用 V_2O_5 作催化剂将 SO_2 氧化为 SO_3。该法处理含高浓度 SO_2 的烟气,如有色冶炼烟气,已比较成熟。图 7-12 是一个典型的催化氧化烟气 SO_2 工艺流程。含 SO_2 的烟气必须先经过高效的电除尘器或布袋除尘器将烟尘除去,以保证催化剂的高活性并避免中毒;进入转化器内,通过换热,使烟气温度由 200 ℃ 以下预热到 400～600 ℃,以达到钒催化剂的活性温度;由于 SO_2 的氧化是一个放热反应,催化转化后的含 SO_3 气体通过换热降低温度,进入吸收塔,回收硫酸。

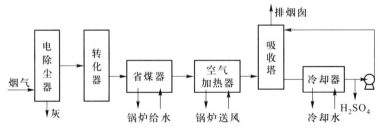

图 7-12　烟气脱硫的催化氧化流程

近年来,针对低温低浓度烟气 SO_2,开发了新型催化法烟气脱硫工艺,工艺流程见图 7-13。

含 SO_2 烟气先根据烟气中的水分含量进行调质,进入脱硫反应器后,烟气中的 SO_2、H_2O 和 O_2 首先被吸附在负载有催化活性组分的活性炭催化剂上,在催化剂作用下反应生成 H_2SO_4,脱硫后的烟气直接通过烟囱排放。催化反应生成的硫酸富集在活性炭孔隙中。当脱硫活性炭催化剂达到饱和时,采用水洗进行再生,冲洗下来的稀硫酸排放进入反应塔下方的酸池。再生过程采用多级

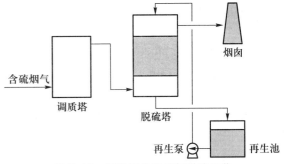

图 7-13　新型催化法烟气脱硫工艺

酸池循环再生,待最后一级酸池中硫酸达到一定浓度后,可以作为稀酸使用,或者补充到硫酸生产系统中去。该技术在 60 ℃ 的温度条件下即可将烟气中的 SO_2 转化为硫酸,转化率可达到 95% 以上,不会产生各种传统脱硫技术的废水、废渣、气溶胶等二次污染,脱硫的同时实现硫资源的回收,已在冶金、化工等领域得到广泛应用。

二、催化法净化汽车尾气

汽车尾气中含有 NO_x、HC 和 CO 等污染物。随着汽车尾气污染的日益严重和汽车排放法规的逐年严格化,汽车污染控制技术也得到极大发展,三元催化净化技术已经得到广泛应用。

当汽车尾气中的 CO、HC、NO_x 移向催化剂,在贵金属 Pt 的催化作用下,NO 与 O_2 反应生成 NO_2,并以硝酸盐的形式被吸附在碱金属(或稀土金属)表面,同时 CO 和 HC 被氧化反应成 CO_2 和 H_2O 后从催化剂中排出,作为还原剂的 CO、HC 和 H_2 还与从碱土金属表面析出的 NO_2 反应,生成 CO_2、H_2O 和 N_2,使碱土金属得到再生。

三元催化器由外壳、载体和涂层组成(图 7-14)。外壳由不锈钢材料制成,载体一般为蜂窝状陶瓷材料,比表面积较大(约 50 m^2/g)。在载体孔道的壁面上涂有一层非常稀松的活性层,以 γ-Al_2O_3 为主,其粗糙的表面可使壁面的实际催化面积扩大 7 000 倍左右。

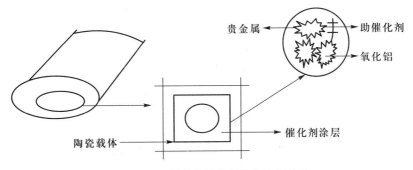

图 7-14　三元催化器的载体和涂层结构

在涂层表面散布贵金属活性材料,多为铂、铑、钯等,外加助催剂钡或镧。

混合稀土贵金属构成的三元催化剂对 CO 和 HC 的脱除率高于 90% ,对 NO_x 的净化也高于 90% ,起燃温度低(<200 ℃),耐热性好(>1 000 ℃),对 S 和 Pb 有一定的抗毒性,可在较宽的空

燃比下使用。

三、选择性催化还原法净化含氮氧化物废气

选择性催化还原(selective catalytic reduction, SCR)是指在氧气和非均相催化剂存在条件下，用还原剂 NH_3 将烟气中的 NO_x 还原为无害的氮气和水的工艺，NO_x 还原率可达 90% 以上。该工艺可应用于电厂、工业锅炉、内燃机、化工厂和冶炼厂等含 NO_x 废气净化中。

SCR 化学反应方程式为：

$$4NH_3 + 4NO + O_2 \xrightarrow{\text{催化剂}} 4N_2 + 6H_2O$$

$$4NH_3 + 2NO_2 + O_2 \xrightarrow{\text{催化剂}} 3N_2 + 6H_2O$$

选择性催化还原工艺可以使 NO_x 与氨之间的化学反应在较低温度下(180~600 ℃)进行，并且可以获得较高的还原剂利用率。在此工艺中，氨-空气或氨-蒸气的混合物注入废气气流中，气流在湍流区充分混合后再通过催化剂床层，使 NO_x 还原。基本的金属催化剂可能含有钛、钒、钼或钨。金属氧化物催化剂的使用温度为 230~425 ℃，分子筛催化剂为 360~600 ℃，含贵金属铂或钯的催化剂则较低，为 180~190 ℃。图 7-15 表示了不同工艺条件下选择性催化还原工艺的组合。

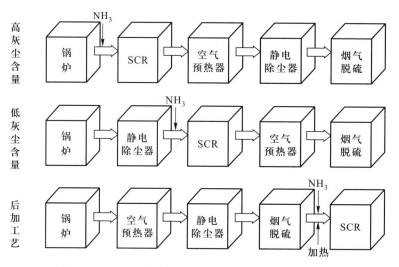

图 7-15　不同工艺条件下选择性催化还原工艺的组合

四、催化氧化法处理石油炼厂硫化氢尾气并回收硫

采用克劳斯(Claus)法以 H_2S 为原料制取硫黄的方法已经有近百年历史。它是在克劳斯燃烧炉内使 H_2S 部分氧化生成 SO_2，再与进气中的 H_2S 作用生成硫黄。主要的化学反应为：

$$H_2S + 3/2O_2 \longrightarrow SO_2 + H_2O + 518 \text{ kJ}$$

$$2H_2S + SO_2 \longrightarrow 3/2S_2 + 2H_2O + 146 \text{ kJ}$$

　　石油炼厂外排的含 H_2S 酸性气中 NH_3 痕量，H_2S 体积分数在 2%~15% 时，采用的催化氧化法制硫工艺见图 7-16。酸性气经分离器除去水后，由一段加热炉预热至 250 ℃，再与空气按 $n(H_2S):n(O_2)$ 为 2:1 的比例混合进入一段转化器。大部分 H_2S 转化成元素硫，并与转化气流一起，进入一级冷凝器冷却到 120 ℃。捕集液硫后，未反应完的 H_2S 气体再经二段预热炉预热至 250 ℃，进入二级转化器，使 H_2S 进一步转化成元素硫。气体经尾气炉燃烧后由烟囱排放出去。经二级转化器后，H_2S 总转化率可达 50%~70%。

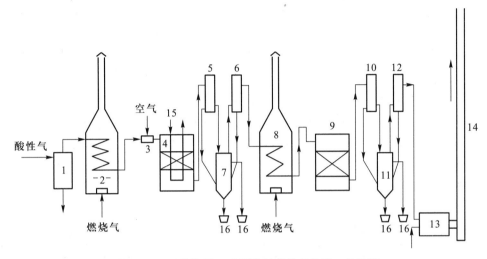

图 7-16　石油炼厂 H_2S 尾气的催化氧化法工艺流程

1—气水分离器；2——段预热炉；3—混合器；4——段转化器；5——级冷凝器；6——级捕集器；
7—贮槽；8—二段预热器；9—二级转化器；10—二级冷凝器；11—贮槽；12—二级捕集器；
13—尾气燃烧炉；14—烟囱；15—冷却盘管；16—硫黄成型盒

习题

7.1　用于气态污染物的催化法与吸收、吸附法相比有哪些特点？

7.2　试证明在内扩散和外扩散同时影响下，对一级不可逆气固相催化反应，其总反应速率为：

$$R_A = c_{AG} \Big/ \left(\frac{1}{k_a A_s} + \frac{1}{k \eta_s} \right)$$

7.3　在硅铝催化剂上，粗柴油的催化剂裂化反应可认为是一级反应，在 903 K 时，裂化反应速率常数（以体积计）k_v 为 6.0 s^{-1}，有效扩散系数 D_e 为 7.82×10^{-4} cm^2/s，所采用的催化剂为直径 3 mm 的圆球。试估计该催化剂的内表面利用率。

7.4　采用 d_s 为 2.4 mm 的催化剂进行反应物为 A 的一级分解反应。已知反应速率为 100 kmol/[h·m^3（催化剂颗粒）]，外扩散传质系数为 300 m^2/h，气相中 A 的浓度为 0.02 kmol/m^3，催化剂颗粒内部有效扩散系数 D_e 为 5×10^{-5} m^2/h，试判断外扩散和内扩散的影响。

7.5　将处理量为 40 kmol/min 的某种污染物送入催化反应器，要求达到 80% 的转化率，试求所需的催化剂体积。设反应速率为 $R_A = -0.25(1-x_A)$，kmol/[kg（催化剂）·min]，催化剂的填充密度为 680 kg/m^3。

7.6　用氨催化还原法治理硝酸车间排放含有 NO_x 的尾气。尾气排放量为 6 500 m^3_N/h，尾气中含有 NO_x 为 0.28%，N_2 95%，H_2O 1.6%，使用催化剂为直径 5 mm 球形粒子，反应器入口温度为 493 K，空速为 9 000 h^{-1}，反应温度为 533 K，空气速度为 1.52 m/s，求：

① 催化固定床中气固相的接触时间；

② 催化剂床层体积；

③ 催化剂床层层高；

④ 催化剂床层阻力。

（在计算时可取用 N_2 的物理参数直接计算。在 533 K 时，μ_{N_2} 为 2.78×10^{-5} kg/(m·s)，ρ_{N_2} 为 1.25 kg/m³，ε 为 0.92）

7.7   为减少 SO_2 排放，拟用一催化器将 SO_2 转化为 SO_3。已知：进入催化器的总气量为 7 400 kg/d，SO_2 的质量流速为 240 kg/h，进气温度为 250 ℃，假设反应是绝热反应，并要求 SO_2 的转化率大于 80%，试计算气流出口温度为多少？SO_2 氧化成 SO_3 的反应热是 171 667 J/mol(SO_2)，热容是 3.475 J/(g·K)。

7.8   在绝热条件下，某催化剂对 SO_2 催化氧化。进口转化率 x_{A1} 为 0，进口温度 T_1 为 703 K，出口转化率 x_{A2} 为 0.7，绝热温升 λ 为 200 K，混合气体初始摩尔组成 SO_2 7.5%，O_2 11%，N_2 81.5%，混合气体处理量为 1 800 m³ₙ/h，催化剂有效系数 η 为 0.50，速率方程为：$-r_A = k p_{SO_2}^{0.4} p_{O_2}^{0.2}$，$k = 6.3 \times 10^5 \exp\left(-\dfrac{23\,000}{RT}\right)$，试求催化剂用量。

7.9   绝热条件下，用钒催化剂对二氧化硫进行催化氧化。进口转化率 x_{A1} 为 0，进口温度 T_1 为 713 K，出口转化率 x_{A2} 为 0.68，绝热温升系数 λ 为 211 K。混合气体的初始摩尔组成 $(y_{O_2})_0$ 为 0.12，$(y_{N_2})_0$ 为 0.805，$(y_{SO_2})_0$ 为 0.075，混合气体处理量 q_{V,SO_2} 4.17 m³ₙ/s。催化剂有效系数为 0.45。已知当 $0 < x_A < 0.75$、$T < 748$ K 时，催化过程的反应速率常数如下：

T/K	703	713	723	733	743	748
r_p/s⁻¹	0.086	0.14	0.470	1.20	1.60	1.75

当 $0 < x_A < 0.75$、$T > 748$ K 时：

$$r_p = 5.08 \times 10^5 \exp\left(-\frac{22\,100}{RT}\right) \ (\text{s}^{-1})$$

动力学方程式为：

$$\frac{\mathrm{d}x_A}{\mathrm{d}\tau} = \frac{r_p}{(y_{SO_2})_0} \times \frac{(x_A^* - x_A)^{0.8}}{x_A} \left\{ (y_{O_2})_0 - \left[\frac{(y_{SO_2})_0 x_A}{2}\right] \right\}$$

根据上述条件，求催化剂用量。

7.10   对于可逆的一级气相反应，已知反应速率常数的频率因子为 6.3×10^{10} h⁻¹，活化能为 81.6 kJ/mol。若欲在 5 min 内转化反应物的 80%，试求相应的反应温度。

7.11   在内径为 50 mm 的管子内装有 4 m 高的熔铁催化剂，催化剂的粒径为 5.00 mm。在反应条件下气体的物性为：ρ_G 为 2.46 kg/m³，μ_G 为 2.3×7^{-5} kg/(m·s)，如气体以 G 为 9.3 kg/(m²·s) 的质量流率通过，床层空隙率 ε 为 0.68，求床层的压力降。

第八章　生物法净化气态污染物

废气的生物处理是利用微生物的生命过程把废气中的气态污染物分解转化成少害甚至无害的物质。自然界中存在各种各样的微生物,因而几乎所有无机的和有机的污染物都能被转化。生物处理不需要再生和其他高级处理过程,与其他净化法相比,具有设备简单、能耗低、安全可靠、无二次污染等优点,尤其在处理低浓度(<3 mg/L)、生物降解性能好的气态污染物时更显其经济性。

第一节　废气生物处理原理

一、基本原理

在适宜的环境条件下,微生物不断吸收营养物质,并按照自己的代谢方式进行新陈代谢活动。废气的生物处理正是利用微生物新陈代谢过程中需要营养物质这一特点,把废气中的有害物质转化成简单的无机物如二氧化碳、水等,以及细胞物质。

由于微生物将废气中的有害物质进行转化的过程在气相中难以进行,所以废气中气态污染物首先要经历由气相转移到液相或固体表面的液膜中的传质过程,然后污染物才在液相或固体表面被微生物吸附降解。按照 Ottengraf 提出的生物膜理论,生物法净化处理工业废气一般要经历以下几个步骤(图8-1):

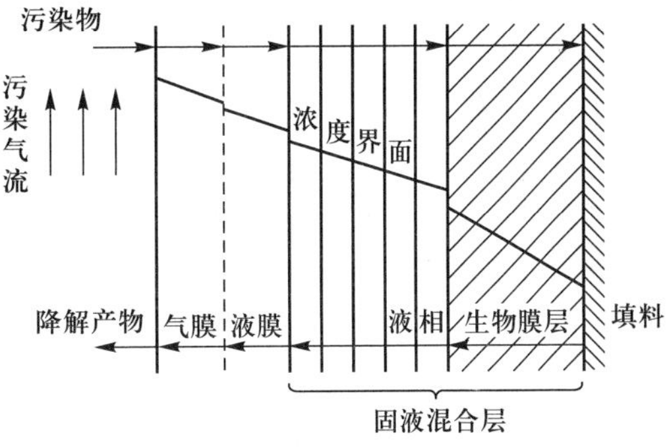

图8-1　生物法净化工业废气的传质降解模型

(1) 废气中的污染物首先同水接触并溶解于水中(即由气膜扩散进入液膜);

(2) 溶解于液膜中的污染物在浓度差的推动下进一步扩散到生物膜,进而被其中的微生物捕获并吸收;

(3) 微生物将污染物转化为生物量、新陈代谢副产物或者二氧化碳和水;

(4) 生化反应产物 CO_2 从生物膜表面脱附并反扩散进入气相本体,而 H_2O 则被保持在生物膜内。

气态污染物的生物处理过程也是人类对自然过程的强化和工程控制,其过程的速率取决于:① 气相向液固相的传质速率(与污染物的理化性质和反应器的结构等因素有关);② 能起降解作用的活性生物质量;③ 生物降解速率(与污染物的种类、生物生长环境条件、抑制作用等有关)。表8-1列出了各种气态污染物的生物降解效果。

表 8-1　微生物对各种气态污染物的生物降解效果

化　合　物	生物降解效果
甲苯、二甲苯、甲醇、乙醇、丁醇、四氢呋喃、甲醛、乙醛、丁酸、三甲胺	非常好
苯、丙酮、乙酸乙酯、苯酚、二甲基硫、噻吩、甲基硫醇、二硫化碳、酰胺类、吡啶、乙腈、异腈类、氯酚	好
甲烷、戊烷、环己烷、乙醚、二氯甲烷	较差
1,1,1-三氯甲烷	无
乙炔、异丁烯酸甲酯、异氰酸酯、三氯乙烯、四氯乙烯	不明

二、废气生物处理的微生物

　　按照获取营养的方式不同,用于污染物生物降解的微生物有两大类:自养菌和异养菌。自养菌可以在无有机碳和无氧的条件下,以光和氨、硫化氢、硫和铁离子等的氧化获得必要的能量,而生长所需的碳则由二氧化碳通过卡尔文循环提供,因此它特别适合于无机物的转化。由于自养菌的能量转换过程缓慢,导致其生长速率也非常慢,其生物负荷不可能很大,因此对无机气态污染物采用生物处理方法比较困难,仅有少数工艺找到了适当种类的细菌,如采用硝化、反硝化及硫酸菌等去除浓度不太高的臭味气体硫化氢、氨等。异养菌则是通过有机化合物的氧化来获取营养物和能量,适合进行有机物的转化,在适当的温度、酸碱度和有氧的条件下,该类微生物能较快地完成污染物的降解。事实上,国内外广泛应用的是用异养菌降解有机物如乙醇、硫醇、酚、甲酚、吲哚、脂肪酸、乙醛、胺等。

　　特定的微生物群落有其特定的污染物处理对象。在某些情况下,起净化作用的多种微生物在相同条件下均可正常繁殖。因此,在一个装置内可同时处理含多种污染物的气体。

　　在废气生物处理的系统中,微生物是工作的主体,只有了解和掌握微生物的基本生理特性,筛选、培育出优势高效菌种,才能获得较好的净化效果。以一种物质作为目标污染物的微生物菌种一般是通过污泥驯化或纯培养的方法来进行的,如表 8-2。

表 8-2　用于大气污染控制的一些微生物菌属

微生物种类	目标污染物	举例
假单胞菌属 (*Pseudomonas*)	小分子烃类	乙烷
诺卡氏菌属 (*Nocardia*)	小分子芳香族化合物	二甲苯、苯乙烯
黄杆菌属 (*Flavobacterium*)	氯代化合物	氯甲烷、五氯苯酚
放线菌 (*Actinomyces*)	芳香族化合物	甲苯

续表

微生物种类	目标污染物	举例
真菌 （*Fungi*）	聚合高分子	聚乙烯
氧化亚铁硫杆菌 （*Thiobacillus ferrooxidans*）	无机硫化物	二氧化硫、硫化氢
氧化硫硫杆菌 （*T. thiooxidans*）	有机硫化物	硫醇（RSH）

　　而对于含有复杂的、多种污染成分的目标污染物,则必须用混合培养的方法,驯化、培育出分工、协作的微生物菌群来完成污染物的降解任务。用城市污水处理厂污泥接种经油烟气冷凝液驯化培养的混合菌群,其主要微生物有嗜水气单胞菌（*Aeromonas hydrophila* 4AK4）、黄丝藻属（*Tribonema*）、多甲藻属（*Peridinium*）等,对含有 200 多种化学成分油烟气有较好的净化能力,在含油烟污染物浓度 <33 mg/L 条件下,净化效率可维持在 80% 以上。

　　在开展筛选、培育优势高效微生物菌种方面,国内外开展了大量新的探索。根据遗传学原理,通过改变外部环境条件（光照或化学药剂）,诱发基因突变,生产优良菌株;利用生物工程技术,通过对微生物基因（DNA）的剪切、重组得到超级微生物,发展固定化微生物（酶）技术,提高生物法净化气态污染物的效率。这些技术的研究正方兴未艾,但在废气生物处理上的应用研究较少。

三、生物净化反应器

（一）反应器分类

　　根据在废气生物处理中微生物的存在形式,生物处理反应器可分为悬浮生长系统和附着生长系统两类;按照它们的液相是否流动以及微生物群落是否固定,可分为三类:生物洗涤器、生物过滤器和生物滴滤器,它们各自的特点见表 8-3。

表 8-3　生物净化反应器类型和特点

类　型	微生物群落	液相状态
生物洗涤器	分散	流动
生物过滤器	固着	静止
生物滴滤器	固着	静止

　　生物洗涤器的液相连续流动,其微生物群落也自由分散在液相中;生物过滤器的液相和微生物群落都固定于填料中;生物滴滤器的液相是流动或间歇流动的,而微生物群落则固定在过滤床上。

　　1. 生物洗涤器

　　生物洗涤器是利用由微生物、营养物和水组成的微生物吸收液处理废气,适合于吸收可溶性气态污染物。吸收了废气的含微生物混合液再进行好氧处理,去除液体中吸收的污染物,经处理后的吸收液再循环使用(图8-2)。因此,该工艺通常由吸收或吸附与生物降解两部分组成。当气相的传质速率大于生化反应速率时,可视为一慢化学反应吸收过程,一般可采用这一工艺。其典型的形式有喷淋塔、鼓泡塔及穿孔板塔等生物洗涤器。

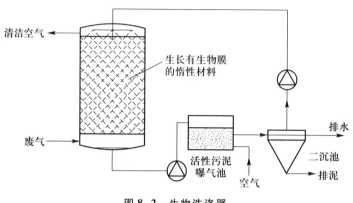

图8-2　生物洗涤器

2. 生物过滤器

生物过滤器是用含有微生物的固体颗粒吸收废气中的污染物,然后微生物再将其转化为无害物质(图8-3)。最典型的有土壤、堆肥等作为滤质,近来又有采用工程材料如活性炭、陶瓷或塑料等作为滤料的方法。

3. 生物滴滤器

图8-4为一生物滴滤器,它同时具有悬浮生长系统和附着生长系统的特性,与生物滤床相比,其填料上方喷淋循环水,而与生物洗涤相比,又增设了附着有微生物的填料,设备内除传质过程外,还存在很强的生物降解作用。

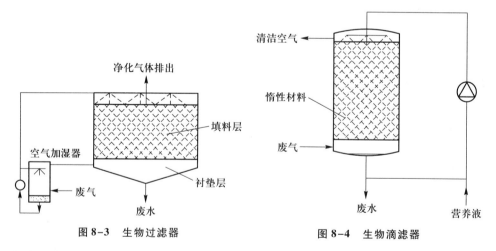

图8-3　生物过滤器　　　　　　　图8-4　生物滴滤器

生物滴滤床与废水处理生物滤池相似,其支持滤料一般为陶瓷或塑料。滴滤床在开始运行时,只在循环液中接种微生物,但很快在滤料表面形成微生物膜层。生物滴滤床可通过对循环液的控制强化传质与降解过程,因而对高污染负荷的废气处理效率高。

（二）三种装置的比较

三种典型的气态污染物净化装置的性能比较见表8-4。

表8-4 三种典型的气态污染物生物净化装置优缺点比较

工艺	系统类别	优点	缺点	备注
生物洗涤器	悬浮生长系统	操作控制弹性强;传质好;适合于高浓度污染气体的净化;操作稳定性好;便于进行过程模拟;便于投加营养物质	投资费用高;运行费用高;过剩生物质量可能较大;需处理废水;吸收设备可能会堵塞;系统压降较大,菌种易随连续相流失;只适合处理可溶性污染物	对较难溶气体可采用鼓泡塔、多孔板式塔等气液接触时间长的吸收设备
生物过滤器	附着生长系统	处理能力大;工艺简单;操作简便;能耗低;投资少;运行费用低;对水溶性低的污染物有一定去除效率;适合于去除恶臭类污染物	污染气体的体积负荷低;只适合于低浓度气体的处理;工艺过程无法控制;滤料中易形成气体短路;滤床有一定的寿命期限;过剩生物质无法去除	菌种繁殖代谢快,不会随流动相流失,从而大大提高去除效率
生物滴滤器	附着生长系统	处理能力大;工艺简单;操作简便;能耗低;投资少;运行费用低;适合于中等浓度污染气体的净化;可控制 pH;能投加营养物质	有限的工艺控制手段;可能形成气流短路;滤床会由于过剩生物质较难去除而堵塞失效	菌种易随流动相流失

第二节 影响生物净化废气的主要因素

生物法主要依靠微生物的作用来去除气体中的污染物,微生物的活性决定了反应器的性能。因此反应器的条件应适合微生物的生长,这些条件包括填料(介质)、湿度、pH、溶解氧浓度、温度和污染物浓度等。

一、填料

对所有类型的生物净化器而言,理想的填料应是良好的传质和发生化学转化的场所,具有以下性质:

（1）最佳的微生物生长环境:营养物、湿度、pH 和碳源的供应不受限制;

（2）较大的比表面积:接触面积、吸附容量、单位体积的反应点更多;

（3）一定的结构强度:防止填料压实,否则会使压降升高、气体停留时间缩短;

（4）高水分持留能力:水分是维持微生物活性的关键因素;

（5）高空隙率:使气体有较长的停留时间;

（6）较低的体密度:减小填料压实的可能性。

　　常用的堆肥、泥煤等填料能基本符合以上要求,但是其中含有的有机物会逐渐降解,这不仅使填料压实,还要在一定时间后更换,即有寿命限制。将有机填料和惰性的填充剂混合,使用寿命可高达 5 a,一般为 2 ~ 4 a。为了提高填料性能、降低压降,一般要求 60% 的填料颗粒直径大于 4 mm。表 8-5 列出了不同填料的优缺点。

表 8-5　不同填料的优缺点比较

材料	优点	缺点
土壤	一项成熟的技术,适合于处理有恶臭或低浓度的气体,费用低	低的缓冲量,低吸附能力,低生物降解率,营养物的供应有限
泥炭和堆肥	一种可用于商业的技术,适合于处理低浓度的有机废气,低成本	低的缓冲量,低生物降解率,营养物的供应有限
粒状活性炭	高的吸附性能,好的生物量吸着力,可以处理高浓度的有机废气,高的生物降解能力	成本高,因为吸附能力高所以很难清洗
粒状陶瓷	易清洗,比活性炭的成本低,高生物降解率	比土壤和泥炭堆肥贵
塑料	易清洗,材料易得,价格便宜	无吸附能力,比焦炭贵,生物降解率低
焦炭	价格便宜,材料易得,吸水性好,吸附力强	生物降解率较低
竹炭	吸附性能好,微孔适合微生物生长	抗酸化能力弱,价格高

二、温度

　　温度是影响微生物生长的重要环境因素。任何微生物只能在一定温度范围内生存,在此温度范围内微生物能大量生长繁殖。根据微生物对温度的依赖,可以将它们分为低温性（<25 ℃）、中温性（25 ~ 40 ℃）和高温性（>40 ℃）微生物。在适宜的温度范围内,随着温度的升高,微生物的代谢速率和生长速率均可相应提高,到达一最高值后温度再提高对微生物有害,甚至有致死作用。因此工程上通常根据微生物种类选择最适宜的温度。表 8-6 列出了几种常用微生物的适宜温度范围。

表 8-6　几种微生物适应的温度和 pH

微生物	假单胞菌	环状弧菌	硫氰氧化杆菌	硫杆菌	放线菌 S_2
温度/℃	25 ~ 35	30 ~ 35	27 ~ 33	25 ~ 30	20 ~ 30
pH	6.5 ~ 7.5	7.0 ~ 8.0	6.8 ~ 7.6	5.5 ~ 7.5	7.0 ~ 8.0
最适 pH	7.0	7.5	7.0	7.0	7.0

　　通常,用于有机物和无机物降解的微生物均是中温、高温菌占优势。一般情况下,生物处理可在 25 ~ 35 ℃下进行,很多研究表明:35 ℃是很多好氧微生物的最佳温度。

温度除了改变微生物的代谢速率外,还能影响污染物的物理状态,使得一部分污染物发生固-液、气-液相转换,从而影响生物净化效果。如:温度的提高,会降低污染物特别是有机污染物在水中的溶解以及在填料上的吸附,从而影响气相中污染物的去除。

三、pH

微生物的生命活动,物质代谢都与 pH 有密切联系,每种微生物都有不同的 pH 要求(见表 8-6)。大多数细菌、藻类和原生动物对 pH 的适应范围为 4～10,最佳 pH 为 6.5～7.5。

在污染物生物处理过程中,一些有机物的降解会产生酸性物质,例如:处理 H_2S 和含硫有机物导致 H_2SO_4 的积累;NH_3 和含氮有机物导致 HNO_3 的积累;氯代有机物导致 HCl 的积累;高有机负荷引起的不完全氧化也会导致乙酸等有机酸的生成。这些过程均会使生物处理器的 pH 环境发生变化。一般地,采取在处理器中添加石灰、大理石、贝壳等来增加缓冲能力,调节 pH。

四、溶解氧

根据微生物的呼吸与氧的关系,微生物可分为好氧微生物、兼性厌氧(或兼性好氧)微生物和厌氧微生物。

好氧微生物需要供给充足的氧。氧对好氧微生物具有两个作用:① 在呼吸中氧作为最终电子受体;② 在甾醇类和不饱和脂肪酸的生物合成中需要氧。充氧的效果与好氧微生物的生长量成正相关性,氧供应量的多少根据微生物的数量、生理特性、基质性质及浓度综合考虑。

兼性微生物具有脱氢酶也具有氧化酶,既可在无氧条件也可在有氧条件下生存。在好氧生长时氧化酶活性强,细胞色素及电子传递体系的其他组分正常存在,而在无氧条件下,细胞色素及电子传递体系的其他组分减少或全部丧失,氧化酶不活动,一旦通入氧气,这些组分的合成很快恢复。

厌氧微生物只有在无氧条件下才能生存,它们进行发酵或无氧呼吸。因此在其进行生物处理过程中要尽可能保持无氧状态。

五、湿度

在生物过滤处理废气中,湿度是一个重要的环境因素。首先它控制氧的水平,决定是好氧还是厌氧条件。如果滤料的微孔中 80%～90% 充满水,则可能是厌氧条件。其次,大多数微生物的生命活动都需要水,而且只有溶解于水相中的污染物才可能被微生物所降解。

如果填料的湿度太低,将使微生物失活,填料也会收缩破裂而产生气流短流;如填料湿度太高,不仅会使气体通过滤床的压降增高、停留时间降低,而且由于空气-水界面的减少引起氧供应不足,形成厌氧区域从而产生臭味并使降解速率降低。许多实验表明,填料的湿度在 40%～60%(湿重)范围内时,生物滤膜的性能较为稳定;对于致密的、排水困难的填料和憎水性挥发性有机物(VOCs),最佳含水量在 40% 左右;对于密度较小、多孔性的填料和亲水性的 VOCs,则最佳含水量在 60% 以上。

影响填料湿度变化的主要因素有:湿度、未饱和的进气、生物氧化、与周围进行热交换等。当未饱和的进气经过滤床时,将与填料充分接触并吸收填料水分,最终达到饱和。生物氧化作用由于污染物的降解为放热反应,使废气和填料温度升高,填料中水分蒸发,废气中的含水能力也随温度提高而增高。

第三节   生物法净化废气的工艺及设计

一、生物洗涤法

(一)生物洗涤工艺

生物洗涤工艺一般由吸收器和废水生物处理装置组成,一般流程见图 8-5。废气从吸收器底部通入,与水逆流接触,污染物被水(或生物悬浮液)吸收后由顶部排出,污染了的水从吸收器底部流出,进入生物反应器经微生物再生后循环使用。

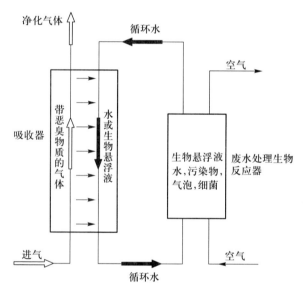

图 8-5   生物洗涤法处理工业废气流程

污染物的吸收是一个物理溶解过程,可采用各种常用的吸收设备。生物反应器可以是敞开槽或封闭容器。值得注意的是:吸收过程进行得很快,通常仅仅几秒钟即可完成,而生化反应过程较慢,一般污水生物再生需要几分钟到 12 h,因此,应注意吸收时间和生化反应时间的协调。许多生化反应常常是需氧生物氧化,因而可以提高氧的供给来加速生化反应速率,减少生化反应器体积或停留时间。

生物洗涤方法可通过增大气液接触面积(如鼓泡法中加填料)提高处理气量;也可在吸收液中加某些不影响微生物生长而利于气态污染物吸收的溶剂,达到去除某些不溶于水的有机物的

目的,目前常用的方法有:

(1)活性污泥法:利用污水处理厂剩余的活性污泥配制混合液,作为吸收剂处理废气。活性污泥混合液对废气的净化效率与活性污泥的浓度、pH、溶解氧、曝气强度等因素有关,还受营养盐的投入量、投加时间和投加方式的影响。在活性污泥中添加5%(质量分数)粉状活性炭,能提高分解能力,并起消泡作用。吸收设备可用喷淋塔、板式塔或鼓泡反应器等。该方法对脱除复合型臭气效果很好,脱臭效率可达99%,而且能脱除很难治理的焦臭。

(2)微生物悬浮液法:用由微生物、营养物和水组成吸收剂处理废气,该方法的原理、设备和操作条件与活性污泥法基本相同,由于吸收液接近清液,设备堵塞可能性更少,适合于吸收可溶性气态污染物。

(二)设计计算

生物吸收装置的吸收器,其作用过程可看成物理吸收,所以吸收设备及其计算方法与一般的洗涤塔相同,其设计计算见第五章相关内容。由吸收器流出的含污染物废液进入生化反应器,经生物降解得到再生。这里主要介绍生化反应器的设计。

一般废液中污染物浓度较低,其转化反应可视为一级反应,则:

$$-q = k'\rho_L \tag{8-1}$$

式中:ρ_L——反应物浓度,mg/L;

$-q$——反应速率,mg/(L·s);

k'——反应速率常数,s^{-1}。

假定废液均匀流过反应池,则在稳定情况下:

$$-u\frac{d\rho_L}{dx} = k'\rho_L \tag{8-2}$$

式中:u——废液通过反应池的流速,m/s。

将上式整理积分可得:

$$\rho_{L2} = \rho_{L1}\exp\left(-\frac{k'L}{u}\right) \tag{8-3}$$

式中:ρ_{L1}——入口浓度,mg/L;

ρ_{L2}——出口浓度,mg/L;

L——反应池长度,m。

用上式可计算反应池体积,式中k'可通过实验求得。

如果连续通空气供氧,就会造成返混。这种情况下可通过物料衡算计算:

$$A_f u(\rho_{L1}-\rho_{L2}) = k'\rho_{L2}V \tag{8-4}$$

式中:A_f——反应池横截面积,m^2;

V——反应池体积,m^3。

反应池长度$L=\dfrac{V}{A_f}$,则:

$$\rho_{L2} = \frac{\rho_{L1}}{\dfrac{k'L}{u}+1} \tag{8-5}$$

二、生物过滤法

(一)生物过滤工艺

图 8-6 为生物过滤处理工艺示意图。由图可见,废气首先经过预处理,包括去除颗粒物和调温调湿,然后经过气体分布器进入生物过滤器,废气中的污染物从气相主体扩散到介质外层的水膜而被介质吸收,同时氧气也由气相进入水膜,最终介质表面所附的微生物消耗氧气而把污染物分解或转化为二氧化碳、水和无机盐类。微生物所需的营养物质则由介质自身供给或外加。

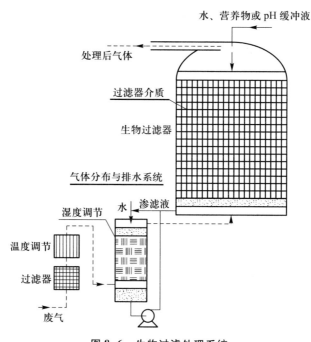

图 8-6   生物过滤处理系统

生物滤池具体由滤料床层(生物活性填充物)、沙砾层和多孔布气管等组成。多孔布气管安装在沙砾层中,在池底有排水管排出多余的积水。

按照所用的固体滤料的不同,生物滤池分为土壤滤池、堆肥滤池、生物过滤箱。

1. 土壤滤池

土壤滤池是利用土壤中的胶状颗粒的吸附作用,将废气中的气态污染物转移到土壤中;土壤中的微生物再将污染物转化成无害物。所用土壤以地表沃土尤其是火山性腐殖土为好,土壤具有较好的通气性和适度的通水、持水与一定的缓冲能力,为微生物的生命活动提供了良好的生长环境。在地表 300~500 mm 土层内集中存在着细菌、放线菌、霉菌、原生动物、藻类及其他微生物,每 g 沃土中可达数亿个,其中藻类能助长细菌繁殖,细菌是原生动物的饲料,它们互相依存,平衡生长,构成了一个较稳定的群落生物系统,具有较强的分解污染物的能力。土壤中微生物生长的适宜条件是:温度为 278~303 K,湿度为 50%~70%,pH 为 7~8。土壤处理装置以固定床形式为主。

土壤滤池构造见图8-7,气体分配层下层由粗石子、细石子或轻质陶粒骨料组成,上部由黄沙或细粒骨料组成,总厚度为400~500 mm。土壤滤层可按黏土1.2%、含有机质沃土15.3%、细沙土53.9%和粗沙29.6%的比例混配,厚度一般为0.5~1.0 m。通气速率取为0.1~1 m/min,土壤使用1年后就逐渐酸化,需及时用石灰调整pH。

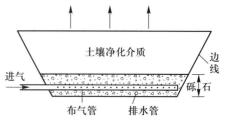

图8-7 土壤滤池结构示意图

2. 堆肥滤池

以生活垃圾、污水处理厂的污泥、畜产品加工或酿造下脚料、农作物茎叶和禽畜粪便等有机废弃物为原料,经好氧发酵得到熟化堆肥,盖在废气发生源上,使污染物分解达到净化目的。由于堆肥具有50%~80%的空隙率,1~100 m^2/g的比表面积,含有50%~80%的部分腐殖化的有机物质,并生存着许多微生物,可以像土壤那样用作脱臭的滤料,其效果比土壤法更好。该法处理装置与土壤法基本相同。

堆肥滤池构造如图8-8所示。在地面挖浅坑或筑池,池底设排水管。在池的一侧或中央设输气总管,总管上再接出多孔配气支管,并覆盖砂石等材料,形成厚50~100 mm的气体分配层,再摊放厚500~600 mm堆肥过滤层。过滤气速通常在0.01~0.10 m/s。

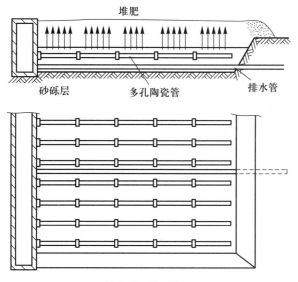

图8-8 堆肥滤池

过滤材料可用泥炭(特别是纤维泥炭)、固体废弃物堆肥或草等。用堆肥作滤料,必须经过筛选,滤层要均匀、疏松,空隙率需大于40%,滤料必须保持湿润,泥炭滤层含水量应不低于25%,堆肥滤层含水量不低于40%,但又不能有水淤积。滤层温度要适当,阻力均匀而且稳定,因此应定期松动过滤材料。此外,由于堆肥是由可供生物降解的物质构成,因而寿命有限,运行1~5年后必须更换滤料。

3. 生物过滤箱

微生物过滤箱为封闭式装置,主要由箱体、生物活性床层、喷水器等组成。床层由多种有机物混合制成的颗粒状载体构成,有较强的生物活性和耐用性。微生物一部分附着于载体表面,一部分悬浮于床层水体中。废气通过床层,污染物部分被载体吸附,部分被水吸收,然后由微生物对污染物进行降解。床层厚度按需要确定,一般在 $0.5 \sim 1.0$ m。床层对易降解烃的降解能力约为 200 g/($m^2 \cdot h$),过滤负荷高于 600 m^3/($m^2 \cdot h$)。气体通过床层的压降较小,使用 1 年后,在负荷为 110 m^3/($m^2 \cdot h$)时,床层压降约为 200 Pa。微生物过滤箱的净化过程可按需要控制,因此能选择适当的条件,充分发挥微生物的作用。

(二) 生物滤池设计计算

在生物过滤装置中,气液固三相接触,滤料作为载体,其表面覆盖有一层液膜,微生物便活动其中,废气通过过滤空隙与液膜接触,污染物溶解并被微生物分解,滤料表面附近污染物浓度分布如图 8-9 所示。

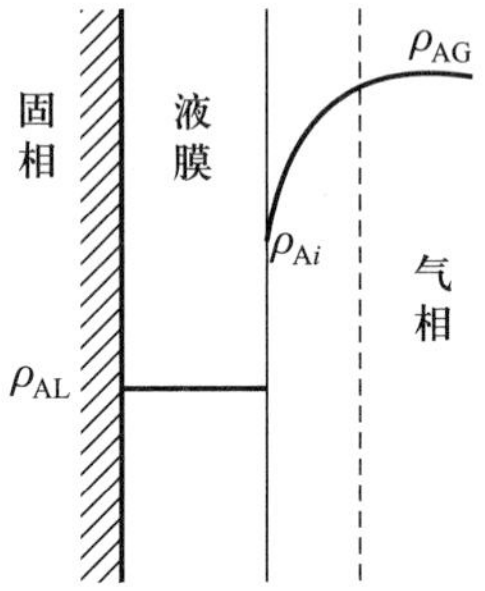

生化反应速率方程:

$$-q = k\rho_{AL} \tag{8-6}$$

在稳定情况下:

$$N_A = -u \frac{d\rho_{AG}}{dx} \tag{8-7}$$

图 8-9   滤料表面
污染物浓度分布

式中:ρ_{AG}——气相中污染物浓度,mg/m^3;

$\quad u$——空隙中的气体平均流速,m/s;

$\quad N_A$——气体中的传质速率,mg/($m^3 \cdot s$);

$\quad x$——距离固相的距离,m。

$$N_A = -q \frac{V_L}{V_G} \tag{8-8}$$

式中:V_L——液相体积,L;

$\quad V_G$——空隙容积,m^3。

将式(8-6)代入式(8-8)得:

$$N_A = k\rho_{AL} \frac{V_L}{V_G} \tag{8-9}$$

令:

$$k' = k \frac{V_L}{V_G}$$

则:

$$u \frac{d\rho_{AG}}{dx} = -k'\rho_{AL} \tag{8-10}$$

由相界面上的物料平衡关系可得:

$$\frac{k\rho_{AL}V_L}{V_C} = \frac{k_{AG}(\rho_{AG}-\rho_{Ai})A}{V_C} \tag{8-11}$$

式中:V_C——过滤层体积,m^3;

$\quad \rho_{Ai}$——相界面上的浓度,mg/m^3;

$\quad A$——相界面面积,m^2;

$\quad k_{AG}$——传质系数,m/s。

如果过程中的平衡关系符合亨利定律,则:

$$\rho_{Ai} = H\rho_{AL} \tag{8-12}$$

于是:

$$k\rho_{AL}v_L = k_{AG}(\rho_{AG} - H\rho_{AL})a \tag{8-13}$$

式中:a——比表面积,m^2/m^3;

H——亨利常数。

$$v_L = \frac{V_L}{V_C} \tag{8-14}$$

将式(8-13)整理后得:

$$\rho_{AL} = \rho_{AG}\frac{ak_{AG}}{kv_L + ak_{AG}H} \tag{8-15}$$

令:

$$k'' = \frac{ak_{AG}}{kv_L + ak_{AG}H}$$

将上二式代入式(8-10)后在整个滤层积分,并令 $k_B = k'k''$,便可得:

$$\rho_{AG2} = \rho_{AG1}\exp\left(-\frac{k_Bx}{u}\right) \tag{8-16}$$

过滤过程反应速率按指数关系变化:

$$k = k_{max}[1 - \exp(-bt)]$$

式中:b——增长系数;

t——时间,s^{-1}。

由此可得:

$$k_B = k'k'' = \frac{\dfrac{V_L}{V_G}ak_{AG}}{v_L + \dfrac{aHk_{AG}}{k_{max}[1 - \exp(-bt)]}} \tag{8-17}$$

目前一般是通过实验确定 k_B 值,肥料厂、肉类加工厂和烟草加工厂等废气生物处理装置 $k_B = 0.05 \sim 0.20 \text{ s}^{-1}$。

当净化效率确定后,就可以用上式计算出生物滤池的床层设计高度,进而确定生物滤池的结构尺寸。

此外,还可根据经验进行设计,表8-7列出了可供参考的生物过滤池的设计参数。

表8-7 生物过滤池设计参数

参数	参考值
表面气流速率/$[m^3 \cdot (m^2 \cdot h)^{-1}]$	$10 \sim 100$
停留时间/s	$15 \sim 60$
填料高度/m	$0.5 \sim 1.0$
压降/Pa	$500 \sim 1\,000$
相对湿度/%	$30 \sim 60$
pH	$7 \sim 8$

三、生物滴滤法

（一）生物滴滤工艺

　　生物滴滤法工艺流程见图8-10。废气由生物滴滤塔底部进入,首先经过布气区均匀布气,然后得到充分润湿的废气通过填料区,与已经接种挂膜的生物滤料接触被微生物降解,净化后的废气由塔顶排出。滴滤塔集废气的吸收与液相再生于一体,分成四个区域,上层为雾化喷淋区,中间为填料过滤区和支撑区,底层为配气和排水区。填料区装填陶粒、竹炭等惰性填料,表面覆盖生物膜,并循环喷淋营养物质(氮、磷、钾等),为微生物的生长和有机物的降解提供了条件。

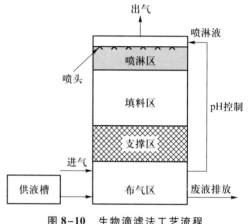

图8-10　生物滴滤法工艺流程

　　在启动初期,需要在循环液中加入被要去除的特定有机物驯化后的微生物菌种。循环液从塔顶喷淋而下,与进入滤塔的废气逆流接触,微生物利用溶解于液相中的有机物,进行生长繁殖,并附着于填料表面,形成微生物膜,完成生物挂膜过程。

　　影响生物滴滤法处理效率的主要因素包括进气流量、反应器体积和容积负荷、循环液喷淋量和湿度、营养液配比、系统pH。进气流量、反应器体积和容积负荷影响有机废气的停留时间,循环液喷淋量和湿度影响填料的含水率,进而影响阻力和氧传递,营养液除了补充微量元素外,还需要碳：氮：磷比例至少100：5：1。系统pH通常在7~8。

（二）生物滴滤塔的设计计算

　　生物滴滤法涉及气、液、固三相,包括污染物、营养物和氧气传递,以及生物降解和流体力学等复杂过程。主要步骤包括:① 有机物和O_2从气相传递到液相;② 有机物和O_2从液相扩散到生物膜表面;③ 有机物和O_2在生物膜内部的扩散;④ 生物膜内的降解反应;⑤ 代谢产物排出生物膜。在上述的五个过程中,前四个过程对于污染物的去除都很重要,最后一个过程则对污染物的去除影响较小,一般可以忽略。

　　1. 气液相间的传质

　　在生物滴滤塔中,由于喷淋液的流量较小,几乎所有填料表面都存在厚度相对稳定的液膜,因此液相中的湍流扩散可以忽略,在液膜中污染物主要以分子扩散的形式进行传递。当有机物在水中的溶解度很小时,传质过程中阻力主要集中在液相,则在气液相界面处,可以认为气液两相处于平衡状态。则在气相和液相内,污染物的分布如图8-11所示。

　　在生物滴滤塔反应器中,填料表面的液膜很薄,污染物在生物膜中的扩散比在液膜中的扩散存在更大的阻力,因此可以忽略液膜中扩散的阻力,生物膜表面的有机物浓度为:

$$\rho_s = \rho^* = \rho_G / H \tag{8-18}$$

式中:ρ_s——液膜和生物膜交界处液膜中污染物的浓度;

ρ^*——与气相中污染物浓度相平衡的液相浓度,mg/L;

ρ_G——气相中污染物的浓度,g/m³;

H——亨利系数,m³(液)/m³(气)。

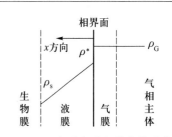

图 8-11 气液相内污染物的分布

2. 生物膜内的扩散和反应

假设:

① 在生物膜内营养物质和氧的传递不受限制;

② 滤料表面的生物膜具有相同的密度和活性,成分稳定;

③ 污染物在生物膜中仅有沿生物膜厚度 x 轴方向的扩散,扩散通量可按 Fick 第一扩散定律计算;

④ 微生物的增长符合单一底物 Monod 动力学方程:

$$\mu = \frac{\mu_{max}\,\rho_e}{k_m + \rho_e} \tag{8-19}$$

式中:μ、μ_{max}——单位质量微生物去除底物速率和最大去除底物速度,h^{-1};

ρ_e——污染物在生物膜中的浓度,mg/L;

k_m——生物降解反应常数,g/m³。

则稳态时,微生物膜 $\mathrm{d}x\mathrm{d}y\mathrm{d}z$ 微元内,物料平衡方程为:

$$N_{ex}\mathrm{d}y\mathrm{d}z = N_{e(x+\mathrm{d}x)}\mathrm{d}y\mathrm{d}z + \mu \cdot a \cdot \mathrm{d}x\mathrm{d}y\mathrm{d}z \tag{8-20}$$

式中:N_{ex}——污染物沿 x 轴方向在生物膜内的扩散通量,kg/m² · h;

a——生物膜的密度,g/m³。

按假设

$$N_e = D_e \mathrm{d}\rho_e/\mathrm{d}x \tag{8-21}$$

式中:D_e——污染物在生物膜内的扩散系数,m/h。

将式(8-19)和(8-21)代入式(8-20)得:

$$D_e \frac{\mathrm{d}^2\rho_e}{\mathrm{d}x^2} = a \cdot \frac{\mu_{max}\rho_e}{k_m + \rho_e} \tag{8-22}$$

当生物降解反应为一级反应动力学时,式(8-22)简化为:

$$D_e \frac{\mathrm{d}^2\rho_e}{\mathrm{d}x^2} = a \cdot \frac{\mu_{max}}{k_m} \cdot \rho_e = k \cdot a \cdot \rho_e \tag{8-23}$$

边界条件为 $x=0$ 时,$\rho_e = \rho_s$;$x=\delta$ 时,$\mathrm{d}\rho_e/\mathrm{d}x = 0$

式中:$k = \mu_{max}/k_m$;

δ——生物膜厚度,m。

则式(8-23)的解为

$$\rho_e = \rho_s \frac{\cosh[\,r_1(\delta - x)\,]}{\cosh(r_1\delta)} \tag{8-24}$$

式中:$r_1 = \sqrt{k \cdot a/D_e}$ 。

则在填料层某一高度处 $\mathrm{d}z$ 微元,$\mathrm{d}t$ 时间内微生物降解的污染物的量为:

$$\int_0^\delta k \cdot a \cdot \alpha \cdot \rho_e \mathrm{d}x = \frac{ka\alpha}{r_1}\tanh(r_1\delta) \cdot \rho_s \tag{8-25}$$

式中：α——填料的比表面积，$\mathrm{m}^2/\mathrm{m}^3$。

当生物降解反应为零级动力学时，式(8-22)简化为：

$$D_e \frac{\mathrm{d}^2\rho_e}{\mathrm{d}x^2} = a \cdot \mu_{\max} \tag{8-26}$$

边界条件为 $x=0$ 时，$\rho_e=\rho_s$；$x=\delta^*$ 时，$\rho_e=0$ 及 $\mathrm{d}\rho_e/\mathrm{d}x=0$

式中：δ^*——活性生物膜厚度，m。

方程(8-26)的解为：

$$\rho_e = \frac{a\mu_{\max}}{2D_e}x^2 - \frac{a\mu_{\max}}{D_e}\delta^* x + \rho_s \tag{8-27}$$

活性生物膜的厚度为：

$$\delta^* = \sqrt{\frac{2D_e\rho_s}{a\mu_{\max}}} \tag{8-28}$$

则在填料层某一高度处 $\mathrm{d}z$ 微元，$\mathrm{d}t$ 时间内微生物降解的污染物的量为：

$$\int_0^{\delta^*} a \cdot \alpha \cdot \mu_{\max}\mathrm{d}x = \sqrt{2D_e a\alpha\mu_{\max}\rho_s} \tag{8-29}$$

3. 方程组的求解

稳态下，污染物在滤塔内遵守质量守恒定律，则对于生物降解一级反应动力学，有

$$-q_v \cdot \mathrm{d}\rho_G = \frac{k \cdot a \cdot \alpha \cdot \tanh(r_1\delta)}{r_1}\rho_s \cdot \mathrm{d}z = \frac{k \cdot a \cdot \alpha \cdot \tanh(r_1\delta)}{r_1 H}\rho_G \cdot \mathrm{d}z \tag{8-30}$$

边界条件：$z=0$ 时，$\rho_G=\rho_{Gi}$。

式中：q_v——气体流量，m^3/h；

ρ_{Gi}——滤塔入口处气相中污染物的浓度，g/m^3。

式(8-30)的解为：

$$\frac{\rho_G}{\rho_{Gl}} = \exp\left[-\frac{k \cdot a \cdot \alpha \cdot \tanh(r_1\delta)}{r_1 H q_v}\right]z \tag{8-31}$$

式(8-31)表明，污染物浓度在填料层高度方向上的分布呈负指数曲线形式。

对于生物降解零级反应动力学，有

$$-q_v \cdot \mathrm{d}\rho_G = \sqrt{2D_e \alpha a\mu_{\max}\rho_s} \cdot \mathrm{d}z = \sqrt{\frac{2D_e \alpha a\mu_{\max}}{H}\rho_G} \cdot \mathrm{d}z \tag{8-32}$$

令 $\omega = \sqrt{\dfrac{2D_e \alpha a\mu_{\max}}{H q_v^2}}$，则上式简化为：

$$\frac{\mathrm{d}\rho_G}{\mathrm{d}z} = -\omega\rho_G^{1/2} \tag{8-33}$$

边界条件为 $z=0$ 时，$\rho_G=\rho_{Gi}$

则式(8-33)的解为：

$$\rho_G^{1/2} - \rho_{Gi}^{1/2} = \frac{\omega}{2}z \qquad (8-34)$$

式(8-34)表明,污染物的浓度在填料层高度方向上的分布呈抛物线形式。

当净化效率确定后,可以根据式(8-31)或式(8-34)计算出生物滴滤器的填料层高度,进而可以确定生物滴滤器的结构尺寸。

第四节　生物净化法的应用

一、生物洗涤法的应用

(一) 生物洗涤法处理动物脂肪加工厂废气

图8-12是动物脂肪加工厂废气的生物处理系统。废气由含有氨、胺、硫醇、脂肪酸、乙醛和酮的空气组成。吸收反应器为二级工作的填充塔。第一级用弱酸性(pH≈5.5)吸收剂吸收弱碱性和中性有机物及氨,第二级用弱碱性(pH≈9)吸收剂吸收其他污染物。吸收剂为微生物悬浮液。该系统的主要技术数据见表8-8。

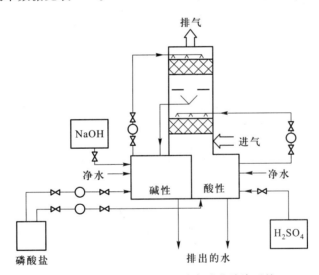

图8-12　动物脂肪加工厂废气生物洗涤系统

表8-8　生物反应器主要技术数据

技术数据	动物脂肪加工厂	轻金属铸造厂
气体流量/$(m_N^3 \cdot h^{-1})$	40 000	2×60 000
气体最高温度/K	308	308
输入气体浓度	2 000 ~ 20 000 $N_{od}^{①}$	60 ~ 100 mL/m^3(以丙烷计)

续表

技术数据	动物脂肪加工厂	轻金属铸造厂
净化后气体浓度	50 Nod	6 mg·m⁻³（以酚计）
气体平均停留时间/s	4	9
气液比/[m³_N（气）·m⁻³（液）]	—	346.8
气体压降/Pa	1 200	400~600
能耗/(kJ·m⁻³)	5.76	7.20
原料消耗/(kg·h⁻¹)	NaOH(纯):0.1 H₂SO₄(纯):2.0	—
设备材料	聚乙烯和聚氯乙烯	聚乙烯和聚氯乙烯

注:① Nod 是臭味单位。

（二）生物洗涤法处理轻金属铸造厂废气

图 8-13 为处理轻金属铸造厂废气的生物洗涤系统。废气含有胺、酚和乙醛等污染物。该系统由两个并联的吸收器、生物反应器及辅助设备组成。在第一级中，废气中的粉尘和碱性污染物被弱酸性吸收剂清除;在第二级中,气体与生物悬浮液接触。两个吸收器各配一个生物反应器,用压缩空气向反应器供氧。当反应器效果较差时,可由营养物贮槽向反应器内添加营养物供给细菌。该系统的工作数据也列在表 8-8 中。

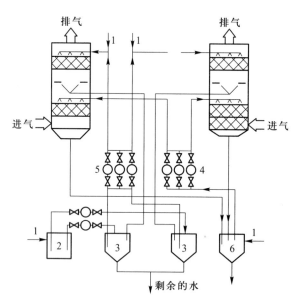

图 8-13　轻金属铸造厂废气生物洗涤系统

1—新鲜水;2—营养物;3—生物反应器;4—第一级泵;

5—第二级泵;6—吸收液贮槽

二、生物过滤法的应用

（一）生物过滤法处理堆肥场和动物脂肪加工厂的废气

堆肥场和动物脂肪加工厂废气处理的生物过滤装置见图8-8。废气中所含臭味物质主要是乙醇、丁二酮、苎烯、丙酮、戊二胺、腐胺、氨、硫醇、硫化氢、脂肪酸、醛及其他化合物。滤料采用堆肥，滤层厚度不应小于1 000 mm，气体分配层厚度约300 mm。该装置的技术数据见表8-9。

表8-9 三种生物滤池的主要技术数据

技术数据	堆肥场	动物脂肪加工厂	动物饲养场
过滤材料	固体废弃物堆肥	固体废弃物堆肥	纤维状泥炭和柴草
输入气体量/$(m^3 \cdot h^{-1})$	16 000	25 000	11 000
过滤面积/m^2	264	288	39
滤层厚度/m	1	1	0.5
滤料堆积密度/$(kg \cdot m^{-3})$	700	700	380
空隙率/%	40~60	40~60	75~90
气体在滤层中平均停留时间/s	24	17	≥5
过滤负荷/$(m^3 \cdot m^{-2} \cdot h^{-1})$	60	88	282
气体通过滤层的压降/Pa	1 600~1 800	1 600~1 800	40~70
滤层湿度/%	40~60	40~60	25~75
输入气体浓度/$[mg(碳) \cdot m_N^{-3}]$	230	45	6~70 Nod①
输入气体温度/K	301	303	291~305
净化后气体浓度/$[mg(碳) \cdot m_N^{-3}]$	8.3	3.5	2.0~7.0 Nod
耗水量/$(m^3 \cdot m^{-2})$	0.4~0.7	0.5~0.8	0.3~0.6
耗电量/$(kJ \cdot m^{-3})$	2.16~2.88	2.88~3.60	0.58~0.65
预除尘器	希望有	希望有	希望有

注：① Nod 是臭味单位。

（二）生物过滤法处理动物饲养场废气

图8-14是一动物饲养场的废气处理系统。废气含多种无机和有机臭味物质，如氨、胺、氨化合物、乙醇、酯、酚和吲哚等。过滤材料由柴草和纤维状泥炭混合而成。为防止粉尘堵塞砾石配气层，可对废气进行预除尘处理。该系统的技术数据见表8-9。

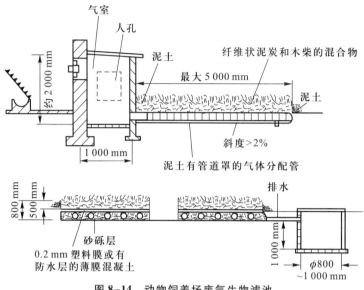

图 8-14　动物饲养场废气生物滤池

（三）生物过滤法处理油漆厂废气

表 8-10 列出了采用 Bioton 生物处理装置对 3 个油漆厂排放的有机废气的处理结果。废气中含有甲苯、二甲苯等有机污染物。

表 8-10　Bioton 生物处理装置的应用实例

项目	工厂 1	工厂 2	工厂 3
废气最大持续排放量/(kg·h^{-1})	0.17	0.57	0.78
生物过滤器工作时间/(h·d^{-1})	20	20	24
生物过滤器进气量/(m^3·h^{-1})	230	740	3 500
生物过滤器滤床体积/m^3	6	46	180
VOCs 去除率/%	65	77	93

（四）生物过滤法处理炼油厂废气

Leson G 等评估了生物过滤法处理炼油厂废气的经济性,并与燃烧法和吸附法进行了比较,废气处理量为 40 000 m^3/h,其中含 400×10^{-6} 的 VOCs(250×10^{-6} 为脂肪烃类,150×10^{-6} 为芳烃),苯含量为 25×10^{-6},臭味组成(体积分数)为:2×10^{-6} H$_2$S,0.5×10^{-6} 甲硫醇和 5×10^{-6} 氨,处理结果及所需费用见表 8-11。通常,生物过滤法的优势在于初期投资、操作和维护费用低,特别是在污染物浓度较低($<1\ 000 \times 10^{-6}$)时最为明显。

表 8-11　炼油厂废气生物处理与其他方法的比较

控制技术	总投资/千美元	年折旧/千美元	年运行费用/千美元	年总费用/千美元
（1）生物过滤 　去除 95% VOCs	7 000 ~ 12 000	1 100 ~ 1 900	1 000 ~ 3 000	2 100 ~ 4 900

控制技术	总投资 /千美元	年折旧 /千美元	年运行费用 /千美元	年总费用 /千美元
去除98%的苯	500～1 150	80～185	40～120	120～305
去除98%的臭味	250～420	40～70	40～85	80～155
（2）先进的燃烧技术	800～1 000	130～160	200	300～360
（3）活性炭吸附(用蒸气再生)	840	134	135	270

注：假设设备寿命为10年，年利率10%。

三、生物滴滤法的应用

（一）生物滴滤法处理饲料恶臭废气

生物滴滤法处理饲料恶臭废气的工艺流程如图8-15所示。水产饲料在熟化、烘干工序产生的有组织排放的氨、有机硫化物和有机胺类等恶臭废气，主要成分有三甲胺、氨、硫化氢、苯乙烯、二甲基二硫、二甲基三硫、苯甲胺、二硫化碳、羰基硫等。该系统主要技术参数见表8-12。

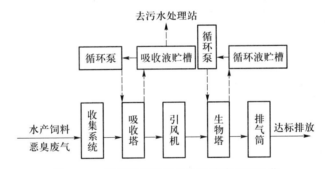

图8-15　饲料恶臭废气的生物滴滤处理工艺

表8-12　生物滴滤法处理饲料废气的技术参数

项目	技术数据
气体流量/(m³·h⁻¹)	12 968
气体最高温度/℃	25～55
输入气体浓度/(mg·m⁻³)	NH₃,10～30
净化后气体浓度/(mg·m⁻³)	NH₃,1～1.8
塔体尺寸/m	H:10,D:4
生物过滤填料	陶粒
填料层高度	3层,每层2 m
塔体材料	碳钢
运行费用/(元·m⁻³)	6.1×10⁻⁴

（二）生物滴滤法处理城市污水厂恶臭废气

城市污水处理厂的格栅间、沉砂池和剩余污泥浓缩脱水间会产生含 H_2S、NH_3、CH_4S 及挥发性有机物（VOCs）等各种恶臭气体，通过池体封闭加盖将臭气收集后送入生物滴滤系统（图 8-16），主要设计参数见表 8-13。

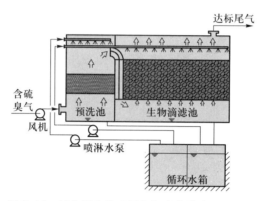

图 8-16　城市污水处理厂臭气生物滴滤处理系统

表 8-13　生物滴滤法处理城市污水厂臭气技术参数

项目	技术数据
气体流量/（$m^3 \cdot h^{-1}$）	5 000
气体温度/℃	10 ~ 35
进气浓度/（$mg \cdot m^{-3}$）	$H_2S<100$ $NH_3<100$
出气浓度/（$mg \cdot m^{-3}$）	$H_2S<0.06$ $NH_3<1.5$ 臭气<20
预洗池/m^3	1.5×2.8×3.5
生物滴滤池/m^3	7.0×2.8×3.5
生物填料	多孔炭材料
填料层高度/m	2.8
填料层压降/（$kPa \cdot m^{-1}$）	0.25
塔体材料	碳钢

该系统将收集的含 H_2S、NH_3、VOCs 等恶臭气体预洗后，进入装填多孔炭材料的生物滴滤池，利用微生物/多孔炭材料的吸收、吸附和生物降解作用，实现臭气净化。横流式滴滤池设计的横向 90°相遇的循环液和废气会给废气较小的流体阻力，使填料层的布气、布水更加均匀，进一步降低床层压降，从而提升了生物过滤系统的稳定性和耐负荷性。同时，以污水处理厂的回用水作为生物过滤系统的营养物质，运行成本大大降低。5 000 m^3/h 生物脱臭工业化装置运行稳定，排放的尾气中 H_2S 浓度低于 0.06 mg/m^3，氨气浓度低于 1.5 mg/m^3，臭气浓度小于

20 mg/m³,达到国家《城镇污水处理厂污染物排放标准》(GB 18918—2002)中废气排放二级标准。

(三) 生物滴滤法处理工业污水厂臭气

美国新泽西州的 Lawrenceville,采用生物滴滤池处理挥发性有机物(VOCs)、有害空气污染物质(HAPs)和海边污水处理厂的恶臭排放物,对来自工业废水、炼油厂的处理池的废气处理流程是:污染气体下向流,同循环的液体一起运行,经过两个生物滴滤池(填料是 455 kg 的活性炭)处理后排放。系统的设计参数是:空气进气流速 3 000 m³/h,反应器面积为 3.1 m×9.1 m,完全由玻璃纤维合成树脂制成,滤床体积为 31 m³,气体停留时间为 36 s,平均有机负荷率大约是 12 g/(m³·h),去除的污染物质包括酚、亚甲基氯化物、丁酮、苯、甲苯、乙苯、二甲苯和硫化氢,总的去除率达到 85%。

习题

8.1　生物法净化气态污染物的基本原理是什么?

8.2　根据生物法净化气态污染物的过程,分析强化传质和生物转化的途径。

8.3　温度和 pH 对微生物生长的影响有哪些?

8.4　分析比较生物过滤器和生物滴滤器的相同与不同之处。

8.5　简述填料在生物法净化废气中的作用。

8.6　在生物洗涤工艺的流程中,如何强化吸收与降解的协调?

8.7　比较分析生物法与传统方法在净化有机废气时的优缺点。

8.8　比较不同的生物法控制 VOCs 污染的工艺,说明它们各自适应于什么情况。

8.9　对于含甲苯 5 000×10⁻⁶(体积分数)、流量为 40 m³/min 的尾气,计划用床深为 1 m(其中空隙率为 50%)的生物氧化床净化,停留时间为 30 s,试计算所需的生物床面积,并与吸收、吸附等过程比较。

8.10　分析 VOCs 的控制工艺,从技术、经济等方面比较生物法与其他工艺的优劣,并给出各工艺的最佳使用条件和适用范围。

第九章　气态污染物的其他净化法

气态污染物的净化方法除了前面介绍的吸收、吸附、催化法和生物法以外，还有燃烧、冷凝、膜分离和等离子体法等净化方法，本章将分别给予介绍。

第一节　燃烧净化法

燃烧净化法是利用某些废气中污染物可燃烧氧化的特性，将其燃烧变成无害物或易于进一步处理和回收的物质的方法。燃烧净化时发生的化学作用主要是燃烧氧化作用和高温下的热分解，因此，这种方法只能适用于净化那些可燃的或在高温下可以分解的物质，如石油工业烃废气及其他有害气体、溶剂工业废气、城市废物焚烧处理产生的有机废气，以及几乎所有恶臭物质(硫醇、H_2S)等。

燃烧法的工艺简单，操作方便，净化效率高，可回收热能。但处理可燃组分含量较低的废气时，需预热耗能。

一、燃烧转化原理

(一)燃烧反应

燃烧反应是放热的化学反应，可以用普通的热化学反应方程式来表示，如：

$$H_2S+1.5O_2 \longrightarrow SO_2+H_2O+Q$$
$$C_8H_{17}+12.25O_2 \longrightarrow 8CO_2+8.5H_2O+Q$$
$$C_mH_n+(m+n/4)O_2 \longrightarrow mCO_2+n/2\ H_2O+Q$$

式中：Q——反应时放出的热量，kJ。

单位质量的燃料燃烧所放出的热量称为燃烧热 ΔH，单位为 kJ/kg。

热化学反应方程式是进行物料衡算、热量衡算及设计燃烧装置的依据。

(二)爆炸极限浓度范围

当混合气体中的氧和可燃组分在一定浓度范围内，某一点被燃着时产生的热量，可以继续引燃周围可燃的混合气体，此浓度范围就是燃烧极限浓度范围。可燃混合气体在某一点着火后，传播开来，在有控制的条件下，就形成火焰而维持燃烧；若在一个有限空间内迅速蔓延，则形成气体爆炸。因此，燃烧极限浓度范围也就是爆炸浓度范围。

对于空气来说，氧的体积分数是 21%，因而只要规定空气中可燃组分的浓度即可，这个极限范围有下限和上限两个值，空气中可燃组分浓度低于爆炸下限时，燃烧产生的热量不足以引燃周围混合气体,因而不会继续燃烧,也不会引起爆炸;空气中可燃组分浓度高于爆炸上限时,由于氧气不足也不能引起燃烧爆炸。

若有几种可燃物与空气混合时,其爆炸极限范围的近似值可按下式计算:

$$C_m = \frac{100}{\dfrac{\varphi_1}{C_1} + \dfrac{\varphi_2}{C_2} + \dfrac{\varphi_3}{C_3} + \cdots} \tag{9-1}$$

式中:　　　C_m——几种组分与空气混合物的爆炸极限;

C_1、C_2、C_3、…——每一组分的爆炸极限;

φ_1、φ_2、φ_3、…——各组分在混合物中的体积分数。

在燃烧转化中,废气中可燃物质的浓度常用爆炸下限浓度的百分数来表示,简写% LEL(lower explosive limit)。一般将废气中可燃物质的浓度控制在25% LEL以下,以防止爆炸或回火。

二、燃烧过程与装置

(一)燃烧类型

燃烧分为三种类型:直接燃烧、热力燃烧和催化燃烧。三类燃烧的特点列于表9-1。

表 9-1　各类燃烧的特点

燃烧种类	直接燃烧	热力燃烧	催化燃烧
燃烧原理	自热至 1 100 ℃进行氧化反应	预热至600~800 ℃进行氧化反应	预热至200~400 ℃进行催化氧化反应
燃烧状态	在高温下停留短时间,生成明亮火焰	在高温下停留一定时间,不生成火焰	与催化剂接触,不生成火焰
燃烧装置	火炬、工业炉与民用炉	工业炉、热力燃烧炉	催化燃烧炉(器)
特点	不需预热,大多数情况下不能回收废气中热能,只用于含高浓度可燃污染物的气体	预热耗能较多,燃烧不完全时,产生恶臭,可用于各种气体燃烧	预热耗能较少,催化剂较贵,不能用于能使催化剂中毒的气体

(二)燃烧过程及装置

1. 直接燃烧

废气中可燃污染物浓度高、热值大、仅靠燃烧废气即可维持燃烧温度的废气可在一般的炉、窑中直接燃烧,并回收热能。直接燃烧完全的产物是二氧化碳、氮和水蒸气等。

为了安全起见,处理易燃的可燃混合物时,最好是将该混合物稀释到可燃范围的下限。只要燃烧器设计得当,热值仅180~190 kJ/m³的气体就能维持燃烧,不需添加辅助燃料。直接燃烧的应用很广,如炼铁高炉的煤气的热值低但能维持直接燃烧;炼油厂、油毡厂等氧化沥青生产过程中的废气经水冷却后,送入生产用加热炉直接燃烧净化,同时回收利用其热量;溶剂厂的甲醛废气经氨吸收其中的甲醛后,仍含有甲醛 0.75 g/m³、氢 17%～18%、甲烷 0.04%,也可送入锅炉作燃料使用,同时消除了甲醛的污染。

在石油工业和石油化学工业中,为了安全起见或者燃料气体不可能再利用时,处理这种气体的最普通方法是火炬法。通常多数炼油装置在设计时将可燃废气和安全放空管线汇集于主管,经隔离器、阻火水封槽和其他阻火器导入火炬的烟囱底部,可燃废气在烟囱顶部经火舌燃烧器燃烧后排入大气。

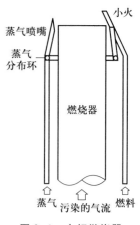

图 9-1　火炬燃烧器

火炬是一种敞开式的燃烧器,也是排放废气的烟囱。火舌燃烧器由经常保持燃烧的辅助燃烧器点火。辅助燃烧器除用作启动时点火外,还用于废气排放量急剧变动及强风大雨时火舌燃烧器突然熄灭时点火。辅助燃烧器一般采用沸点较低的燃料气(城市煤气、丙烷、丁烷、甲烷等),保持经常燃烧。气流混合良好和氢碳比在 0.3 以上有助于燃烧彻底。蓝色的火焰以蔚蓝色的天空为衬托显示不出色彩,说明操作良好。黄橙色的火焰并拖着一条黑烟尾巴,说明操作不良。若在烟囱顶部喷入蒸气(图 9-1),则有助于消除不完全反应的问题,阻止长链烃物质的形成,并抑制烃聚合。火炬燃烧器设有阻火器,防止回火引起爆炸。大部分火炬是高架的,距地面 50～100 m,有些火炬,特别是备用火炬,一般放置在一个妥善保护区的地面上。

火炬燃烧的最大优点是安全,其缺点是,除造成浪费外,还把大量污染气体排入大气。由于露天燃烧,很难控制烃类都完全燃烧,因此火炬易造成烟雾。

2. 热力燃烧

当废气中可燃的有害物质的浓度较低,发热值仅 2～43 kJ/m³,不能靠此维持燃烧时必须采用辅助燃料提供热量,将废气温度提高,从而在燃烧室中使废气中可燃有害组分氧化销毁。热力燃烧的条件是废气分子与氧在反应温度下接触一定时间。

热力燃烧过程可分为三步:① 燃烧辅助燃料提供预热能量;② 高温燃气与废气混合以达到反应温度;③ 废气在反应温度下充分燃烧。其基本流程见图 9-2。在供氧充分的情况下,反应温度、停留时间和湍流混合是热力燃烧的必要条件。表 9-2 列出了不同气态污染物热力燃烧所需的反应温度和停留时间。在 650 ℃停留 0.3 s 足以烧掉大多数臭气和小粒径颗粒,对大粒径颗粒则需更高的温度和更长的停留时间,为使气体在燃烧室内充分湍流,废气的流速应在 4～8 m/s。

根据废气与火焰接触的状态不同,可分为配焰燃烧和离焰燃烧两种形式。

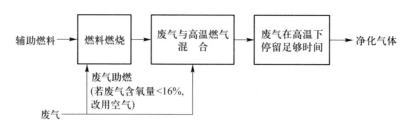

图 9-2　热力燃烧的基本流程

表 9-2　废气热力燃烧所需反应温度和停留时间

废气中污染物	反应温度/℃	停留时间/s	净化效率/%
一般烃	590～680	0.3～0.5	>90
甲烷、苯、二甲苯	760～820	0.3～0.5	>90
烃、一氧化碳	680～820	0.3～0.5	>90
恶臭物质	650～820	0.3～0.5	>99
白烟(雾滴)	680～820	0.3～0.5	>90
黑烟(含炭粒和油烟)	760～1 100	0.7～1.0	>90

图 9-3 是一配焰燃烧炉,其特点是辅助燃料在配焰燃烧器中形成许多小火焰,废气分别围绕小火焰进入燃烧室,使废气与高温燃烧气能够迅速均匀混合,以使燃烧完全。它适用于废气中氧的体积分数大于 16% 的情况。

图 9-4 是一离焰燃烧炉,其特点是辅助燃料先形成火焰,再与废气混合,火焰较大较长,易于控制,结构简单,但混合较慢,故设计时应着重解决混合问题。

热力燃烧的优点是,可除去有机物及超微细颗粒物,结构简单,占用空间小,维修费用低。其缺点是操作费用高,有回火及发生火灾的可能性。

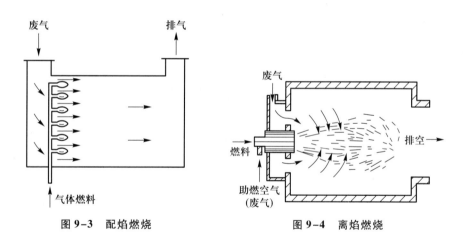

图 9-3　配焰燃烧　　　　　　　　　图 9-4　离焰燃烧

3. 催化燃烧

催化燃烧一般是用来处理可燃物浓度较低的废气。当然,可燃物浓度较高的废气用催化燃烧法处理时,可以少用或不用辅助燃料,但浓度太高会由于燃烧放热太大,催化剂床层升温太高而使催化剂受到损坏。催化燃烧的氧化产物一般为 CO_2 和 H_2O。

根据对废气加热方式的不同,催化燃烧工艺分为常规催化燃烧工艺和蓄热式催化燃烧工艺。常规催化燃烧工艺流程见图 9-5。预热过的废气流经催化床,进行催化反应,排出的高温气体引入换热器,把能量传给入口废气。当废气中可燃物浓度较低,废气中所含的有机物燃烧后所产生的热量不能够维持催化剂床层自持燃烧时,应采用蓄热式催化燃烧工艺,其工艺流程见图 9-6。

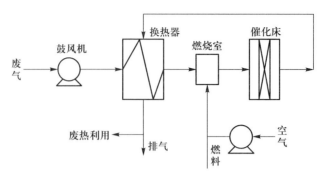

图 9-5　常规催化燃烧工艺流程

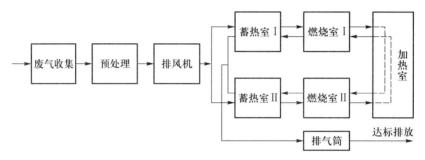

图 9-6　蓄热式催化燃烧工艺流程

　　催化燃烧不适用于含有大量尘粒、雾滴的废气净化,也不适用于在氧化过程中产生固体物质的废气净化。当废气中含有尘粒、雾滴和固体粒子时,它们覆盖催化剂表面,堵塞催化剂床层的气体通道,使催化剂活性很快降低,甚至堵塞床层使其无法工作。如果能使尘粒、雾滴在预热阶段(进入催化剂床层之前)完全气化,则催化燃烧法仍是可用的。

　　在催化剂存在下,废气中可燃组分能在较低的温度下进行燃烧反应,这种方法能节约预热燃料,减少反应器的容积,还能提高反应速率和一种或几种反应物与另一种或几种反应物的相对转化率。

　　催化剂的装载体积可按第七章的方法进行计算。不同的催化燃烧,有不同的 τ 和 v_{sp} 值,一般都从实验室、中间实验装置、工厂现有装置中测取,国内资料中 $\tau=0.13\sim0.50$ s,国外资料中 $\tau=0.03\sim0.12$ s。

　　常用催化剂是镀铂金属薄层的镍合金丝,以铁丝或不锈钢丝作框架。通过催化剂床层的气体流速通常为 1 m/s,各种气体催化燃烧反应温度见表 9-3,实际应用温度高于这个温度。

　　催化燃烧的主要优点是操作温度较低,燃料耗量低,保温要求不严格,能减少回火及火灾危险。其缺点是催化剂较贵,需要再生,基建投资高,大颗粒物及液滴应预先除去,不能用于使催化剂中毒的气体。

表 9-3　几种气体的催化燃烧反应温度

气体	一氧化碳	乙炔	乙烯	苯	甲醛	无水苯二酸
反应温度/℃	120	140	160	180	200	250

三、燃烧法的工业应用

燃烧法已广泛用于石油工业、有机化工、食品工业、涂料和油漆的生产、金属漆包线生产、纸浆和造纸、动物饲养场、城市废物的干燥和焚烧处理厂等主要含有机污染物的废气治理,见表9-4。

表9-4　污染物的燃烧转化

生产过程	污染物
卷筒纸胶版印刷(烘干机)	有机干燥剂(油)、黏合剂、树脂和辅助剂的分解物
粗纸板的生产	苯、甲苯、醛、酚
食品工业(熏烤、咖啡、大麦、菊苣)	醛、油酸、脂肪酸、含硫化合物、含磷化合物
纺织印染工业(精纺)	溶剂、增塑剂、其他纺织辅助剂、粉尘、纤维
密封件、离合器摩擦片的衬片和制动衬带的生产	溶剂、苯酚、粉尘、纤维
地板涂料	增塑剂、甲醛、胺类、硫醇、苯乙烯
玻璃纤维或石棉绝缘垫的浸渍	苯酚、甲醛、一氧化碳
电焊条和沥青的生产	烃类、沥青、粉尘、一氧化碳
清除油漆色酚槽	苯酚、甲醛
酚醛树脂固化室	苯酚、甲醛
化工产品生产过程	顺丁烯二酐、硝酸、胺类、环氧乙烯等
叠层纸的生产	丙酮、甲醛、甲醇、苯酚

第二节　冷　凝　法

冷凝法是利用物质在不同温度下具有不同饱和蒸气压这一性质,采用降低系统温度或提高系统压力,使污染物凝结并从废气中分离除去的方法。在冷凝过程中,被冷凝物质仅发生物理变化而化学性质不变,故可直接回收利用。冷凝法在理论上可以达到很高的净化程度,但对有害物质要求控制到 10^{-6} 量级(体积分数),操作费用太高。因此,它常常作为净化高浓度有机废气的预处理工序,从降低污染物含量和减少废气体积两方面减少后续工艺的负荷,并回收有价值物质。

一、冷凝原理

物质在不同的温度和压力下,具有不同的饱和蒸气压(图9-7)。当废气中污染物的蒸气分压等于该温度下的饱和蒸气压时,废气中的污染物开始凝结出来,这一温度称为某一压力下的露点。在一定压力下,将废气冷却,使其温度被降低到污染物露点以下,这时污染物就会被冷凝下来形成液滴,达到从废气中分离的目的。显然,废气中污染物浓度越高,对冷凝回收越有利;选择的冷却温度越低,净化效果越好,但温度过低则会很不经济。在恒压下加热液体,开始出现第一个气泡时的温度称为泡点。冷凝温度一般在露点和泡点之间,冷凝温度越接近泡点,净化程度越高。此外,提高废气总压力,也可提高回收率,但为了不增加设备和能耗,一般不采用加压冷凝。

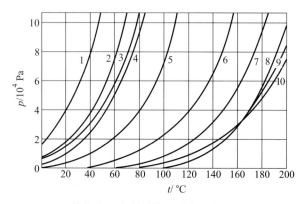

图 9-7　某些有机溶剂的饱和蒸气压与温度的关系

1—二硫化碳；2—丙酮；3—四氯化碳；4—苯；5—甲苯；6—松节油；7—苯胺；8—甲酚；

9—硝基苯；10—硝基甲苯

　　冷凝净化效率(η)与废气总压力、污染物初始浓度和冷却后污染物的饱和蒸气压有关:

$$\eta = 1 - \frac{p_{VS}}{p\varphi_{VL}} \tag{9-2}$$

式中:p_{VS}——废气中被冷凝组分冷却后的饱和蒸气压,Pa;

　　　p——废气总压力,Pa;

　　　φ_{VL}——废气中被冷凝组分的初始体积分数,%。

饱和蒸气压可用下式计算:

$$\lg p_{VS} = -\frac{a}{T} + b \tag{9-3}$$

式中:T——温度,K;

　　　a,b——常数,见表 9-5。

表 9-5　几种物质饱和蒸气压计算参数

物质	分子式	a	b
苯	C_6H_6	1 731	8.917
甲苯	$C_6H_5CH_3$	1 901	8.911
甲醇	CH_3OH	1 992	8.914
乙酸甲酯	CH_3COOCH_3	1 679	9.095
乙酸乙酯	$CH_3COOC_2H_5$	1 827	9.233
二硫化碳	CS_2	1 446	8.544
四氯化碳	CCl_4	1 668	8.785

冷凝以冷却温度下的饱和蒸气压为其极限,则可从冷凝气中回收有害物质的最大量为:

$$G = 1.2 \times 10^{-4} \left(\frac{p_1}{273+t_1} - \frac{p_2}{273+t_2} \times \frac{101\,325-p_1}{101\,325-p_2} \right) q_V M_r \qquad (9-4)$$

式中: M_r——有害物质的相对分子质量;

　　　G——可能冷凝回收有害物质最大量,kg/h;

　　　q_V——废气处理量,m³/h;

　　p_1、p_2——分别是冷凝前后废气中有害物质的分压,Pa;

　　t_1、t_2——分别是冷凝前后废气的温度,℃。

二、冷却方式和冷凝设备

冷凝法从废气中分离有害物质有两种基本方法:接触冷凝(直接冷却)和表面冷凝(间接冷却)。

(一) 接触冷凝

接触冷凝是冷却介质与废气直接接触进行热交换,优点是冷却效果好,设备简单,但要求废气中的组分不会与冷却介质发生化学反应,也不能互溶,否则难以分离回收。为防止二次污染,冷凝液要进一步处理。

接触冷凝可在喷射器、喷淋塔或气液接触塔里进行,接触塔可以是填料塔、筛板塔等。图9-8(a)为喷射式接触冷凝器,喷出的水流既冷凝蒸气,又带出废气,不必另加抽气设备。图9-8(b)为筛板式接触冷凝器,筛孔直径为 3～8 mm,开孔率为 10%～15%,与填料塔相比,单位容积的传热量大。

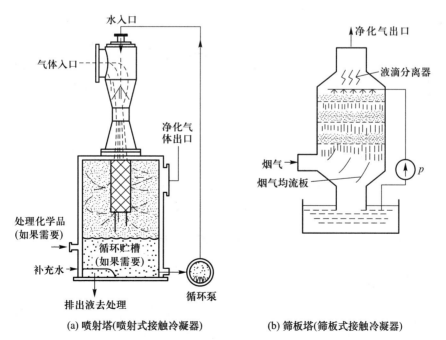

(a) 喷射塔(喷射式接触冷凝器)　　　(b) 筛板塔(筛板式接触冷凝器)

图9-8　接触冷凝器

接触冷凝器的热量计算,可以假定为平衡条件,再用热量衡算来解决。有毒蒸气冷凝放出的冷凝潜热及废气和冷凝液进一步释放的显热,都被冷却水吸收。管道、水池及有关设备可根据冷凝量确定尺寸。冷却水用量为:

$$G_w = \frac{G\Delta H + GC_p(t_2 - t_1) + q_v C_p'(t_2 - t_1)}{C_w(t_2 - t_1)} \tag{9-5}$$

式中：　G_w——冷却水用量,kg/h;

　　　　G——气态有害物质冷凝量,kg/h;

　　　　q_v——废气量,kg/h;

　　　　ΔH——气态有害物质的冷凝潜热,kJ/kg;

C_p,C_p',C_w——液态有害物质、废气和水的比热,kJ/(kg·K);

　　　　t_1,t_2——分别是冷却水进、出口温度,K。

(二) 表面冷凝

表面冷凝时,用一间壁把废气与冷却介质分开,使其不互相接触,通过间壁将废气中的热量移除,使其冷却,因而冷凝下来的液体很纯,可以直接回收利用。该法设备复杂,冷却介质用量大,要求被冷却污染物中不含有颗粒物或黏性物,以免在器壁上沉积而影响换热。常用冷凝装置有:列管冷凝器、翅管空冷冷凝器、淋洒式蛇管冷凝器,以及螺旋板冷凝器。图9-9(a)是列管冷凝器,这是一种传统的标准式设备。图9-9(b)是螺旋板冷凝器,传热性能好,传热系数 K 比管式冷凝器高 $1 \sim 3$ 倍,但不耐高压($<5.07\times10^5$ Pa)。

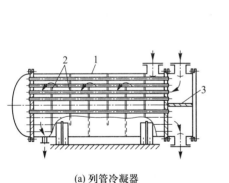
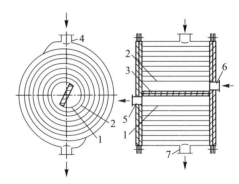

(a) 列管冷凝器　　　　　　　　　　(b) 螺旋板冷凝器
1—壳体；2—挡板；3—隔板　　　　　1、2—金属片；3—隔板；
　　　　　　　　　　　　　　　　　4、5—冷流体连接管；6、7—热流体连接管

图 9-9　表面冷凝器

表面冷凝器的热计算和一般换热器相同,根据传热理论对换热器进行计算,传热方程为:

$$Q = KA\Delta t_m \tag{9-6}$$

式中:Q——总换热量,kJ/h;

　　　K——传热系数,kJ/(m²·h·K);

　　　A——传热面积,m²;

　　　Δt_m——对数平均温度差,K。

　　总换热量 Q 可根据废气放出的热量来计算,其中包括气态有害物质冷凝潜热及废气冷却和冷凝液进一步冷却的显热。求得 Q 后,依据式(9-6)求出传热面积 A,进而可选择或设计冷凝器结构及尺寸。

三、冷凝法的应用

　　冷凝法通常不单独使用,而是和其他方法联合使用以达到回收有机物的目的。对冷凝和吸附联合回收工艺而言,可以充分发挥冷凝法在冷凝高浓度 VOCs 时稳定、高效的优势,以及吸附法在吸附低浓度 VOCs 时可以将 VOCs 浓度控制在很低范围的优势,避免纯冷凝技术引起的成本及操作费用剧增,以及纯吸附法吸附高浓度 VOCs 产生的安全隐患。在具体使用时,应该根据VOCs 组分及浓度、回收率和尾气排放浓度来设计。

　　对于高浓度 VOCs 回收,可以采取先冷凝、后吸附的集成工艺,将冷凝段的冷凝温度控制在某一温度范围内,再经过吸附工艺进行深度回收处理。而对于低浓度 VOCs 的回收,则应将吸附法作为前段回收工艺,避免冷凝法产生较大的能耗,使整个装置的能耗和运行费用最少。

　　对于油气回收集成工艺,采取先冷凝后吸附的集成工艺,为了使回收装置的投资成本及能耗控制在低水平,冷凝段温度可控制在 $-30 \sim -20\ ℃$;而当冷凝段温度控制在 $-50 \sim -40\ ℃$,可以使回收装置的排放浓度控制在很低水平。

　　对于印刷产业,有机溶剂通常占到了油墨总量的 70% ~80% ,采用"蜂窝吸附-热风脱附-冷凝回收"的组合工艺,控制冷凝温度为 $-25 \sim -30\ ℃$,可回收混合溶剂≥90% 。

第三节　膜 分 离 法

　　膜分离法是使含气态污染物的废气在一定的压力梯度下透过特定的薄膜,利用不同气体透过薄膜的速度不同,将气态污染物分离除去的方法。膜分离法具有过程简单、控制方便、操作弹性大、能耗低,并能在常温下操作等优势,目前,该法已广泛应用于石油化工、合成氨尾气中氢气的回收、天然气的净化、空气中氧的富集、含 VOCs 废气的净化,以及 CO_2 的去除与回收等。

一、气体分离膜及其性能

(一) 气体分离膜

　　根据构成膜物质的不同,分离膜有固体膜和液膜两种,而应用得最广泛的是固体膜。固体膜按膜的孔隙大小差异分为多孔膜和非多孔膜,按膜的结构又分为均质膜和复合膜(图 9-10),按膜的形状可分为平板式、管式、中空纤维式(图 9-11)等,按膜的制作材料分为无机膜与高分子膜。

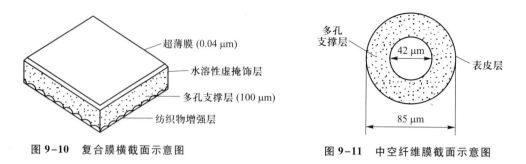

图 9-10 复合膜横截面示意图　　　　图 9-11 中空纤维膜截面示意图

（二）气体分离膜的性能

气体分离膜是膜分离法的核心，它的性能直接影响着膜分离法的分离净化效果和适用性，性能良好的气体分离膜应具有以下特点：

（1）气体通过薄膜的渗透通量大，即膜对气体的处理能力强；

（2）膜对混合气体的选择性强，即膜对气体的分离能力强；

（3）膜能在高压差下工作（13～20 MPa）；

（4）膜能不受各种杂质的影响，操作稳定。

二、气体膜分离机理

由于各种类型气体分离膜的结构及化学特性不同，其分离气体的机理也不相同，现介绍几种典型气体分离膜的机理及模型。

（一）多孔膜

气体分子直接通过微孔进行扩散。孔径越大，扩散渗透的速率就越快。若要使两种或两种以上的气体分离，则要求孔径不能太大，否则，渗透量虽大，但分离效果却差。多孔膜的孔径一般为 5～50 nm。

根据克努森（Knudsen）准数 $Kn = \lambda/d$（λ 为分子的平均自由程，nm；d 为微孔孔径，nm），可将气体通过多孔膜的流动分为黏性流和分子流，当 $Kn \geqslant 1$ 时，流动为分子流；$Kn < 1$ 时，流动为黏性流。只有在 $Kn \geqslant 1$ 的分子流时，才可能实现对气体的分离。

图 9-12 示出渗透速率与分子量 M_r 的关系，混合气体的分子量差别越大，分离效果越好。图中 H_2 的分子量最小，其渗透速率最大，故从微孔模型看，易用膜分离法将 H_2 分离。

（二）非多孔膜

混合气体通过非多孔膜被分离净化的过程可用溶解扩散模型来解释，该模型认为物质通过薄膜的分离过程可分为三步（图 9-13）：① 气体分子在上游膜表面被吸附和溶解；② 溶解分子在膜内扩散；③ 溶解分子在下游膜表面解析。由于气体是通过非多孔膜的分子结构间隙进行渗透的，所以气体迁移行为受膜组分、结构和形态性质的影响极大，这是与气体通过多孔膜时的不同之处。提高迁移时的温度，将导致扩散加强，提高渗透速率。

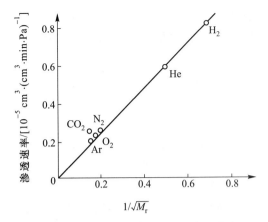

图9-12　常温下多孔膜的气体渗透速率

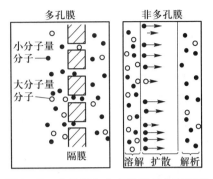

图9-13　多孔膜和非多孔膜的分离机理

（三）复合膜

一般来说，多孔膜的渗透量大，但分离效果差，非多孔膜的分离效果好，但渗透量小。为了克服这两类膜的缺点，已制造出了一种复合膜，它是将一极薄（0.1～1 μm）的非孔质支撑在多孔质的底材上形成的（图9-14）。这种膜既能维持较高的渗透量，又能保证较高的分离效果。

图9-14　多层复合膜的构成

1—表面皮层；2—多孔介质；
3—被涂层充填的深度微孔

三、膜分离器

用于气体分离的膜分离器要求在单位体积内有较大的膜装填面积，使气体与膜表面有良好的接触。工业上常用的气体膜分离器有框式、螺旋卷式和中空纤维式三种。

1. 框式膜分离器

框式膜分离器的结构为两张膜一组构成夹层结构，两张膜的原料侧相对，由此构成原料腔室和渗透物腔室。在原料腔室和渗透物腔室中安装适当的间隔器，采用密封环和两个端板将一系列这样的膜组件安装在一起以满足一定的膜面积要求。图9-15是德国 GKSS 研究中心所用框

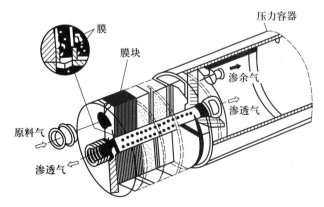

图9-15　德国 GKSS 框式膜分离器结构示意图

式膜分离器结构示意图。在中间开孔的两张椭圆形平板膜之间夹有间隔层,周边经热压密封后组成信封状膜叶。多个膜叶由多孔中心管连接组成膜堆,固定于外壳中即成为膜分离器。膜分离器内设有多重挡板以增大气流速度并改变流动方向,使气流与膜表面有效接触。它的优点是制造组装简单,操作方便,膜容易更新、清洗和维护,而且无须黏结即可使用,其缺点是装填密度较低。

2. 螺旋卷式膜分离器

螺旋卷式膜分离器如图 9-16 所示。螺旋卷式膜组件也由平板膜制成,将 2 张平板膜的三边密封,组成 1 个膜叶;在 2 片平板膜中夹入 1 层多孔支撑材料保持间隙便于渗透气流过。在膜叶上铺有隔网,其中心有一多孔渗透管,膜和支撑物卷在多孔渗透管外,高压原料气进入"高压道",而经过膜渗透出来的气体流经"渗透道"从渗透管中心流出(为分离出的组分)。渗余气则从管外流道流出。在螺旋卷式膜分离器中,原料气与渗透气的流动既非逆流也非并流,组件内每一点处原料气与渗透气的流动方向互相垂直。螺旋卷式膜组件的主要优点是比框式组件装填密度高,气体分布和交换效果良好,其缺点是渗透气流程较长,膜必须黏结且难以清洗等。

3. 中空纤维式膜分离器

图 9-17 所示的是中空纤维式膜分离器,它的构造基本上与热交换器相仿,主要由外壳、中空纤维膜和纤维两端的管板组成。中空纤维膜是一种复合膜,致密层可以在纤维外表面,也可以位于内表面。该装置使用时,原料气进入外壳,易渗透组分经过纤维膜壁透入中心而流出,难渗透组分则从外壳出口流出。它的优点是自支撑结构,装填密度大,膜组件的密封盒设计比较容易,制造过程简单,价格低廉,其缺点是流体通过中空纤维内腔时有相当大的压降。

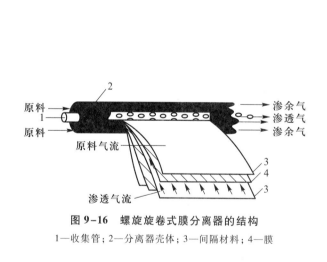

图 9-16　螺旋卷式膜分离器的结构
1—收集管;2—分离器壳体;3—间隔材料;4—膜

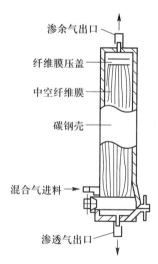

图 9-17　中空纤维膜分离器
结构示意图

四、膜分离法的应用

膜分离法在回收废气中污染物方面已经得到广泛应用,特别是各种高沸点的挥发性有机物的回收利用,如三苯、丁烷以上的烷烃、氯化有机物、氯氟烃、酮、酯等。

　　加油站的膜分离法油气回收处理装置如图9-18所示,该装置通过监测地下储油罐的油气压力来实现控制系统的间歇式自动操作。当地下储油罐内的油气压力升高到一定值时,膜分离装置自动启动。在真空泵的抽吸作用下,地下储油罐内的油气进入膜分离装置,油气优先透过膜,在渗透侧富集后再经真空泵返回地下储油罐;脱除油气后的净化空气则直接排入大气,地下储油罐油气压力也随之下降;当地下储油罐内的压力降到设定的正常水平后,装置将自动停止运行。采用膜分离法油气回收装置可以将油气回收效率增至93%以上。

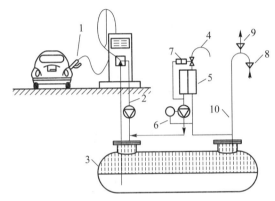

图9-18　膜分离法油气回收装置流程图

1—油气回收型加油枪;2—油气返回管线;3—地下储油罐;4—通风口;5—膜组件;
6—真空泵(压力开关控制);7—尾气阀;8—进气阀;9—排气阀;10—呼吸管

　　结合压缩冷凝和膜分离两种技术的特点开发的集成膜分离系统如图9-19所示。首先,有机废气用压缩机先提高到一定压力,然后进入冷凝器被冷却,部分VOCs冷凝下来,直接进到储罐,以进行循环和再用。离开冷凝器的非凝气体仍具有一定的压力,用作膜渗透的驱动力,使膜分离不再需要附加的动力;该非凝压缩气中,仍含有相当数量的有机物。当压缩气通过有机选择性膜的表面时,膜将气体分成两股物流:脱除了VOCs的未渗透侧的大部分净化气直接排放;渗透气流为富集有机物的蒸气,该渗透气流循环到压缩机的进口。由于VOCs的循环,回路中VOCs的浓度迅速上升,直到进入冷凝器的压缩气达到VOCs凝结浓度,这样系统就达到稳态。系统通常可以从进气中移出VOCs达到99%以上,使排气中的VOCs达到环保排放标准。该循环系统的特点是渗余气流的浓度独立于进气的浓度,该浓度由冷凝器的压力和温度决定。采用该工艺回收的VOCs包括苯、甲苯、丙酮、三氯乙烯、CFC11/12/113和HCFC123等20种左右。

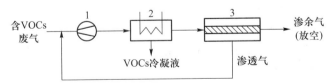

图9-19　压缩、冷凝与气体膜分离集成系统

1—压缩机;2—冷凝器;3—膜组件

采用气体膜分离技术对含氨废气进行回收的工艺流程见图9-20。含氨废气先经过换热降温,然后再送入五级氨气回收系统。经过制冷系统冷却至4~6℃的反渗透(RO)纯水,从膜吸收组件吸收液入口进入气体分离膜组件。每级氨气回收系统配备并联排列的多支气体分离膜组件。气体分离膜为中空纤维微孔膜,亲氨而疏水,废气和冷冻纯水分别在膜的两侧,氨气透过膜孔被另一侧的冷冻纯水所吸收进入吸收液,而吸收液却不能进入氨气流动一侧。多级膜吸收组件的吸收液经多次循环后,可以使氨浓度达到20%以上,作为成品氨水引出。气体分离膜氨气回收系统对氨气回收率可达99%,剩余的超低含氨废气从膜吸收组件下方排出,接入尾气吸收池(加酸)。经吸收池(加酸)吸收后可以稳定达标排放。

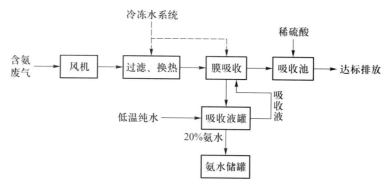

图 9-20 膜分离和吸收技术相结合的氨回收工艺流程

第四节 等离子体法

等离子体法是通过等离子体激活废气中的活性组分,利用这些活性组分与废气中污染物发生化学反应生成无污染的副产物或更易利用的物质的方法。该方法具有工艺简单、应用范围广、不产生二次污染等优点,已成为近年来研究的热点,应用范围不断拓宽。

一、等离子体法净化气态污染物的原理

(一)等离子体产生机理和分类

等离子体是指电离气体,其基本成分是电子、离子、原子和中性粒子,又被称为除了气态、液态和固态之外的第四种物质状态。只有当粒子密度达到其形成的空间电荷足以限制其自身运动时,带电粒子才会对体系的性质产生显著影响,这样密度的电离气体才转变成等离子体。等离子体的状态主要取决于它的组成粒子、粒子密度和粒子温度。虽然等离子体内部有带电粒子,但是从整体上来看,正、负电荷是相等,其带电量为零。

等离子体按温度划分,可以分为高温等离子体和低温等离子体两种:高温等离子体温度一般在$10^8 \sim 10^9$ K,处于该状态的粒子有足够的条件相撞,达到了核聚变的条件。低温等离子体又可

以分为热等离子体和冷等离子体,热等离子体温度在 $10^3 \sim 10^4$ K,它具有统一的热力学温度,基本处于热力学平衡状态;冷等离子体温度接近室温,其中重粒子温度接近室温,而电子温度却可以达到 10^4 K,远离热力学平衡状态,又称非热平衡等离子体。目前,用于气态污染物中 SO_2/NO_x/VOCs 处理的等离子体技术绝大部分属低温等离子体,主要有电子束辐照法、介质阻挡放电法和电晕放电法等技术。

(二) 等离子体净化气态污染物机理

非热平衡等离子体中通过突变电、磁场获得具有极高化学活性的高能粒子(电子、离子、活性基团和激发态分子)与气体分子、原子发生非弹性碰撞,将能量转换成基态分子、原子的内能,发生激发、离解、电离等一系列过程,使气体处于活化状态,以致很多需要很高活化能的化学反应能够发生。当电子能量较低(<10 eV)时,产生活性自由基,活化后的污染物分子经过等离子体定向链化学反应后被脱除。当电子平均能量超过污染物分子化学键结合能时,分子键断裂,污染物分解,其中可能发生的各化学反应主要取决于电子的平均能量、电子密度、气体温度、污染气体分子浓度及共存的气体成分。

对于烟气中 SO_2 和 NO_x 的净化,在等离子体作用下,烟气中 N_2、O_2、H_2O 吸收电子能量,生成富于化学反应的活性种(OH、O、HO_2、N 等自由基):

$$N_2,O_2,H_2O+e \longrightarrow OH;O;HO_2;N$$

产生的自由基作用于气态污染物中的 SO_2 和 NO_x,生成 H_2SO_4 和 HNO_3:

$$SO_2 \xrightarrow[\hspace{1em}O^+\hspace{1em}]{OH^+} \begin{matrix} HSO_3 \xrightarrow{OH^+} H_2SO_4 \\ SO_3 \xrightarrow{H_2O} H_2SO_4 \end{matrix}$$

$$NO \begin{matrix} \xrightarrow{OH^+} HNO_2 \xrightarrow{O^+} HNO_3 \\ \xrightarrow{HO_2^+} NO_2+OH^+ \\ \xrightarrow{O^+} NO_2 \xrightarrow[\hspace{1em}O^+\hspace{1em}]{OH^+} \begin{matrix} HNO_3 \\ NO_3 \xrightarrow{NO_2} N_2O_5 \xrightarrow{H_2O} 2HNO_3 \end{matrix} \end{matrix}$$

对于低温等离子体降解 VOCs,普遍认为是通过高压放电产生大量高能电子,高能电子与气体分子(原子)发生非弹性碰撞,将能量转化为基态分子、原子的内能,使其发生激发、离解和电离,处于活化状态。当电子的能量大于污染物分子的化学键键能时,分子发生断裂,污染物分解;高能电子激发所产生的 O·、·OH 和 N 自由基又与 VOCs 分子中的 H、F 和 Cl 等发生置换反应;同时 O·、·OH 还具有很强的氧化性,最终可以将 VOCs 转换为 CO_2 和 H_2O 等无害产物。

二、等离子体净化气态污染物的方法

(一) 电子束辐照法

电子束辐照法烟气脱硫脱硝装置由烟气预处理、氨投加、电子束辐照、副产物收集和控制系统五部分组成(图 9-21)。锅炉烟气经冷却至 $60 \sim 70\ ℃$,进入反应器。在反应器中,烟气被电子加速器产生的高能电子束辐照,烟气中 SO_2 和 NO_x 在自由基的作用下生成 H_2SO_4 和 HNO_3,并与加入的氨反应生成$(NH_4)_2SO_4$ 和 NH_4NO_3 粉末,作为肥料供农业生产使用,净化后的烟气排空。

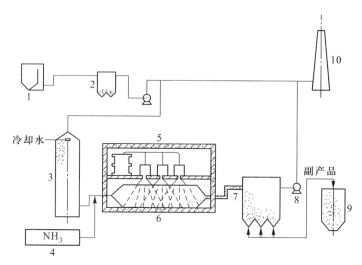

图 9-21　电子束辐照法烟气脱硫脱硝工艺流程图

1—锅炉;2,7—静电除尘器;3—冷却塔;4—氨储罐;5—电子加速器;6—反应器;

8—引风机;9—副产品储罐;10—烟囱

电子束辐照法的核心是电子加速器和反应器。通常采用电压 $800 \sim 1\ 000\ keV$ 的直流电子加速器,功率由烟气处理量、SO_2 和 NO_x 入口浓度及脱除效率决定。电子束吸收剂量增大,SO_2 和 NO_x 脱除效率增高。反应器通常选用圆柱体或长方体,体积(V)根据烟气处理量(Q)和烟气在反应器中的停留时间(τ)确定$(V = Q \times \tau)$,停留时间为 $6 \sim 10\ s$。

(二)介质阻挡放电法

介质阻挡放电(dielectric barrier discharge,DBD)又称无声放电,是在放电空间里插入绝缘介质的气体放电。介质可覆盖在电极上,也可悬挂在放电空间里或采用颗粒状的介质填充其中。当放电电极两端施加高于一定值的交流电压时,放电电极之间就形成了一个交变电场,这时处于放电电极之间的气体就会被高电压击穿,形成等离子体。

介质阻挡放电法的核心是放电电源和反应器。早期的介质阻挡放电电源多为工频升压电源,通过变压器直接将交流工频的市电直接升压,使之成为高压工频交流电。近年来,工频升压电源已经逐渐被 DBD 中高频高压电源所取代。介质阻挡放电反应器的电极结构主要有同轴式和平行板式两种(图 9-22)。介质阻挡反应器中绝缘层均选用介电常数较大的绝缘材料,如玻璃、石英、陶瓷、薄搪瓷或聚合物等。受放电电极和反应器的形状大小及材质等因素的影响,同一种放电形式的反应器采用不同的电极结构,放电效果有着很大不同。DBD 通常的工作气压为 $10^4 \sim 10^6\ Pa$、频率范围为 $1\ kHz \sim 10\ MHz$、电压为几百 V 到上万 V。在高频条件下,可降低操作电压,减少介质的损耗。

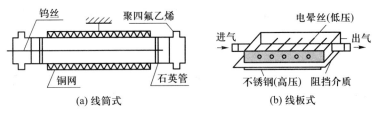

图 9-22 DBD 反应器结构图

(三) 电晕放电法

电晕放电是通过在曲率半径很小的电极上施加高电压,发生非均匀放电的一种放电形式。电晕放电可在常温常压下进行,功率和能量消耗较低。电晕放电法包括脉冲电晕放电、直流电晕放电和交流电晕放电,最常用的是脉冲电晕放电。

脉冲电源系统是脉冲电晕放电的关键,正是通过它产生的脉冲,使迁移率高的电子受到脉冲场强的加速来获得足够的能量,从而和污染物分子发生一系列反应使污染物被分解去除。

电晕放电反应器的电极结构主要有线-板式和线-筒式两种,随着研究的深入,又出现了针-板式、针-针式,以及由针-板式演变形成的喷嘴式等多种结构形式,见图 9-23。

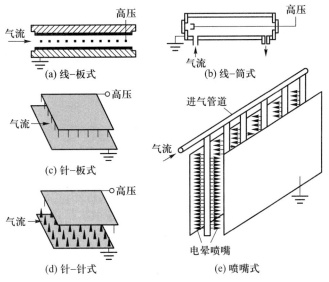

图 9-23 电晕放电反应器电极结构图

(四) 等离子体与催化剂的耦合方法

单一的等离子体技术处理气态污染物主要存在能量效率不高、不需要的副产物多等缺陷,目前的研究方向是通过引入催化剂来有效解决这两个问题。催化剂引入等离子体,影响了反应器的放电特性,改变了活性粒子的分布、运动性质和寿命;反过来,在等离子体的作用下,催化剂自身性质也发生了部分改变。

等离子体与催化剂有两种结合方式,即在放电区引入催化剂(IPC)和在余辉区引入催化剂。

放电区催化剂引入的形式见图9-24:作为反应器内壁或电极表面的涂层、作为填充床(柱状颗粒、纤维、微丸)、作为填充材料的涂层(粉末、微丸、纤维、柱状颗粒的表面)。

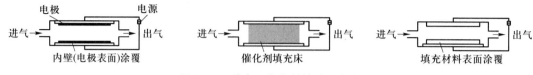

图9-24　放电区催化剂的引入方式

三、等离子体法净化气态污染物的应用

低温等离子体技术作为一种低能耗、高效、操作简单、处理量大的环保高新技术,已经在臭气和VOCs控制中得到广泛应用,如:

(1) 对于含有较低浓度的高沸点的有机污染物,但废气气味独特的废气,烟气流量60 000 m³/h,采用两个并联的电晕等离子体处理系统,处理后的废气再经旋流板净化塔处理,能够使废气的臭气浓度从1 800 降低到100,净化率可达94%。

(2) 对于木门制造业喷涂过程产生的有机废气,主要含二甲苯等有机污染物,车间风量约5 000 m³/h,采用等离子体复合光催化装置,能够使VOCs浓度从40.8 mg/m³ 降低到4.3 mg/m³。

(3) 对于香精生产企业区域换风及干燥尾气,废气成分复杂多变,主要代表性物质为酯、醛、烯烃和酮,部分香精生产过程可能排放含硫醚、硫醇等刺激性臭味物质,采用"水吸收-低温等离子体-水吸收"净化工艺,在风量为25 000 m³/h 时,臭气浓度由1 738 降为130,净化效率可达92.5%。

习题

9.1　用热力燃烧法净化某可燃废气,需从293 K升温到1 033 K,用天然气为辅助燃料,以废气助燃,使用80%的过量助燃废气,废气所含可燃组分热值忽略不计,含氧量与空气一样。废气的有关物理参数按空气取值,燃气的物理参数按烟气取值。试计算:① 每净化1 000 m³(293 K,1.013 3×10⁵ Pa)废气需要的天然气量。② 助燃废气与旁通废气各占的百分数为多少? ③ 如果处理废气量为2 000 m³/h,热力燃烧炉内废气的停留时间不低于0.5 s,试计算热力燃烧炉的主要尺寸。

9.2　上题中设废气所含可燃组分为乙醇蒸气10 g/m³$_N$,乙醇的热值为29 728 kJ/kg,试估算每净化1 000 m³$_N$ 废气所需的天然气量和助燃气占总废气量的百分数。

9.3　有机废气以1.20 m³/s 的流量进入热焚烧炉燃烧,向炉内鼓入的助燃空气量为0.1 m³/s,燃烧温度为730 ℃。以甲烷为燃料,进入焚烧炉的空气和甲烷温度均为25 ℃,计算燃烧需要的甲烷量。假设燃烧过程的热损失为总热的10%,且忽略废气中污染物的氧化过程。

9.4　一化工厂排放的废气组成为N₂:79.7% ;O₂:20%;甲苯:3 000×10⁻⁶。废气排放量为25 m³/s,压力101 325 Pa,温度300 K。在燃烧炉内净化停留时间为0.6 s,要求燃烧炉出口烟气中的甲苯体积分数不大于20×10⁻⁶。计算燃烧的温度。

9.5　废气中含苯400 g/m³,在常压下冷却到室温293 K,试计算废气中残留的苯的浓度并作必要的讨论。

9.6　某废气排放条件为:压力101 325 Pa,温度35 ℃,废气中含5 000×10⁻⁶(体积分数)的甲苯,如果对其进行冷凝分离,要求甲苯去除效率为98%,需将废气冷却到多少度?

9.7　某过程排放废气量为 12 240 m³/h(300 K,1.013 3×10⁵ Pa),废气成分为:庚烷 10%,己烷 3.1%,戊烷 1.9%,空气 85%,采用冷凝法净化,要求净化气中烃的残余含量达到 0.5%,试求冷凝所需的温度和压力(假设冷凝器能达到的最低温度为 266 K)。

9.8　某过程在 550 K 和 1.013 3×10⁵ Pa 条件下排放废气,其量为 39 300 m³/h,废气成分为:空气 60%,正辛烷 4%,正壬烷 24%,正癸烷 12%,在冷凝器中进行冷凝分离净化,净化气出口温度为 339 K,压力不变。试计算净化气中烃的含量。

9.9　利用冷凝–生物过滤法处理含丁酮和甲苯混合废气。废气排放量为 20 000 m³/h,排放条件为 388 K、101 325 Pa,废气中丁酮和甲苯含量分别为 3 000×10⁻⁶ 和 1 000×10⁻⁶(体积分数),要求丁酮回收率大于 80%。甲苯和丁酮出口浓度分别小于 30×10⁻⁶ 和 100×10⁻⁶,出口气体的相对湿度为 80%,出口温度低于 40 ℃。冷凝介质为工业用水,入口温度为 298 K,出口为 305 K,滤料丁酮和甲苯降解速率分别为 0.3 和 1.2 kg/(m³·d),阻力为 1 471.05 Pa/m。试设计直接冷凝–生物过滤工艺和间接冷凝–生物过滤工艺,要求投资和运行费用最少。

9.10　一工业污染源排放的废气中含 50×10⁻⁶(体积分数)的异丁醇(分子量为 74.1 g/mol)。如果要求其排放浓度小于 10×10⁻⁶,你推荐采用哪种控制措施?说明理由。

9.11　简述等离子体法净化有机废气的原理。

第十章 大气扩散与污染控制

污染物排入大气后,在大气中扩散稀释,并被传输和转化。根据当地地形、地物和气象条件,采取有利的排放方式(如采用高烟囱排放,选择有利的排放地点等),减少其环境影响,这是一种有效而经济的污染控制方式。本章主要介绍影响大气污染的气象因素、大气扩散模式、大气污染浓度计算以及烟囱设计和厂址选择等。

第一节 主要的气象要素

表示大气状态的气象要素主要有气温、气压、气湿、风、云和能见度等。

一、气温

气象上讲的气温是指在离地面 1.5 m 高处的百叶箱中观测到的空气温度,单位℃或 K。

二、气压

气压是指大气压强,即单位面积上所承受的大气柱的质量,单位 Pa,气象上采用百帕(hPa)作单位,1 hPa = 100 Pa,国际上规定:温度为 0 ℃、纬度是 45°的海平面上的气压为一个标准大气压,其值为 101.325 kPa。

三、气湿

大气的湿度简称为气湿,表示空气中水汽含量的多少。常用的表示方法有:绝对湿度、相对湿度、水气压、饱和水气压、比湿、露点等。

四、风

风是指水平方向的空气运动。垂直方向的空气运动称为升降气流。风具有方向(指风的来向)和大小(单位 m/s)。风向常以 8 或 16 个方向,或用角度(0°~360°)表示(图 10-1)。

通常风都是以风玫瑰图表示。图 10-2(a)为风向玫瑰图,即风向频率图。图 10-2(b)是风向风速玫瑰图,它表示各风向的发生频率及平均风速的大小。图 10-2(c)则是风向风速综合表示图,它不仅给出各风向的发生频率,同时还给出每个风向各种风速的相对频率。

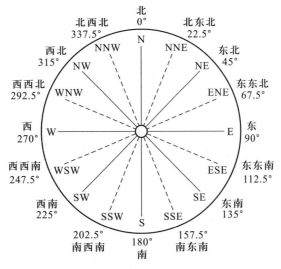

图 10-1　风向的表示方法

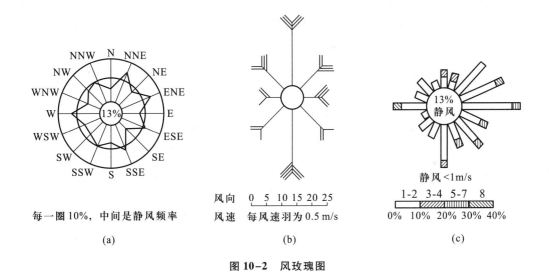

每一圈10%，中间是静风频率

(a)

风向　0　5　10 15 20 25
风速　每风速羽为 0.5 m/s

(b)

静风 <1m/s

1-2　3-4　5-7　8
0%　10%　20%　30%　40%

(c)

图 10-2　风玫瑰图

五、云

云是由飘浮在空中的大量小水滴或小冰晶或两者的混合体构成的。按其高度不同分为高云（云底高度在 5 000 m 以上）、中云（云底高度一般在 2 500 ~ 5 000 m之间）和低云（云底高度一般在 2 500 m 以下）。云会阻挡太阳对地表的辐射，云的状态和云量多少影响大气的稳定度，从而影响污染物的扩散。云量是指云遮蔽天空的份数。我国将天空分为 10 份，云遮蔽了几份，云量就是几。例如，碧空无云，云量为 0，阴天云量为 10。我国气象台站按总云量和低云量分别观测和记录（总云量记为分子，低云量记为分母）。

六、能见度

能见度是指视力正常的人在当时天气条件下,能够从天空背景中看到或辨认出目标物(黑色,大小适度)的最大水平距离,单位 m 或 km。能见度反映了大气清洁、透明的程度。

第二节 大气的热力学过程

一、太阳、大气和地面的热交换

太阳辐射是地球上的主要热源,低层大气的加热和冷却是太阳、大气和地面之间热交换的结果。太阳向地面的辐射以短波辐射为主,而大气本身吸收短波的能力很弱,地球表面上分布的陆地、海洋、植被等直接吸收太阳辐射的能力很强;地表吸收太阳辐射后并向空中进行长波辐射,大气吸收长波辐射的能力很强。因此近地层大气温度变化主要受地表温度的影响,随地表温度的升高或降低,近地面空气自下而上被加热或冷却。

二、气温的垂直分布

在大气中,某一气团(气块)因某种原因做上升或下降运动,在运动过程中不与周围大气热量交换,这种过程称为绝热上升或绝热下降。干空气块绝热上升或下降 100 m 时温度降低或升高的值,称为干绝热直减率,用 γ_d(下标 d 表示干空气)表示,并且定义为:

$$\gamma_d = -(dT_i/dz)_d \tag{10-1}$$

式中:T_i——气块温度,K;

z——高度,m。

根据热力学第一定律和气体状态方程,可以得出,$\gamma_d \approx g/C_p \approx 0.98\ ℃/100\ m$。其中重力加速度 $g = 9.81\ m/s^2$,干空气定压比热,$C_p = 1\ 005\ J/(kg \cdot K)$。

真实大气的气温随高度的变化称为气温直减率,用 γ 表示,其定义式为:

$$\gamma = -(dT/dz) \tag{10-2}$$

气温随高度分布也可用坐标曲线来表示,如图 10-3(图中虚线是干绝热 γ_d 线)。这个曲线称为温度层结曲线,简称温度层结。

从图 10-3 中可以看出,大气中的温度层结有四种类型:1 为 $\gamma > \gamma_d$,递减或超绝热;2 为 $\gamma \approx \gamma_d$,中性;3 为 $\gamma = 0$,等温;4 为 $\gamma < 0$,气温逆转,简称逆温。

一般情况下,温度层结是通过探空仪或其他测温仪器实测得到。

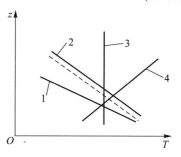

图 10-3 温度层结曲线

三、大气稳定度

大气稳定度是指大气在铅直方向上稳定的程度,它直接表征了大气垂直运动的趋势,从而和污染物在大气中的扩散有着密切的关系。

大气就整体而言,是经常处于静力平衡状态的,但是个别气块由于各种因素往往偏离这种状态,产生上升或下降的垂直运动。

设一气块的状态参数为 T_i、p_i 和 ρ_i,周围大气状态参数为 T、p 和 ρ,单位体积的空气块在大气中受到两种力的作用,即自身的重力 $\rho_i g$ 和四周大气对它的浮力 ρg。在二力作用下空气块的加速度为:

$$a = \frac{\rho - \rho_i}{\rho_i} g \qquad (10-3)$$

利用状态方程可得:

$$a = \frac{T_i - T}{T} g \qquad (10-4)$$

当空气块上升 Δz 时,$T_i = T_{i0} - \gamma_d \Delta z$,$T = T_0 - \gamma \Delta z$,而初始温度二者相当,即 $T_{i0} = T_0$,则:

$$a = g \frac{\gamma - \gamma_d}{T} \Delta z \qquad (10-5)$$

由式(10-5)可以看出,$\gamma - \gamma_d$ 决定了 a 和 Δz 的方向是否一致,即决定了大气的稳定程度,所以可以把 γ 和 γ_d 的大小比较作为大气稳定度的判据。

当 $\gamma > \gamma_d$ 时,a 和 Δz 的方向一致,开始的运动将加速进行,大气是不稳定的;

当 $\gamma < \gamma_d$ 时,a 和 Δz 的方向相反,开始的运动将受到抑制,大气是稳定的;

当 $\gamma = \gamma_d$ 时,$a = 0$,大气是中性的。

四、逆温

具有逆温层的大气层是稳定的。某一高度上的逆温层就像一个"盖子",阻碍大气的垂直运动,不利于污染物的扩散稀释。根据逆温层出现的高度不同,逆温可分为接地逆温和不接地逆温。若逆温处于近地层,则从污染源排出的污染物质不易向上传送而聚积在近地面,导致地面的高浓度污染,许多大气污染事件都是发生在有逆温层和静风条件下,因此要对逆温给予充分重视。

根据逆温的形成过程,可分为辐射逆温、下沉逆温、平流逆温、湍流逆温和锋面逆温五种。

（一）辐射逆温

由于地面强烈辐射冷却而形成的逆温称为辐射逆温。如图 10-4 所示,在晴朗或少云的地区,白天由于太阳的辐射伴随着良好的湍流条件,温度递减率增加。刚好在日落前后风速不大,地面附近空气由于地面辐射迅速冷却,离地面越远的空气受这种冷却作用越小,降温越少,从而形成从地面向上温度随高度增加而增加的现象,这就形成了辐射逆温。夜间逆温深度逐步增加,到清晨最厚。在此期间,污染物有效地被封闭在逆温层底或逆温层下,很少或没有垂直扩散。随着白天的到来,地面开始加热,逆温逐渐自地面开始向上消失,成为不接地逆温,此时容易产生熏烟型污染。到上午9—10点逆温全部消失。

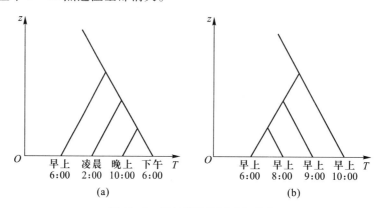

图 10-4　辐射逆温的形成和消失

(二) 下沉逆温

在高气压区里存在着下沉气流,由于气流的下沉使其气温绝热上升,因此也会形成逆温层,称之为下沉逆温。其形成消失模式如图 10-5 所示。下沉逆温持续时间很长,范围很广,厚度也较大。

(三) 平流逆温

当暖空气平流到冷地面上时,下层空气受地表影响大,降温多,而上层空气降温少,故形成逆温,称之为平流逆温。平流逆温的强弱取决于暖空气与冷地面的温差。此外,当暖空气平流到低地、盆地内的冷空气上面时也会形成平流逆温。

(四) 湍流逆温

低层空气湍流混合形成的逆温称为湍流逆温,其形成过程见图 10-6。图中的 AB 是气层没有经湍流混合前的气温分布,$\gamma < \gamma_d$,湍流混合运动使混合层的温度直减率(图中 CD)趋于干绝热直减率 γ_d,从而形成实际的温度分布如图中 CD 线所示。因而在混合层以上,混合层与不受湍流混合影响的上层空气之间出现一个过渡层 DE,这便是所产生的逆温层。

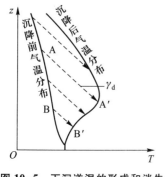

图 10-5　下沉逆温的形成和消失

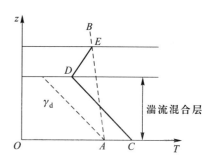

图 10-6　湍流逆温的形成

（五）锋面逆温

在对流层中，冷暖空气相遇，暖空气密度小就会爬升到冷空气之上，冷空气重，则会沉入到暖空气下方，这样就形成了一个向冷空气方向倾斜的过渡锋面。如果锋面处冷暖空气的温差很大，即可在冷空气侧出现逆温。这种逆温沿着锋面的狭长地带分布，当锋面移动或停滞时，容易发生严重污染。

五、烟流扩散与大气稳定度的关系

大气稳定度是影响污染物在大气中扩散的重要因素。典型的烟流扩散和稳定度的关系如图 10-7 所示。从图中可以看出，尾气流可以分为五种类型。

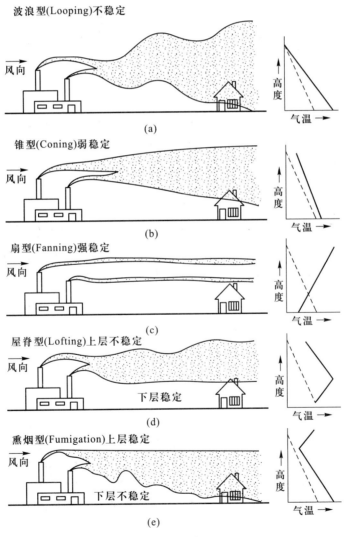

图 10-7　大气稳定度和烟型

（一）波浪型

$\gamma > \gamma_d$，大气全层不稳定。烟流上下飞舞，沿主导风向流动扩散很快，形成波浪型，当烟囱不高时，在烟源附近可能出现高浓度。这种烟型多发生在晴天中午和午后。

（二）圆锥型

$\gamma = \gamma_d$，大气处于中性或弱稳定状态，烟流的扩散在水平、垂直方向大致相同，烟气沿风向愈扩愈大形成锥型。尾气流在离烟囱很远的地方与地面接触，这种烟型多发生在阴天中午或冬季夜间。

（三）扇型

$\gamma < 0$，大气处于强稳定状态，温度层结为逆温，烟流的扩散在垂直方向受抑制，在水平方向扩展成扇型。这种烟气可传到很远的地方，但若遇到山地、丘陵或高层建筑物，则可发生下沉作用，在该地造成严重污染。这种烟型在晴天从夜间到早上常见。

（四）屋脊型

上层 $\gamma > \gamma_d$，下层 $\gamma < \gamma_d$，上层大气为不稳定状态，下层为稳定状态。烟流受逆温层的阻挡不向下扩散，只向上扩散呈屋脊型。如尾气流不与建筑物或丘陵相遇，不会造成地面的严重污染，这种情况常见于日落前后。

（五）熏烟型

下层 $\gamma > \gamma_d$，上层 $\gamma < 0$，上层大气处于稳定状态，而下层为不稳定状态。烟流向上的扩散受抑制，能在近地面附近扩散，往往在下风向造成比其他形式严重得多的地面污染，许多烟雾事件就是在此条件下形成的。这种情况多发生在冬季日出前后。

第三节　大气的运动和风

一、引起大气运动的作用力

大气的运动是在力的作用下产生的。作用于大气的力，有由于气压分布不均匀而产生的气压梯度力；当大气运动时，由于地球自转而产生的地转偏向力（科里奥利力）；有由于大气层之间、大气层与地面之间存在相对运动而产生的摩擦力；大气做曲线运动时还要受到惯性离心力的作用。这些力之间不同的结合构成了不同形式的运动，但水平气压梯度力是引起大气运动的直接动力。

二、大气边界层中风随高度的变化

在大气边界层中,由于摩擦力随高度增加而减少,当气压梯度力不随高度变化时,风速随着高度的增加而增大,风向与等压线的交角随高度的增加而减少,在北半球,风向随着高度增加向右偏转(图10-8),到达边界层顶时,风的大小、方向完全与地转风(自由大气中的风)一致。

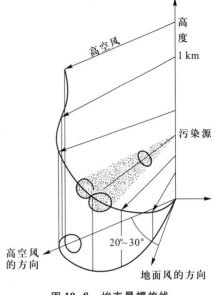

图10-8　埃克曼螺旋线

风速随高度的变化可以采用指数律来描述:

$$u = u_1 \left(\frac{z}{z_1}\right)^m \qquad (10-6)$$

式中:u、u_1——高度 z、z_1 处的风速,m/s;

m——与大气稳定度和地形有关的常数,一般由实验确定,当无实测值时,在 200 m 以下,可按表10-1选取,在 200 m 以上时风速取 200 m 处的风速。

表 10-1　指数 m 的值

稳定度	A	B	C	D	E、F
城市	0.10	0.15	0.20	0.25	0.30
乡村	0.07	0.07	0.10	0.15	0.25

三、地方风

风对排入大气的污染物有两种作用,一种是输送作用,即把污染物输送到较远的地方,从而决定了污染区的方位总是在污染源的下风向;另一种是对污染物的冲淡稀释作用,风速愈大,单位时间内混入废气的清洁空气愈多,从而废气的稀释效果愈好。然而在某些局部地区,由于受下垫面的强烈影响,形成了与一般情况下截然不同的风场,风的这两种作用也产生了完全不同的效果,因而有必要对局地风场进行讨论。

(一) 山谷风

山谷风是山风和谷风的总称,发生在山区,是以 24 h 为周期的局地循环,如图10-9所示。山谷风是由于山坡与谷地受热不均匀而产生。白天,地面吸收太阳辐射而增热,山坡上的空气比山谷中部同高度的空气增热快,因而在水平方向形成温度差,温差引起密度差,即山坡上的空气比同一高度处山谷上空的空气密度低,进而使谷底空气沿山坡上升,形成"谷风"。夜晚,地面冷却放热,紧贴山坡的空气比山谷中部同高度上的空气冷却快,故因密度差而使冷而重的山坡空气沿山坡滑向谷底,形成"山风"。当低层出现山风(或谷风)时,由于补偿作用,在上层大气中将会出现反山风(或反谷风),从而在垂直方向组成闭合的环流。在山谷风转换期,风向来回摆动极不稳定,因而污染物不易向外输送,在山沟中停留时间长,有可能造成严重污染。

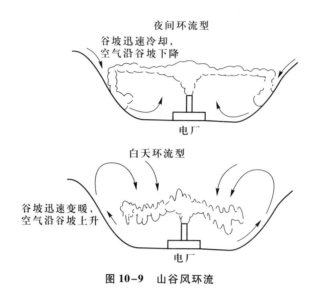

图 10-9　山谷风环流

(二) 海陆风

海陆风是海风和陆风的总称,发生在海陆交界地带,也是以 24 h 为周期的大气局地循环,如图 10-10 所示。白天,风从海洋吹向陆地;夜晚,风从陆地吹向海洋,其成因和山谷风类似,主要是由于海洋和陆地的热力性质差异而引起的。这种环流的形成,使夜间吹向海面的污染物,在白天又吹了回来,从而造成严重的大气污染。

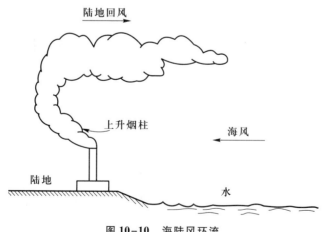

图 10-10　海陆风环流

上升烟柱进入陆地回风为主导风时的区域,这种影响昼夜变化不定,而且很难预料在大的湖泊、江河的水陆交界地带也会发生类似的局地环流,称为水陆风,但活动范围比海陆风小。

(三) 城市热岛环流

工业的发展,人口的集中,使城市热源和地面覆盖物与郊区形成显著的差异,从而导致城市比周围地区热的现象,称之为城市热岛效应。由于城市温度经常比农村高(特别是夜间),气压较低,在晴朗平稳的天气下可以形成一种从周围农村吹向城市的特殊局地风,称为城市热岛环流或城市风,如图 10-11 所示。这种风在市区汇合产生上升气流,周围地区的风则向城市中心汇合,这就使城郊工业区的污染物在夜晚向城市中心输送,从而导致市区的严重污染,特别是当上空有逆温层存在时更为突出。

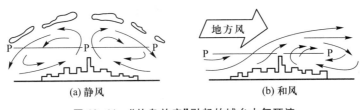

(a) 静风　　　　　　　　　(b) 和风

图 10-11　"热岛效应"引起的城乡大气环流

第四节　大气扩散模式

大气扩散的基本问题是研究湍流传播和物质浓度衰减的关系问题。目前可用梯度输送理论、统计理论和相似理论来处理这个问题。从这些理论体系出发可以导出许多扩散模式,其中应用最广的是根据统计理论导出的正态高斯分布假定下的扩散模式,也就是通常所说的高斯扩散模式。许多实用的各种状况下的扩散模式都是在高斯模式的基础上,根据其特殊情况进行某种修正而得到的。

一、高斯扩散模式

大量的实验和理论研究表明,对于连续的平均烟流,其浓度分布是符合正态分布的。高斯扩散模式正是在污染物浓度符合正态分布的前提下导出的,其基本假设为:烟羽的扩散在水平和垂直方向都是正态分布;在扩散的整个空间风速是均匀、稳定的;污染源排放是连续、均匀的;污染物在扩散过程中没有衰减和增生;在 x 方向,平流作用远大于扩散作用;地面足够平坦。

如图 10-12 所示,坐标原点为地面排放点或高架源排放点垂直地面投影点,x 轴正向指向平均风向,y 轴在水平面上垂直于 x 轴,z 轴垂直 Oxy 平面向上延伸,烟流中心线在 Oxy 平面的投影与 x 轴重合。根据前面的假设,污染物在扩散中无衰减和增生,那么地面对污染物没有吸收、吸附作用。就像一面镜子,对污染物起着全反射的作用,可以用"像源法"来解决这个问题。

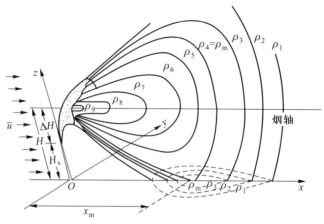

图 10-12　扩散模式的坐标系

空间任意一点的污染物浓度可以用下式计算：

$$\rho(x,y,z,H)=\frac{Q}{2\pi\bar{u}\sigma_y\sigma_z}\exp\left(-\frac{y^2}{2\sigma_y^2}\right)\left\{\exp\left[-\frac{(z-H)^2}{2\sigma_z^2}\right]+\exp\left[-\frac{(z+H)^2}{2\sigma_z^2}\right]\right\} \quad (10-7)$$

式中：ρ——下风向空间某一位置的污染物浓度，mg/m^3；

　　　σ_y——y 方向上的标准差（水平扩散参数），m；

　　　σ_z——z 方向上的标准差（垂直扩散参数），m；

　　　$\bar{u}$——平均风速，m/s；

　　　Q——源强，mg/s；

　　　H——有效烟囱高度，m，它等于烟囱几何高度 H_s 和烟气抬升高度 ΔH 之和，即 $H=H_s+\Delta H$。

式(10-7)就是通常所讲的高斯扩散模式，也是高架连续点源扩散的基本公式，$\exp\left[-\frac{(z-H)^2}{2\sigma_z^2}\right]$

反映了实源的贡献，而 $\exp\left[-\frac{(z+H)^2}{2\sigma_z^2}\right]$ 反映了虚源的贡献（图 10-13）。

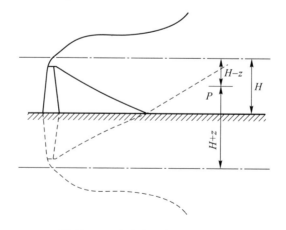

图 10-13　由地表面产生的全反射

几种特殊情况下的高斯模式计算公式如下：

1. 高架连续点源地面浓度

令式(10-7)中 $z=0$，可以得到地面浓度计算公式：

$$\rho(x,y,0,H) = \frac{Q}{\pi\,\overline{u}\sigma_y\sigma_z}\exp\left(-\frac{y^2}{2\sigma_y^2}\right)\exp\left(-\frac{H^2}{2\sigma_z^2}\right) \tag{10-8}$$

2. 高架连续点源地面轴线浓度

地面轴线浓度由式(10-8)在 $y=0$ 时得到：

$$\rho(x,0,0,H) = \frac{Q}{\pi\,\overline{u}\sigma_y\sigma_z}\exp\left(-\frac{H^2}{2\sigma_z^2}\right) \tag{10-9}$$

3. 高架连续点源的最大地面浓度

假设 σ_y/σ_z ＝常数时，则对式(10-9)求极值，可得到：

$$\rho_{\max}(x_{\rho_{\max}},0,0,H) = \frac{2Q}{\pi\mathrm{e}\,\overline{u}H^2}\cdot\frac{\sigma_z}{\sigma_y} \tag{10-10}$$

$$\sigma_z\,\big|_{x=x_{\rho_{\max}}} = H/\sqrt{2} \tag{10-11}$$

二、有上部逆温时的扩散模式

前面导出的高斯扩散模式只适用于整层大气都具有同一稳定度的扩散，对于不接地逆温(逆温层离地几百 m 到 1～2 km)的情况并不适合，然而这种情况是经常出现的。上部逆温层就像一个盖子使污染物的铅直扩散受到限制，扩散只能在地面和逆温层底之间进行，所以又称为"封闭"型扩散。推导这种情况下的扩散公式是把逆温层底看成和地面一样能起全反射的镜面，这时的烟云多次反射模型如图 10-14 所示，LID 是逆温层底位置，污染物浓度可看成是实源和无穷多对虚源作用之总和。

这样，空间任一点浓度可由下式确定：

$$\rho(x,y,z,H) = \frac{Q}{2\pi\,\overline{u}\sigma_y\sigma_z}\exp\left(-\frac{y^2}{2\sigma_y^2}\right)\sum_{n=-\infty}^{+\infty}\left\{\exp\left[-\frac{(z-H+2nL)^2}{2\sigma_z^2}\right]+\left[-\frac{(z+H+2nL)^2}{2\sigma_z^2}\right]\right\}$$
$$\tag{10-12}$$

式中：L——逆温层底高度或混合层高度，m；

n——烟流在两界面之间的反射次数，一般认为 $n=3$ 或 4 就足以包括主要反射了。

混合层高度是从地面算起至第一层稳定层底的高度，决定于起始温度的垂直结构和地面的增温情况。可用绝热线上升法来确定：任一时间的地面温度和 γ_d 绘制的直线与北京时间 7 点探空曲线的交点，可作为该时间的混合层高度(图 10-15)。

式(10-12)过于烦琐，在实际工作中，地面浓度可按以下方法简化处理，设 x_D 为烟羽边缘刚好到达逆温层底时该点离烟源的水平距离，则：

(1) 当 $x\leqslant x_D$ 时，烟流扩散不受逆温的影响，扩散公式采用式(10-7)进行计算。

(2) 当 $x\geqslant 2x_D$ 时，污染物经过多次反射后，在 z 方向上浓度渐趋均匀，水平方向仍呈正态分布，地面浓度的计算公式为：

$$\rho(x,y,0,H) = \frac{Q}{\sqrt{2\pi}\,\overline{u}L\sigma_y}\exp\left(-\frac{y^2}{2\sigma_y^2}\right) \tag{10-13}$$

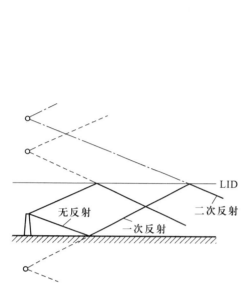

图 10-14 地面和逆温层底对烟云多次反射模型

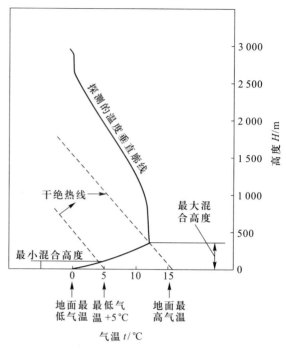

图 10-15 混合层高度的估算方法

（3）当 $x_D < x < 2x_D$ 时，取 $x = x_D$ 和 $x = 2x_D$ 两点的浓度进行内插。

x_D 可由烟流宽度和扩散参数的关系确定。烟流在垂直方向扩展的宽度为：

$$z_0 = 2.15\sigma_z \tag{10-14}$$

则：

$$L - H = 2.15\sigma_z, \qquad \sigma_z = \frac{L-H}{2.15} \tag{10-15}$$

由上式根据 σ_z 与 x 的关系，可计算出一个下风距离 x，此 x 就是 x_D。

三、熏烟扩散模式

在晴朗微风的夜晚，地面冷却形成辐射逆温层。日出后，逆温自地面向上逐渐消失。夜间排入稳定层中的污染物，受到热力湍流交换的作用，在垂直方向混合，此时上部仍为逆温，扩散不能向上发展，故地面浓度比一般情况下要高出很多倍，从而造成严重污染，这就是熏烟型污染。它一般发生在清晨，持续时间一般为 $0.5 \sim 2$ h。当冷空气移向较暖下垫面时也可能形成熏烟污染。

熏烟污染过程的浓度垂直分布如图 10-16 所示，y 方向浓度分布仍呈正态分布。显然，此时的地面浓度公式可由式（10-13）导出，式中 L 应换成逆温层消失高度 h_i，源强 Q 只应包括在 h_i 以下的部分。则：

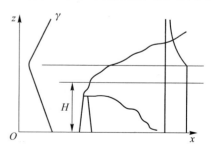

图 10-16 熏烟污染的浓度垂直分布

$$\rho(x,y,0,H)=\frac{Q\int_{-\infty}^{p}\frac{1}{\sqrt{2\pi}}\exp\left(-\frac{1}{2}p^2\right)\mathrm{d}p}{\sqrt{2\pi}\ \bar{u}h_i\sigma_{yF}}\exp\left(-\frac{y^2}{2\sigma_{yF}^2}\right) \tag{10-16}$$

式中：$p=(h_i-H)/\sigma_z$；

　　h_i——逆温层消失高度，m；

　　σ_{yF}——考虑到熏烟过程对稳定条件下扩散参数影响的水平扩散参数，m。

$$\sigma_{yF}=\sigma_y(稳定)+H/8 \tag{10-17}$$

（1）当 $h_i=H+2\sigma_z$ 时，烟流全部受到逆温层的抑制而向下扩散，地面熏烟浓度达到最大值：

$$\rho_F(x,y,0,H)=\frac{Q}{\sqrt{2\pi}\ \bar{u}h_i\sigma_{yF}}\exp\left(-\frac{y^2}{2\sigma_{yF}^2}\right) \tag{10-18}$$

地面轴线浓度为：

$$\rho_F(x,0,0,H)=\frac{Q}{\sqrt{2\pi}\ \bar{u}h_i\sigma_{yF}} \tag{10-19}$$

（2）当 $h_i=H$ 时，地面熏烟浓度为：

$$\rho_F(x,y,0,H)=\frac{Q}{2\sqrt{2\pi}\ \bar{u}H\sigma_{yF}}\exp\left(-\frac{y^2}{2\sigma_{yF}^2}\right) \tag{10-20}$$

地面轴线浓度为：

$$\rho_F(x,0,0,H)=\frac{Q}{2\sqrt{2\pi}\ \bar{u}H\sigma_{yF}} \tag{10-21}$$

四、颗粒物扩散模式

对于排气筒排放的粒径小于 15 μm 的颗粒物浓度，其地面浓度可以用前述气体扩散模式计算，对于粒径大于 15 μm 的颗粒污染物，由于具有明显的重力沉降作用，将使浓度分布有所改变，可以按倾斜烟云模式计算污染物浓度：

$$\rho(x,y,0,H)=\frac{Q(1+\alpha)}{2\pi\bar{u}\sigma_y\sigma_z}\exp\left(-\frac{y^2}{2\sigma_y^2}\right)\exp\left[-\frac{(H-v_tx/\bar{u})^2}{2\sigma_z^2}\right] \tag{10-22}$$

式中：v_t——重力沉降速度，$v_t=\dfrac{g\rho_p d_p^2}{18\mu}$，m/s；

　　α——颗粒物的地面反射系数，按表 10-2 查取。

表 10-2　地面反射系数 α

粒径范围/μm	15～30	31～47	48～75	76～100
平均粒径/μm	22	38	60	85
反射系数 α	0.8	0.5	0.3	0

五、城市和山区的扩散模式

（一）城市大气扩散模式

城市不仅污染源多种多样（点、线、面、流动源等），而且受到城市下垫面粗糙及城市热岛效应等环境因素的影响，使得微气象特征及大气扩散规律与平原地区有着显著不同。通常，对城市污染源的扩散模拟，分为点、线、面源分别处理。点源模型采用前面介绍的有关模式及其参数进行计算。这里简单介绍线源和面源的计算方法。

1. 线源扩散模式

城市中的街道和公路上的汽车排气可以作为线源。线源分为无限长线源和有限长线源两类。在较长街道或公路上行驶的车辆密度，足以在道路两侧形成连续稳定浓度场的线源，称为无限长线源；在街道上行驶的车辆只能在街道两侧形成断续稳定浓度场的线源，称为有限长线源。

（1）无限长线源扩散模式：当风向与线源垂直时，连续排放的无限长线源在横风向产生的浓度是处处相等的，因此把点源扩散的高斯模式对变量 y 进行积分，可获得无限长线源扩散模式：

$$\rho(x,y,0,H)=\frac{Q_L}{\pi\bar{u}\sigma_y\sigma_z}\exp\left(-\frac{H^2}{2\sigma_z^2}\right)\int_{-\infty}^{+\infty}\exp\left(-\frac{y^2}{2\sigma_y^2}\right)\mathrm{d}y \qquad (10-23)$$

$$\rho(x,0,0,H)=\frac{2Q_L}{\sqrt{2\pi}\,\bar{u}\sigma_z}\exp\left(-\frac{H^2}{2\sigma_z^2}\right) \qquad (10-24)$$

式中：Q_L——单位线源的源强，g/(s·m)，其余符号同前。

当风向与线源不垂直时，若风向与线源交角 $\varphi>45°$，线源下风向的浓度模式为：

$$\rho(x,0,0,H)=\frac{2Q_L}{\sqrt{2\pi}\,\bar{u}\sigma_z\sin\varphi}\exp\left(-\frac{H^2}{2\sigma_z^2}\right) \qquad (10-25)$$

在 $\varphi<45°$ 时，不能应用这一模式。

（2）有限长线源模式：在估算有限长线源造成的污染物的浓度时，必须考虑线源末端引起的"边缘效应"。随着接受点距线源距离的增加，"边缘效应"将在更大的横风距离上起作用。对于横风有限长线源，取通过所关心的接受点的平均风向为 x 轴。线源的范围为从 y_1 延伸到 y_2，且 $y_1<y_2$，则有限长线源扩散模式为：

$$\rho(x,0,0,H)=\frac{2Q_L}{\sqrt{2\pi}\,\bar{u}\sigma_z}\exp\left(-\frac{H^2}{2\sigma_z^2}\right)\int_{P_1}^{P_2}\frac{1}{\sqrt{2\pi}}\exp\left(-\frac{P^2}{2}\right)\mathrm{d}P \qquad (10-26)$$

式中：$P_1=y_1/\sigma_y$，$P_2=y_2/\sigma_y$。

2. 面源扩散模式

城市中小工厂、企业的生活锅炉、居民的炉灶等数量众多、分布面广、排放高度低的污染源，可以作为面源处理。下面介绍简化为点源的面源模式。

将城市中众多的低矮污染源依一定方式划分为若干小方格，每个方格内的源强为方格内所有源强的总和除以方格的面积。假设面源单元与上风向某一虚拟点源所造成的污染等效，当这个虚拟点源的烟流扩散到面源单元的中心时，其烟流的宽度正好等于面源单元的宽度，其厚度正好等于面源单元的高度，如图 10-17 所示。这相当于在点源公式中增加了一个初始扩散参数，以

模拟面源单元中许多分散点源的扩散,其地面浓度可用下式计算:

$$\rho(x,y,0,H)=\frac{Q}{\pi u(\sigma_y+\sigma_{y0})(\sigma_z+\sigma_{z0})}\exp\left\{-\frac{1}{2}\left[\frac{y^2}{(\sigma_y+\sigma_{y0})^2}+\frac{H^2}{(\sigma_z+\sigma_{z0})^2}\right]\right\} \quad (10-27)$$

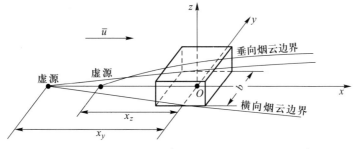

图 10-17 面源简化为虚拟点源示意图

σ_{y0}、σ_{z0}常用以下经验方法确定:

$$\sigma_{y0}=\frac{b}{4.3} \quad (10-28)$$

$$\sigma_{z0}=\frac{\overline{H}}{2.15} \quad (10-29)$$

式中:b——面源单元的宽度,m;

$\overline{H}$——面源单元的平均高度,m。

虚拟点源法还可用于对线源和建筑物附近的排放和工厂无组织排放的计算。

(二) 山区扩散模式

山区流场受到复杂地形的热力和动力因子影响,但根据国内外许多山区扩散实验表明,对风向稳定、研究尺度不大、地形相对较为开阔及起伏不很大的地区,相当多的实验数据基本上还是遵循正态分布规律的。在这样的地区,高架点源的扩散仍可用平原地区的高斯扩散模式。但由于山区大气湍流强烈,扩散速率比平原地区快,扩散参数比平原地区大得多,因此应取向不稳定方向提级后的扩散参数。下面介绍几种适用于山谷地区的大气扩散模式。

1. 封闭山谷中的扩散模式

狭长山谷中近地面源的污染,由于受到狭谷地形的限制,可以认为污染物仅能在狭谷两壁之间扩散。由于壁的多次反射作用,可以认为在距污染源一段距离之后,污染物在横向近似为均匀分布,在垂直方向仍为正态分布,可以推出浓度表达式:

$$\rho(x,z)=\frac{2Q}{\sqrt{2\pi}\ \overline{u}b\sigma_z}\exp\left(-\frac{z^2}{2\sigma_z^2}\right) \quad (10-30)$$

式中:b——山谷的宽度,m。

若为高架源,则为:

$$\rho(x,z,H)=\frac{2Q}{\sqrt{2\pi}\ \overline{u}b\sigma_z}\left\{\exp\left[-\frac{(z-H)^2}{2\sigma_z^2}\right]+\exp\left[-\frac{(z+H)^2}{2\sigma_z^2}\right]\right\} \quad (10-31)$$

与前面封闭型扩散类似,可以利用 $\sigma_y=b/4.3$ 来求出开始受山谷壁面影响的距离。

2. 其他模式

对于山区扩散模式,常见的还有 NOAA、EPA 模式和 ERT 模式,这些模式都是在分析了高架点源烟流受起伏地形的影响后提出的以高斯模式为基础的计算模式,仅对有效源高做了修正,具体方法可见有关参考书。我国《制定地方大气污染物排放标准的技术方法》(GB/T 3840-91)中也对孤立山体(或其他障碍物)提出了有效源高的修正方法。

第五节　大气扩散计算

一、烟气抬升高度的计算

从烟囱排出的烟气,在其本身具有的动力(由排烟速度引起)和浮力(烟温比大气温度高而产生浮力)的作用下,往往可以上升到很高的高度,然后在湍流作用下进行扩散,烟气所达到的高度称为有效烟囱高度,而烟气上升的那段高度称为烟气抬升高度。因此,有效烟囱高度 H 应为烟囱的几何高度 H_s 加上抬升高度 ΔH,即:

$$H = H_s + \Delta H \tag{10-32}$$

现在实用的烟气抬升公式都是经验的或半经验的。下面介绍三个常用的烟气抬升公式。

(一)霍兰德式

$$\Delta H = \frac{v_s d}{\overline{u}} \left(1.5 + 2.7 \frac{T_s - T_a}{T_s} d \right) = \frac{1}{\overline{u}} (1.5 v_s d + 9.79 \times 10^{-3} Q_H) \tag{10-33}$$

式中:ΔH——烟云抬升高度,m;

$\quad v_s$——烟气出口速度,m/s;

$\quad d$——烟囱出口直径,m;

$\quad \overline{u}$——烟囱口高度上的平均风速,m/s;

$\quad Q_H$——单位时间排出烟气的热量,kJ/s;

$\quad T_s$、T_a——烟气和空气的温度,K。

(二)布里吉斯(Briggs)式

当大气稳定时($\Delta\theta/\Delta z > 0$):

$$\Delta H = 1.6 F^{1/3} x^{2/3} \overline{u}^{-1}, \quad x < x_F \tag{10-34}$$

$$\Delta H = 2.4 (F/\overline{u} \cdot S)^{1/3}, \quad x \geqslant x_F \tag{10-35}$$

$$x_F = \pi \overline{u} / \sqrt{S}, \quad F = g v_s \frac{d^2}{4} \left(\frac{T_s - T_a}{T_s} \right), \quad S = \frac{g}{T_a} (\Delta\theta/\Delta Z)$$

当大气为中性或不稳定时($\Delta\theta/\Delta z \leqslant 0$):

$$\Delta H = 1.6 F^{1/3} x^{2/3} \overline{u}^{-1}, \quad x < 3.5 x^* \tag{10-36}$$

$$\Delta H = 1.6 F^{1/3} (3.5 x^*)^{2/3} \overline{u}^{-1}, \quad x \geqslant 3.5 x^* \tag{10-37}$$

当 $F<55$ 时, $x^{*}=14F^{5/3}$; $F\geqslant 55$ 时, $x^{*}=34F^{2/5}$

式中: x_F——在大气稳定层结下,烟气抬升达最高值所对应的烟囱下风向轴线距离,m;

　　　　F——浮力通量,m^4/s^3;

　　　　S——大气稳定度参数;

　　　　x^*——大气湍流开始起主导作用时下风向轴线距离,m。

布里吉斯式适合于中小型热源的烟云抬升计算,火力发电厂的烟源多采用此式。

(三) 国家标准推荐式

我国《制定地方大气污染物排放标准的技术方法》(GB/T 3840—91)推荐的烟气抬升公式如下:

(1) 当 $Q_H \geqslant 2\,100$ kJ/s, $\Delta T \geqslant 35$ K 时:

$$\Delta H = n_0 Q_H^{n_1} H_s^{n_2} \bar{u}^{-1} \tag{10-38}$$

$$Q_H = 0.35 p q_V \frac{\Delta T}{T_s} \tag{10-39}$$

$$\Delta T = T_s - T_a \tag{10-40}$$

式中: n_0、n_1、n_2——系数,按表10-3选取;

　　　　p——大气压力,hPa;

　　　　q_V——烟气排放量(实际状态),m^3/s。

表 10-3　系数 n_0、n_1 和 n_2 的值

$Q_H/(kJ \cdot s^{-1})$	地表状况(平原)	n_0	n_1	n_2
$Q_H \geqslant 21\,000$	农村或城市远郊区	1.427	1/3	2/3
	城区及近郊区	1.303	1/3	2/3
$21\,000 > Q_H \geqslant 2\,100$ 且 $\Delta T \geqslant 35$ K	农村或城市远郊区	0.332	3/5	2/5
	城区及近郊区	0.292	3/5	2/5

(2) 当 $1\,700$ kJ/s $<Q_H<2\,100$ kJ/s 时:

$$\Delta H = \Delta H_1 + (\Delta H_2 - \Delta H_1) \frac{Q_H - 1\,700}{400} \tag{10-41}$$

$$\Delta H_1 = 2(1.5 v_s d + 0.01 Q_H)/\bar{u} - 0.048(Q_H - 1\,700)/\bar{u} \tag{10-42}$$

ΔH_2 按式(10-38)计算。

(3) 当 $Q_H \leqslant 1\,700$ kJ/s 或 $\Delta T<35$ K 时:

$$\Delta H = 2(1.5 v_s d + 0.01 Q_H)/\bar{u} \tag{10-43}$$

(4) 凡地面以上 10 m 高度年平均风速 $\bar{u} \leqslant 1.5$ m/s 时:

$$\Delta H = 5.50 Q_H^{1/4} \left(\frac{dT_a}{dz} + 0.009\,8 \right)^{-3/8} \tag{10-44}$$

式中: $\dfrac{dT_a}{dz}$——排放源高度以上环境温度垂直变化率,K/m;取值不得小于 0.01 K/m。

［例 10-1］　位于平原农村的某工厂,有一座高 80 m,出口直径为 1.5 m 的烟囱,其排放情况如下:$v_s = 20$ m/s,$T_s = 165$ ℃,$T_a = 15$ ℃,$u_{10} = 3$ m/s,$p = 1 \times 10^5$ Pa,试用不同抬升公式计算中性情况下的有效烟囱高度。

解:$\Delta T = T_s - T_a = (165 + 273)$ K $- (15 + 273)$ K $= 150$ K

中性条件下农村的风廓线指数 m 由表 10-1 查得,m $= 0.15$。

$u_{80} = u_{10}(H_s/10)^m = 3(80/10)^{0.15}$ m/s $= 4.1$ m/s

$q_V = v_s \pi d^2/4 = 20 \times \pi \times 1.5^2/4$ m^3/s $= 35.34$ m^3/s

$Q_H = 0.35 p q_V \Delta T/T_s = 0.35 \times 10^3 \times 35.34 \times 150/(165 + 273)$ kJ/s $= 4\ 235.96$ kJ/s

采用不同抬升公式计算结果如表 10-4 所示。

表 10-4　烟囱有效高度的计算结果

抬升公式	霍兰德	布里吉斯	国标
ΔH/m	21.1	79.9	70.1
H/m	101.1	159.7	150.1

二、扩散参数的确定

扩散参数是大气污染物浓度估算的一个重要参数。扩散参数可以通过野外现场测定,也可以通过风洞模拟实验确定,目前应用得最广的是根据大量扩散实验得到的经验公式。

(一) 帕斯奎尔(Pasquill)扩散参数

帕斯奎尔在 1961 年推荐了一种仅需常规气象观测资料划分大气稳定度和估算烟云扩散参数的方法。吉福德(Gifford)进一步将它制成应用更为方便的图表,因此这种方法又称 P-G 曲线法。

目前应用得最广泛而且比较简单的大气稳定度分类是帕斯奎尔稳定度分类法(即 P-G 或 P-T 法),下面介绍国标 GB/T 3840—91 推荐的适合于我国情况的修订帕斯奎尔法。它是根据常规气象观测(云量、地面风速、日照)来进行大气稳定度分类的。大气稳定度分为极不稳定、不稳定、弱不稳定、中性、较稳定和极稳定六类,分别用 A、B、C、D、E、F 来表示。其具体方法如下:

首先,计算太阳倾角和太阳高度角,再由云量与太阳高度角按表 10-5 查出辐射等级数,然后由辐射等级与地面风速按表 10-6 查出稳定度等级。

太阳倾角计算式为:

$$\delta = [0.006\ 918 - 0.399\ 912\cos\theta_0 + 0.070\ 257\sin\theta_0 - 0.006\ 758\cos2\theta_0 + 0.000\ 907\ \sin2\theta_0 - $$
$$0.002\ 697\cos3\theta_0 + 0.001\ 480\sin3\theta_0] \times 180/\pi \tag{10-45}$$

式中:θ_0——360 $d_n/365$,(°);

δ——太阳倾角,(°);

d_n——一年中日期序数,0,1,2,…,364。

太阳高度角由下式计算:

$$h_0 = \arcsin[\sin\varPhi\sin\delta + \cos\varPhi\cos\delta\cos(15t + \lambda - 300)] \tag{10-46}$$

式中:h_0——太阳高度角,(°);

$\varPhi$——当地的地理纬度,(°);

λ——当地的地理经度,(°);

t——观测进行时的北京时间,h。

表 10-5 太阳辐射等级

云量(总云量/低云量)	太阳高度角				
	夜间	$h_0 \leqslant 15°$	$15° < h_0 \leqslant 35°$	$35° < h_0 \leqslant 65°$	$h_0 > 65°$
$\leqslant 4/\leqslant 4$	-2	-1	+1	+2	+3
$5 \sim 7/\leqslant 4$	-1	0	+1	+2	+3
$\geqslant 8/\leqslant 4$	-1	0	0	+1	+1
$\geqslant 5/5 \sim 7$	0	0	0	0	+1
$\geqslant 8/\geqslant 8$	0	0	0	0	0

表 10-6 大气稳定度等级

地面风速/(m·s⁻¹)	太阳辐射等级					
	+3	+2	+1	0	-1	-2
$\leqslant 1.9$	A	$A \sim B$	B	D	E	F
$2 \sim 2.9$	$A \sim B$	B	C	D	E	F
$3 \sim 4.9$	B	$B \sim C$	C	D	D	E
$5 \sim 5.9$	C	$C \sim D$	D	D	D	D
$\geqslant 6$	C	D	D	D	D	D

图 10-18 和图 10-19 示出了不同稳定度下 σ_y 和 σ_z 随下风距离变化的经验曲线(取样时间 10 min)。一旦知道某地某时的大气稳定度后,就可以从这些曲线上查到各个距离的 σ_y 和 σ_z 的值。

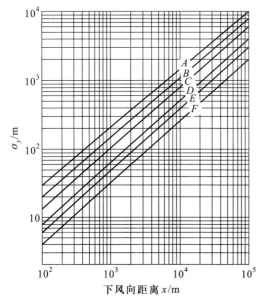

图 10-18 下风距离和水平扩散参数的关系

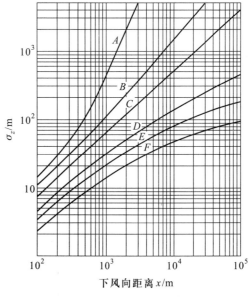

图 10-19 下风距离和垂直扩散参数的关系

Pasquill 这套数据适用于平原地区,对于粗糙度较大的地区,则应向不稳定方向提高 1～2 级后再查表或图。

(二)国家标准推荐的扩散参数

国标《制定地方大气污染物排放标准的技术方法》(GB/T 3840—91)中,推荐了各种地区扩散参数的确定方法。

1. 平原地区农村及城市远郊区的扩散参数选取方法

A、B、C 级稳定度直接由表 10-7 和表 10-8 查出扩散参数 σ_y 和 σ_z 的幂指数。D、E、F 级稳定度则需要向不稳定方向提半级后查算。

2. 工业区或城区的扩散参数选取方法

工业区 A、B 级不提级,C 级提到 B 级,D、E、F 级向不稳定方向提一级再按表 10-7 和表 10-8 查算。

3. 丘陵山区的农村或城市

其扩散参数的选取法同城市工业区。

4. 取样时间

大于 30 min 的取样时间,垂直扩散参数不变,横向扩散参数按下式计算:

$$\sigma_{y2} = \sigma_{y1}\left(\frac{t_2}{t_1}\right)^p \tag{10-47}$$

式中:σ_{y1}、σ_{y2}——对应于取样时间为 t_1、t_2 时的水平扩散参数;

p——时间稀释指数,当 $0.5\,h \leqslant t < 1\,h$,$p = 0.2$,$1\,h \leqslant t < 100\,h$,$p = 0.3$。

表 10-7　水平扩散参数幂函数 $\sigma_y = \gamma_1 x^{\alpha_1}$ 表达式系数(取样时间 0.5 h)

稳定度	α_1	γ_1	下风距离/m
A	0.901 074	0.425 809	0 ~ 1 000
	0.850 934	0.602 052	>1 000
B	0.914 370	0.281 846	0 ~ 1 000
	0.865 014	0.396 353	>1 000
$B \sim C$	0.919 325	0.229 500	1 ~ 1 000
	0.875 086	0.314 238	>1 000
C	0.924 279	0.177 154	1 ~ 1 000
	0.885 157	0.232 123	>1 000
$C \sim D$	0.926 849	0.143 940	1 ~ 1 000
	0.886 940	0.189 396	>1 000
D	0.929 418	0.110 726	1 ~ 1 000
	0.888 723	0.146 669	>1 000

续表

稳定度	α_1	γ_1	下风距离/m
$D \sim E$	0.925 118	0.098 563 1	1 ~ 1 000
	0.892 794	0.124 308	>1 000
E	0.920 818	0.086 400 1	1 ~ 1 000
	0.896 864	0.101 947	>1 000
F	0.929 418	0.055 363 4	0 ~ 1 000
	0.888 723	0.073 334 8	>1 000

表 10-8　垂直扩散参数幂函数 $\sigma_z = \gamma_2 x^{\alpha_2}$ 表达式系数（取样时间 0.5 h）

稳定度	α_2	γ_2	下风距离/m
A	1.121 54	0.079 990 4	0 ~ 300
	1.513 60	0.008 547 71	300 ~ 500
	2.108 81	0.000 211 545	>500
B	0.964 435	0.127 190	0 ~ 500
	1.093 56	0.057 025	>500
$B \sim C$	0.941 015	0.114 682	0 ~ 500
	1.007 70	0.075 718 2	>500
C	0.917 595	0.106 803	>0
$C \sim D$	0.838 628	0.126 152	0 ~ 2 000
	0.756 410	0.235 667	2 000 ~ 10 000
	0.815 575	0.136 659	>10 000
D	0.826 212	0.104 634	1 ~ 1 000
	0.632 023	0.400 167	1 000 ~ 10 000
	0.555 36	0.810 763	>10 000
$D \sim E$	0.776 864	0.111 771	0 ~ 2 000
	0.572 347	0.528 992 2	2 000 ~ 10 000
	0.499 149	1.038 10	>10 000
E	0.788 370	0.092 752 9	0 ~ 1 000
	0.565 188	0.433 384	1 000 ~ 10 000
	0.414 743	1.732 41	>10 000
F	0.784 400	0.062 076 5	0 ~ 1 000
	0.525 969	0.370 015	1 000 ~ 10 000
	0.323 659	2.406 91	>10 000

三、大气污染物浓度计算

（一）一次浓度

大气污染物的一次浓度计算采用前面介绍的扩散模式进行计算。它对应的是一种气象条件下的污染物浓度分布。值得注意的是，在进行一次浓度计算时，必须考虑取样时间的影响。采用前面介绍的模式计算的污染物浓度取样时间与选用的扩散参数取样时间对应，如国标 GB/T 3840—91 中扩散参数取样时间 30 min，则计算出的浓度为 30 min 的平均浓度。通过取样时间的修正可以换算到 1 h、2 h 以至 24 h 平均浓度，但更长时间的平均浓度不能用这种方法进行计算。

（二）长期平均浓度

在实际工作中，往往需要了解污染源对环境的长期平均浓度的影响，如计算月、季、年平均浓度，可以采用不同类型气象条件下的若干个短期平均浓度与相应不同气象条件出现的频率加权平均的方法得到长期平均浓度：

$$\bar{\rho} = \sum_i \sum_j \sum_k \rho(D_i, u_j, A_k) f(D_i, u_j, A_k) \tag{10-48}$$

式中：　　$\bar{\rho}$——长期平均浓度，mg/m^3；

　　$\rho(D_i, u_j, A_k)$——风向为 D_i、风速等级为 u_j，稳定度级别为 A_k 的气象条件下的 1 h 浓度，mg/m^3；

　　$f(D_i, u_j, A_k)$——相应气象条件的出现频率。

计算时，i、j、k 取多少视具体情况而定，如风向分为 16 个方位，则 $i = 1 \sim 16$，若风速分为 4 个等级，则 $j = 1 \sim 4$；若稳定度分为 6 个级别，则 $k = 1 \sim 6$。

［例 10-2］ 在东经 104°，北纬 31° 的某平原郊区，建有一工厂。工厂产生的含 SO_2 废气是通过一座高 110 m，出口内径 2 m 的烟囱排放的。废气量为 4×10^5 m^3/h（烟囱出口状态），烟气出口温度 150 ℃，SO_2 排放量为 400 kg/h。在 7 月 13 日北京时间 13 时，当地的气象状况是：气温 35 ℃，云量 2/2，地面风速 3 m/s，大气压力 1×10^5 Pa。试计算此时距烟囱 3 000 m 的轴向浓度和由该厂造成的 SO_2 最大地面浓度及产生距离。

解：（1）确定大气稳定度：

稳定度分类方法采用国标 GB/T 3840—91 推荐的修订的帕斯奎尔法，由表 10-5 和表 10-6 可知，需先求得 h_0。由式（10-46）得：

$h_0 = \arcsin[\sin\Phi\sin\delta + \cos\Phi\cos\delta\cos(15t + \lambda - 300)]$

$\phi = 31°, t = 13 h, \lambda = 104°$

δ 由式（10-45）计算得到：$d_n = 194, \theta_0 = (360d_n/365)° = 191.34°$

$\delta = [0.006\,918 - 0.399\,912\cos\theta_0 + 0.070\,257\sin\theta_0 - 0.006\,758\cos(2\theta_0) + 0.000\,907\sin(2\theta_0)$
　　$- 0.002\,697\cos(3\theta_0) + 0.001\,480\sin(3\theta_0)] \times 180°/\pi = 21.96°$

代入上式求得 $h_0 = 80.91°$。

由云量 2/2 和 $h_0 = 80.91°$ 查表 10-5 可得辐射等级 +3。由太阳辐射等级 +3，地面风速 3 m/s 查表 10-6 知此时大气稳定度为 B 类。

（2）烟囱口风速：

$u = u_{10}(H_s/10)^m$

B 类稳定度，$m = 0.07$　　$\bar{u} = 3 \times (110/10)^{0.07}$ m/s = 3.5 m/s

（3）烟囱有效高度：

烟气抬升公式采用国标推荐式：

$$Q_H = 0.35pq_v\Delta T/T_s = 0.35\times1\,000\times(4\times10^5/3\,600)\times(150-35)/(273.15+150)\ \text{kJ/s}$$
$$= 10\,568.88\ \text{kJ/s}$$

因 $Q_H = 10\,568.88$ kJ/s 和 $\Delta T = 115$ K，采用式（10-38）；

$$\Delta H = n_0 Q_H^{n_1} H_s^{n_2} \bar{u}^{-1}$$

由平原郊区及 Q_H 查表 10-3 得： $n_0 = 0.332$，$n_1 = 3/5$，$n_2 = 2/5$

$$\Delta H = 0.332\times(10\,568.88)^{3/5}(110)^{2/5}/3.5\ \text{m} = 161.45\ \text{m}$$
$$H = H_s + \Delta H = 110+161.45\ \text{m} = 271.45\ \text{m}$$

（4）3 000 m 处轴线浓度：

当 $x = 3\,000$ m 时，由图 10-18 和图 10-19 可查得 B 类稳定度下： $\sigma_y = 395$ m，$\sigma_z = 363$ m，代入式（10-9）：

$$\rho(3\,000,0,0,271.45) = \frac{Q}{\pi\bar{u}\sigma_y\sigma_z}\exp\left(-\frac{H^2}{2\sigma_z^2}\right) = \frac{400\times10^6/3\,600}{\pi\times3.5\times395\times363}\exp\left(-\frac{271.45^2}{2\times363^2}\right)\ \text{mg/m}^3$$
$$= 0.053\ \text{mg/m}^3$$

（5）最大地面浓度及产生距离：

由式（10-11）可知：

$$\sigma_z\Big|_{x=x_{\rho_{max}}} = H/\sqrt{2} = 271.45/\sqrt{2}\ \text{m} = 191.94\ \text{m}$$

查图 10-19 可知， $x_{\rho_{max}} = 1\,684$ m

此时， $\sigma_y = 238.5$ m，由式（10-10）得：

$$\rho_{max} = \frac{2Q}{\pi e\bar{u}H^2}\cdot\frac{\sigma_z}{\sigma_y} = \frac{2\times400\times10^6/3\,600}{\pi e\times3.5\times271.45^2}\cdot\frac{191.94}{238.5}\ \text{mg/m}^3$$
$$= 0.081\ \text{mg/m}^3$$

第六节　烟囱计算

当今工厂的烟囱已从单纯的排气装置发展成为控制污染、保护环境的设备。烟囱的主要尺寸及工艺参数（如烟囱高度、出口直径、喷出速度）的设计应满足减少对地面污染的需要，烟囱设计的主要内容便是烟囱高度和出口内径的计算。

一、烟囱高度的计算

由前面的扩散模式可知，污染物地面浓度与烟囱高度的平方成反比，但烟囱的造价也近似地与烟囱高度的平方成正比，为了达到环保和经济两方面的协调统一，需要确定一个合理的烟囱高度。目前应用最为普遍的烟囱高度的计算方法是按正态分布模式导出的简化公式。由于对地面浓度的要求不同，烟囱高度有以下几种算法。

（一）按最大着地浓度的计算方法

根据最大着地浓度和有效烟囱高度的关系式（10-10），设国家地面浓度标准为 ρ_0，本底浓度

为 ρ_{B},则烟囱高度用下式计算:

$$H_s \geqslant \sqrt{\frac{2Q\sigma_z}{\pi e \overline{u}(\rho_0 - \rho_B)\sigma_y}} - \Delta H \qquad (10\text{-}49)$$

利用式(10-49)计算时,通常设 $\sigma_z/\sigma_y = 0.5 \sim 1$(不随距离而改变)。

(二)按绝对最大着地浓度的计算方法

地面最大浓度公式是在风速不变的情况下导出的,实际上风速是变化的。当同时考虑风速对烟气抬升高度和扩散稀释的作用时,它的作用是相反的。风速增加,一方面在扩散公式中使 $\rho_{\max}$ 降低,但另一方面在烟气抬升公式中使 ΔH 降低,因此存在某个风速值,它使最大地面浓度达到极大值 ρ_{absm},这个风速称为危险风速或临界风速,用 $\overline{u}_c$ 表示。

通常,抬升公式可写为: $\Delta H = B/\overline{u}$,其中,$B$ 代表抬升公式中除 $\overline{u}$ 以外的其他因子,将它代入最大浓度公式,令 $\mathrm{d}\rho/\mathrm{d}\overline{u} = 0$,可得 $\overline{u}_c = B/H_s$,此时的地面浓度为:

$$\rho_{\mathrm{absm}} = \frac{Q}{2\pi e H_s^2 \overline{u}_c} \sigma_z/\sigma_y \qquad (10\text{-}50)$$

此时的烟囱高度为:

$$H_s \geqslant \frac{Q}{2\pi e B(\rho_0 - \rho_B)} \cdot \frac{\sigma_z}{\sigma_y} = \sqrt{\frac{Q}{2\pi e \overline{u}_c(\rho_0 - \rho_B)} \cdot \frac{\sigma_z}{\sigma_y}} \qquad (10\text{-}51)$$

(三)按照一定保证率的计算方法

如果烟囱高度选用危险风速来设计,将保证地面污染物浓度在任何情况下不会超过允许标准,然而设计出的烟囱也是最高的,在经济实力雄厚时是一种可取的办法。事实上,各地的气象资料表明,危险风速出现的频率很小,为满足这种很少出现的情况而过多地投资是不合算的。如果按常年平均风速来设计烟囱,烟囱高度较矮,投资较省,但它只能保证有 50% 的概率使地面污染物浓度不超过允许值,当风速小于平均风速时,就可能超标。因此,从环保和经济两方面来看,选择一个具有可接受的保证率的风速来设计烟囱高度是比较合理的,它可以保证在可接受的保证率下地面污染物浓度不超过允许标准。对于污染较大但出现频率较低的气象条件,可以通过加强污染预报,利用调节生产的办法来解决,如改换清洁燃料等。

(四)烟囱高度设计时的注意事项

进行烟囱高度设计时,还应注意:

(1)使烟囱能避免气流下洗现象(图10-20)或下沉现象(图10-21)的影响,要求烟囱高度

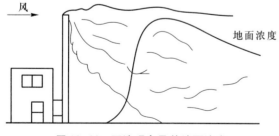

图 10-20　下洗现象及其地面浓度

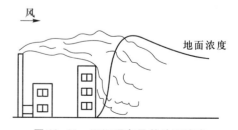

图 10-21　下沉现象及其地面浓度

至少为邻近建筑物或障碍物高度的 2.5 倍。

（2）避开烟囱有效高度 H 与出现频率最高或较多的混合层高度相等,因为此时的情况最坏,地面浓度等于一般情况下的 2 倍。

二、烟囱出口直径的计算

烟囱出口直径可由下式计算：

$$D = \sqrt{\frac{4q_V}{\pi v_s}} \qquad (10\text{-}52)$$

式中：D——烟囱出口直径,m;

q_V——烟气排放量,m³/s;

v_s——烟气出口速度,m/s。

从式（10-52）可看出,烟囱出口直径的设计主要是选择一个合适的烟气出口速度问题,选择烟气出口速度的一个重要原则是：避免下洗现象或下沉现象的发生。根据气流下沉的经验法则,选取 $(v_s/u)>2.5$ 作为设计准则是合适的。

烟气出口速度的大小对烟流抬升影响很大。v_s 大,烟气的动量抬升高,但却促进了与周围空气的混合,反而减少了烟流的整个抬升,因此选择烟气出口速度要适当。

[例 10-3] 地处丘陵的某炼油厂要进行扩建,拟新建一烟囱排放污染物。烟囱排放条件为：出口内径 3 m,出口速度 15 m/s,排放温度 140 ℃,大气温度 17 ℃,SO_2 排放量 7.2 kg/h。离该厂 2 500 m 处有一城镇,大气中 SO_2 的现状浓度是 10.5 μg/m³,为使该城镇大气中 SO_2 的浓度低于 20 μg/m³,问要建多高的烟囱才能满足要求?设计风速取 3m/s。

解：SO_2 的排放量 $Q = 7.2\text{kg/h} = 2 \times 10^6$ μg/s

烟云抬升采用霍兰德式：

$$\Delta H = \frac{v_s d}{\bar{u}}\left(1.5 + 2.7\frac{T_s - T_a}{T_s}d\right)$$

$$= \frac{15 \times 3}{3}\left\{1.5 + 2.7\frac{[(140+273.15)-(17+273.15)]}{(140+273.15)} \times 3\right\} \text{m}$$

$$= 58.7 \text{ m}$$

取 $\sigma_z/\sigma_y = 0.9$,则由式（10-49）可得到烟囱高度为：

$$H_s \geq \sqrt{\frac{2Q\sigma_z}{\pi e \bar{u}(\rho_0 - \rho_B)\sigma_y}} - \Delta H$$

$$= \left(\sqrt{\frac{2 \times 2 \times 10^6 \times 0.9}{\pi e \times 3 \times (20-10.5)}} - 58.7\right) \text{ m}$$

$$= 63 \text{ m}$$

即修建 63 m 的烟囱就能满足要求。

第七节　厂 址 选 择

厂址选择是一个涉及政治、经济、技术等多方面的综合性课题。本节仅从充分利用大气对污染物的扩散稀释能力,防止大气污染的角度,对厂址选择中的几个问题做一简介。

一、厂址选择中所需要的气候资料

气候资料是指常年统计形式的气象资料。

(一) 风向、风速的资料

为了直观,通常把风向,风速的资料按每小时值整理出日、月(季)、年的风向、风速分布的频率,并做成表格或如图 10-2 所示的风向风速玫瑰图等。山区地形复杂,风向、风速随地点和高度变化很大,则应做出不同观测点和不同高度的风玫瑰图。

由于长时间的静风会使污染物大量积累,并引起严重污染,在大气污染分析工作中,常常把静风(风速小于 1 m/s)和微风(风速在 1~2 m/s 之间)的情况单独分析。不但要统计静风出现的频率,而且还要进一步分析静风的持续时间,并绘出静风持续时间的频率图。

(二) 大气稳定度的资料

一般气象台站没有近地层大气温度层结的详细资料,可根据帕斯奎尔方法或帕斯奎尔-特纳尔方法,利用已往的风向、风速、总云量/低云量的原始记录,对当地的大气稳定度进行分类。然后统计出月(季)、年各种稳定度的出现频率,做出相应的图表。同时,还应特别注意统计逆温的资料,如发生时间、持续时间、发生的高度、平均厚度及逆温强度等。

(三) 混合层高度的确定

混合层高度是影响污染物垂直扩散的重要参数。混合层高度可以看作气块做绝热上升运动的上限高度,具体地指出污染物在垂直方向的扩散范围。混合层高度的确定方法见本章第四节。

大范围内的平均污染浓度,可以认为与混合层高度 L 和混合层的平均风速 $\bar{u}$ 的乘积成反比。因此通常定义 $L\bar{u}$ 为通风系数,它表示单位时间内通过与平均风向垂直的单位宽度混合层的空气量。通风系数越大平均污染浓度越小。

二、长期平均浓度

在厂址选择或环境评价中,更受关注的是长期平均浓度的分布,可以采用式(10-48)计算某个污染源周围的污染物浓度分布情况,进而可以做出长期平均污染浓度的等值线图。由此可以评价这个污染源对周围大气环境的污染程度,进一步决定在该地是否建这样的工厂。

三、厂址选择

从防治大气污染的角度出发,理想的建厂位置应当选择在污染本底值小、扩散稀释能力强、排放的污染物被输送到城市或居民区的概率最小的地方。

(一) 本底浓度

本底浓度是该地区已有的污染物浓度水平。在本底浓度已超过国家有关环境空气质量标准的地区不宜建新厂。有时本底浓度虽未超标,但加上拟建工厂的污染后将超标,而且在短期内也难以解决,也不适宜建厂。

(二) 风向、风速与静风

污染危害的程度是与受污染的时间和污染浓度有关,所以希望居住区、作物生长区等能设在受污染时间短、污染浓度又低的位置。故确定工厂和居民区的相对位置时,要考虑风向、风速两个因素,为此定义一个污染系数:

$$污染系数 = \frac{风向频率}{平均风速}$$

某风向污染系数小,表示从该风向出来的风所造成的污染小,即该方位的下风向的污染物长期平均浓度就低,因此污染源可布置在污染系数小的方位。表 10-9 是一个风向、风速的实测举例。由表可知,若仅考虑风向,工厂应设在居住区的东面(最小风频方向)。从污染系数考虑工厂应设在西北方向。

表 10-9 风向频率及污染系数计算实例

风向	N	NE	E	SE	S	SW	W	NW	总计
风向频率/%	14	8	7	12	14	17	15	13	100
平均风速/(m·s⁻¹)	3	3	3	4	5	6	6	6	—
污染系数	4.7	2.7	2.3	3.0	2.8	2.5	2.5	2.1	—
相对污染系数/%	21	12	10	13	12	12	11	9	100

厂址选择中应考虑的另一项风指标是静风出现频率及其持续时间。全年静风频率很高(如超过 40%)或静风持续时间很长的地区,可能引起严重污染,则不宜建厂。山区地面多静风,而在某高度以上仍保持一定风速,故只要有效源高足以超出地形高度的影响,达到恒定风速层,就不致形成静风型污染,故仍可考虑建厂。

(三) 大气稳定度与逆温

因为污染物的扩散一般是在距地面几百米范围内进行的,所以离地面几百米范围内的大气稳定度对污染物的扩散稀释过程有重要影响,选厂时必须加以注意。主要应收集逆温层的强度、厚度、出现频率和持续时间等资料,要特别注意逆温同时又出现小风和静风的情况。

逆温层对高架源和地面源产生的影响是不同的。近地层的接地逆温层对地面源的影响很大,往往导致较高的污染物地面浓度。贴地逆温(接地逆温)对高架源的影响有两种情况:一是高架源的排放口经常处在逆温层中,此时在污染源附近的地面浓度值偏低,在较远处的地面浓度值偏高。在接地逆温消失过程中,有时还产生熏烟型污染。二是高架源的烟囱口高于贴地逆温层顶,此时地面浓度值低,最为有利。

（四）地形

（1）山谷较深,走向与盛行风向交角为 $45°\sim135°$ 时,谷风风速经常很小,不利于扩散稀释。若烟囱有效高度又不能超过经常出现静风及小风的高度时,山谷内则不宜建厂。

（2）排烟高度不可能超过下坡风厚度及背风坡湍流区高度时,在这种背风坡地区不宜建厂。

（3）在谷地建厂时应考虑四周山坡上的居民区及农田的高度,若排烟有效高度不能超过其高度时,也不宜建厂。

（4）四周地形很高的深谷地区,冷空气无出口,静风频率高且持续时间长,逆温层经久不散,也不宜建厂。

（5）在海陆风较稳定的大型水域与山地交界的地区不宜建厂。必须建厂时,应该使厂区与生活区的连线与海岸平行,以减少海陆风造成的污染。

地形对大气污染的影响是十分复杂的,对具体情况必须做具体的分析。在地形复杂的地方选厂,一般应进行专门的气象观测和现场扩散实验,或者进行风洞模拟实验,以便对当地的扩散稀释条件做出准确的评价,确定必要的对策或防护距离。

此外,除了以上因素外,其他气象条件也要适当考虑,如:降水、云、雾等。降水往往会冲洗和溶解部分大气中的污染物,降水多的地方往往大气较清洁,而低云和雾较多的地方易造成更大的污染。

习题

10.1　在某地进行的一次野外试验中测得:

z/m	10	30	50	70	100
$u/(\text{m}\cdot\text{s}^{-1})$	1.5	1.8	1.9	2.7	2.8

试确定当地的 m 值。

10.2　某一高架连续点源,沿轴线地面最大浓度模式中 $\sigma_z/\sigma_y=0.6$, $u=4.0$ m/s,排烟有效源高 $H=160$ m,排烟量 40.0×10^4 m³/h,排烟中硫氧化物浓度为 200 mg/m³,试问该高架点源导致的最大地面浓度是多少?

10.3　电厂烟囱高度为 40 m,内径 0.6 m,排烟速度 21 m/s,烟气温度 420 K,环境温度 293 K,源高处的平均风速为 4 m/s,大气为中性层结,试用不同的抬升公式计算此情况下的有效烟囱高度。

10.4　某酸厂尾气烟囱高 70 m,其 SO_2 排放量 20 g/s,夜间和上午地面风速为 3 m/s,夜间云量为 10/3,当烟流全部发生熏烟现象时,确定下风方向 2 km 处 SO_2 的地面浓度。

10.5　试证明高架连续点源在出现地面最大浓度的距离上,烟流中心线的浓度与地面浓度之比等于 1.38。

10.6　甲乙两临近厂均排放含 SO_2 的废气,甲厂排放点位于乙厂排放点上方向偏东 $45°$ 角 1.2 km 处,甲厂从 100 m 烟囱排放 SO_2 气体的强度为 900 g/s,烟气温度为 160 ℃,乙厂从 80 m 烟囱排放 SO_2 气体的强度为 800 g/s,烟气温度为 140 ℃,如地面以上 100 m 气层的盛行风向为北风,地面风速 1.0 m/s,大气稳定度为中性,环境温度 20 ℃,试问乙厂下风向 5 km 处 SO_2 的浓度是多少?

10.7　某厂自有效烟囱高度 120 m 处排放 SO_2 气体的强度为 100 g/s。烟囱出口风速 4.2 m/s(B 类稳定度),由于上面存在一逆温层,混合层高度 1 200 m,试画出此时的地面轴线浓度曲线。

10.8　在东经 $102.5°$,北纬 $29.8°$ 的某平原地区,有一污染排放源,源高 90 m,出口内径 2.5 m,烟气出口温度 150 ℃,NO_x 排放量 250 kg/h,在 7 月 12 日北京时间 16 时,当地气象状况是:气温 28 ℃,云量 6/3,地面风速 2 m/s,

试计算该排放源造成的最大地面浓度是多少?

10.9　晚秋某一晴天 16 时在 150 m 长的垃圾沟里焚烧垃圾,焚烧时有机气体随烟气散逸,焚烧时风向与垃圾沟垂直,风速为 2.5 m/s,散逸速率为 95 g/s。试计算垃圾沟下风向 350 m 处地面有机物的浓度。

10.10　估算燃烧着的矸石堆排放 NO_x 的速率为 3 g/s,试计算多云的夜间,风速为 6 m/s 时,正下风向 0.5、1.5 和 5 km 处的 NO_x 地面浓度(假定污染源可视为地面点源且无烟气抬升现象)。

10.11　平原地区某污染源 SO_2 排放量为 60 g/s,烟气流量为 260 m³/s,烟气温度为 423 K,大气温度 293 K。该地区的 SO_2 背景浓度为 0.04 mg/m³,设 $\sigma_z/\sigma_y = 0.5$, $u_{10} = 3$ m/s, $m = 0.25$,试按"环境空气质量标准"的二级标准来设计烟囱高度和出口直径。

10.12　某电厂通过一个 60 m 高的烟囱排放废气,烟气抬升高度可以用下式计算:

$$\Delta H = 200/u$$

其中大气稳定度为 C, u 为风速,m/s。计算在什么风速下地面浓度会出现最大值。

第十一章　废气净化系统

废气净化系统是指把污染物质收集起来,输送到净化设备中将其分离出来或转化成无害物质,净化后的干净气体排入大气的整个过程体系,它通常包括污染物的捕集、输送、净化、引曳设备及排气烟囱五个部分。前面已介绍了各种净化装置,本章着重讨论污染物的捕集装置、管路的设计,以及输送设备的选择等问题。

第一节　废气净化系统的组成及设计内容

一、废气净化系统的组成

如图 11-1 所示,一个完整的废气净化系统一般由五部分组成,它们是捕集污染气体的废气收集装置(集气罩),连接系统各组成部分的管道,使污染气体得以净化的净化装置,为气体流动提供动力的通风机,充分利用大气扩散稀释能力减轻污染的烟囱。

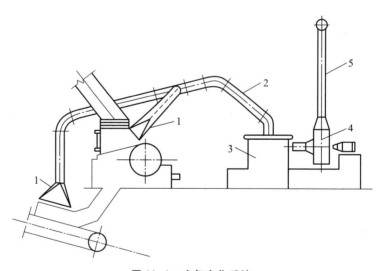

图 11-1　废气净化系统
1—集气罩;2—管道;3—净化设备;4—通风机;5—烟囱

(一)集气罩

污染物的捕集通常是指对设备敞口部位散发的含污染物的气流的控制及收集。通过对污染物的有效捕集,以保证周围良好的生产、生活环境,尽可能使输送及净化的气体量最少,效率最高。集气罩是用来捕集污染物的装置,其性能对局部排气净化系统的技术经济指标有直接影响。

(二) 管道

管道是废气污染控制系统中不可缺少的组成部分。管道系统在净化系统中是用来输送气流的,通过管道使系统的设备和部件连成一个整体。合理地设计、施工和使用管道系统,不仅能充分发挥控制装置的效能,而且直接关系到设计和运转的经济合理性。

(三) 净化设备

气体净化设备是净化系统的核心部分。当排气中污染物含量超过排放标准时,必须先进行净化处理,达到排放标准后才能排入大气。

(四) 通风机

通风机是净化系统中气体流动的动力装置。通风机一般都放在净化设备后面,防止通风机的磨损和腐蚀。

(五) 烟囱

烟囱是净化系统的排气装置。由于净化后的气体中仍然还含有一定浓度的污染物,这些污染物经烟囱排放后在大气中扩散、稀释,并最终沉降到地面。为了保证地面污染物浓度不超过环境空气质量标准,烟囱必须具有一定的高度。

此外,为了保证废气净化系统能够正常运行,根据净化处理对象的不同,在净化系统中往往增设必要的辅助设备。例如:处理高温气体时的冷却装置、余热利用装置,满足钢材热胀冷缩变化的管道补偿器,输送易燃易爆气体时的防爆装置,以及用于调节系统风量和压力平衡的各种阀门,用于测量系统内各种参数的测量仪器、控制仪器和测孔,用于支撑和固定管道、设备的支架,用于降低风机噪声的消音装置等。

二、废气净化系统的设计内容

(1) 废气收集装置的设计:废气收集装置俗称为集气罩。集气罩设计主要包括罩子的结构形式、尺寸和安装位置。有组织的排放源多数情况下不存在集气罩设计。

(2) 管道设计:主要包括管径大小、管道压力损失及管道布置。

(3) 净化设备设计:为待处理的污染物设计净化装置,将污染物从气流中分离出来或转化成无害物质,具体内容见前面相关各章。

(4) 风机选择:根据整个系统的阻力降(包括集气罩、管道、净化设备的压力损失)及要处理的废气量,选择相应的风机。

(5) 排气筒设计:主要包括排气筒的结构尺寸、高度、出口直径等,见第十章。

第二节 集气罩设计

一、集气罩气流流动的基本理论

研究集气罩罩口气流运动规律,对于合理设计、使用集气罩和有效捕集污染物是十分重要的。罩口气流流动的方式有两种:一种是吸风口的吸入流动;另一种是喷气口的射流流动。集气罩对气流的控制均以这两种流动原理为基础。

(一) 吸入流动的基本理论

一个敞开的管口是最简单的吸气口。当吸气管吸气时,在吸气管口附近形成负压,周围空气从四面八方流向吸气口。当吸气口面积较小时,可视为"点汇"。假定流动没有阻力,在吸气口外气流流动的流线是以吸气口为中心的径向线,等速面是以吸气点为球心的球面,如图11-2(a)所示。

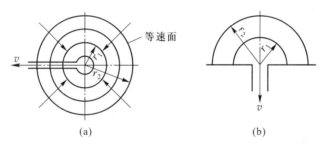

图11-2 点汇气流流动情况

假设点汇的吸气量为 q_V,等速面的半径分别为 r_1 和 r_2,相应的气流速度为 v_1 和 v_2,则有:

$$q_V = 4\pi r_1^2 v_1 = 4\pi r_2^2 v_2 \qquad (11-1)$$

即:

$$\frac{v_1}{v_2} = \left(\frac{r_2}{r_1}\right)^2 \qquad (11-2)$$

由式(11-2)可见,点汇外某一点的流速与该点至吸气口距离的平方成反比,说明吸气口外的气流速度衰减很快。因此设计集气罩时,应尽量减小罩口到污染源的距离。

如果吸气口的四周加上挡板,如图11-2(b)所示,吸气范围减少一半,其等速面为半球面,则吸气口的吸气量为:

$$q_V = 2\pi r_1^2 v_1 = 2\pi r_2^2 v_2 \qquad (11-3)$$

比较式(11-1)和式(11-3)可以看出,在同样距离上以相同的速度吸气时,没有挡板的吸气口的吸气量比有挡板的吸气口的吸气量要大一倍,或者说,在吸气量相同的情况下,在相同距离上,没有挡板的吸气口的吸入速度比有挡板的吸气口的吸入速度小一半。因此,在设计外部吸气罩时,应尽量减少吸气范围,以便增强吸气效果。

实际上,吸气口总有一定的大小,气体流动也是有阻力的。所以,吸气区内空气流动的等速面不是球面而是椭球面。一些研究者对吸气口的吸入流动进行了实验研究。根据实验数据,绘制了吸气区内流线和等速面分布图,如图 11-3、图 11-4 所示,这些图称为吸气流谱。图中等速面的速度值是以吸气口流速 v_0 的百分数表示的,离吸气口的距离是以吸气口直径的倍数表示的。图中比较直观地给出了吸气速度和相对距离的关系,可供设计吸气口时参考。

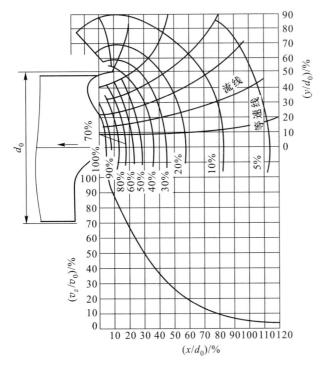

图 11-3　无边圆形吸气口的速度分布
（宽长比大于或等于 0.2）

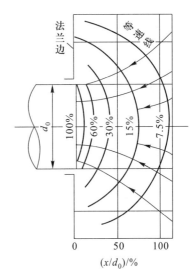

图 11-4　有边圆形吸气口的速度分布
（宽长比大于或等于 0.2）

（二）射流流动的基本理论

空气从管口喷出,在空间形成的一股气流称为吹出气流或空气射流。

1. 射流的分类

（1）按喷射口的形状不同,可以将射流分为圆射流、矩形射流和扁射流。

（2）根据空间界壁对射流的约束条件,射流可分为自由射流（无限空间）、受限射流（有限空间）和半受限射流。

（3）按射流内部温度变化情况分为等温射流和非等温射流。射流出口温度和周围空气温度相同的射流称为等温射流;非等温射流是沿射程被不断冷却或加热的射流。

（4）按射流产生的动力,可将射流分为机械射流和热射流。

2. 空气射流的一般特性

图 11-5 所示为等温圆射流的示意图。管口速度假设是完全均匀的。从孔口吹出的射

流范围不断扩大,其边界是圆锥面,圆锥的顶点 M 为射流极点,圆锥的半顶角 α 称为射流的扩散角,射流中保持原出口速度 v_0 的部分称为射流核心,速度小于 v_0 的部分称为射流主体,射流核心消失的断面 BOE 称为过渡断面,出口断面至过渡断面称为起始段,过渡断面以后称为主体段。

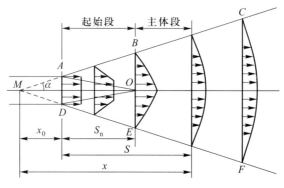

图 11-5　射流结构示意图

等温自由圆射流的一般特性为:

(1)射流边缘有卷吸周围空气的作用,这主要是由于紊流动量交换引起的。

(2)由于射流边缘的卷吸作用,射流断面不断扩大,射流质量不断增加。

(3)射流核心区呈锥形不断缩小。

(4)射流各断面的速度值虽然不同,但速度分布是相似的,可用下述半经验公式描述:

$$\frac{v}{v_{\mathrm{m}}}=\left[1-\left(\frac{y}{R}\right)^{1.5}\right]^2 \tag{11-4}$$

式中:v——端面速度,m/s;

v_{m}——轴心速度,m/s;

y——在 y 方向上离轴心的距离,m;

R——射流半径,m。

(5)射流中的静压与周围静止空气的压强相同。

(6)射流各断面的动量相等,即有:

$$\rho\pi R_0^2 v_0^2=\int_0^R 2\rho\pi y v^2\mathrm{d}y \tag{11-5}$$

3. 射流参数的计算

射流参数可采用表 11-1 所列公式进行计算。表中 a 是紊流系数,圆射流 $a=0.08$,扁射流(条缝射流)$a=0.11\sim0.12$。

(三)吸入气流与吹出气流

吸入气流与吹出气流(射流)(图 11-6)的差异主要有两点。

(1)射流由于卷吸作用,沿射流方向流量不断增加,射流呈锥形。吸入气流的等速面为椭球面,通过各等速面的流量相等,并等于吸入口的流量。

表 11-1　自由射流主体参数的计算公式

参数名称	符号	圆断面射流	条缝射流
扩散角/(°)	α	$\tan \alpha = 3.4a$	$\tan \alpha = 2.44a$
起始段长度/m	S_n	$S_n = 8.4R_0$	$S_n = 9.0b_0$
轴心速度/(m·s^{-1})	v_m	$\dfrac{v_m}{v_0} = \dfrac{0.966}{\dfrac{ax}{R_0}+0.294}$	$\dfrac{v_m}{v_0} = \dfrac{1.2}{\sqrt{\dfrac{ax}{b_0}+0.41}}$
断面流量/(m^3·s^{-1})	q_V	$\dfrac{q_V}{q_{V,0}} = 2.2\left(\dfrac{ax}{R_0}+0.294\right)$	$\dfrac{q_V}{q_{V,0}} = 1.2\sqrt{\dfrac{ax}{b_0}+0.41}$
断面平均速度/(m·s^{-1})	v_x	$\dfrac{v_x}{v_0} = \dfrac{0.1915}{\dfrac{ax}{R_0}+0.294}$	$\dfrac{v_x}{v_0} = \dfrac{0.492}{\sqrt{\dfrac{ax}{b_0}+0.41}}$
射流半径或半高度/m	R, b	$\dfrac{R}{R_0} = 1+3.4\dfrac{ax}{R_0}$	$\dfrac{b}{b_0} = 1+2.44\dfrac{ax}{b_0}$

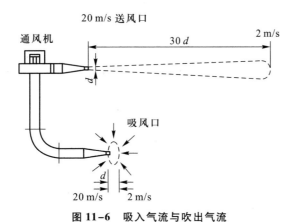

图 11-6　吸入气流与吹出气流

（2）射流轴线上的速度基本上与射程成反比,而吸气区内空气速度与距吸气口距离的平方成反比。所以吸气口的能量衰减得更快。

通过对比可以发现,吹出气流在较远处仍能保持其能量密度,控制能力大,而吸入气流则在离吸气口不远处其能量密度就急剧下降,有利于接受。因此,可以利用吹出气流作为动力,把污染物输送到吸气口再捕集,或者利用吹出气流阻挡,控制污染物的扩散,这种把吹气和吸气结合起来的集气方式称为吹吸气流。

（四）吹吸气流

吹吸气流是两股气流组合而成的合成气流,其流动状况随喷射口和吸风口的尺寸比以及流量比($q_{V,2}/q_{V,1}$,$q_{V,3}/q_{V,1}$)而变化。

图 11-7 是三种最基本的吹吸气流形式。图中 H 表示吸风口和喷射口的距离;D_1、D_3、F_1、F_3 分别表示喷射口、吸风口的尺寸及其法兰边宽度;$q_{V,1}$、$q_{V,2}$、$q_{V,3}$ 分别表示喷射口的喷射风量、吸入室内空气量和吸风口的总排风量;v_1、v_3 分别为喷射口和吸风口的气流速度。从图中可以看出,喷射口的宽度越大,抵抗以箭头表示的侧风、侧压的能力就越大。现在已经把 $H/D_1 < 30$ 定为吹吸式集气罩的设计基准值。从图中还可以看出,当喷射风量 $q_{V,1}$ 一定时,图 11-7(a)的喷射口宽度最小,喷射速度比图 11-7(b)、(c)要大,动力消耗也大,而且噪声、振动也大。当排风量 $q_{V,3}$ 一定时,图 11-7(b)的吸风口宽度最小,吸入速度比图 11-7(a)、(c)大,动力消耗大,亦不理想。因此通过 3 个图的比较,可知图 11-7(c)的流动形式最理想。

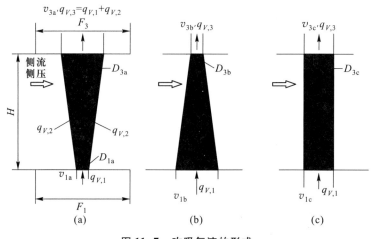

图 11-7 吹吸气流的形式

二、集气罩的基本形式

集气罩的种类很多,按罩口气流流动方式分为吸气罩和吹吸罩。利用吸气气流捕集污染空气的集气罩称为吸气罩,而吹吸罩则是利用吹吸气流来控制污染物扩散的。按集气罩与污染源的相对位置及围挡情况,可分为密闭集气罩、半密闭集气罩和外部集气罩。

(一)密闭集气罩

密闭罩是用罩子把污染源局部或整体密闭起来,使污染物的扩散被限制在一个很小的密闭空间内,通过动力设备的抽气,使内保持一定的负压,罩外的空气经罩上的缝隙流入罩内,以达到防止污染物外逸的目的。密闭罩的特点是:所需抽气量最小,控制效果最好,且不受车间内横向气流的干扰。因此,在设计集气罩时,在操作工艺允许的条件下,应优先采用密闭罩。密闭罩按其结构特点,又分为局部密闭罩、整体密闭罩和大容积密闭罩三种类型。

局部密闭罩只将设备的污染物产生点局部密闭起来,而工艺设备的其余部分都露在罩子之外(图 11-8)。它的特点是容积比较小,方便操作和设备检修,一般适用于污染气流速度较小且连续散发的地点。

整体密闭罩把污染源全部或大部分密闭起来,只把设备需要经常观察和维护的部分留在罩外(图 11-9)。它的特点是容积大,容易做到严密,适用于气流较大的设备,或全面散发污染物的污染源。

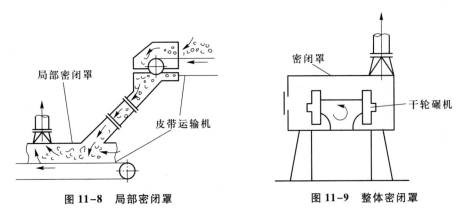

图 11-8　局部密闭罩　　　　图 11-9　整体密闭罩

大容积密闭罩是将产生污染的设备或地点全部密闭起来的密闭罩(图11-10),也称密闭小室。它的特点是罩子容积很大,设备检修可在罩内进行,适用于多点、阵发性、污染气流速度大的设备或地点。

(二) 半密闭罩

半密闭罩是在密闭罩上开有较大的操作孔,通过操作孔吸入大量的气流来控制污染物的外逸。半密闭罩多呈柜形和箱形,所以又称排气柜或通风柜。对用于热源的排气柜[图 11-11(a)],吸气口应设在上部,使吸入气流与热对流一致。用于冷源的排气柜,吸气口可设在侧面[图 11-11(b)],也可设在上面。

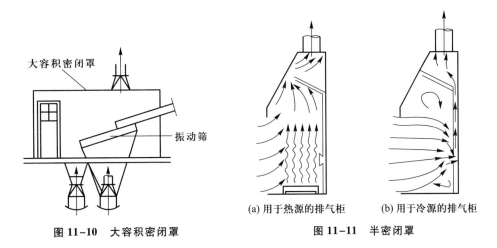

图 11-10　大容积密闭罩

(a) 用于热源的排气柜　　(b) 用于冷源的排气柜

图 11-11　半密闭罩

(三) 外部集气罩

依靠罩口外吸气流的运动,把污染物全部吸入罩内,这类集气罩统称为外部集气罩。按集气罩与污染源的相对位置可将外部集气罩分为三类:上部集气罩、下部集气罩和侧集罩。

上部集气罩位于污染源的上方,其形状多为伞形,又称伞形罩(图 11-12)。对于热设备,不论是生产设备本身散发的热气流,还是热设备表面高温形成的热对流,其污染气流都是由下向上运动的,采用上部集气罩最为有利。当然冷设备也有采用上部集气罩的。

下部集气罩位于污染源的下方。当污染源向下方散出污染物时,或由于工艺操作上的限制在上部或在侧面不容许设置集气罩时,才采用下部集气罩。如图 11-13 所示。

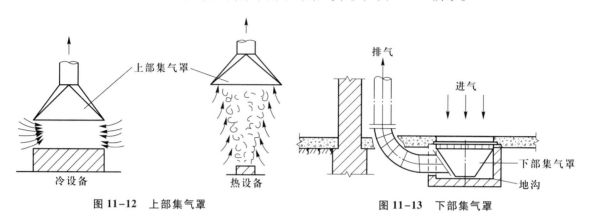

图 11-12　上部集气罩　　　　　　图 11-13　下部集气罩

位于污染源一侧的集气罩称为侧集罩。为了改进吸气效果,可在集气罩口上加边,或把其放到工作台上(图 11-14)。

(四)吹吸式集气罩

在外部集气罩的对面设置一排喷气嘴或条缝形吹气口,它和外部集气罩结合起来称为吹吸式集气罩。如图 11-15 所示。喷吹气流形成一道气幕,把污染物限制在一个很小的空间内,使之不外逸。同时喷吹气流还诱导污染气流使之一起向集气罩流动。由于空气幕的作用,使室内空气混入量大大减少,又由于射流的速度衰减较慢,所以在达到同样控制效果时,采用吹吸式集气罩要比用普通集气罩大大节省风量。污染源面积愈大,其效果愈明显。

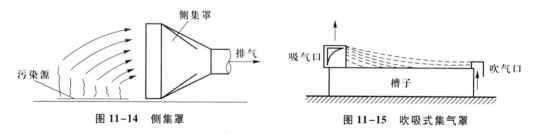

图 11-14　侧集罩　　　　　　图 11-15　吹吸式集气罩

此外,吹吸式集气罩还具有抗横向气流干扰和不影响工艺操作等优点。因此,在控制大面积污染源时,采用吹吸式集气罩是比较理想的。

三、集气罩设计

(一)集气罩设计的一般方法

集气罩设计就是要用尽可能小的排风量对污染物的扩散进行有效的控制。如果集气罩的选

择和设计不合理,不仅直接影响到工作区的卫生状况,而且还会导致设备及能量浪费,造价增加。集气罩设计通常应遵循以下原则:

(1) 集气罩应尽可能将污染源包围起来,或靠近污染源,使污染物的扩散限制在最小的范围内,防止或减少横向气流的干扰,以便在获得足够的集气速度情况下,减少集气量。

(2) 集气罩的吸气方向应尽可能与污染气流运动方向一致,充分利用污染气流的动能。

(3) 在保证控制污染的条件下,尽量减少集气罩的开口面积,使其集气量最小。

(4) 外部集气罩的轴线应与污染物散发的轴线相重合。罩口面积与风管断面积之比最大为16∶1;喇叭罩长度宜取风管直径的 3 倍,以保证罩口均匀集气。如达不到均匀集气时,可设多个集气口,或在集气罩内设分隔板、挡板等。

(5) 不允许集气罩的气流先经过工人的呼吸区再进入罩内。气流流程内不应有障碍物。

(6) 集气罩的结构不应妨碍工人操作和设备检修。

集气罩的设计要同时满足上述几点要求,常常有一定的难度。集气罩设计及安装需要解决客观上存在的多种相互制约的因素与矛盾,也需要借助于多方面的知识和经验。

集气罩设计程序一般是:先确定集气罩的结构尺寸和安装位置,再确定集气量,最后计算压力损失。这一设计程序也可能反复几次,才能设计出好的集气罩。

集气罩尺寸一般是按经验确定的。有关设计手册中给出了各种集气罩的参考尺寸,供设计时参考。在无参考尺寸时,可参照下列条件确定:

集气罩的罩口尺寸不应小于罩子所在位置的污染物扩散的断面面积。若设集气罩连接直管的特征尺寸为 D(圆管为直径,矩形管为短边),污染源的特征尺寸为 E(圆形为直径,矩形为短边),集气罩距污染源的垂直距离为 H,集气罩口的特征尺寸为 W,则应满足 $D/E>0.2$,$1.0<W/E<2.0$,$H/E<0.7$(如影响操作可适当增大)。

(二) 集气罩的集气量

在工程设计上,计算集气罩排风量的方法有两种,即控制速度法和流量比法。

1. 控制速度法

从污染源散发出的污染物具有一定的扩散速度,该速度随污染物扩散而逐渐减小。所谓控制速度就是指在罩口前污染物扩散方向的任意点上均能使污染物随吸入气流流入罩内并将其捕集所必需的最小吸风速度。吸风气流的有效作用范围内的最远点称为控制点。控制点距罩口的距离称为控制距离,如图 11-16 所示。

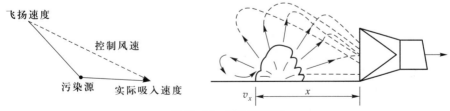

飞扬速度
控制风速
污染源　　实际吸入速度

v_x　　　x

图 11-16　控制速度法

在工程设计中,当确定控制速度 v_x 后即可根据不同形式集气罩罩口的气流衰减规律求得罩口上气流速度 v_0,在已知罩口面积 A_0 时,就可以方便地求得集气罩的排风量。采用控制速度法计算集气罩的排风量,关键在于确定控制速度 v_x 和集气罩口的速度分布曲线或气流速度衰减公式。

v_x 值与集气罩结构、安设位置及室内气流运动情况有关。一般通过现场实测确定。如果缺乏现场实测数据,设计时可参考表 11-2。

表 11-2　污染源的控制速度

污染物的产生状况	举例	控制速度/($m \cdot s^{-1}$)
以轻微的速度放散到平静的空气中	蒸气的蒸发,气体或烟气敞口容器中外逸	0.25 ~ 0.5
以轻微的初速度放散到尚属平静的空气中	喷漆室内喷漆,断续地倾倒有尘屑的干物料到容器中;焊接	0.5 ~ 1.0
以相当大的速度放散出来,或放散到空气运动迅速的区域	翻沙、脱模、高速(大于 1 m/s)皮带运输机的转运点、混合、装袋或装箱	1.0 ~ 2.5
以高速放散出来,或是放散到空气运动迅速的区域	磨床;重破碎;在岩石表面工作	2.5 ~ 10

集气罩口的速度分布曲线或气流速度衰减公式均通过实验求得。

对于无边的圆形或矩形(宽长比大于或等于 0.2)吸气口:

$$\frac{v_0}{v_x} = \frac{10x^2 + A}{A} \tag{11-6}$$

$$q_V = v_0 A = (10x^2 + A)v_x \tag{11-7}$$

对于有边的圆形或矩形(宽长比大于或等于 0.2)吸气口:

$$\frac{v_0}{v_x} = 0.75 \frac{10x^2 + A}{A} \tag{11-8}$$

$$q_V = v_0 A = 0.75(10x^2 + A)v_x \tag{11-9}$$

式中:v_0、v_x——分别是吸入口平均风速和控制面上的控制风速,m/s;

x——是控制面到吸入口的距离,m;

A——是吸气口的横断面积,m^2;

q_V——集气罩的集气量,m^3/s。

用同样方法,可以得到各种形状的集气罩的集气量计算式,它们可在有关手册中查到。

[例 11-1]　有一圆形的外部集气罩,罩口直径 $d=25$ mm,要在罩口轴线距离为 0.2 m 处形成 0.5 m/s 的吸气速度,试计算该集气罩的排风量。

解:若该集气罩为四周无法兰的侧吸罩,则利用式(11-7)得:

$q_V = (10x^2 + A)v_x = (10 \times 0.2^2 + \pi \times 0.25^2/4) \times 0.5$ $m^3/s = 0.225$ m^3/s

若该集气罩为四周有法兰的侧吸罩,则利用公式(11-9)得:

$q_V = 0.75(10x^2 + A)v_x = 0.75 \times (10 \times 0.2^2 + \pi \times 0.25^2/4) \times 0.5$ m^3/s

$= 0.169$ m^3/s

由此可见,罩子周边加上法兰后,减少了无效气流的吸入,排风量可节省 25%。

2. 流量比法

流量比法的基本思路是:把集气罩的集气量 q_V 看作污染物发生量 $q_{V,1}$(或热源顶部的热射流起始流量)和吸入室内空气量 $q_{V,2}$ 之和,即 $q_V = q_{V,1} + q_{V,2}$(见图 11-17)。比值 $q_{V,2}/q_{V,1} = K$ 称为流量比,流量比值越大,污染物越不易溢出罩外,但是排气量也越大,不经济。能保证污染物不溢出罩外的最小 K 值称为临界流量比,用 K_v 表示。设法寻求合理的 K_v 是流量比法的基本出发点。K_v 的大小与污染源的特征尺寸 E、集气罩的形状、尺寸、相对位置及集气罩的围挡情况有关。

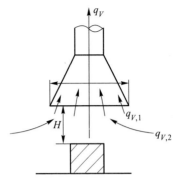

图 11-17　流量比法计算示意图

按照流量比法,热设备上部伞形罩的集气量按下式计算:

$$q_V = q_{V,1}(1 + nK_v')　　　　　　(11-10)$$

$$K_v' = K_v + \frac{3}{2\,500}\Delta t　　　　　　(11-11)$$

$$K_v = \left[1.4\left(\frac{H}{D}\right)^{1.5} + 0.3\right]\left[0.4\left(\frac{b}{D}\right)^{-3.4} + 0.1\right](y+1)　　(11-12)$$

式中:$q_{V,1}$——热设备上部热射流的起始流量,m^3/s;

　　　K_v'——热设备表面与周围空气具有温差时的临界流量比;

　　　Δt——热设备表面与周围空气的温差,K;

　　　K_v——热设备表面与周围空气没有温差时的临界流量比;

　　　H——伞形罩口至热设备表面的距离,m;

　　　D——热设备特征尺寸,圆形为直径,矩形为短边,m;

　　　b——伞形罩的宽度或直径,m;

　　　y——热设备短边与长边的比,$y = D/L$;

　　　n——考虑横向气流影响的安全系数,按下式计算:

$$n = 1 + 6.5\frac{v'}{v_1}　　　　　　(11-13)$$

　　　v'——室内横向气流速度,m/s;

　　　v_1——热射流的起始上升速度,m/s。

上述式(11-10)至式(11-13)仅适用于 $H/D \leqslant 0.7,1.0 \leqslant b/D \leqslant 1.5,0.2 \leqslant y \leqslant 1.0$ 的情况。

(三) 集气罩的压力损失

集气罩的压力损失 Δp 一般表示成压力损失系数 ξ 与直管中动压 p_d 之乘积的形式:

$$\Delta p = \xi p_d = \xi\frac{\rho v^2}{2}　　　　　　(11-14)$$

对结构形状一定的集气罩,ξ 值为常数(见表 11-3)。

表 11-3　集气罩的流量系数和压损系数表

罩子名称	喇叭口	圆台或天圆地方	圆台或天圆地方	管道端头	有边管道端头
罩子形状					
流量系数 φ	0.98	0.90	0.82	0.72	0.82
压损系数 ξ	0.04	0.235	0.49	0.93	0.49
罩子名称	有弯头的管道端头	有弯头有边的管道端头	—	有格栅的下吸罩	砂轮罩
罩子形状					
流量系数 φ	0.62	0.74	0.9	0.82	0.80
压损系数 ξ	1.61	0.825	0.235	0.49	0.56

第三节　管道系统的设计

一、管道布置的一般原则

管道布置通常是和各种装置的定位紧密联系在一起的。各种装置的安装位置确定了，管道布置的方案也就基本确定了。各种装置的定位受生产工艺及废气污染控制工艺的限制。特别是集气罩直接受污染源设备位置的限制，一般皆安装在生产设备上或其附近。其他装置(冷却装置、净化装置)在满足工艺流程的条件下定位比较灵活，应按管道布置原则确定。

输送不同介质的管道，其布置原则不完全相同。下面取其共性介绍管道布置的一般原则：

(1) 布置管道时，应对全车间所有管线通盘考虑，统一布置。对于净化管道的布置，应力求简单、紧凑，安装、操作和检修要方便，并使管路短，占地和空间少，投资省。在可能的条件下做到整齐美观。

(2) 当集气罩(即排气点)较多时，既可以全部集中在一个净化系统中(称为集中式净化系统)，也可以分为几个净化系统(称为分散式净化系统)。同一个污染源的一个或几个排气点设计成一个净化系统，称为单一净化系统。在净化系统划分时，凡发生下列几种情况之一者不能合为一个净化系统:污染物混合后有引起燃烧或爆炸危险者;不同温度和湿度的含尘气体,混合后可能引起管道内结露者;因粉尘或气体性质不同,共用一个净化系统会影响回收或净化效率者。

(3)管道敷设分明装和暗装,应尽量明装,不宜明装方采用暗设。

(4)管道应尽量集中成列、平行敷设,并应尽量沿路或柱子敷设。管径大的或保温管道应设在内侧(取墙侧)。

(5)管道与梁、柱、墙、设备及管道之间应有一定距离,以满足施工、运行、检修和热胀冷缩的要求:① 保温管道外表面距墙的距离不小于100 mm(大管道取大值);② 不保温管道距墙的距离应根据焊接要求考虑,管道外壁距墙的距离一般不小于150 mm;③ 管道距梁、柱、设备的距离可比距墙的距离减少50 mm,但该处不应有焊接接头;④ 两根管平行布置时,保温管道外表面的间距不小于100 mm,不保温管道不小于150 mm;⑤ 当管道受热伸长或冷缩后,上述间距均不宜小于25 mm。

(6)管道应尽量避免遮挡室内采光和妨碍门窗的启闭;应避免通过电动机、配电盘、仪表盘的上空;应不妨碍设备、管件、阀门和人孔的操作和检修;应不妨碍吊车的工作。

(7)管道通过人行横道时,与地面净距不应小于2 m;横过公路时,不得小于4.5 m;横过铁路时,与铁轨面净距不得小于6 m。

(8)水平管道应有一定的坡度,以便于放气、放水、疏水和防止积尘。一般坡度为0.002~0.005,对含有固体结晶或黏度大的流体,坡度可酌情选择,最大为0.01。

(9)管道与阀件的重量不宜支承在设备上,应设支、吊架。保温管道的支架上应设管托。

(10)在以焊接为主要连接方式的管道中,应设置足够数量的法兰连接处;在以螺纹连接为主的管道中,应设置足够数量的活接头(特别是阀门附近),以便于安装、拆卸和检修。

(11)管道的焊缝位置一般应布置在施工方便和受力较小的地方。焊缝不得位于支架处。焊缝与支架的距离不应小于管径,至少不得小于200 mm。两焊口的距离不应小于200 mm。穿过墙壁和楼板的一段管道内不得有焊缝。

(12)输送必须保持温度的热流体及冷流体的管道,必须采取保温措施。并要考虑热胀冷缩问题。要尽量利用管道的L形及Z形管段对热伸长的自然补偿,不足时则安装各种伸缩器加以补偿。

二、管径的选取

在已知废气流量 $q_{V,g}$ 和管内流体流速的情况下,管径由下式确定:

$$d = \sqrt{\frac{4q_{V,g}}{\pi v}} \qquad (11-15)$$

式中:$q_{V,g}$——处理的废气量,m³/s;

v——管内气体的平均流速,m/s。

管径的选取主要在于选取合适的流体流速,流速过大,则压力损失大,动力消耗高,运转费用高,流速过小,管道断面增大,材料消耗大,投资高,同时在除尘时,还容易造成管内积灰。气体在管道内流速一般控制在10~15 m/s,管道内各种流体的流速范围见表11-4。

表 11-4　管道内各种流体常用流速范围

流体	管道种类及条件		流速/(m·s⁻¹)	管材
含尘气体	粉状的黏土和砂		11 ~ 13	钢板
	耐火材料粉尘		14 ~ 17	钢板
	重矿物粉尘		14 ~ 16	钢板
	轻矿物粉尘		12 ~ 14	钢板
	干型砂		11 ~ 13	钢板
	煤灰		10 ~ 12	钢板
	钢和铁(尘末)		13 ~ 15	钢板
	棉絮		8 ~ 10	钢板
	水泥沙尘		12 ~ 22	钢板
	钢和铁屑		19 ~ 23	钢板
	灰土沙尘		16 ~ 18	钢板
	锯屑刨屑		12 ~ 14	钢板
	大块干木屑		14 ~ 15	钢板
	干微尘		8 ~ 10	钢板
	染料粉尘		14 ~ 18	钢板
	大块湿木屑		18 ~ 20	钢板
	谷物粉尘		10 ~ 12	钢板
	麻(短纤维尘、杂质)		8 ~ 12	钢板
锅炉烟气	烟道	自然通风	3 ~ 5	砖、混凝土
			8 ~ 10	钢板
		机械通风	6 ~ 5	砖、混凝土
			10 ~ 15	钢板
过热水蒸气	$d_g > 200$ mm		40 ~ 60	钢
	$d_g = 100 ~ 200$ mm		30 ~ 50	钢
	$d_g < 100$ mm		20 ~ 40	钢
饱和水蒸气	$d_g > 200$ mm		30 ~ 40	钢
	$d_g = 100 ~ 200$ mm		25 ~ 35	钢
	$d_g < 100$ mm		15 ~ 30	钢
凝结水	凝结水泵吸水管		0.5 ~ 1.0	钢
	凝结水泵出水管		1 ~ 2	钢
	自流凝结水管		<0.5	钢

续表

流体	管道种类及条件	流速/(m·s⁻¹)	管材
冷却水	冷水管	1.5 ~ 2.5	钢
	热水管	1.0 ~ 1.5	钢
压缩空气	$p_e = (10 \sim 20) \times 101.33 \text{ kPa}$	8 ~ 12	钢
	$p_e = (20 \sim 30) \times 101.33 \text{ kPa}$	3 ~ 6	钢
煤气	$d_g < 600 \text{ mm}$	4 ~ 6	钢
	$d_g = 800 \sim 1\,200 \text{ mm}$	8 ~ 14	钢
	$d_g = 1\,600 \sim 2\,000 \text{ mm}$	14 ~ 16	钢
	$d_g > 2\,000 \text{ mm}$	>16	钢
液氨	真空	0.05 ~ 0.30	钢
	$p_e \leqslant 6 \times 101.33 \text{ kPa}$	0.3 ~ 0.8	钢
	$p_e \leqslant 20 \times 101.33 \text{ kPa}$	0.8 ~ 1.5	钢
氢氧化钠	质量分数 0 ~ 30%	2	钢
	质量分数 30% ~ 50%	1.5	钢
	质量分数 50% ~ 93%	1.2	钢
硫酸	质量分数 83% ~ 93%	1.2	铅
	质量分数 93% ~ 100%	1.2	钢、铸铁
盐酸	—	1.5	橡胶
氯化钠	带有固体	2.0 ~ 4.5	钢
	没有固体	1.5	钢

三、管道压力损失的计算

管道内气体流动的压力损失包括沿程压力损失和局部压力损失,沿程压力损失也称摩擦压力损失,是指由于流体的黏性和流体质点之间或流体与管壁之间的摩擦而引起的压力损失;局部压力损失是流体流经管道系统中某些局部管件(如三通、阀门、管道出入口及流量计等)或设备时,由于流速的方向和大小发生改变形成涡流而产生的压力损失。

(一)摩擦压力损失

根据流体力学原理,流体流经断面不变的直管段时,摩擦压力损失可按下式计算:

$$\Delta p_l = l \frac{\lambda}{4R} \times \frac{\rho v^2}{2} = l R_l \qquad (11-16)$$

$$R_l = \frac{\lambda}{4R} \times \frac{\rho v^2}{2} \qquad (11-17)$$

式中:l——管道长度,m;

　　R_l——单位长度管道的摩擦压力损失,简称比压损,Pa/m;

　　λ——摩擦压损系数;

　　v——管道内流体的平均流速,m/s;

　　ρ——空气密度,kg/m³;

　　R——管道的水力半径,m,水力半径是指流体流经直管段时,流体的断面积 $A(\text{m}^2)$ 与润湿周边 $L(\text{m})$ 之比值,即:

$$R = \frac{A}{L} \tag{11-18}$$

对于充满气体的圆形管道,水力半径为 $d/4$,则比压损为:

$$R_l = \frac{\lambda}{d} \cdot \frac{\rho v^2}{2} \tag{11-19}$$

1. 圆形管道比压损的确定

从式(11-19)可见,λ 值的确定是计算 R_l 值的关键。λ 值是管道中流体的流动状态(Re 准数)及管道的相对粗糙度(K/d)的函数,即 $\lambda = f(Re, K/d)$。

在局部排气净化系统中,薄钢板风管的空气流动状态大多数属于紊流光滑区到粗糙区之间的过渡区。通常,高速风管的流动状态也处于过渡区。只有管径很小、表面粗糙的砖、混凝土风管内的流动状态才属于粗糙区。计算过渡区摩擦压损系数的公式很多,而适用范围较大,目前得到较广泛采用的是克里布洛克(Colebrook C F)公式:

$$\frac{1}{\sqrt{\lambda}} = -2\lg\left(\frac{K}{3.71d} + \frac{2.51}{Re\sqrt{\lambda}}\right) \tag{11-20}$$

式中:K——管道内壁粗糙度,mm,K 值可参考表 11-5 选取;

　　g——重力加速度,m/s²。

表 11-5　各种材料通风管道的粗糙度

风道材料	绝对粗糙度 K/mm	风道材料	绝对粗糙度 K/mm
薄钢板或镀锌薄钢板	0.15 ~ 0.18	胶合板	1.0
塑料板	0.01 ~ 0.05	砖砌体	3.0 ~ 6.0
矿渣石膏料	1.0	混凝土	1.0 ~ 3.0
矿渣混凝土板	1.5	木板	0.2 ~ 1.0

在工程设计中,为了避免烦琐的计算,都按上述公式绘制成各种形式的计算表或线解图。这类图表很多都是在某些特定条件下作出的,选用时必须注意适用条件。1977 年出版的《全国通用通风管道计算表》(以下简称"计算表")是根据我国第一次制定的通风管道统一规格而相应编制的计算表。它是按式(11-20)和式(11-19)绘制的。适用于大气压力为一个标准大气压(101.3 kPa)、温度为 20 ℃ 的空气,空气的密度 $\rho = 1.2$ kg/m³、运动黏度 $\nu = 15.06 \times 10^{-6}$ m²/s,取 $g = 9.80665$ m/s²。对于钢板制风管,取 $K = 0.15$ mm;对于塑料板风管,取 $K = 0.01$ mm。

当空气状态或管道粗糙度是与上述条件相同或相近时,可根据已知的流量,选择适当流速,从表中直接查得管道直径 d 和 λ/d 值或 R_l 值。当空气状态和管道的 K 值与表中规定相差较远时,需要按表中的规定进行修正。

2. 矩形管道比压损的确定

对于矩形管道,可以采用流速当量直径计算法和"计算表"直接计算法计算比压损。

(1)流速当量直径计算法:矩形管道的流速当量直径定义为:矩形管道和某圆形管道的压损系数相等、管道的流速相等、管道比压损相等时圆形管道所具有的直径。故边长为 a,b 的矩形管道流速当量直径的计算式为:

$$d_{\mathrm{v}} = \frac{2ab}{a+b} \tag{11-21}$$

由式(11-21)求出 d_{v} 值,由 d_{v} 和矩形管道的实际流速查圆形管道的比压损计算表,得到的 R_l 值或 λ/d 值即为矩形管道的 R_l 值或 λ/d 值。

(2)"计算表"直接计算法:上述的"计算表"已经考虑到了矩形风管和圆形风管的差异,并已在相应表中做了变换。使用时,可根据已知的流量和选取的流速在"计算表"中直接查出需要设计的管道尺寸和 R_l 值。

(二)局部压力损失

局部压力损失的大小一般用动压头的倍数来表示,其计算公式为:

$$\Delta p_{\mathrm{m}} = \xi \frac{\rho v^2}{2} \tag{11-22}$$

式中:Δp_{m}——局部压力损失,Pa;

　　　ξ——局部压损系数;

　　　v——断面平均流速,m/s。

局部压损系数通常是通过实验确定的。各种管件的局部阻力系数也可在有关设计手册中查到。

(三)管道系统压力损失

在设计中,管道计算的任务是确定管道尺寸和系统的压力损失,为选择适当的通风机和电动机提供依据。

在除尘系统布置好以后,管道计算可按以下步骤进行:

(1)绘制管道系统的轴侧投影图。

(2)进行管道编号,注上管段的长度和流量。

(3)选择适当的气流速度,确定管道的断面尺寸和各管段的压损,从最不利环路(一般是最长管路)开始计算。

(4)对于并联管道,各分支管道的压损要尽可能平衡。两分支管段的压力差应满足:除尘系统应小于10%,其他通风系统应小于15%。否则,必须进行管径调控或增设调整装置(阀门、阻力圈等),使之满足上式要求。

调整管径平衡压损可按下式计算:

$$d_2 = d_1 \left(\frac{\Delta p_1}{\Delta p_2} \right)^{0.225} \tag{11-23}$$

式中:d_2——调整后的管径,mm;

$\quad d_1$——调整前的管径,mm;

$\quad \Delta p_1$——调整前的压力损失,Pa;

$\quad \Delta p_2$——平衡标准的压力损失(若调整支管管径,Δp_2 即为干管的压力损失),Pa。

（5）计算净化系统的总压力损失（即系统中最不利环路的总压力损失）:

$$\Delta p = \Delta p_l + \Delta p_m \qquad (11-24)$$

四、管道系统的计算举例

[例11-2]　某有色冶炼车间除尘系统管道布置如图11-18所示,系统内的废气平均温度为20 ℃,钢板管道的当量绝对粗糙度 $K=0.15$ mm,气体的含尘浓度为 10 g/m³,旋风除尘器的压力损失为 1 470 Pa,集气罩1和8的局部压损系数（对应于出口的动压头）分别为 $\xi_1=0.12$,$\xi_8=0.19$。$q_{V,1}=4\,950$ m³/h,$q_{V,2}=3\,120$ m³/h,试确定该管路系统的压力损失。

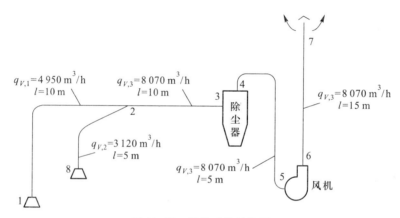

图11-18　管道系统计算图

解:(1) 管道编号并注上各管段的流量和长度:

为简化计算,管道长度以中心线计算,不扣除管件（如三通、弯头）长度。

(2) 选择计算环路:

一般从最远的管道开始计算。本题从集气罩1开始。

(3) 选择流速:

计算管径和摩擦压力损失。有色冶炼车间的粉尘为重矿粉及灰土,按表11-4取管内流速为16m/s。

管段1-2,根据 $q_{V,1}=4\,950$ m³/h,$v=16$ m/s,查"计算表"得 $d_{1-2}=320$ mm,$\lambda/d=0.056\,2$ m^{-1},实际流速 $v=17.4$ m/s,动压为 182 Pa。则:

$$\Delta p_{l,1-2} = l\,\frac{\lambda}{d}\,\frac{\rho v^2}{2} = 10\times0.056\,2\times182 \text{ Pa} = 102.3 \text{ Pa}$$

管段2-3,根据流量 $q_{V,3}=8\,070$ m³/h,$v=16$ m/s,查"计算表"得 $d_{2-3}=420$ mm,$\lambda/d=0.040\,3$ m^{-1},实际流速 $v=16.4$ m/s,动压为 161.5 Pa,则:

$$\Delta p_{l,2-3} = l\,\frac{\lambda}{d}\,\frac{\rho v^2}{2} = 10\times0.040\,3\times161.5 \text{ Pa} = 65.1 \text{ Pa}$$

管段4-5,6-7 中的气流量和管段2-3的气流量相同,选择 d_{4-5}、d_{6-7} 均为 420 mm,$\lambda/d=0.040\,3$ m^{-1},实际流

速 $v=16.4$ m/s,动压为 161.5 Pa,则:

$$\Delta p_{l,4-5}=l\,\frac{\lambda}{d}\,\frac{\rho v^2}{2}=5\times 0.040\ 3\times 161.5\ \text{Pa}=32.5\ \text{Pa}$$

$$\Delta p_{l,6-7}=l\,\frac{\lambda}{d}\,\frac{\rho v^2}{2}=15\times 0.040\ 3\times 161.5\ \text{Pa}=97.6\ \text{Pa}$$

管段 8-2,根据 $q_{V,2}=3\ 120$ m³/h, $v=16$ m/s,查"计算表"得 $d=260$ mm, $\lambda/d=0.072\ 8$ m⁻¹,实际流速 $v=16.7$ m/s,动压为 167 Pa,则:

$$\Delta p_{l,8-2}=l\,\frac{\lambda}{d}\,\frac{\rho v^2}{2}=5\times 0.072\ 8\times 167\ \text{Pa}=60.8\ \text{Pa}$$

(4) 局部压损计算:

管段 1-2:

吸气罩: $\xi=0.12$,插板阀全开启: $\xi=0$;

弯头: $\alpha=90°,R/d=1.5$,查手册得 $\xi=0.18$;

直流三通: $\alpha=30°$,查手册得 $\xi=0.33$。

$$\Delta p_{1-2}=\sum \xi\,\frac{v^2\rho}{2}=(0.12+0.18+0.33)\times 182\ \text{Pa}=115\ \text{Pa}$$

管段 2-3 没有局部压损。

旋风除尘器压损为 $\Delta p_t=1\ 470$ Pa。

管段 4-5:

弯头 2 个, $\alpha=90°,R/d=1.5$,查手册得 $\xi=0.18$。

$$\Delta p_{m,4-5}=\sum \xi\,\frac{v^2\rho}{2}=2\times 0.18\times 161.5\ \text{Pa}=58\ \text{Pa}$$

管段 6-7:

该段局部压损主要包括风机进口及排风口伞形风帽的压力损失。若风机入口处变径管压损忽略不计,设管段 6-7 的横截面积为 A_1,风机出口面积为 A_0,渐扩管选 $A_1/A_0=1.5,\alpha=30°$,查手册得 $\xi_0=0.13$(对应 A_0 的动压),把 ξ_0 变换成对应 A_1 的动压的 ξ_1:

$$\xi_1=\xi_0\left(\frac{A_1}{A_0}\right)^2=0.13\times(1.5)^2=0.29$$

风帽选 $H/$ 直径 $D_0=0.5$,查表得 $\xi=1.30$,则:

$$\Delta p_{m,6-7}=\sum \xi\,\frac{v^2\rho}{2}=(0.29+1.30)\times 161.5\ \text{Pa}=256.8\ \text{Pa}$$

管段 8-2:

集气罩: $\xi_2=0.19$;弯头一个: $\alpha=30°,R/d=1.5,\xi=0.18$;插板阀全开启: $\xi=0$,三通: $\xi_2=0.18$。

$$\Delta p_{m,8-2}=\sum \xi\,\frac{v^2\rho}{2}=(0.19+0.18+0.18)\times 167\ \text{Pa}=92\ \text{Pa}$$

(5) 并联管路压损平衡:

$$\Delta p_{1-2}=\Delta p_{l,1-2}+\Delta p_{m,1-2}=(102.3+115)\ \text{Pa}=217.3\ \text{Pa}$$

$$\Delta p_{8-2}=\Delta p_{l,8-2}+\Delta p_{m,8-2}=(60.8+92)\ \text{Pa}=152.8\ \text{Pa}$$

$$\frac{\Delta p_{1-2}-\Delta p_{8-2}}{\Delta p_{1-2}}\frac{217.3-152.8}{217.3}\times 100\%=29.7\%>10\%$$

调整后的管径:

$$d'_{8-2}=d_{8-2}\left(\frac{\Delta p_{8-2}}{\Delta p_{1-2}}\right)^{0.225}=260\left(\frac{152.8}{217.3}\right)^{0.225}\ \text{mm}=240\ \text{mm}$$

（6）除尘系统的总压力损失：

$$\Delta p_l = (102.3+65.1+32.5+97.6)\,\text{Pa} = 297.5\,\text{Pa}$$

$$\Delta p_m = (115+58+256.8)\,\text{Pa} = 429.8\,\text{Pa}$$

$$\Delta p_t = \Delta p_2 = 1\,470\,\text{Pa}$$

$$\Delta p = \Delta p_t + \Delta p_m + \Delta p_l = 2\,197.3\,\text{Pa}$$

把上述计算结果填入计算表 11-6 中。

表 11-6　管道计算表

管段编号	流量 q_V/ $(\text{m}^3 \cdot \text{h}^{-1})$	管长 l/m	管径 d/mm	流速 v/m·s^{-1}	$\dfrac{\lambda}{d}$/m^{-1}	动压 $\dfrac{v^2\rho}{2}$/Pa
1-2	4 950	10	320	17.4	0.056 2	182
2-3	8 070	10	420	16.4	0.040 3	161.5
4-5	8 070	5	420	16.4	0.040 3	161.5
6-7	8 070	15	420	16.4	0.040 3	161.5
除尘器	8 070	—	—	—	—	—
8-2	3 120	5	260	16.7	0.072 8	167

管段编号	摩擦压损 $\Delta p_l = l\dfrac{\lambda v^2\rho}{d\,2}$/Pa	局部压损系数 $\sum\xi$	局部压损 $\Delta p_m = \sum\xi\dfrac{v^2\rho}{2}$/Pa	管段总压损 $\Delta p = \Delta p_l + \Delta p_m$	管段压损累计 $\sum\Delta p$/Pa
1-2	102.3	0.63	115	217.3	—
2-3	65.1	—	—	65.1	282.4
4-5	32.5	0.36	58.0	90.5	372.9
6-7	97.6	1.59	256.8	354.4	727.3
除尘器	—	—	—	1 470	2 197.3
8-2	60.8	0.55	92	152.8	—

五、管道系统设计应注意的问题

（一）管道材料与部件

1. 管道材料和连接

（1）管道材料

管道的制作材料一般有砖、混凝土、石膏板、钢板、木质板（胶合板或纤维板）、石棉板、硬聚氯乙烯板等不同类型。最常用的管道材料是钢板，分为普通薄钢板和镀锌钢板两种。对于不同废气净化系统，因其输送的气体性质不同，同时考虑到适应强度的要求，必须选用不同材质和厚度的钢板制作。对于除尘管道，应考虑粉尘对管壁磨损，钢板厚度应不小于 1.5 mm。对于易受撞击或机械磨损以及高温的管道,钢板的厚度还应加大。输送含酸蒸气的管道一般采用含钛钢板。

（2）管道断面形状选择

管道断面的形状有圆形和矩形两种,各有优缺点。在相同断面积时圆形管道的压损较小,材料较省,而矩形管道有效断面积小,容易造成压力损失、噪声、振动等。在直径较小时,圆形管道比较容易制作,便于保温,但布置时不易与建筑协调,明装时不易布置得美观。矩形管道往往可以充分利用建筑空间。

（3）管道连接

管道系统通常采用焊接或法兰连接。高温烟气管道,为保证管道系统密闭性,应尽量采用焊接方式。为方便检修,以焊接为主的管道系统,应设置足够数量的法兰。为保证法兰连接的密封性,法兰间应加衬垫,衬垫厚度为 3～5 mm,垫片应与法兰齐平,不得凸入管内。衬垫材料随输送气体性质和温度的不同而不同。穿过墙壁或挡板的那段管道不宜有焊缝或法兰。需要移动风口的管道可以采用各种软管连接,如金属软管、塑料软管、橡胶管等。

2. 管道系统部件

（1）异形管件

管道系统的异形管件包括弯头、三通、变径管等。异形管件产生的局部压力损失较大,其制作和安装应符合设计规范要求。弯管的曲率半径可按管径的 1～1.5 倍设计,三通夹角宜采用 15°～45°,变径管（渐缩管和渐扩管）的扩散角一般不大于 15°。对于除尘系统管道系统的弯头、三通迎风面管壁厚度可按其管壁厚的 1.5～2 倍设计,亦可采用耐磨材料衬垫。

（2）阀门

阀门是管道系统中控制元件,主要作用是隔离设备和管道系统、调节流量、防止回流、调节和排泄压力。管道系统使用的阀门按其用途可分为调节阀门和启动阀门两类;按其控制方式可分为手动、电动、电磁、气动或液动、电气联动或电液联动等种类。手动阀门一般用于管网系统压力平衡调节,电动阀常用于风机启动、系统风量控制等。常用手动阀有插板阀、蝶阀和暗杆平行式闸阀等,常用电动阀有电动蝶阀、电动推杆及密闭式对开多叶调节阀等。

（3）测孔

为了调整和检测净化系统的各项参数,管道系统必须设置各种测孔,用于测定风量、风压、温度、污染物浓度等。测试断面应选择在气流稳定的直管段,尽可能设在异形管件后大于 4 倍管径或异形管件前大于 2 倍管径的直管段上,以减少局部涡流对测定结果的影响。

（4）清灰孔

除尘管道系统中容易产生涡流死角部位以及水平安装的管道端部,应设置清灰孔或人孔,以便于及时清除管内积灰。清灰孔的孔径一般为 100～300 mm,人孔的孔径一般取 600 mm。

（5）检修平台

在设有阀门、测孔、清灰孔、人孔等需要点检和维修的管件处,当维护操作人员难于接近时,应设置检修操作平台。

（6）管道加固筋

对于直径较大的管道,在制作及安装过程中,为避免发生较大变形,必须设置管道加固筋,一般采用扁钢或型钢制作。对于圆形管道,当管径>700 mm,壁厚<5 mm 时,应加设横向加固筋。

对于矩形风管,当大边尺寸>500 mm 时,各面应做对角线凸棱加固。

（7）管道支、吊架

管道系统应以结构合理的支架或吊架支撑,以保证管网的稳定性,避免产生过大的弯曲应力,满足管道热位移和热补偿的要求。管道支架分为固定支架、活动支架和铰接支架三种。当支架无法在地面生根时,亦可采用吊架。应根据净化系统所输送的气体性质、管道和建筑空间结构进行设计选择。

（二）管道的热补偿

管道热补偿是防止管道因温度升高引起热伸长产生的应力而遭到破坏所采取的措施。管道热伸长补偿方法有自然补偿和补偿器补偿两类。自然补偿是利用管道自然转弯管段（L 型或 Z 型）来吸收管道热伸长形变,这类补偿方式简单,但管道变形时会产生横向位移。因此,直径为 1 000 mm 以上的管道不宜采用,以免管道支架受扭力过大。补偿器补偿是高温烟气净化系统常用的补偿方式。常用的补偿器有方形补偿器、柔性材料套管式补偿器、波形补偿器和球型补偿器等。

（三）管道系统的保温、防腐和防爆

1. 管道系统的保温

管道系统保温的目的主要是:减少输送过程中散热损失,以满足生产需要的压力和温度;改善劳动条件和环境卫生;防止管道腐蚀,延长其使用年限。

（1）保温材料

常用的保温材料有岩棉管、玻璃棉管、橡塑海绵、聚乙烯保温材料、复合硅酸盐保温材料、硅酸铝保温材料等,其中岩棉管、玻璃棉管、硅酸铝保温材料比较耐高温,但保温效果不好,橡塑海绵、聚乙烯保温材料保温效果好尤其是低温防冻效果很好,不耐高温。复合硅酸盐保温材料保温效果好也耐高温,但是耐水性差。需要根据具体情况选择合适的保温材料。

（2）保温结构设计

管道保温结构由保温层和保护层两部分组成。常用保温结构形式有以下几种:预制结构、包扎结构、填充结构、喷涂结构。除选择良好的保温材料、保温层结构外,还需选择好保护层。常用保护材料有铝皮和镀锌铁皮等金属板、玻璃丝布、油毡玻璃纤维、高密度聚乙烯套管、铝箔玻璃布和铝箔牛皮纸等。

2. 管道系统防腐

管道系统防腐主要采用防腐涂料和防腐材料。

（1）防腐涂料

管道的涂料保护可分为内防腐和外防腐两种。内防腐为管道内壁用涂料,以隔离内部腐蚀介质的腐蚀;外防腐为管道外壁用涂料,以隔离大气中腐蚀介质的腐蚀,并起到装饰作用。防腐涂料由主要成膜物质（合成树脂、天然树脂、干性油与合成树脂改性油料）、辅助成膜物质（填料、稀释剂、固化剂、增塑剂、催干剂、改进剂等）和次要成膜物质（着色颜料、防锈颜料）三个部分组成。

（2）防腐材料

当输送腐蚀性较大的气体介质时,可以选用防腐材料加工管道。常用防腐材料有硬聚氯乙烯塑料、玻璃钢和其他复合衬里材料。硬聚氯乙烯塑料(硬 PVC)具有耐酸碱腐蚀性强、物理机械性能好、内壁光滑阻力小、表面光滑、不结垢、易于二次加工成型、施工维修方便、无毒等优点,但其使用温度较低(60 ℃以下),线膨系数大。玻璃钢轻质高强度、耐化学腐蚀性优良、电绝缘性好,耐温 90 ~ 180 ℃,便于加工成型,但价格较贵、较易老化、剪切强度低。除此之外,还可选用不锈钢板、复合钢板、玻璃钢/聚氯乙烯(FRP/PVC)等复合防腐材料,也可在管道内衬橡胶衬里等。

3. 管道系统防爆

当管道输送介质中含有可燃气体或易燃易爆粉尘时,管道系统设计时应采取以下防爆措施:加强可燃物浓度的检测与控制,防止管道系统内可燃物浓度达到爆炸浓度。对可能引起爆炸的火源严格控制,选用防爆风机、防爆型电气元件,消除物料中可能的铁屑等异物。采取阻火与泄爆措施,使管内最低流速大于气体燃烧时的火焰传播速度,防止火焰传播;装设内有数层金属网或砾石的阻火器,防止可燃物在管道系统的局部地点(死角)积聚,并装设泄爆孔或泄爆门等。保证设备密闭,防止因空气漏入或可燃物泄漏而燃烧爆炸。加强厂房通风,设置事故排风系统,保证车间内可燃物浓度不至达到危险的程度。

第四节　风机和泵的选择

一、通风机的选择

通风机的选择主要是根据净化系统的总风量和总压损来确定。

选择通风机的风量应按下式计算:

$$q_{V,0} = (1+K_1)q_V \qquad (11\text{--}25)$$

式中:$q_{V,0}$、q_V——通风机和管道系统的总风量,m^3/h;

K_1——考虑系统漏风所采用的安全系数,一般管道系统取 0 ~ 0.1,除尘管道系统取 0.1 ~ 0.15。

选择通风机的风压应按下式计算:

$$\Delta p_0 = (1+K_2)\Delta p \frac{\rho_0}{\rho} = (1+K_2)\Delta p \frac{Tp_0}{T_0 p} \qquad (11\text{--}26)$$

式中:Δp——净化系统的总压力损失,Pa;

K_2——考虑管道系统压损计算误差等所采用的安全系数,一般管道系统取 0.1 ~ 0.15,除尘管道系统取 0.15 ~ 0.2;

ρ_0、p_0、T_0——通风性能表中给出的空气密度、压力和温度,一般 $p_0 = 101\ 325\ Pa$,对于通风机,$T_0 = 20\ ℃$,$\rho_0 = 1.200\ kg/m^3$,对于引风机,$T_0 = 200\ ℃$,$\rho_0 = 0.745\ kg/m^3$;

ρ、p、T——运行工况下的气体密度、压力和温度。

计算出 $q_{V,0}$ 和 Δp_0 后,可按通风机产品样本给出的性能曲线或表格选择所需通风机的型号。

二、电动机的选择

所需电动机的功率可按下式计算：

$$N_e = \frac{q_{V,0}\Delta p_0 K}{3\,600\times1\,000\eta_1\eta_2} \qquad(11-27)$$

式中：N_e——电动机功率，kW；

K——电动机备用系数，对于通风机，电动机功率为 2~5 kW 时取 1.2，大于 5 kW 时取 1.3，对于引风机取 1.3；

η_1——通风机全压效率，可从通风机样本中查得，一般为 0.5~0.7；

η_2——机械传动效率，对于直联传动为 1，联轴器直接传动为 0.98，三角皮带传动（滚动轴承）为 0.95。

三、离心泵的选择

根据输送液体的种类、性质和扬程范围，确定泵的类型。

根据输送液体的流量和需要的扬程（管道总压力损失），按泵的产品样本提供的性能表或性能曲线选定泵的型号。

[例 11-3] 某一除尘系统，设计风量为 8 070 m³/h，全系统压力损失为 1 535 Pa，废气温度为 20 ℃，试选择合适的通风机与配套电机。

解：选择通风机的风量和风压由式（11-25）、式（11-26）确定：

$$q_{V,0} = (1+K_1)q_V = 1.1\times8\,070\ \text{m}^3/\text{h} = 8\,877\ \text{m}^3/\text{h}$$

$$\Delta p_0 = (1+K_2)\Delta p = 1.2\times1\,535\ \text{Pa} = 1\,842\ \text{Pa}$$

根据上述风量和风压，在通风机样本上选择 C6-48 No8C 风机，当转数 $N = 1\,250$ r/min 时，$q_V = 9\,096$ m³/h，$\Delta p = 1\,953$ Pa，配套电机 Y160L-4，15 kW，基本满足要求。

复核电动机功率，由式（11-27）得：

$$N_e = q_{V,0}\Delta p_0 K/(3\,600\times1\,000\times\eta_1\eta_2)$$
$$= 8\,877\times1\,842\times1.3/(3\,600\times1\,000\times0.5\times0.95)\ \text{kW}$$
$$= 12.4\ \text{kW}$$

配套电机满足要求。

习题

11.1 假设一侧吸罩罩口尺寸为 400 mm×450 mm，已知该罩的排风量为 1.05 m³/s，试按下列情况计算距离罩口 0.5 m 处的吸入速度：

① 前面无障碍，无法兰边；

② 前面无障碍，有法兰边；

③ 设在工作台上，无法兰边。

11.2 某镀铬槽槽面尺寸为 $a\times b = 550$ mm×450 mm，槽内溶液温度为 50 ℃，拟采用低截面条缝式集气罩。试计算该槽靠墙或不靠墙布置时，其排风量、条缝口尺寸及压力损失。

11.3　假设有一金属熔化炉,其水平截面尺寸为 550 mm×550 mm,炉内温度为 550 ℃,室温为 20 ℃。若在炉口上部 750 mm 处设一接受式集气罩,室内横向气流速度为 0.5 m/s。试确定该集气罩罩口尺寸及其排风量。

11.4　有一浸漆槽槽面尺寸为 0.6 m×1.0 m,为排除有机溶剂蒸气,在槽上方设排风罩,罩口距槽面距离为 $H=0.4$ m,试分别计算下列情况下的排风量:

①　排风罩不设固定挡板;

②　排风罩的一个长边设有固定挡板。

11.5　一净化系统的烟管(用 6 mm 的 A3 钢板制成)内径为 1 000 mm,当量绝对粗糙度为 0.15 mm,风管直管长度为 15 m,另有两个 90°弯头,管内烟气流速为 10 m/s,烟气温度为 60 ℃,试求烟气通过该管道系统的压力损失。

11.6　一矩形管道长 16 m,断面为 0.4 m×0.3 m,管内气流的绝对压力为 10 132 Pa,温度为 25 ℃,当量绝对粗糙度 $K=0.15$ mm,设管内流速 $v=14$ m/s,试用流速当量直径计算法计算流速当量直径、比压损和压力损失。

11.7　计算如图 11-19 所示的除尘管道中的流动气体的压力损失。伞形集气罩为圆形的,锥角 $\alpha=40°$,连接直管的直径 $d=300$ mm、直管内气流流速 $v=9$ m/s,直管段总长(l_1+l_2)为 12 m,弯头为三中节两端节的,$R/d=1.5$,当量绝对粗糙度 $K=0.15$,试求这除尘管内流体的总压力损失。

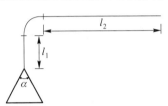

图 11-19　除尘管道示意图

11.8　有一通风除尘系统,风管全部用钢板制作(粗糙度 $K=0.15$),管内输送含有轻矿物粉尘的空气,平均气体温度为 25 ℃,各排风点的排风量和各管段的长度如图 11-20 所示。该系统采用袋式除尘器进行排气净化,除尘器阻力为 1 200 Pa,试进行管路系统的设计计算。

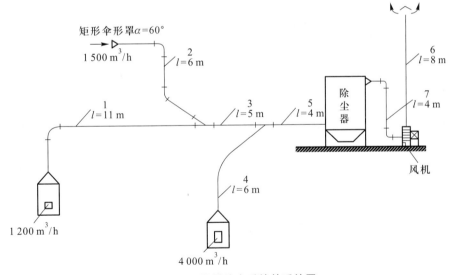

图 11-20　通风除尘系统的系统图

第十二章　区域环境空气质量调控

持续快速的工业化、城市化和机动化,导致发达国家在近百年不同阶段出现的大气环境问题在我国近三、四十年间集中爆发,呈现为局地与区域污染叠加、多污染物相互耦合的区域性、复合型大气污染。区域大气污染特别是恶劣天气形势下的重污染状况不仅与污染物排放量有关,而且还与当地的气象条件、地形地貌、大气氧化性等有关。因此,为了持续改善区域环境空气质量,除了要持续进行大气污染物减排外,还需要对其排放特征、成因机理、精细化模拟与预报预警、协同控制等进行全面的研究,不断完善整体控制策略与措施,以低成本实现区域环境空气中污染物浓度的有效降低。本章主要介绍区域环境空气质量及其调控系统、区域环境空气质量调控核心数据库、区域环境空气质量模型模拟与调控策略、区域大气污染控制情景及对策、区域大气污染联防联控及持续改进等内容。

第一节　区域环境空气质量及其调控系统

一、区域环境空气质量及其污染特征

(一)区域环境空气质量

随着我国城市化、工业化水平的快速推进,经济区域一体化发展迅速,城市群中各城市之间大气污染物相互输送、相互影响,环境空气质量一体化趋势越来越明显。特别是 2013 年以来我国京津冀及周边地区、长江三角洲(简称长三角)、珠江三角洲(简称珠三角)、成渝地区等经历多次大气重污染事件,涉及面积动辄超过 100 万 km^2,能见度不足 500 m,环境空气中主要大气污染物浓度超标严重,对区域内城市环境空气质量和居民身心健康等造成了极大的影响。

影响区域环境空气质量的关键因素是大气复合污染。大气复合污染是来自不同排放源的各种污染物在大气中发生多种界面之间的物理化学过程并彼此耦合而形成的复杂大气污染体系(图 12-1),其复合性主要体现在以下两个方面:在污染来源上,多种自然源与人为源排放的污染物引起的污染相互叠加,局地和区域污染相互作用;在污染成因上,大气物理与大气化学过程,均相反应与非均相反应相互耦合,局地气象因子与区域天气形势相互影响,导致关键污染物与其前体物之间的非线性响应关系。

(二)大气复合污染特征

1. 细颗粒物($PM_{2.5}$)和臭氧(O_3)是核心大气污染物

作为大气复合污染的结果,$PM_{2.5}$ 与 O_3 成为无论是发达国家、还是发展中国家特大城市中两

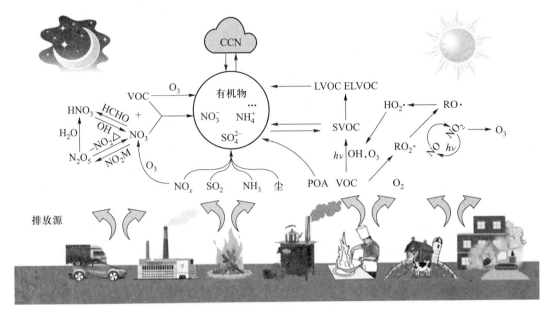

图 12-1　大气复合污染的形成途径

种最重要的大气污染物。自 2012 年纳入我国环境空气质量标准、2013 年从重点城市开始逐步实施监测和控制以来,$PM_{2.5}$一直是首要大气污染物,并日益呈现出高度的区域性、复合型污染特征。与此同时,许多地区 O_3 浓度呈现持续增长的态势,O_3 污染问题已经成为环境空气质量持续改善的主要制约因素之一。以 $PM_{2.5}$ 和 O_3 为代表的大气复合污染将是我国相当长一段时期内面临的最主要的大气环境问题。

$PM_{2.5}$化学组成多样且来源、成因复杂,其中既有由不同污染源直接排放的一次颗粒物,也有由气态前体物通过均相和非均相反应转化而成的二次颗粒物且通常在重污染天占主导地位。在近地面对流层大气中,O_3 主要来自 NO_2 的光解,当存在人为源或自然源排放的挥发性有机物(VOCs)时,VOCs 光化学降解所产生的烷基过氧自由基($RO_2\cdot$)和羟基过氧自由基($HO_2\cdot$)将 NO 氧化成 NO_2,二者合称为氮氧化物(NO_x),从而使 O_3 剩余并逐渐积累形成 O_3 污染。低空 O_3 的形成是大气氧化性增强的结果,同时 O_3 也通过复杂的循环机制增加自身的浓度并可促进二次颗粒物的生成,从而加重 $PM_{2.5}$ 污染。由于二次颗粒物和低空 O_3 的来源具有相当程度的重叠,而其产生机制存在很大的差异,且相互之间存在着复杂的耦合作用,给区域大气污染控制带来了极大的挑战。

2. 大气二次污染物表现突出

人类活动和自然排放的大气污染物(一次污染物)通过复杂的大气光化学反应、自由基反应及颗粒物表面多相反应生成气态和颗粒态二次污染物,这些反应在大气中构成复杂的非线性化学过程,其环境影响和控制与一次污染物有很大的差异。

基于北京城区的多年连续观测发现,$PM_{2.5}$中二次污染物组分的占比呈持续上升的趋势,并且随着 $PM_{2.5}$ 的浓度升高,二次污染物组分的含量也随之升高,这表明北京大气 $PM_{2.5}$ 的复合污染特征在逐渐增强。目前,京津冀及周边地区 $PM_{2.5}$ 中硝酸盐的区域性污染十分突出,其绝对浓度和占比均大幅度超过硫酸盐,成为 $PM_{2.5}$ 中最主要的二次无机污染物组分;其浓度快速上升已成为 PM$_{2.5}$ 爆发式增长的关键因素之一。在全国 SO$_2$ 大幅度减排、环境空气中 SO$_2$ 浓度快速降低的背景下，PM$_{2.5}$ 中硫酸盐含量下降、硝酸盐占比上升已经成为一个总体趋势。

3. 大气污染物区域传输效应显著

由于经济的快速发展，以特大城市为中心的城市群快速形成并逐步扩大（如京津冀及周边地区、长三角地区和珠三角地区）。在这些区域内，环境空气中 PM$_{2.5}$ 浓度往往在数百千米的尺度上呈现良好的同步变化，变化的周期相似且幅度接近，呈现显著的区域性污染特征且各城市之间相互影响。在京津冀及周边地区开展的研究表明，各城市污染程度受到整个区域的传输影响，全年平均贡献为 20%~30%，重污染期间的贡献再提升 15%~20%；对北京市而言，区域传输贡献可达 60%~70%，其中西南通道（太行山前输送带）、东南通道（济南—沧州—天津输送带）和偏东通道（燕山前输送带）的影响较大。

4. 大气复合污染季节性变化明显

大气复合污染通常会呈现季节性变化特征。在我国，冬季 PM$_{2.5}$ 污染问题突出，其平均浓度水平显著高于其他季节，而夏季 PM$_{2.5}$ 浓度通常最低。PM$_{2.5}$ 浓度的季节变化特征与污染物排放和气象影响的季节性变化有关。在受采暖影响的我国北方地区，秋冬季一次 PM$_{2.5}$ 和有机碳、元素碳等组分的月均排放水平是非采暖季的 1.5~4 倍，而在一些散煤用量大的城市其排放水平更高。冬季易出现静稳天气和高湿环境，大气污染物易于累积；同时，随着湿度的增加，通过非均相反应和液相反应产生的二次颗粒物快速增加并吸湿增长，往往促使 PM$_{2.5}$ 成为首要污染物。在夏季，由于气温高、太阳辐射强，极易发生光化学反应而生成 O$_3$，因而在一些区域，O$_3$ 污染问题突出。夏季太阳辐射显著强于其他季节，一定程度上导致了 NO$_x$ 和 VOCs 等前体物的光化学反应更为剧烈，因此，O$_3$ 浓度通常高于其他季节；秋冬季太阳辐射较弱，平均温度较低，光化学反应较弱，加上颗粒物污染频发，气溶胶光学厚度增加，进一步导致 O$_3$ 净生成率降低。对一些地区冬季颗粒物与 O$_3$ 浓度的分析表明，高浓度颗粒物污染事件中，O$_3$ 浓度与 PM$_{2.5}$ 浓度均呈显著负相关。

二、区域环境空气质量的影响因素

区域环境空气质量的影响因素可概括为如下三个方面：大气污染物排放、二次化学反应、气候气象条件。

（一）大气污染物排放

高强度的人为源排放是大气污染形成的内在因素。PM$_{2.5}$ 的一次排放源包括机动车、燃煤、工业工艺过程、生物质燃烧、扬尘等；一次排放的 SO$_2$、NO$_x$、NH$_3$ 和半挥发性有机物（SVOCs）等在大气中可分别转化为硫酸盐、硝酸盐、铵盐和二次有机气溶胶（SOA）等二次颗粒物。通常来说，污染物的排放强度在特定地点、特定季节内是相对稳定的；人为源排放对大气污染过程的影响主要体现在各种污染物长时间尺度的排放趋势上。例如，以单位陆地面积污染物排放强度计，我国一次 PM$_{2.5}$、SO$_2$、NO$_x$ 等的排放强度为美国的 2~3 倍，其中京津冀、长三角和珠三角等地区的排放强度居于前列，为全国平均值的 2~6 倍。远超环境承载力的污染物排放强度是京津冀及周边地区大气重污染形成的主因。

（二）二次化学反应

在大气重污染过程中，大气氧化性强、相对湿度高，一次污染物被大气自由基和颗粒物反应界面中的各种氧化剂快速转化为二次颗粒物，包括硫酸盐、硝酸盐、铵盐和 SOA。低空 O_3 主要由光化学反应产生，NO_x 和 VOCs 是通过对流层光化学反应生成 O_3 的前体物。在大气光化学循环反应链中，由 VOCs 光氧化产生的 $RO_2 \cdot$、$HO_2 \cdot$ 自由基替代 O_3 完成 NO 向 NO_2 转化，从而破坏 $NO_2—NO—O_3$ 的光解循环，使得 O_3 不断累积。$RO_2 \cdot$ 和 $HO_2 \cdot$ 不但引起 NO 向 NO_2 转化，还进一步提供生成 O_3 的 NO_2 源，同时生成含氮的二次污染物，如过氧乙酰硝酸酯（PAN）和硝酸等。

二次颗粒物的微观形成机理十分复杂。在不同地区、不同季节、不同时段和不同气象条件下，$PM_{2.5}$ 二次组分的生成途径及其含量可能各不相同。硝酸盐、硫酸盐、铵盐和 SOA 等二次组分在 $PM_{2.5}$ 中的含量主要取决于相应的气态前体物在大气中的浓度及其转化率，并受温度和湿度等因素的影响。硝酸盐的生成主要受 NO_x 的气相氧化驱动；硫酸盐主要通过 SO_2 的多相化学反应生成，其生成速率与颗粒物的酸碱度密切相关；铵盐主要通过 NH_3 与含硫、含氮等酸性物质的中和反应生成。SO_4^{2-}、NO_3^- 和 NH_4^+ 之间互相影响，构成一个复杂的 $SO_4^{2-}-NO_3^--NH_4^+-H_2O$ 无机气溶胶体系。SOA 通常是由在大气环境中氧化形成的半挥发性或低挥发性有机物通过气固相分配而形成，在高湿条件下其生成速率明显升高。

（三）气候气象条件

气候气象条件对区域大气污染的影响主要表现在两方面：大气污染物的传输和大气污染物的稀释扩散。天气形势对大气污染的驱动作用主要体现在：通过影响气团传输的主要源区来改变污染物的传输路径，从而影响区域整体的环境空气质量；通过主导局地气象参数（如温度、相对湿度、风速、风向和降水等），从而影响污染物的扩散、积累、转化和沉降等。当天气条件静稳时，冷空气弱，风速低，大气混合层高度压低，污染物的水平与垂直扩散受到抑制，导致气态污染物和颗粒物的快速积累；此时，如果环境中相对湿度较高，大气颗粒物的吸湿增长和二次转化过程将更为强烈，导致 $PM_{2.5}$ 污染加剧。

大气污染与气象条件之间还存在着相互作用。当区域性重污染发生时，不利的气象条件与污染过程存在双向反馈机制，例如环境空气中大量细粒子通过散射和吸收作用等削减到达地面的太阳辐射，导致大气湍流减弱、气温下降、大气边界层高度降低，因而不利于污染物的扩散；同时，稳定的大气层结也会导致相对湿度升高，从而进一步加剧污染程度。

三、区域环境空气质量的调控系统

（一）区域环境空气质量调控技术路线

区域环境空气质量调控是一项涉及社会、经济、环境、技术与管理等多个方面的系统工程。如图 12-2 所示，首先要基于区域社会经济活动现状及发展情景确定大气污染源排放清单；其次，针对不同类型的污染源，结合区域环境空气质量改善目标的确定与量化技术、基于环境容量的大气污染物排放控制总量核算及分配技术、区域大气复合污染控制情景设计技术以及环境影响综合评估和控制方案费用效益分析技术等，设计可能的调控方案，并给出各方案的污染物减排量及其费用、效益;在此基础上,利用空气质量模型建立污染源与受体之间的响应关系;最后,在区域环境空气质量目标、控制措施经济技术可行性等约束条件下,建立以区域大气污染控制费用最小为目标函数的优化模型,模拟得到最优的区域环境空气质量调控方案。

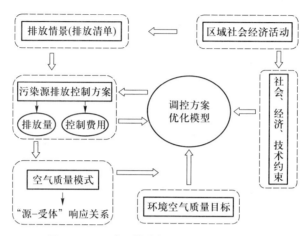

图 12-2   区域环境空气质量调控技术路线

(二) 区域环境空气质量调控平台

图 12-3 为区域环境空气质量调控与决策支持平台框架。该平台主要包括核心数据库系统、计算模型系统、模拟与分析系统,以及终端显示系统四个部分。核心数据库系统包括地理地形、气象气候、大气组分、大气污染源和大气污染控制技术方案等数据信息。以区域环境空气质量调控核心数据库作为数据模块,输入由多种模型所组成的计算模型系统对大气污染过程进行模拟研究,分析污染来源与成因、实现区域大气污染预报预警并提出环境空气质量调控的策略与措施;通过对调控策略与措施的执行成效进行后评估,实现区域大气污染控制措施的持续改进。区域环境空气质量调控与决策支持平台用于区域环境空气质量调控、业务化污染预报预警和区域重污染应急及联防联控等,并具有向公众开放展示和提供服务的功能。

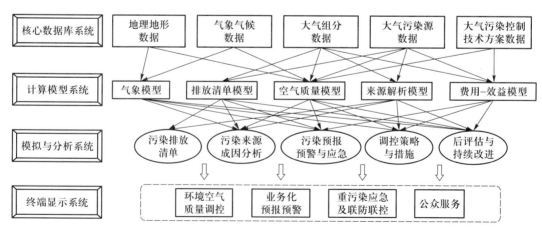

图 12-3   区域环境空气质量调控与决策支持平台框架

第二节　区域环境空气质量调控核心数据库

区域环境空气质量调控核心数据库包括地理地形数据库、气象气候数据库、大气组分数据库、大气污染源数据库、大气污染控制技术方案数据库等。核心数据库的建立既依托现有环境数据体系中的环境统计、污染源普查、总量核查、重点源在线监测和排污申报等环境数据源,也需要全面整合宏观经济、能源、交通、国土、气象和水文等综合数据源。

一、地理地形数据库

地理地形数据库主要包含自然社会地理信息、地形资料等,是编制大气污染物排放清单及研究大气污染物传输过程的基础数据。统计调查及卫星遥感是获取地理地形数据的常用手段。统计调查数据涵盖产业结构分布、能源结构、人口密度、交通等重要社会经济信息,是估算不同大气污染物排放水平并进行网格化时空分配的重要依据。卫星遥感可以提供大范围或动态的地理地形信息,包括土地利用类型、植被覆盖、高程、地形等。

二、气象气候数据库

气象数据库存储气温、气压、降水、相对湿度、风场、日照辐射等信息,涵盖地面观测数据、高空探测数据(包括风、温、湿垂直廓线等)及"再分析"(reanalysis)同化产品等。分布广泛的气象站点提供地面的逐小时值、日均值、月均值等常规的气象观测数据,部分站点还可以提供高空观测数据。"再分析"同化是指通过预测模型和数据同化系统再分析气象观测数据,输出区域至全球尺度的网格化三维气象数值产品,可以为区域气象场模拟提供初始条件和边界条件。

三、大气组分数据库

大气组分数据包括各种大气污染物的质量浓度、大气颗粒物(PM_{10}、$PM_{2.5}$)的化学组成及其前体物、O_3 前体物和光化学二次污染物等数据。我国的环境空气质量数据主要由近地面空气质量监测网提供 6 项基本污染物(SO_2、NO_2、CO、O_3、PM_{10}、$PM_{2.5}$)的质量浓度。围绕 $PM_{2.5}$ 和 O_3 协同控制及重污染应急防控的管理需求,国家生态环境部已启动区域性的大气颗粒物组分及光化学监测网(简称"组分网")的建设,实现了环境空气监测从单纯的质量浓度监测向化学成分监测的推进。组分网监测大气颗粒物的主要化学组分、光化学主要成分,具体监测指标包括 $PM_{2.5}$ 质量浓度及其无机元素和水溶性离子、56 种 O_3 前体物等。

为了实现区域大气污染联防联控,我国一些大气污染重点控制区域已开始构建"地空天一体化"区域大气污染立体监测体系(图12-4),形成包括地面监测、地基遥感监测、移动走航监测车,以及机载/卫星遥感等的多平台、全方位立体监测体系。地面监测站点包括常规地面监测站点、大气复合污染综合观测站(也称为"超级监测站")和城市区域站等。超级监测站包含近地面监测和地基遥感监测两个层次：近地面监测包括环境空气质量常规监测、气溶胶物理特性监测、颗粒物化学成分监测等；地基遥感监测包括大气颗粒物立体监测、气体成分（SO_2、NO_2、O_3等）立体监测和气象要素立体监测等。

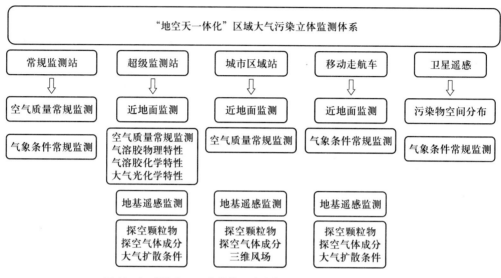

图 12-4　"地空天一体化"区域大气污染立体监测体系架构

四、大气污染源数据库

为了说明污染源和受体之间的关系，需要确定并表征主要的污染源排放特征，包括各种污染物的排放速率及颗粒物粒径分布、化学组成和时间变化等信息。其中，化学组成信息包括颗粒物中各种化学元素和化合物的丰度（即源成分谱）；时间变化信息包括污染源排放按天、周、季节、年际等的变化情况。

区域大气污染源排放清单一般为区域大气污染研究或区域环境空气质量管理而建立，主要关注的污染物有致酸物质、O_3前体物、颗粒物及其前体物等。人为源排放清单的建立方法包括在线监测法、污染源调查法和排放因子法等。一套排放清单的建立可基于一种方法或几种方法的组合。

在线监测法通过安装在污染源排气管处的在线监测设备获取污染源实时排放量，所获得的排放数据精确度最高，但成本较高，一般只用在排放量大的点源上。污染源调查法是由生态环境部门通过调查、测试等手段，逐一获得污染源的位置、活动水平、技术水平、污染控制措施等信息，并据此以排污设备为单位估计污染物的排放量。排放因子法是将污染源按经济部门、技术特征等分为若干类别，分别统计每一类污染源的活动水平，并确定对应的排放因子，由此计算污染物的排放量。该方法的不确定性主要取决于污染源活动水平数据的精确度及排放因子的代表性，通常要高于在线监测法和污染源调查法。区域大气污染源排放清单的建立可综合在线监测、污染源调查、排放因子等方法以达到最大精确度。表12-1以工业源清单为例列举了污染源排放清单的格式。

表 12-1　工业源分行业排放清单　　　　　　　　　　单位：t/a

行业	SO$_2$	NO$_x$	CO	PM$_{10}$	PM$_{2.5}$	BC	OC	VOCs	NH$_3$
电厂	43 259.5	57 704.9	52 659.9	48 359.0	20 033.3	37.1	798.4	1 214.5	367.2
纺织业	356.0	123.6	407.4	115.2	55.1	10.6	2.5	290.0	0.9
非金属矿物制品业	38 446.7	100 722.4	466 624.7	249 450.9	106 191.6	3 243.8	2 896.8	103 166.1	14.7
黑色金属冶炼和压延加工业	32 441.7	28 955.5	748 479.5	77 122.6	49 856.8	1 928.6	2 774.0	38 695.6	61.9
化工业	24 192.7	5 189.8	41 563.8	13 139.7	8 923.3	297.9	61.9	16 882.5	8 555.7
金属制品业	3 781.2	152.8	131.3	11 893.6	10 874.0	1.7	1.2	106.6	2.9
酒、饮料和精制茶制造业	2 268.5	925.1	3 415.1	873.0	444.1	81.8	17.3	19 942.1	5.1
木材加工业	127.5	18.0	59.3	12.2	6.7	1.4	0.4	12 917.9	0.3
农副食品加工业	13 448.3	3 440.8	13 238.5	2 878.6	1 400.7	213.9	43.1	81 316.6	167.9
汽车制造业	3 164.4	628.9	1 803.0	281.6	153.4	25.9	6.9	2 034.6	4.1
石油加工、炼焦和核燃料加工业	237.0	1 588.5	910.4	191.8	134.4	12.4	35.7	3 546.2	38.2
橡胶、塑料制品业	186.3	91.1	266.3	42.9	19.2	3.7	1.0	6 770.8	0.8
医药制造业	1 145.0	284.7	906.9	302.4	133.5	24.7	5.3	39 381.6	1.4
有色金属冶炼和压延加工业	19 577.4	8 357.9	39 527.0	64 021.3	50 729.1	457.4	93.2	7 571.9	42.4
造纸和纸制品业	20 695.5	6 425.0	28 995.2	5 756.3	2 547.2	468.7	93.4	9 033.4	32.5
其他行业	4 051.1	1 522.5	75 686.2	9 674.9	5 325.8	268.6	225.0	3 656.8	4.4
合计	207 378.8	216 131.5	1 474 674.5	484 116.0	256 828.2	7 078.2	7 056.1	346 527.2	9 300.4

五、大气污染控制技术方案数据库

基于区域大气污染源排放清单,建立不同排放源的减排技术方案,通过对不同的技术方案进行技术经济分析,形成针对不同污染源的控制技术方案数据库。表 12-2 以工业源 VOCs 为例列举了不同行业的主要控制技术及其去除效率。

表 12-2　工业源 VOCs 控制技术及其去除效率

行业	控制技术	去除效率
石油炼制和石油化工业	热力焚烧/蓄热燃烧	70%~95%
焦炭生产	冷凝回收/催化燃烧	70%~85%
油品储运	油气回收系统	85%~95%
家具制造	环保原料替代/吸附	75%~85%
机械/交通运输设备制造	热力燃烧/催化燃烧	70%~85%
建筑装饰	环保原料替代	55%~70%
化学药品	冷凝/吸附/催化燃烧	70%~90%
纺织印染	吸附浓缩/催化燃烧	70%~85%
印刷业	吸附回收/催化燃烧/环保原料替代	75%~85%
初级形态塑料生产	活性炭吸附/催化燃烧	>90%
服装干洗	封闭干洗机/冷凝回收	70%~85%
基础化学原料制造	热力焚烧/吸附回收/蓄热焚烧	70%~98%
食品饮料生产	吸附/生物处理	70%~85%
合成革	活性炭吸附/催化燃烧	70%~85%
合成纤维	活性炭回收	60%

第三节　区域环境空气质量模拟与调控策略

一、空气质量模型

在长期的大气污染观测研究过程中,人们不断尝试运用气象学原理和数学方法模拟从污染源排放到大气环境中的污染物浓度,由此产生了空气质量模型。空气质量模型是基于对大气物理和化学过程的科学认识,运用气象学原理和数学方法,从水平和垂直方向在大尺度范围内对空气质量进行模拟,再现污染物在大气中输送、反应、清除等过程的数学工具,是分析大气污染时空演变规律、内在机理、来源成因、建立污染物减排与空气质量改善之间定量关系,以及推进环境规划和管理向定量化、精细化过渡的重要技术方法。

空气质量模型通常由源排放清单模块、气象模块和化学反应模块等构成(图 12-5),一般要考虑以下大气过程:化学转化(包括均相和非均相化学反应)、水平平流和垂直对流、水平和垂直扩散、人为源和自然源排放、清除机制(包括干沉降和湿沉降)。随着对大气复合污染的科学认知水平及相关观测、分析技术和计算能力的不断提高,空气质量模型得到了长足的发展,已成为研究大气颗粒物污染、O_3 污染和酸沉降等的重要工具,同时也是进行空气质量评价和管理的重要决策工具。

在早期,空气质量模型通常只是为单独解决某一种大气污染问题而设计的。随着对大气污染复合型、区域性特征的认识,空气质量模型能够同时模拟多种污染物。国内外应用较为广泛的区域多尺度综合空气质量模型(CMAQ)基于"一个大气"的模拟系统概念,将整个污染大气作为一个整体来描述而不再区分污染问题,并详尽

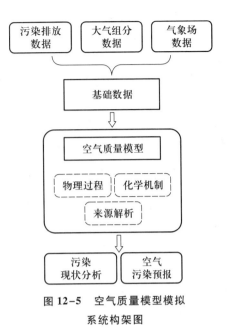

图 12-5　空气质量模型模拟系统构架图

考虑所有的物理和化学过程,因而可以同时模拟多种大气污染物/多种污染问题,包括 O_3、颗粒物、NO_x、酸沉降,以及能见度降低等在不同空间尺度范围内的行为过程。

二、大气污染成因分析

通过大气污染成因分析,明确影响区域环境空气质量的主要因素,厘清气象的影响以及一次排放、二次转化的贡献,确定需要重点控制的排放源,对于制定有效的大气污染控制策略具有十分重要的作用。对于大气污染成因的分析,通常分为两种方法,即基于源排放的模型(EBM)模拟分析和基于观测的模型(OBM)模拟分析(图 12-6)。

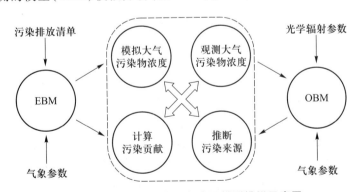

图 12-6　大气污染来源与成因模型模拟示意图

(一) 基于源排放的模型模拟分析

在早期的大气污染研究中,人们主要依据污染源排放资料,采用扩散模型(dispersion model)

来估算污染物排放之后的空间分布,进而判断各种污染源对所研究地点(即受体点)污染物浓度的贡献。后来,扩散模型发展为利用污染源的污染物排放速率并结合气象输送和化学转化机制来估算大气污染物的空间分布,判断各种污染源对研究区域污染物浓度的贡献。扩散模型可以具体应用到每个污染源并进行污染物减排情景分析,对制定污染物的控制策略具有十分重要的作用。然而在许多情况下,难以直接监测污染源,且从污染源到受体点之间的物质转化过程很难在模型中正确反映,加之某些污染源(如扬尘、机动车尾气等)排放的轨迹计算十分困难,削弱了扩散模型的精度并限制了其应用。

(二)基于观测的模型模拟分析

与源排放扩散模型相对应的是受体模型(receptor model)。受体模型无须考虑传输、扩散、干湿沉降,以及边界条件等气象过程和复杂的二次转化过程,一般通过对排放源和受体点污染物的化学成分谱分析来推断各种源的浓度贡献率。受体模型作为大气污染物来源解析的一种重要的手段,已经形成了一个成熟的方法体系,如用于 $PM_{2.5}$ 来源解析的化学质量平衡(CMB)模型、正定矩阵因子分析(PMF)模型等。受体模型也有其局限性,如一些污染源具有相似的成分谱;源排放的化学成分在污染源和受体点之间发生变化;受体模型解释已经发生的事件而不能预测削减源排放的效果。

如前所述,受体模型与扩散模型各有所长,可互为补充。例如,基于源成分谱库、源排放清单、空气质量模型和受体模型的精细化来源解析融合技术体系,实现精细到行业、精准到过程的区域/城市 $PM_{2.5}$ 污染来源精细化解析;针对大气重污染过程,结合气象参数与天气类型分析、气团轨迹聚类分析、潜在源贡献识别等,明晰在污染发生、发展、维持、消散全过程中 $PM_{2.5}$ 各组分包括主要示踪成分的变化特征,并结合在线源解析模型对污染过程中 $PM_{2.5}$ 的来源进行动态解析。

三、环境空气质量调控策略

在对污染物的来源和成因分析的基础上,结合区域污染源排放清单,建立环境空气中目标污染物与区域污染源排放的前体污染物之间的关系,利用这种关系可以形成区域大气污染控制策略。

环境空气中 O_3 的生成与前体物 NO_x、VOCs 存在着复杂的非线性响应关系。经验动力学模型方法(EKMA)是研究这三者之间关系的一种常用方法。EKMA 曲线是利用光化学反应模式结合环境要素以不同初始浓度的 NO_x 和 VOCs 混合物为起始条件模拟得到的一系列 O_3 等浓度曲线(图 12-7)。由于 VOCs 和 NO_x 的起始浓度由污染源的一次排放决定,不经二次转化过程,这样可以将控制二次生成的 O_3 问题转化成对其前体物排放的控制。图中由 O_3 浓度线的转折点连接而形成的脊线(虚线所示)有着相同的 VOCs/NO_x 比值;脊线左上和右下两个部分的 O_3 生成所处的前体物控制区不同。在脊线左上部分,O_3 生成处于 VOCs 控制区,对 VOCs 减排可以更有效地降低 O_3 浓度,而减排 NO_x 对 O_3 浓度的影响不大;反之,在脊线右下部分,O_3 生成处于 NO_x 控制区,对 NO_x 减排可以更有效地降低 O_3 浓度。如图 12-7 所示,某市 O_3 重污染日实测污染物浓度位于脊线左上方,表明 O_3 处于 VOCs 控制区。因此,为了有效控制 O_3 污染,当天应重点减排对 O_3 生成敏感的 VOCs 物种。

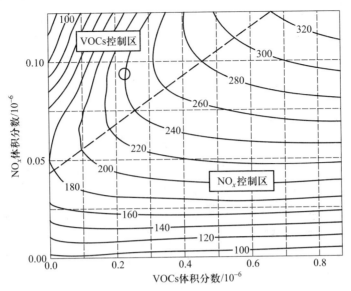

图 12-7　某市 O_3 重污染日前体物浓度模拟 EKMA 曲线

（图中 **O** 代表污染物实测值，--- 为脊线）

第四节　区域大气污染控制情景及对策

一、控制情景的建立

　　情景分析法（scenario analysis）是在对经济、产业或技术的重大演变提出各种关键假设的基础上，通过对未来详尽、严密的推理和描述来构想未来各种可能的方法。该方法充分考虑外界环境发生变化的可能性及其对研究主体的影响并有效结合定性分析与定量分析，摆脱了传统上基于简化影响因素和单一趋势估计的定量预测方法的局限，增加了预测结果对现实中可能出现的多种趋势的解释能力。

　　针对区域大气复合污染，控制情景的建立主要包括如下五个步骤：

　　（1）基于大气环境监测、卫星遥感和相关的统计数据，综合分析区域大气污染现状及其演变特征。

　　（2）在对包括能源消耗、产业结构、交通结构、人口增长、工农业生产及其他人为活动等在内的驱动力进行广泛列举的基础上，采用秩相关分析法筛选经济发展水平和人口为主要驱动力，构建以大气污染物排放量表征压力、以其环境浓度表征状态、以污染物减排量表征响应的区域压力-状态-响应模型。

　　（3）利用国内生产总值（GDP）预测模型和人口预测模型对驱动力分别进行预测，获得各情景年驱动力发展状况。

　　（4）在深入分析大气污染物排放量、环境空气质量和主要污染物控制措施的基础上，建立驱动力与污染物排放之间的对应关系,利用相应的模型进行预测,确定不同情景年污染物的预测排放量。

（5）在建立大气污染物排放基准情景的基础上,对控制措施进行分类预测,构建基线情景。从能源结构优化、产业结构升级、清洁生产推进、重点污染源控制措施强化、多污染物协同控制等角度,建立区域环境空气质量持续改善多种综合方案情景,为区域大气污染控制构建决策支撑框架。

基于我国经济社会发展预测和大气污染防治目标设定,以某市为例设计不同的中长期大气污染防治情景(表 12-3)。基于现有能源的趋势照常情景(BAU 情景),首先设计了一个新能源政策情景(PC 情景),假设未来采取可持续的能源发展战略,改变生产生活方式,改善能源结构和产业结构,提高能源利用效率;同时,政府制定的方针路线、法律法规得到充分执行。在 BAU 和 PC 两个能源情景的基础上,分别设置三个污染控制策略,即基准策略(Ⅰ策略)、循序渐进策略(Ⅱ策略)和最大减排潜力策略(Ⅲ策略)。基于上述两个能源情景和三个污染控制策略,组合形成六个污染控制情景,即 BAU Ⅰ、BAU Ⅱ、BAU Ⅲ、PC Ⅰ、PC Ⅱ、PC Ⅲ。

表 12-3　某市中长期大气污染防治情景

能源情景	能源情景定义	污染控制策略	污染控制策略定义	控制情景
趋势照常情景（BAU 情景）	现有的政策及执行力度（至 2020 年末）	基准策略（Ⅰ策略）	未来继续采用现有的政策和现有的执行力度（至 2020 年末）,没有新的减排政策	BAU Ⅰ
		循序渐进策略（Ⅱ策略）	2016—2020 年间我国的"十三五"规划得到实施并在 2020 年后控制政策逐渐缓慢加严	BAU Ⅱ
		最大减排潜力策略（Ⅲ策略）	技术上可行的减排措施得到了最大限度的应用,为可实现的最大限度减排策略	BAU Ⅲ
政策情景（PC 情景）	假设未来采取更加可持续的能源发展战略	基准策略（Ⅰ策略）	未来继续采用现有的政策和现有的执行力度（至 2020 年末）,没有新的减排政策	PC Ⅰ
		循序渐进策略（Ⅱ策略）	2016—2020 年间我国的"十三五"规划得到实施并在 2020 年后控制政策逐渐缓慢加严	PC Ⅱ
		最大减排潜力策略（Ⅲ策略）	技术上可行的减排措施得到了最大限度的应用,为可实现的最大限度减排策略	PC Ⅲ

二、控制情景的效益分析

控制情景的效益分析需要采用环境费用效益分析方法。该方法所解决的最主要的问题是将环境外部成本内部化,亦即将环境损害所造成的直接、间接经济损失和环境改善所产生的经济效益分别作为环境影响的费用和效益,全面地考虑污染防控项目、方案和决策实施后所带来的社会综合效益。

首先,需要根据区域内各项污染物的边际损失,确定由于对其减排而避免的环境损害(所造成的直接、间接经济损失)。其次,将污染控制项目、方案和决策的环境成本或费用纳入费用效益分析;在综合考虑多因子环境目标、污染控制经济技术条件以及环境管理要求等多种约束条件下,充分考虑生产工艺、设备条件、污染物控制水平以及经济成本的大气污染控制方案,寻求区域环境空气质量改善措施费用最小的控制方案,从而做出最有利于环境保护、经济发展和人民生活质量提高的决策。

三、控制对策预案及评估

由于污染源排放-受体污染物浓度响应关系的非线性、空气质量模型模拟系统的复杂性以及控制对策选择的多样性,使区域大气复合污染控制对策的优化抉择往往面临严峻的挑战。为此,需要建立各污染物浓度及颗粒物化学组成与多个区域、多个行业/部门、多种污染物排放量之间的快速响应关系。通常采用空气质量模型来建立这种响应关系,这是因为源排放-受体模型模拟结果能够准确刻画污染物浓度响应的非线性特征;能同时处理一次污染因子和二次污染因子,并综合考虑污染控制技术措施对多污染物的治理或去除效果;对于给定的减排情景,能够快速评估其对二次污染物浓度的影响;对于涉及不同区域、不同行业/部门、不同污染物、不同减排幅度的众多控制情景,能够有效评估其环境效果。

在建立污染源排放-受体污染物浓度快速响应模型的基础上,基于区域环境空气质量改善的目标,从经济社会活动出发,综合考虑能源结构优化、产业结构升级、推行清洁生产、强化重点污染源控制、多污染物协同控制等措施,设计区域经济增长模式和区域环境空气质量调控策略,形成大气污染控制情景;计算各控制情景的污染物减排成本,评估其对区域环境空气质量的影响;通过比较分析各控制情景实施后的经济、环境等多个方面的综合效果并进行优化,形成满足不同环境空气质量改善目标和应对不同大气污染状况的控制对策预案,如应对不同大气污染预警级别的防控对策及措施。表 12-4 列举了某市 O_3 污染防控对策及措施。

表 12-4 某市 O_3 污染防控对策及措施

序号	建议措施类型	措施详细描述	评估清单参数化处理
1	行业清理整顿	1. 对火电、钢铁、水泥熟料、玻璃等行业不能稳定达标排放的企业停产整改;砖瓦生产企业未完成排污口整治或整治后无法达标排放的停产整改;经监测未达标排放的锅炉一律停用 2. 对 VOCs 排放工业企业进行全面排查,未安装 VOCs 治理设施或未按规定使用治污设施的责令停产整改 3. 对汽修企业进行全面排查,对未布设密闭喷漆室的企业责令停工整改 4. 对中心城区洗衣店进行全面排查,未安装 VOCs 回收装置的责令整改	（1）参照锅炉排放达标情况和能源消耗情况,对全市火电、钢铁、水泥熟料、玻璃生产行业的排放比例进行 NO_x 削减:27% （2）考虑到前期整治效果,对全市 VOCs 排放工业点源进行 VOCs 削减量估算:21% （3）考虑到前期整治效果,对全市汽车修理企业点源进行 VOCs 削减量估算:32% （4）考虑到前期整治效果,对全市洗衣店点源进行 VOCs 削减量估算:48%

续表

序号	建议措施类型	措施详细描述	评估清单参数化处理
2	工业管控	工业企业污染控制 （1）对火电、水泥熟料、玻璃生产企业实施大气污染物超低排放或限制生产负荷,确保 NO_x 排放低于正常工况的 30%；化工、砖瓦、纺织、食品等行业企业,限制生产负荷,确保炉窑、锅炉 NO_x 排放低于正常工况的 30% （2）对汽车制造、家具制造、印刷包装、制鞋、制药等 VOCs 重点排放企业,限制生产负荷,确保 VOCs 排放低于正常工况的 50%	根据企业名单： （1）所涉及企业点源的 NO_x 排放削减：30% （2）所涉及企业点源的 VOCs 排放削减：45%
3	交通管控	机动车污染控制 （1）中心城区机动车尾号限行每日 2 个号。公共汽车、出租车、省际长途客运车辆及大型客车以及警车、消防车、救护车、工程救险车、邮政专用车等不限行 （2）绕城高速以内,重型/中型柴油载货汽车 6:00 至 18:00 禁入 （3）根据污染状况和相关法律法规制定更严格的限行措施	（1）中心城区的移动源、道路源排放的 NO_x、VOCs 削减：23% （2）对重型/中型柴油载货汽车部分进行移动源、道路源排放的时间序列和空间重分配
4	加油站等管控	加油站油库污染控制 未完成油气回收或油气回收装置未正常运行使用的加油站、储油库、油罐车一律暂停营业和使用；已完成油气回收治理的加油站、储油库、油罐车加强监督管理,确保回收装置正常运行和使用	考虑到对加油站的督查效果,对清单中的加油站 VOC 排放削减：21%
5	其他管控措施	其他污染控制措施 （1）中心城区未完成干洗设备改造或安装 VOCs 回收装置的干洗店实行停业整顿 （2）中心城区范围内所有大型商业场所、房屋建筑喷涂 6:00 至 18:00 停工 （3）区域范围内全面禁止露天焚烧秸秆、垃圾、枯枝树叶等 （4）加强中心城区露天烧烤的管控,划定禁止露天烧烤区域	（1）维持情景 01 中对干洗店的督查效果 （2）对建筑装饰行业进行时间序列和空间重分配 （3）对生物质燃烧源削减：95%

序号	建议措施类型	措施详细描述	评估清单参数化处理
5	其他管控措施	（5）加大巡查督查力度,强化使用遥感卫星巡拍、无人机巡拍和车载巡拍等督查方式 （6）在具备人工增雨条件时,及时组织飞机、地面人工增雨作业,并通报作业情况	
6	环保督查强化	在情景01的基础上,叠加以下参数形成情景02:依据全市加油站、储油库油气回收整治工作会、全市机动车维修行业环境污染防治工作会、全市汽车维修行业污染防治推进会、全市 O_3 污染防控工作会等了解的企业关停实际情况,对全市工业点源、面源等削减比例进行调整	（1）所涉及企业点源污染物排放削减:56% （2）所涉及面源污染物排放削减:62% （3）其他参数维持情景01的设计

前述各控制情景对应的污染物减排量如表12-5所示。情景01为表12-4中1~5措施的减排量估算汇总结果;情景02是在情景01基础上叠加强化督查减排和散乱污企业(指不符合产业政策、产业布局规划,存在安全、消防隐患和污染物排放不达标,以及工商、环保、土地、规划、税务、质监、安监、消防、电力等手续不全的企业)整治等措施,其对点源、面源污染物排放的实际削减比例可达到60%。

表 12-5　各控制情景的污染物削减量　　单位:t/d

情景	VOCs	NO_x	CO	SO_2	PM_{10}	$PM_{2.5}$	NH_3
00	0	0	0	0	0	0	0
01	−165	−42	−130	−45	−32	−18	−11
02	−282	−73	−234	−83	−54	−32	−18

针对各控制情景的实施效果,应采用空气质量模型进行预评估,以明确其对大气污染物浓度削减的有效性,进而优化形成最终的控制方案。

对上述情景实施后的 O_3 控制效果的模拟结果如图12-8所示。可见,实施情景01、02后, O_3 高污染日相对于基础情景均有较为明显的削减效果;在 O_3 浓度临界超标时段,实施情景01对 O_3 浓度的降低效果不明显,而实施情景02效果明显。因此,在不同的污染时段应采取不同的减排情景方案:为避免 O_3 高污染日,需长期按照情景01设定的不对称减排方案执行减排;在 O_3 浓度临界超标时段,需叠加情景02方案,才能更好地实现 O_3 污染控制效果。

四、控制对策的后评估

控制方案实施后,需要根据实际的观测结果对其成效进行后评估,以明确不同阶段各种具体措施对环境空气中污染物浓度的削减效果,进而不断完善控制策略和减排措施,形成污染防治行动的持续改进路线。

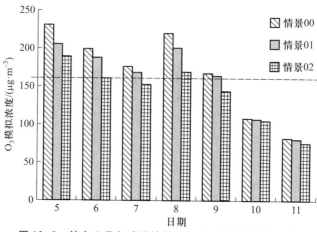

图 12-8　某市 8 月各减排情景下日 O₃ 浓度模拟值对比

(图中虚线为 O₃ 环境空气质量二级标准的 O₃ 日最大 8 小时平均浓度限值)

以某市夏季 O₃ 为例,基于在线观测数据对 O₃ 污染控制效果进行评估。根据实际观测数据 (表 12-6) 可知,某年未执行减排措施,夏季 O₃ 污染天数为 26 d,污染超标率高达 28.3%;次年夏季执行减排措施后,O₃ 最高浓度降低 33%,O₃ 污染天数同比减少 7 d,其中 O₃ 重污染、中度污染和轻度污染分别减少 1 d、4 d 和 2 d,O₃ 污染超标率同比下降 7.6%。评估结果说明减排措施的实施对全域 O₃ 污染的控制效果明显。

表 12-6　某市控制方案采取前后 O₃ 污染状况对比

统计指标	未执行减排年份	执行减排年份	同比
O₃ 浓度最小值/($\mu g \cdot m^{-3}$)	57	35	−38.6%
O₃ 浓度最大值/($\mu g \cdot m^{-3}$)	270	205	−33.0%
O₃ 日最大 8 小时平均浓度第 90 百分位数/($\mu g \cdot m^{-3}$)	191	179	−6.3%
O₃ 污染天数	26	19	−7
O₃ 超标率	28.3%	20.6%	−7.6%

利用环境空气质量模型进一步分析各种减排措施对 O₃ 污染控制的效果。如图 12-9 所示,在各种减排措施中,行业清理整顿和交通管控对降低 O₃ 浓度的贡献最大,分别达到 28.9% 和 27.8%。在行业清理整顿方面,根据对各行业的减排潜力分析,燃煤锅炉整治、电厂超低排放改造、工业提标改造、落后产能淘汰对污染物减排效果贡献最为显著。因此,应继续加强涉及污染物排放的重点行业达标改造,强化对污染排放重点企业的监管。同时,还需要推进汽修、干洗等具有减排空间的行业污染治理,实现 O₃ 污染前体物总排放量的持续削减。

为了取得对 O₃ 污染的持续控制效果,还需要进一步结合污染源排放清单的动态更新,采用多模式模拟获得更加合理的前体物控制比例。由于不同区域的产业结构和主要污染源的构成存在差异,各项措施在不同区域发挥的作用也不尽相同,因此需要结合区域内各地方的产业结构、污染来源和主要污染源构成,制定差异化的减排目标,分片区、分时段、分 VOCs 组分/活性制定差异化的减排策略和治理措施。

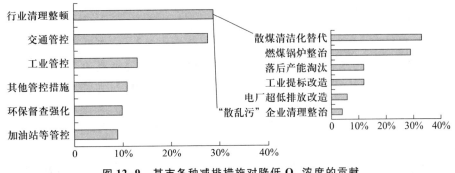

图 12-9　某市各种减排措施对降低 O_3 浓度的贡献

第五节　区域大气污染联防联控及持续改进

大气污染的区域性、复合型特点决定了必须在区域尺度上针对多种污染物采取协同控制的技术途径。实现这一目标的关键是建立区域尺度上的多污染物多目标空气质量管理体系,实施区域大气污染联防联控和针对重点污染源的多污染物协同控制。

一、区域大气污染联防联控的作用

区域大气污染联防联控是一定区域范围内的地方政府之间对区域整体利益达成共识,运用组织和制度资源打破行政界限,共同规划和实施大气污染控制方案并互相监督、互相协调,以实现区域环境空气质量整体改善的目标。

二、区域大气污染联防联控的组织与实施

(一) 区域大气污染联防联控的组织

区域大气污染联防联控应根据社会、经济、环境协调发展的实际需求,有针对性地组织开展,建立联防联控的协调机制,严格落实治污责任,强化监督考核,加强评估检查,严格控制新增大气污染物排放的建设项目。

国家发布的《大气污染防治行动计划》中提出建立区域大气污染防治协作机制,随后京津冀及周边地区大气污染防治协作小组、长三角区域大气污染防治协作小组相继成立,联防联控网络逐步建立,深层次合作机制逐渐形成。之后,全国环境保护工作会议明确进一步完善京津冀、长三角、汾渭平原大气污染防治协作机制,稳步推进成渝、东北、长江中游城市群等其他跨区域大气污染联防联控工作;设立我国首个跨区域大气污染防治机构——京津冀及周边地区大气环境管理局,旨在提高跨地区环保统筹协调和监督管理能力,推进了跨地区污染联防联控,实现统一规划、统一标准、统一环评、统一监测、统一执法;《粤港澳大湾区发展规划纲要》要求强化区域大气污染联防联控,实施多污染物协同减排,统筹防治 O_3 和 $PM_{2.5}$ 污染。

（二）区域大气污染联防联控的实施

我国京津冀及周边地区和长三角、珠三角地区较早在各方面（包括生态环境保护）整合区域资源、深化区域合作以保持区域共赢，并将这种理念分别运用于北京奥运会、上海世博会和广州亚运会等的空气质量保障工作之中，且均取得了显著的成效。例如，为确保 2008 年北京奥运会空气质量达标，经国务院批准，中华人民共和国环境保护部与北京市、天津市、河北省、山西省、内蒙古自治区、山东省 6 省（自治区、直辖市）以及各协办城市建立了大气污染区域联防联控机制，成立奥运空气质量保障协调小组，实行统一规划、统一治理、统一监管；在获取大量外场观测、污染源排放等数据的基础上，利用数值模拟技术，系统分析污染特征，共同组织制定、共同实施了与北京市措施相配套的周边五省区市措施，最终实现奥运会期间空气质量全部达标。

（三）区域大气污染联防联控的措施

京津冀及周边地区和长三角、珠三角地区各区域内资源共享、责任共担，不断推动大气污染联防联控工作机制和技术协作的深化，从最初共同研究确定阶段性工作重点、互通工作信息，到开展空气重污染预警会商、区域环境联动执法，再到标准、政策、资金等领域的全面合作。所采取的区域大气污染联防联控的主要措施如下：

（1）加强组织协调，完善工作机制。建立统一规划、统一监测、统一监管、统一评估、统一协调的区域大气污染联防联控工作机制，形成区域大气环境管理的法规、标准、政策体系和统一防控技术架构；严格落实治污责任，强化监督考核，加强评估检查。

（2）优化区域产业结构及布局。加快产业结构调整步伐，禁止新建、扩建高污染排放的企业；对区域内火电、钢铁、有色、石化、建材、化工等行业进行重点防控；全面加强重点企业的清洁生产审核，鼓励企业使用清洁生产先进技术。

（3）加大重点污染物防治力度。开展 SO_2、NO_x、颗粒物和 VOCs 等污染物综合防治，着力推进重点治污项目；实施 $PM_{2.5}$ 和 O_3 污染协同控制。

（4）加强清洁能源利用。严格控制重点区域内燃煤项目建设；开展区域煤炭消费总量控制；强化高污染燃料禁燃区划定工作；推进城市集中供热工程建设；鼓励生物质能等清洁能源使用；淘汰效率低、污染重的燃煤小锅炉。

（5）全面加强区域内机动车污染防治。大力发展公共交通，全面落实公交优先发展战略，加强机动车污染的环境监管。

（6）完善区域环境空气质量保障能力建设和监管体系。加强重点区域环境空气质量监测、监控能力建设，建立区域环境空气质量监测网络；开展区域大气污染形成机理研究，强化空气质量改善的科技支撑；开展区域大气环境联合执法检查。

（7）完善环境经济政策。深入推进环境税费改革，健全环境市场；建立有利于区域环境空气质量改善的激励机制。

三、区域大气污染联防联控的持续改进

大气污染防控策略的制定是一个随着科学认知的深化而不断持续的过程。随着经济形势的变化和国家、地方大气污染治理工程的推进，区域大气复合污染状况也在相应变化。同时，国家对大气污染防治工作的要求也在动态变化。因而,区域大气污染联防联控需要动态化的决策并对其实施效果进行跟踪评估。随着基于末端治理的污染物减排潜力逐渐收窄,未来实现等量减排必须实施更加精细化的治理措施和监管评估;针对区域内各城市的空气质量达标差距不同,需要制定相应差异化的减排目标;针对区域内各城市产业结构、污染源构成、主要的污染来源及其贡献各有不同,应采取差异化的减排治理措施。

四、区域大气污染联防联控的实践

(一)国际经验

随着对一次颗粒物的有效削减和二次颗粒物在 $PM_{2.5}$ 中占主导地位的认识,欧美对大气颗粒物的控制纳入了主要的气态前体物。美国国家环境保护局于 2005 年推出以清洁空气州际规程(Clean Air Interstate Rule,CAIR)为核心的综合性规划。CAIR 通过总量控制与排污交易最大程度减少了美国东部地区的 SO_2 和 NO_x 的排放及跨州界传输,并显著降低 O_3 和 $PM_{2.5}$ 二次污染。欧洲各国针对大气污染物长距离跨界传输问题,早在 1979 年就由联合国欧洲经济委员会(UN-ECE)签署了《远距离跨国界大气污染公约》(Convention on Long-Range Transboundary Air Pollution,CLRTAP)。缔约国包括 25 个欧洲国家、欧洲经济共同体和美国。后续签订的一系列议定书针对的污染物包括含硫污染物、NO_x、持久性有机污染物(POPs)、VOCs、NH_3 和有毒有害的重金属等。CLRTAP 在减少欧洲及北美洲大气污染物排放和改善空气质量方面起到了重要的作用。1990 年至 2006 年,欧洲和美国 SO_2 分别减排 70% 和 60%,NO_x 分别减排 35% 和 36%;欧洲 NH_3、非甲烷 VOCs(NMVOCs)及与能源相关的 PM_{10} 的排放分别削减了 20%、41% 和 28%。

(二)中国实践

2008 年北京奥运会空气质量保障是我国控制区域大气复合污染的第一个成功案例。针对北京奥运会空气质量保障目标,围绕大气复合污染所涉及的多维环境问题,构建了如图 12-10 所示的兼顾多目标与多污染物的协同控制体系。

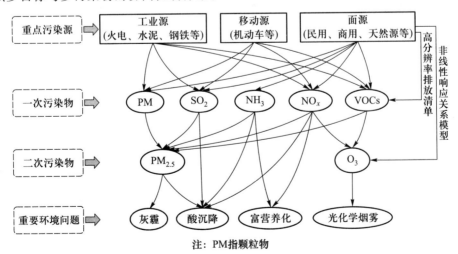

注:PM指颗粒物

图 12-10　兼顾多目标与多污染物的协同控制体系

　　该体系针对大气复合污染,提出了多污染物协同控制理论。该理论以解决大气复合污染的多维环境问题为导向,以复杂污染源高分辨率排放清单为基础,以多污染物减排–环境效应非线性响应关系为核心,以此作为构建多目标、多污染物协同控制技术方案的核心支撑。针对 $PM_{2.5}$ 和 O_3 这样高度非线性的大气复合污染问题,建立了包括综合达标目标、复杂源高分辨率排放清单、各类污染源和各种污染物的各种控制措施的效果、投资和运行费用以及控制措施间的相容性等主要分析模块的多污染物协同控制决策分析方法。进而通过对复杂源分区分类减排情景的组合,模拟产生污染物减排–环境效应关系,以此反映各类污染源排放对污染的贡献排序,并确定优先控制的污染源。

　　以北京持续多年实施的控制大气污染措施为基础,充分利用积累的科研成果制定了 2008 年北京奥运会空气质量保障方案,经过北京与周边省市(自治区)(天津市、河北省、山东省、山西省和内蒙古自治区)的共同努力,实现了大气颗粒物及其前体物排放的大幅度削减,使奥运会期间北京的空气质量各项指标全部达到国际奥林匹克委员会的要求。后来举办的上海世博会、广州亚运会、G20 杭州峰会、厦门金砖会议等借鉴并发扬了北京奥运会区域大气污染联防联控和多污染物协同控制的有效经验,成功地实现了上述重要活动的环境空气质量保障,同时也为我国区域环境空气质量改善积累了丰富的实践成果。

习题

12.1　简述我国区域大气复合污染的特点。

12.2　影响区域环境空气质量的因素有哪些?

12.3　气候气象条件对区域大气污染有哪些具体影响?

12.4　简述区域环境空气质量的调控思路。

12.5　简述区域环境空气质量调控平台的构成及作用。

12.6　区域环境空气质量调控核心数据库的构成包括哪些主要部分,各部分的具体作用是什么?

12.7　大气污染控制技术方案数据库是如何建立的?

12.8　比较基于观测的模型(OBM)与基于源排放的模型(EBM)在分析大气污染成因时的异同。

12.9　简述环境空气质量调控策略及其方法。

12.10　如何建立区域大气污染控制对策措施?

12.11　举例说明区域大气污染联防联控的作用。

附 录

附录一 干空气的物理参数

$$[p = 101\ 325\ \text{Pa}]$$

温度 t/℃	密度 ρ/(kg/m³)	比热容 C/ [kJ/ (kg·K)]	导热系数 λ/[10^{-2} kJ/ (m·h·K)]	导温系数 α/ (10^{-2} m³/h)	黏度 μ/ (10^{-5} Pa·s)	运动黏度 ν/(10^{-6} m²/s)	普兰德数 Pr
−50	1.584	1.01	7.33	4.57	1.46	9.23	0.728
−40	1.515	1.01	7.62	4.96	1.52	10.04	0.728
−30	1.453	1.01	7.91	5.37	1.57	10.80	0.723
−20	1.395	1.01	8.21	5.83	1.62	11.79	0.716
−10	1.342	1.01	8.50	6.28	1.67	12.43	0.712
0	1.293	1.00	8.79	6.77	1.72	13.28	0.707
10	1.247	1.00	9.04	7.22	1.77	14.16	0.705
20	1.205	1.00	9.34	7.71	1.81	15.06	0.703
30	1.165	1.00	9.63	8.23	1.86	16.00	0.701
40	1.128	1.00	9.92	8.75	1.91	16.69	0.699
50	1.093	1.00	10.17	9.26	1.96	17.95	0.698
60	1.060	1.00	10.43	9.79	2.01	18.97	0.696
70	1.029	1.00	10.68	10.28	2.06	20.02	0.694
80	1.000	1.01	10.97	10.87	2.11	21.09	0.692
90	0.972	1.01	11.26	11.48	2.15	23.10	0.690
100	0.946	1.01	11.56	12.11	2.19	23.13	0.688
120	0.898	1.01	12.02	13.26	2.29	25.45	0.686
140	0.854	1.01	12.56	14.52	2.37	27.80	0.684
160	0.815	1.02	13.10	15.80	2.45	30.09	0.682
180	0.779	1.02	13.61	17.10	2.53	32.49	0.681
200	0.746	1.03	14.15	18.49	2.60	34.85	0.680
250	0.674	1.04	15.37	21.96	2.74	40.61	0.677
300	0.615	1.05	16.58	25.76	2.97	48.33	0.674
350	0.566	1.06	17.67	29.47	3.14	55.46	0.676

续表

温度 $t/℃$	密度 $\rho/(kg/m^3)$	比热容 $C/[kJ/(kg \cdot K)]$	导热系数 $\lambda/[10^{-2} kJ/(m \cdot h \cdot K)]$	导温系数 $\alpha/(10^{-2} m^3/h)$	黏度 $\mu/(10^{-5} Pa \cdot s)$	运动黏度 $\nu/(10^{-6} m^2/s)$	普兰德数 Pr
400	0.524	1.07	18.76	33.52	3.31	63.09	0.678
500	0.456	1.09	20.68	41.51	3.62	79.38	0.687
600	0.404	1.11	22.40	49.78	3.91	96.89	0.699
700	0.362	1.13	24.16	58.82	4.18	115.4	0.706
800	0.329	1.16	25.83	67.95	4.43	134.8	0.713
900	0.301	1.17	27.47	77.84	4.67	155.1	0.717
1 000	0.277	1.18	29.06	88.53	4.91	177.1	0.719
1 100	0.257	1.20	30.61	99.45	5.12	199.3	0.722
1 200	0.239	1.21	32.95	113.94	5.35	223.7	0.724

附录二　《环境空气质量标准》规定的各项污染物的浓度限值(摘自 GB 3095—2012)

污染物项目	平均时间	浓度限值		单位
		一级	二级	
二氧化硫(SO_2)	年平均	20	60	$\mu g/m^3$
	24 小时平均	50	150	
	1 小时平均	150	500	
二氧化氮(NO_2)	年平均	40	40	
	24 小时平均	80	80	
	1 小时平均	200	200	
一氧化碳(CO)	24 小时平均	4	4	mg/m^3
	1 小时平均	10	10	
臭氧(O_3)	日最大 8 小时平均	100	160	$\mu g/m^3$
	1 小时平均	160	200	
颗粒物(粒径小于等于 10 μm)	年平均	40	70	
	24 小时平均	50	150	
颗粒物(粒径小于等于 2.5 μm)	年平均	15	35	
	24 小时平均	35	75	

续表

污染物项目	平均时间	浓度限值		单位
		一级	二级	
总悬浮颗粒物(TSP)	年平均	80	200	$\mu g/m^3$
	24 小时平均	120	300	
氮氧化物(NO_x)	年平均	50	50	
	24 小时平均	100	100	
	1 小时平均	250	250	
铅(Pb)	年平均	0.5	0.5	
	季平均	1	1	
苯并[a]芘(BaP)	年平均	0.001	0.001	
	24 小时平均	0.002 5	0.002 5	

参 考 文 献

1. 钱易,唐孝炎.环境保护与可持续发展[M].2 版.北京:高等教育出版社,2010.

2. 国家环境保护总局科技标准司.污染物控制技术指南[M].北京:中国环境科学出版社,1996.

3. 中华人民共和国环境保护部.环境空气质量标准 GB 3095—2012[S].北京:中国环境科学出版社,2012.

4. 中华人民共和国环境保护部.2017 年中国环境状况公报[R/OL].2018.

5. 国家环境保护局.大气污染物综合排放标准 GB 16297—1996[S].北京:中国环境科学出版社,2000.

6. 国家技术监督局,国家环境保护总局.制定地方大气污染物排放标准的技术方法 GB/T 3840—91[S].北京:中国标准出版社,1991.

7. 中华人民共和国环境保护部,国家质量监督检验检疫总局.锅炉大气污染物排放标准 GB 13271—2014[S].北京:中国环境科学出版社,2014.

8. 国家环境保护局科技标准司.大气环境标准工作手册[M].北京:中国标准出版社,1996.

9. 魏复盛,Chapman R S.空气污染对呼吸健康的影响[M].北京:中国环境科学出版社,2001.

10. 何强,井文涌,王翊亭.环境学导论[M].3 版.北京:清华大学出版社,2004.

11. 国家环境保护局科技标准司.工业污染物产生和排放系数手册[M].北京:中国环境科学出版社,1996.

12. 郝吉明,马大广,王书肖.大气污染控制工程[M].3 版.北京:高等教育出版社,2010.

13. 季学李,羌宁.空气污染控制工程[M].2 版.北京:化学工业出版社,2015.

14. 蒋文举,宁平.大气污染控制工程[M].2 版.成都:四川大学出版社,2005.

15. 朱联锡.空气污染控制原理[M].成都:成都科技大学出版社,1990.

16. 马文斗.空气污染控制工程[M].2 版.北京:冶金工业出版社,1999.

17. 王丽萍.大气污染控制工程[M].北京:煤炭工业出版社,2002.

18. 吴忠标.大气污染控制工程[M].北京:科学出版社,2002.

19. 郝吉明,傅立新,贺克斌.城市机动车排放污染控制[M].北京:中国环境科学出版社,2002.

20. 赫吉明,王书肖,陆永琪.燃煤二氧化硫污染控制手册[M].北京:化学工业出版社,2001.

21. 马广大.大气污染控制技术手册[M].北京:化学工业出版社,2010.

22. 蒋文举.烟气脱硫脱硝技术手册[M].2 版.北京:化学工业出版社,2012.

23. 刘天齐.三废处理工程技术手册:废气卷[M].北京:化学工业出版社,1999.

24. 童志权.工业废气净化与利用[M].北京:化学工业出版社,2001.

25. 张殿印,王纯.除尘工程设计手册[M].2 版.北京:化学工业出版社,2010.

26. 马广大.除尘器性能计算[M].北京:中国环境科学出版社,1990.

27. 孙一坚.简明工业通风设计手册[M].北京:中国建筑工业出版社,1997.

28. 陈敏恒.化工原理[M].4 版.北京:化学工业出版社,2015.

29. 时钧.化学工程手册[M].2 版.北京:化学工业出版社,1996.

30. 罗辉.环保设备设计与应用[M].北京:高等教育出版社,1997.

31. 袁一.化学工程手册[M].北京:机械工业出版社,2000.

32. 叶振华.化工吸附分离过程[M].北京:中国石化出版社,1992.

33. 北川浩,铃木谦一郎.吸附的基础与设计[M].卢政理,译.北京:化学工业出版社,1983.

34. 怀特 H J.过滤理论与实践[M].邵启祥,译.北京:国防工业出版社,1982.

35. 钟秦.燃煤烟气脱硫脱硝技术及工程实例[M].2 版.北京:化学工业出版社,2007.

36. 切雷米西罗诺夫 P N,扬格 R A.大气污染控制设计手册[M].胡文龙,李大志,译.北京:化学工业出版社,1984.

37. 庄永茂,施惠邦.燃烧与污染控制[M].上海:同济大学出版社,1998.

38. 拉姆 B M.气体吸收[M].刘凤志,林肇信,译.北京:化学工业出版社,1985.

39. 布拉沃尔 H,瓦尔玛 Y B G.空气污染控制设备[M].赵汝林,译.北京:机械工业出版社,1985.

40. 朱炳辰.化学反应工程[M].5 版.北京:化学工业出版社,2012.

41. 贾绍义,柴诚敬.化工传质与分离过程[M].2 版.北京:化学工业出版社,2007.

42. 涂晋林,吴志泉.化学工业中的吸收操作[M].上海:华东理工大学出版社,1994.

43. 蒋维楣.空气污染气象学教程[M].2 版.北京:气象出版社,2004.

44. 黄润本,黄伟峰,陈明荣,气象学与气候学[M].2 版.北京:高等教育出版社,1997.

45. 李宗恺,潘云仙,孙润桥.空气污染气象学原理及应用[M].北京:气象出版社,1985.

46. 中国环境保护协会袋式除尘委员会.袋式除尘器滤料及配件手册[M].2 版.沈阳:东北大学出版社,2007.

47. 胡鑫,潘响明,李啸,等.湿法脱硫烟气"消白"工艺探索[J].化肥设计,2018,56(2):28-31,37.

48. 高继贤,刘静,翟尚鹏,等.活性焦脱硫技术在有色冶金行业的应用与研究[J].有色冶金设计与研究,2012,33(1):24-28.

49. 余永红,李新,李艳松,等.新型催化法脱硫技术在有色冶炼和硫酸行业应用进展[J].硫酸工业,2014,(6):30-33.

50. 刘强,陈荣,巴吉德,等.生物滴滤塔净化挥发性有机废气动力学模型研究[J].环境科学与技术,2007,30(5):10-13.

51. 魏在山,谢志荣.生物法处理饲料恶臭废气工程应用研究[J].环境工程,2010,28(3):85-87.

52. 黄剑,孟建国.污泥浓缩池除臭工程的设计与实施[J].中国给排水,2014,30(22):107-110.

53. 黄维秋,石莉,胡志伦,等.冷凝和吸附集成技术回收有机废气[J].化学工程,2012,40(6):13-17,71.

54. 陈伟.包装印刷有机废气处理技术探索[J].环境工程,2014,32(7):100-104.

55. 宋华,王保伟,许根慧.低温等离子体处理挥发性有机物的研究进展[J].化学工业与工程,2007,24(4):356-361,369.

56. 李建军,徐明,王志国,等.低温等离子体处理恶臭废气工程实例[J].环境科技,2012,25(5):33-35.

57. 邵振华,魏博伦,叶志平,等.等离子体联合光催化治理喷漆废气[J].浙江大学学报(工学版).2014,48(6):1127-1131.

58. 孙万启,宋华,韩素玲,等.废气治理低温等离子体反应器的研究进展[J].化工进展,2011, 30(5):930-935,996.

59. 贺克斌,杨复沫,段凤魁,等.大气颗粒物与区域复合污染[M].北京:科学出版社,2001.

60. 郝吉明.京津冀大气复合污染防治:联防联控战略及路线图[M].北京:科学出版社,2017.

61. 郝吉明,尹伟伦,岑可法.中国大气$PM_{2.5}$污染防治策略与技术途径[M].北京:科学出版社,2017.

62. 王书肖,程真,赵斌,等.长三角区域霾污染特征、来源及调控策略[M].北京:科学出版社,2016.

63. Nevers N. Air Pollution Control Engineering(影印版)[M]. 2rd ed. 北京:清华大学出版社, 2000.

64. Seinfeld J H, Pandis S N. Atmospheric Chemistry and Physics:From Air Pollution to Climate Change[M]. New Jersey:John Wiley & Sons,Inc. 1998.

65. Devinny J S,Deshusses M A,Webster T A. Biofiltration for Air Pollution Control[M]. Boca Raton: CRC Press,1998.

66. Shedd S A. Air Pollution Engineeing Manual[M]. New York:Van Nostrand Reinhold,1991.

67. Anon. Air Pollution Control for Manual for Hydrocarbon Vapor Recovery Equipment[M]. Edwards Engineering Corp. ,Pompton Plains,NJ,1997.

68. Noll K E,Gounaris V,Hou W S. Adsorption Technology for Air and Waste Pollution Control[M]. Michigan:Lewis Publishers,INC,1992.

69. Buonicore A J,Davis W T. Air Pollution Engineering Manual[M]. New York:Van Nostrand Reinhold,1992.

70. Calvert S,Englund H M. Handbook of Air Pollution Technology[M]. New Jersey:John Wiley & Sons,Inc. ,1984.

71. Theodore L,Buonicore A J. Air Pollution Control Equipment-Selection,Design,Operation,and Maintenance[M]. Upper Saddle River:Prentice-Hall,Inc. ,1982.

72. Bunicore A J,Therdore L. Industrial Control Equipment for Gaseous Pollutants. Washington,DC: CRC Press,Inc. ,1975.

73. Copper D C,Alley F C. Air Pollution Control:A Design Approach[M]. lllinois:Waveland Press, Inc. ,2002.

74. Rafson H J. Oder and VOC Control handbook[M]. New York:Mc Graw-Hill,1998.

75. Schnelle K B,Brown C A. Air Pollution Control Technology Handbook[M]. Washington,DC:CRC Press LLC,2002.

76. Mycock J C. Handbook of Air Pollution Control Engineering and Technology[M]. Washington,DC: CRC Press Inc. ,1995.

77. Hunter P,Oyama S T. Control of Volatile Organic Compound Emission-Conventional and Emerging Technologies[M]. New Jersey:John Wiley & Son Inc. ,2000.

78. Heinsohn R J,Kabel R L. Sources and Control of Air Pollution[M]. Upper Saddle River:Prentice-Hall,1999.

79. Davis W T. Air Pollution Engineering Manual[M]. 2nd Edition. Air and Waste Management Association[M]. New Jersey:John & Sons Inc. ,2000.

读者意见反馈

为收集对教材的意见建议，进一步完善教材编写并做好服务工作，读者可将对本教材的意见建议通过如下渠道反馈至我社。

咨询电话　400-810-0598
反馈邮箱　hepsci@pub.hep.cn
通信地址　北京市朝阳区惠新东街4号富盛大厦1座
　　　　　高等教育出版社理科事业部
邮政编码　100029

防伪查询说明

用户购书后刮开封底防伪涂层，使用手机微信等软件扫描二维码，会跳转至防伪查询网页，获得所购图书详细信息。

防伪客服电话　　（010）58582300